高等职业教育系列教材

计算机控制技术

第2版

李江全　编著

机械工业出版社

本书从工程实际出发，系统地介绍了计算机控制系统中的各种软、硬件应用技术。内容包括：计算机控制系统的含义、组成、典型结构和发展，总线接口与过程通道，计算机控制系统中的常用硬件与开发软件，串口通信控制系统，基于 PLC 的控制系统，基于数据采集卡的控制系统，计算机集散控制系统，计算机控制系统的设计，以及各系统相应的实训。在各系统的实训部分选取了当前工控领域常用的监控组态软件 KingView 作为开发软件，通过 22 个实训项目详细介绍了计算机控制系统的开发步骤及实现方法。

本书可作为高职高专院校各类自动化、机电一体化、计算机应用等专业的教材，也可供从事计算机控制系统研发的工程技术人员参考。

读者扫描本书封底“IT”字样的二维码，输入本书书号中的 5 位数字（43973），可获取下载链接，下载的资源包括所有实训项目的源程序、软硬件资源、程序运行录屏、系统测试录像、电子课件、习题解答、KingView 安装软件等。

图书在版编目(CIP)数据

计算机控制技术/李江全编著.—2 版.—北京:机械工业出版社,2013.10
(2022.1 重印)
高等职业教育系列教材
ISBN 978-7-111-43973-8

Ⅰ.①计… Ⅱ.①李… Ⅲ.①计算机控制-高等职业教育-教材
Ⅳ.①TP273

中国版本图书馆 CIP 数据核字(2013)第 212044 号

机械工业出版社(北京市百万庄大街 22 号 邮政编码 100037)
责任编辑：刘闻雨
责任印制：郜 敏

北京富资园科技发展有限公司印刷

2022 年 1 月第 2 版·第 9 次印刷
184mm×260mm·17.5 印张·434 千字
标准书号：ISBN 978-7-111-43973-8
定价：55.00 元

电话服务	网络服务
客服电话：010-88361066	机 工 官 网：www.cmpbook.com
010-88379833	机 工 官 博：weibo.com/cmp1952
010-68326294	金 书 网：www.golden-book.com
封底无防伪标均为盗版	机工教育服务网：www.cmpedu.com

高等职业教育系列教材机电类专业委员会成员名单

出版说明

《国家职业教育改革实施方案》（又称“职教20条”）指出：到2022年，职业院校教学条件基本达标，一大批普通本科高等学校向应用型转变，建设50所高水平高等职业学校和150个骨干专业（群）；建成覆盖大部分行业领域、具有国际先进水平的中国职业教育标准体系；从2019年开始，在职业院校、应用型本科高校启动“学历证书+若干职业技能等级证书”制度试点（即1+X证书制度试点）工作。在此背景下，机械工业出版社组织国内80余所职业院校（其中大部分院校入选“双高”计划）的院校领导和骨干教师展开专业和课程建设研讨，以适应新时代职业教育发展要求和教学需求为目标，规划并出版了“高等职业教育系列教材”丛书。

该系列教材以岗位需求为导向，涵盖计算机、电子、自动化和机电等专业，由院校和企业合作开发，多由具有丰富教学经验和实践经验的“双师型”教师编写，并邀请专家审定大纲和审读书稿，致力于打造充分适应新时代职业教育教学模式、满足职业院校教学改革和专业建设需求、体现工学结合特点的精品化教材。

归纳起来，本系列教材具有以下特点：

1）充分体现规划性和系统性。系列教材由机械工业出版社发起，定期组织相关领域专家、院校领导、骨干教师和企业代表召开编委会年会和专业研讨会，在研究专业和课程建设的基础上，规划教材选题，审定教材大纲，组织人员编写，并经专家审核后出版。整个教材开发过程以质量为先，严谨高效，为建立高质量、高水平的专业教材体系奠定了基础。

2）工学结合，围绕学生职业技能设计教材内容和编写形式。基础课程教材在保持扎实理论基础的同时，增加实训、习题、知识拓展以及立体化配套资源；专业课程教材突出理论和实践相统一，注重以企业真实生产项目、典型工作任务、案例等为载体组织教学单元，采用项目导向、任务驱动等编写模式，强调实践性。

3）教材内容科学先进，教材编排展现力强。系列教材紧随技术和经济的发展而更新，及时将新知识、新技术、新工艺和新案例等引入教材；同时注重吸收最新的教学理念，并积极支持新专业的教材建设。教材编排注重图、文、表并茂，生动活泼，形式新颖；名称、名词、术语等均符合国家标准和规范。

4）注重立体化资源建设。系列教材针对部分课程特点，力求通过随书二维码等形式，将教学视频、仿真动画、案例拓展、习题试卷及解答等教学资源融入到教材中，使学生的学习课上课下相结合，为高素质技能型人才的培养提供更多的教学手段。

由于我国高等职业教育改革和发展的速度很快，加之我们的水平和经验有限，因此在教材的编写和出版过程中难免出现疏漏。恳请使用本系列教材的师生及时向我们反馈相关信息，以利于我们今后不断提高教材的出版质量，为广大师生提供更多、更适用的教材。

机械工业出版社

前　言

近年来，随着电子技术、信息技术及自动控制技术的飞速发展，计算机控制技术已广泛应用于工农业生产、交通运输及国防建设等各个领域，正发挥着越来越重要的作用。理解计算机控制系统的概念，了解和初步掌握计算机控制系统的基本理论和基本设计方法，已成为当前高职高专院校工科类学生适应新形势、新技术发展的当务之急。

为适应计算机控制技术课程教学改革和发展的需要，本书在编写时突出以下几个特点。

1）内容新颖：本书选用个人计算机或工控机作为主机，以工控领域常用的监控组态软件 KingView 作为开发软件，符合计算机控制系统的发展趋势。

2）注重实践：本书以“理论够用、突出实践”和“精讲多练”为原则，内容极富操作性，融理论于实践，从实践中获取知识，是一本理论与实训二合一的教材。

3）讲究实战：本书在介绍典型的计算机控制系统设计过程中，针对实际工程应用的典型器件、典型测控任务进行训练，使技能培养与生产实际紧密结合。

4）便于自学：本书提供的实训项目都有详细完整的操作步骤，读者只需按照给定的步骤进行设计，就可实现计算机控制系统的各种功能。

本书从工程实际出发，通过 22 个实训项目详细地介绍了以 PCI 数据采集卡、USB 数据采集模块、三菱 PLC、西门子 PLC、智能仪器、远程 I/O 模块为核心组成的控制系统软、硬件设计方法。每个项目包括实训目的、实训线路、实训任务、实训操作等教学内容。

淡化理论，建立控制系统整体概念，以实践应用为主，硬件系统采用“搭积木”的设计思想，突出软件设计，重在功能实现，各项测控任务用监控组态软件实现，这是本书的特色。

读者扫描本书封底“IT”字样的二维码，输入本书书号中的 5 位数字（43973），可获取下载链接，下载的资源包括所有实训项目的源程序、软硬件资源、程序运行录屏、系统测试录像、电子课件、习题解答、KingView 安装软件等。

本书是机械工业出版社组织出版的“高等职业教育系列教材”之一，由石河子大学李江全教授编著。北京亚控科技发展有限公司、北京研华科技发展有限公司为本书的编写提供了宝贵的技术支持和帮助，编者借此机会对他们致以诚挚的谢意。

计算机控制技术的实训教材目前还不多见，编者在此做了大胆尝试。但由于水平有限，书中难免存在疏漏和不妥之处，敬请广大读者批评指正。

编　者

目　录

第1章 计算机控制系统概述

计算机控制技术是一门新兴的综合性技术。它是计算机技术（包括软件技术、接口技术、通信技术、网络技术、显示技术）、自动控制技术、微电子技术、自动检测和传感技术有机结合、综合发展的产物。它主要研究如何将检测和传感技术、计算机技术和自动控制技术应用于工业生产过程并设计出所需要的计算机控制系统。

计算机控制系统作为当今工业控制的主流系统，已取代常规的模拟检测、调节、显示、记录等仪器设备和大部分操作管理的人工职能，并具有较高级、复杂的计算方法和处理方法，以完成各种过程控制、操作管理等任务。

随着科学技术的迅速发展，计算机控制技术的应用领域日益广泛，在冶金、化工、电力、自动化机床、工业机器人控制、柔性制造系统和计算机集成制造系统等工业控制领域已取得了令人瞩目的研究与应用成果，在国民经济中发挥着越来越大的作用。

1.1 计算机控制系统的含义与工作原理

1.1.1 计算机控制系统的含义

在工程实践过程中，需要采取各种方法获得反映客观事物的量值，这种操作称为测量或检测；同时需要采取各种方法支配或约束某一客观事物的进程结果，达到一定的目的，这种操作称为控制。

按照任务的不同，控制系统可以分为3大类，即检测系统、控制系统和测控系统。

- 检测系统：单纯以检测为目的的系统，主要实现数据的采集，又称为数据采集系统。
- 控制系统：单纯以控制为目的的系统，主要实现对生产过程的控制。
- 测控系统：测控一体化的系统，即通过对大量数据进行采集、存储、处理和传输，使控制对象实现预期要求的系统。

工程上，大量的应用系统是测控系统，故把测控系统也称为控制系统。

所谓计算机控制，就是利用传感器将被监控对象中的物理参量（如温度、压力、液位、速度等）转换为电信号（如电压、电流等），再将这些代表实际物理参量的电信号送入输入装置中转换为计算机可识别的数字量，并且在计算机的显示器中以数字、图形或曲线的方式显示出来，从而使操作人员能够直观而迅速地了解被监控对象的变化过程。除此之外，计算机还可以将采集到的数据存储起来，随时进行分析、统计和显示，并制作各种报表。如果还需要对被监控对象进行控制，则由计算机中的应用软件根据采集到的物理参量的大小和变化情况与工艺要求的设定值进行比较判断，然后在输出装置中输出相应的电信号，推动执行装置（如调节阀、电动机）动作，从而完成相应的控制任务。

计算机控制系统包含的内容十分广泛，它包括各种数据采集和处理系统、自动测量系统、生产过程控制系统等，广泛用于航空、航天、科学研究、工厂自动化、农业自动化、实验室自动测量和控制以及办公自动化、商业自动化、楼宇自动化、家庭自动化等人们工作生活的各个领域。

以工厂自动化为例，计算机在工业生产过程中的应用始于20世纪60年代初期，最初是用于化学工业生产过程的自动控制，但那时只是用计算机实现了简单的程序控制。20世纪70年代以后，随着微处理机的出现和大量应用，工业生产过程控制的概念已经发生了很大的变化。今天，计算机已经大量进入各个工业部门，承担着生产过程的控制、监督和管理等任务。在工厂的控制室里，如图1-1所示，操作员可以通过显示终端对生产过程进行监督和操作，键盘和显示屏替代了庞大的控制仪表盘以及大量的开关和按钮，控制室已变得越来越小，只需很少几个人就能完成对生产过程进行监督和操作的任务。

图1-1　某热电厂锅炉计算机控制室

计算机在控制领域中的应用，有力地推动了自动控制技术的发展，扩大了控制技术在工业生产中的应用范围，使大规模的工业生产自动化系统进入崭新的阶段。

1.1.2　计算机控制系统的工作原理

图1-2所示为计算机控制系统的典型结构框图。可以看出，在计算机控制系统中计算机根据给定输入信号、反馈信号与系统的数学模型进行信号处理，实现控制策略，通过执行机构控制被控对象，达到预期的控制目标。

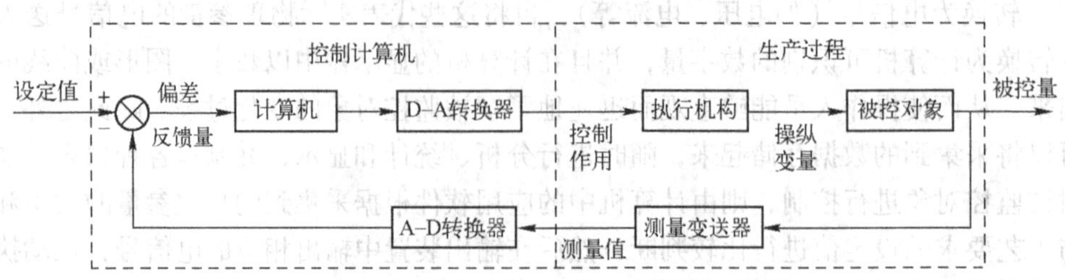

图1-2　计算机控制系统典型结构框图

由于生产过程的各种物理量一般都是模拟量，而计算机的输入和输出均采用数字量，因此在计算机控制系统中，对于信号输入，需增加 A-D 转换器，将连续的模拟信号转换成计算机能接收的数字信号；对于输出，需增加 D-A 转换器，将计算机输出的数字信号转换成执行机构所需的连续模拟信号。

从本质上讲，计算机控制系统的工作过程可归纳为以下 3 步。

1）实时数据采集：对来自测量变送器的被控量的瞬时值进行采集和输入。

2）实时控制决策：对采集到的被控量进行分析、比较和处理，按预定的控制规律运算，进行控制决策。

3）实时输出控制：根据控制决策，实时地向执行机构发出控制信号，完成系统控制任务或输出其他有关信号，如报警信号等。

上述过程不断重复，使整个系统按照一定的品质指标正常稳定地运行，一旦被控量和设备本身出现异常状态，计算机能够实时监督并做出迅速处理。

下面以一个计算机温度控制系统为例简要说明计算机控制系统的工作原理，图 1-3 为系统组成示意图。

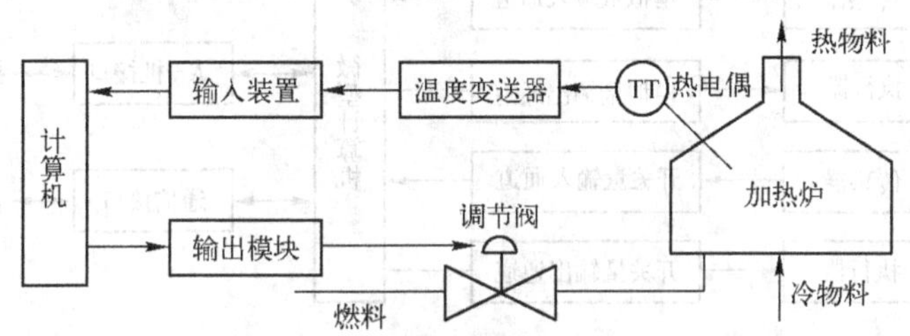

图 1-3　计算机温度控制系统组成示意图

根据工艺要求，该系统要求加热炉的炉温控制在给定的范围内并且按照一定的时间曲线变化。在计算机显示器上用数字或图形实时地显示温度值。

假设加热炉使用的燃料为重油，并使用调节阀作为执行机构，使用热电偶来测量加热炉内的温度。热电偶把检测信号送入温度变送器，将其转换为标准电压信号（1 ~ 5 V），再将该电压信号送入输入装置。输入装置可以是一个模块也可以是一块板卡，它将检测得到的信号转换为计算机可以识别的数字信号。计算机中的软件根据该数字信号按照一定的控制算法进行计算。计算出来的结果通过输出模块转换为可以推动调节阀动作的电流信号（4 ~ 20 mA）。通过改变调节阀的阀门开度即可改变燃料流量的大小，从而达到控制加热炉炉温的目的。与此同时，计算机中的软件还可以将与炉温相对应的数字信号以数值或图形的形式在计算机显示器上显示出来。操作人员可以利用计算机的键盘和鼠标输入炉温的设定值，由此实现计算机监控的目的。

上述计算机温度控制系统对生产过程实现自动控制可以分解为以下 4 个步骤。

1）生产过程的被控参量（过程信号）通过测量环节转化为相应的电量或电参数，再由变送器或放大器变换成标准的电压或电流信号。

2）电压或电流信号经过 A-D 转换后变成计算机可以识别的数字信号，并将其转换为人们易于理解的工程量（测量值）。

3）计算机根据测量值与给定值的偏差，输出控制信号。

4）控制信号作用于执行机构，通过调节物料流量或能量的大小来实现对生产过程的调节。

以上这 4 个过程是周而复始的。

1.2 计算机控制系统的任务和特点

1.2.1 计算机控制系统的任务

下面以生产过程控制系统为例来说明计算机控制系统的任务，因为它比较集中地体现了计算机控制系统的各种功能。如图 1-4 所示，计算机控制系统借助传感器从生产过程中收集信息，对被控对象进行监视并提供控制信号。被收集的信息在不同层次上进行分析计算，得出生产装置的调节量，并驱动执行机构动作来完成自动控制，或者为生产管理人员、工程师和操作员提供所需要的信息。

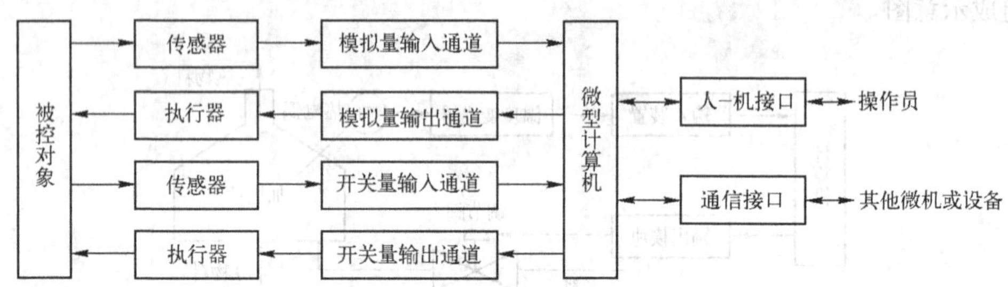

图 1-4 某生产过程控制系统框图

由此可以看出，计算机控制系统应当完成如下任务。

1. 检测

生产过程的参数大小是由传感器进行检测的。传感器输出与被测物理量（如温度、压力、流量、液位等）成一定比例（一般为正比）的电信号。

传感器信号在进入计算机系统的接口之前，首先要转换成一种标准形式，通常是把传感器的输出信号转换成 4 ~ 20 mA 标准电流或 1 ~ 5 V 标准电压。

另一类测量值是关于被控过程的状态信息。例如，阀门是否关闭，容器是否注满，泵是否打开等。这些信息是以开关量的形式提供给计算机的，通过继电器触点的开闭或 TTL 电平的变化来表示。

计算机也可通过串行或并行通信口直接接收数字量信息。目前，很多传感器都带有微处理器（例如智能仪表），可以直接给出数字量信息。

2. 控制

对生产装置的控制通常是通过对阀门或伺服机构等执行机构进行调节，对泵和电动机进行控制来达到的。计算机可以产生一串脉冲信号去驱动执行机构达到所需要的位置，可以通过继电器触点动作或产生某个电平的跳变去起动或停止某个电动机，也可通过 D－A 转换产生一个正比于某设定值的电压或电流去驱动执行机构。执行机构在收到控制信号之后，通常还要反馈一个测量信号给计算机，以便检查控制命令是否被执行。

在工业过程控制系统中常用的控制方案有3种类型：直接数字控制、顺序控制和监督控制。大多数生产过程的控制需要其中一种或几种控制方案的组合。

3. 人–机交互

计算机控制系统必须为操作员提供关于被控过程和控制系统本身运行情况的全部信息，为操作员直观地进行操作提供各种手段，例如改变设定值、手动调节各种执行机构、在发生报警的情况下进行处理等。因此，它应当能显示各种信息和画面，打印各种记录，通过专用键盘对被控过程进行操作等。

此外，计算机控制系统还必须为管理人员和工程师提供各种信息。例如，生产装置每天的工作记录以及历史情况的记录、各种分析报表等，以便掌握生产过程的状况和做出改进生产状况的各种决策。

4. 通信

现今的工业过程控制系统一般都采用分级分散式结构，即由多台计算机组成计算机网络，共同完成上述的各种任务。因此，各级计算机之间必须能及时地交换信息。此外，有时生产过程控制系统还需要与其他计算机系统（例如全厂的综合信息管理系统）进行数据通信。

1.2.2 计算机控制系统的特点

计算机控制系统和常规控制系统相比，有如下突出特点。

1. 技术集成和系统复杂程度高

计算机控制系统是计算机、控制、通信、电子等多种高新技术的集成，是理论方法和应用技术的结合。由于信息量大、速度快和精度高，因此能实现复杂的控制规律，从而达到较高的控制质量。计算机控制系统实现了常规系统难以实现的多变量控制、智能控制、参数自整定等功能。

2. 实时性强

计算机控制系统是一个实时系统，可以根据采集到的数据，立即采取相应的动作。例如，检测到化学反应罐的压力超限，就立即打开减压阀，这样就避免了爆炸的危险。实时性是区别于普通计算机系统的关键特点，也是衡量计算机控制系统性能的一个重要指标。

3. 可靠性高和可维护性好

这两个因素决定系统的可用程度。由于采取有效的抗干扰、冗余、可靠性技术和系统的自诊断功能，计算机控制系统的可靠性高且可维护性好。如有的工控机一旦出现故障，能迅速指出故障点和处理办法，便于立即修复。

4. 环境适应性强

工业环境恶劣，要求工业控制机能适应高温、高湿、腐蚀、振动、冲击、灰尘等工业环境。

5. 控制的多功能性

计算机控制系统具有集中操作、实时控制、控制管理、生产管理等多种功能。

6. 应用的灵活性

由于软件功能丰富、编程方便和硬件体积小、重量轻以及结构设计的模块化、标准化，使系统配置有很强的灵活性。如一些工控机有操作简易的结构化、组态化控制软件，硬件的可装配性、可扩充性也很好。

另外，技术更新快、信息综合性强、内涵丰富、操作便利等也都是计算机控制系统的一些特点。

1.3 计算机控制系统的组成

计算机控制系统和一般计算机系统一样，也是由硬件和软件两部分组成的，如图 1-5 所示。

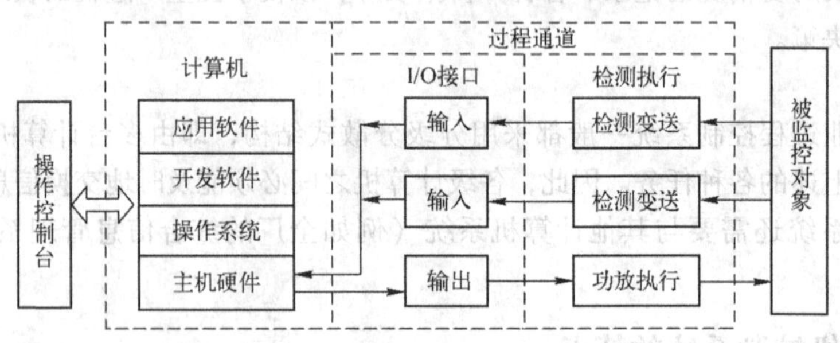

图 1-5 计算机控制系统组成原理简图

1.3.1 计算机控制系统的硬件组成

计算机控制系统的硬件部分主要由计算机主机、过程通道、操作控制台等部分组成。

1. 计算机主机

计算机主机是整个计算机控制系统的核心，由微处理器、内存储器及系统总线组成。它的性能直接影响到系统的优劣。主机按照预先存放在内存中的程序指令，由过程输入通道不断地获取反映被控对象运行工况的信息，并按程序中规定的控制算法，或操作人员通过键盘输入的操作命令自动地进行信息处理、分析和计算，做出相应的控制决策，并通过过程输出通道向被控对象及时地发出控制命令，以实现对被控对象的自动控制。

目前，所采用的主机有单片机、可编程序控制器（PLC）和工业 PC（工控机）等。在实际应用中，应根据应用规模、控制目的和控制需要等选用性能价格比高的计算机，如对于小型控制系统、智能仪表及智能化接口，尽量采用单片机模式；对于新产品开发或用量较大的场合，为降低成本，也可采用单片机模式；对于中等规模的控制系统，为加快系统的开发速度，可以选用 PLC 或工控机，应用软件可自行开发；对于大型的生产过程控制系统，最好选用工控机、专用集散控制系统（DCS）或现场总线控制系统（FCS），软件可自行开发或购买现成的组态软件。

如果控制现场环境比较好，对可靠性的要求又不是特别高，可以选择普通的个人计算机，否则还是选择工控机为宜。在主机的配置上，以留有余地、满足需要为原则，不一定要选择最高档的配置。

2. 过程通道

过程通道是计算机主机与生产过程被控对象之间进行信息传递和变换的连接装置。根据信号传送方向，分为输入通道和输出通道；根据传送信号的形式，又可分为模拟量通道和开关量通道。目前工业上使用最多的是板卡式过程通道，其次是远程 I/O 模块。

（1）模拟量输入通道

在计算机控制系统中，为了实现对生产过程、周围环境或其他设备的检测和控制，首先必须对各种模拟量参数，如温度、压力、流量、成分、液位、速度、距离等进行采集。为此，要用传感器和变送器将采集的物理量变成相应的标准电信号，通过滤波放大、经 A－D 转换器转换成计算机能处理的数字量。

（2）模拟量输出通道

目前工业生产中使用的执行机构，其控制信号基本上是模拟的电压或电流信号。因此计算机输出的数字信号必须经 D－A 转换器变为模拟量后，才能去控制执行机构。当控制多个回路时，还需要使用多路开关进行切换。

（3）数字量输入通道

数字量输入通道的任务主要是将现场输入的数字（开关）信号经转换、保护、滤波、隔离等措施转换成计算机能够处理的逻辑信号。

数字量输入通道在控制系统中主要起以下作用：记录生产过程中某些设备的状态，例如电动机是否在运转、阀门是否开启等；对生产过程中某些设备的状态进行检查，以便发现问题及时处理。

（4）数字量输出通道

对于只有“0”和“1”两种工作状态的执行机构或器件，用计算机控制系统输出数字（开关）量来控制它们，例如控制电动机的起动和停止、信号指示灯的亮和灭、电磁阀的打开与关闭、继电器的接通与断开、步进电动机的运行与停止等。数字量输出通道的任务就是把计算机输出的数字信号传送给这些执行机构或器件。

（5）执行机构

在计算机控制系统中，必须将经过采集、转换、处理的被控参量（或状态）与给定值（或事先安排好的动作顺序）进行比较，然后根据偏差来控制有关输出部件，达到自动调节被控量（或状态）的目的。

（6）I/O 接口

外部设备和被控对象不能直接由计算机主机控制，必须由“接口”来传送相应的信息和命令。I/O 接口是主机和通道以及外部设备进行信息交换的纽带。接口电路有并行接口、串行接口、脉冲接口和直接数据传送接口等。绝大多数 I/O 接口都是可编程的，它们的工作方式可以通过编程设置。

由上可知，过程通道由各种硬件设备组成，它们起着信息转换和传递的作用，配合相应的输入、输出控制程序，使计算机和被控对象间能进行信息交换，从而实现对生产、过程的控制。

3. 操作控制台

操作控制台是操作员与计算机控制系统之间进行联系的纽带，如图 1-6 所示。通过操作控制台，操作人员可及时了解被控对象的运行状态、运行参数、报警信号等，并进行必要的人为干预，发出各种控制命令或紧急处理某些事件，实现相应的控制目标，还能通过它输入程序和修改有关参数。

图 1-6　计算机操作控制台

为实现上述功能，操作控制台一般应包括以下几部分。

（1）信息显示

采用状态指示和报警指示的指示灯和声光报警器、LED、LCD 或 CRT 显示器，显示所需控制内容和报警信号。在显示数据较少、系统功耗小的简易系统中，更多的是采用 LCD 显示器；而在规模比较大、要求比较高的复杂控制系统中，可以选用 CRT 显示器。因为 CRT 显示器不仅可以显示数据表格，而且可以显示各种图形，如控制系统流程图、参数变化趋势图、调节回路指示图等。清晰美观的显示，不是简单地为了改善控制系统外观，而是为了便于操作人员工作，提高系统的性能。

（2）信息记忆

主要采用打印机、记录仪、存储设备等输出设备。存储设备有磁盘驱动器、光盘驱动器、优盘、磁带机等，主要用于存储程序和数据。

（3）工作方式选择

采用各种开关，如按钮、扳键等，实现工作方式的选择，例如电源开关、数据及地址选择开关、操作方式（如自动、手动）选择开关等。通过这些开关，可以完成对计算机系统的启动、暂停，对参数或数据进行修改，对工作方式、算法、控制方式进行选择等功能。

（4）信息输入

采用输入设备，有键盘、扫描仪、纸带读入机和卡片读入机等，主要用于输入程序和数据。操作键盘一般应包括数字键及功能键。数字键主要用来向主机输入数据或修改控制系统的参数。通过功能键可向主机申请中断服务，使计算机进入功能键所代表的功能服务程序，如启动、复位、打印、显示等功能服务程序。

计算机控制系统由于复杂程度不同，其硬件组成差别很大，可根据实际情况进行选择。

1.3.2　计算机控制系统的软件组成

计算机控制系统的硬件是完成控制任务的设备基础，而计算机的操作系统和各种应用程序是执行控制任务的关键，统称为软件。计算机控制系统的软件程序不仅决定其硬件功能的发挥，而且也决定了控制系统的控制品质和操作管理水平。计算机只有在配备了所需的各种软件后，才能构成完整的控制系统。在计算机控制系统中，许多功能都是通过软件来实现的，即在基本不改变系统硬件的情况下，只需修改计算机中的应用程序便可实现不同的控制功能。

软件通常由系统软件和应用软件组成。

1. 系统软件

系统软件是计算机运行操作的基础，用于管理、调度、操作计算机的各种资源，实现对系统的监控和诊断，提供各种开发支持的程序。

系统软件包括操作系统、监控管理程序、故障诊断程序、数据库管理系统、通信网络软件以及各种语言的汇编、解释和编译程序等。

操作系统提供了程序运行的环境，是计算机控制系统信息的指挥者和协调者，并具有数据处理、硬件管理等功能，如 DOS、Windows 2000/XP、UNIX 等。

用于开发控制系统应用软件的是各种语言的汇编、解释和编译程序，包括面向机器的汇编语言（如 Masm），面向过程语言（如 C），面向对象语言（如 Visual C++、Visual Basic 等），组态监控软件（如 KingView、MCGS、FIX 等），虚拟仪器软件（如 LabVIEW、LabWindows/CVI 等），数字信号处理软件（如 MATLAB 等），各种数据库软件等。

考虑到目前工业自动化企业工控机上普遍使用 Windows 操作系统，对工控软件的要求是具有良好的人机界面和丰富的监视画面，在使用上操作简捷，能在较短的时间内开发出功能完善的控制软件，因此当前控制软件的开发普遍采用面向对象语言、组态监控软件及虚拟仪器软件等。

系统软件通常由计算机厂商和专业软件公司研制，可以从市场上购置。计算机控制系统的设计人员一般没有必要自行研制系统软件，它们只是作为开发应用软件的工具。但是需要了解和学会使用系统软件，这样才能更好地开发应用软件。

2. 应用软件

应用软件是计算机在系统软件支持下实现各种应用功能的专用程序。应用软件是软件公司或用户为解决某类应用问题而专门研制的软件，主要包括科学和工程计算软件、文字处理软件、数据处理软件、图形软件、图像处理软件、应用数据库软件、事务管理软件、辅助类软件和控制类软件等。计算机控制系统软件属于应用软件，它主要实现企业对生产过程的实时控制和管理以及企业整体生产的管理控制。

计算机控制类应用软件是设计人员根据某一具体生产过程的控制对象、控制要求、控制任务，为实现高效、可靠、灵活的控制而自行编制的各种控制和管理程序。其性能优劣直接影响控制系统的控制品质和管理水平。

控制对象的差异性使对应用软件的要求也有很大的差别。一般在工业控制系统中，针对每个控制对象，为完成相应的控制任务，都要求配置相应的专门控制软件才能使整个系统实现预定的功能。

计算机控制系统的应用软件一般包括过程输入和输出接口程序、控制程序、人机接口程序、显示程序、打印程序、报警和故障诊断程序、通信和网络程序等。

控制类应用软件的编写涉及生产工艺、控制理论、控制设备等相关领域的知识，一般由控制系统设计人员根据不同的控制对象和不同的控制任务自行编制或根据具体情况在商品化软件的基础上自行组态。

软件技术对于计算机控制系统的重要性，表明了计算机技术在现代控制系统中的重要地位，但不能认为，掌握了计算机技术就等于掌握了控制技术。这是因为，其一，计算机软件永远不可能全部取代控制系统的硬件；其二，不懂得控制系统的基本原理就不可能正确地组建控制系统。一个专业程序设计者，可以熟练而又巧妙地编制算法复杂的运算程序，但若不懂控制技术则根本无法编制控制程序。

1.4 计算机控制系统的典型结构

工业控制计算机系统与所控制的生产过程的复杂程度密切相关，不同的控制对象和不同的控制要求，有不同的控制方案。下面从应用特点、控制目的出发介绍几种典型的结构。

1.4.1 数据采集系统

数据采集系统（Data Acquisition System，DAS）如图1-7所示，系统对生产过程或控制对象的大量参数作巡回检测、处理、分析、记录以及参数的超限报警。对大量参数的积累和实时分析，可以实现对生产过程进行各种趋势分析。这是计算机应用于工业生产过程最早和最简单的一类系统。

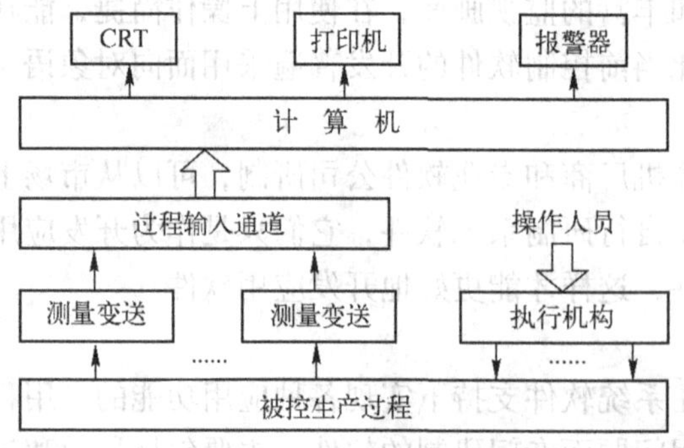

图1-7 计算机数据采集系统

过程参数经测量变送器、过程输入通道，定时地被送入计算机，由计算机对来自现场的数据进行分析和处理后，根据一定的控制规律或管理方法进行计算，然后通过CRT或打印机输出操作指导信息供操作人员参考。

数据采集系统的输出不直接作用于生产过程的执行机构，不直接影响生产过程的进行。它的输出只作用于有关的外部设备和人机接口，为操作人员的分析、判断提供信息的显示。这是一种开环控制系统，仅对生产过程进行监视，不对生产过程进行自动控制。

1.4.2 直接数字控制系统

直接数字控制（Direct Digital Control，DDC）系统如图1-8所示，计算机通过过程输入通道对控制对象的多个参数做巡回检测，根据测得的参数按照一定的控制算法运算后获得控制信号量，经过过程输出通道作用到执行机构，从而实现对被控参数的自动调节，使被控参数稳定在设定值上。

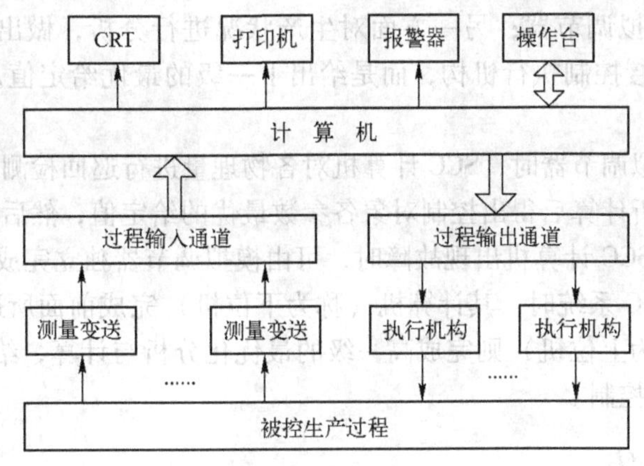

图 1-8 计算机直接数字控制系统

直接数字控制系统与模拟调节系统有很大的相似性，直接数字控制系统以计算机取代多台模拟调节器的功能。由于计算机具有很强的计算和逻辑功能，因此可以实现对各种复杂规律的控制。

DDC 系统是闭环控制系统。它对被控制变量和其他参数进行巡回检测，与给定值比较后求得偏差，然后按事先规定的控制策略，如比例、积分、微分规律进行控制运算，最后发出控制信号，通过接口直接操纵执行机构对被控制对象进行控制。这种控制方式在工业生产中应用最普遍。

1.4.3 监督控制系统

在 DDC 系统中是用计算机代替模拟调节器进行控制，对生产过程产生直接影响的被控参数给定值是预先设定的，并存入计算机的内存中，这个给定值不能根据生产工艺信息的变化及时修改，故 DDC 系统无法使生产过程处于最优工况。

计算机监督控制（Supervisory Computer Control，SCC）系统如图 1-9 所示，是计算机和调节器的混合系统，是对 DDC 系统的改进。它通常采用两级控制形式。

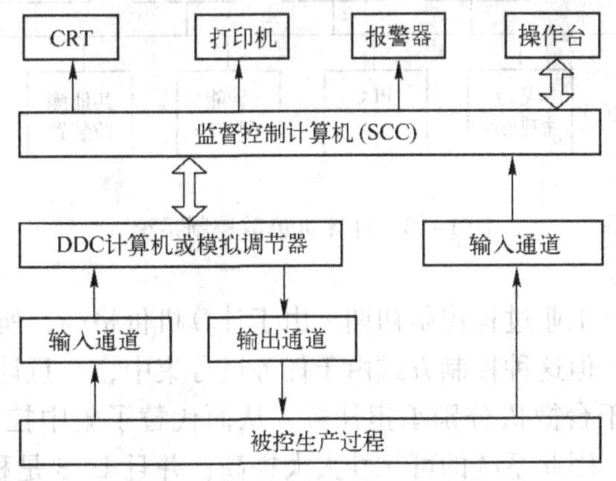

图 1-9 计算机监督控制系统

所谓监督控制，指的是根据原始的生产工艺数据和现场采集到的生产工况信息，一方面按照描述被控过程的数字模型和某种最优目标函数，计算出被控过程的最优给定值，输出给下一级 DDC 系统或模拟调节器；另一方面对生产状况进行分析，做出故障的诊断与预报。所以 SCC 系统并不直接控制执行机构，而是给出下一级的最优给定值，由它们去控制执行机构。

当下一级采用模拟调节器时，SCC 计算机对各物理量进行巡回检测，并按一定的数学模型对生产过程进行分析计算后得出控制对象各参数最优的给定值，然后送入调节器，使工况保持在最优状态。当 SCC 计算机出现故障时，可由模拟调节器独立完成操作。

当下一级采用 DDC 系统时，其计算机（称为下位机）完成前面所述的直接数字控制功能，SCC 计算机（称为上位机）则完成高一级的最优化分析与计算，给出最优化的给定值，送给 DDC 级执行过程控制。

1.4.4 集散控制系统

集散控制系统（Distributed Control System，DCS）又称为分布式控制系统。其基本思想是集中操作管理，分散控制。

集散系统本质上是一种基于计算机网络的分层式的计算机监控系统，它的体系结构特点是层次化，把不同层次的多种监测、控制和管理功能有机地、层次分明地组织起来，使系统的性能大为提高。分布式系统适用于大型、复杂的控制过程，在我国许多大型石油化工企业就是依赖各种形式的集散控制系统保证它们的生产高质量地连续不断进行。

一般把分布式控制系统分成 3 个层次，如图 1-10 所示，每一层有一台或多台计算机，同一层次的计算机以及不同层次的计算机都通过网络进行通信，相互协调，构成一个严密的整体。

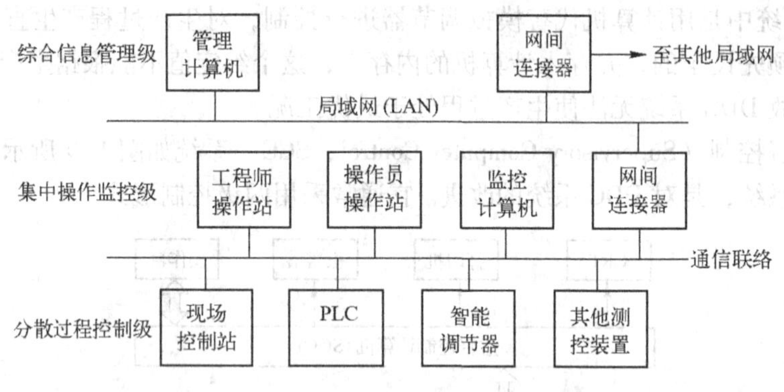

图 1-10　计算机集散控制系统

在计算机控制应用于工业过程控制初期，由于计算机价格高，所以采用的是集中控制方式，以充分利用计算机。但这种控制方式由于任务过分集中，一旦计算机出现故障，就要影响整个系统。DCS 由若干台微机分别承担任务，从而代替了集中控制的方式，由于分散了控制，也就分散了危险，因此系统的可靠性大大提高；并且 DCS 是积木式结构，构成灵活，易于扩展；采用 CRT 显示技术和智能操作台，操作、监视方便；采用数据通信技术，处理信息量大；与计算机集中控制方式相比，电缆和敷缆成本较低，便于施工。

1.4.5 现场总线控制系统

计算机技术、通信技术和计算机网络技术的发展，推动着工业自动化系统体系结构的变革，模拟和数字混合的集散控制系统逐渐发展为全数字系统，由此产生了工业控制系统用的现场总线。

现场总线控制系统（Fieldbus Control System，FCS）是20世纪80年代中期继DCS之后兴起的新一代工业控制系统。它将当今网络通信与管理的概念引入工业控制领域，被称为“21世纪控制系统结构体系”。它是一个开放式的互联网络，既可以与同层网络互联，也可以与不同层的网络互联；在现场设备中，以微处理器为核心的现场智能设备可方便地进行设备互联、互操作，其结构如图1-11所示。

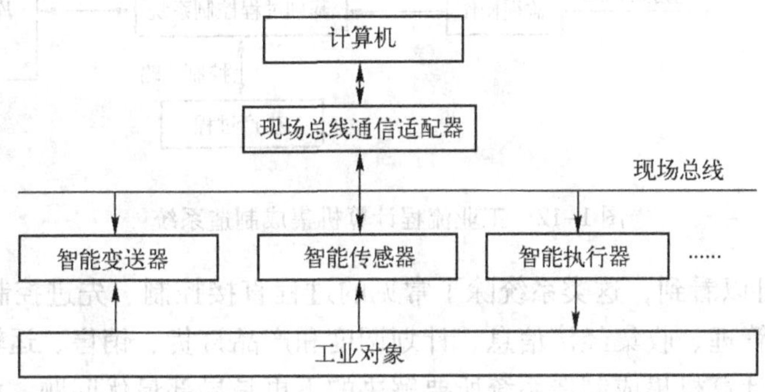

图1-11 现场总线控制系统

从控制的角度看，FCS有两个显著特点。

一是信号传输实现了全数字化。传统的4~20 mA模拟信号制被双向数字通信现场总线信号制所代替。FCS把通信线一直延伸到生产现场中的生产设备，构成用于现场设备和现场仪表互连的现场通信网络。它全数字化的信号传输极大地提高了信号转换的精度和可靠性，避免了传统系统中模拟信号传输过程中难以避免的信号衰减、精度下降和干扰信号易于进入等问题。

二是实现了控制的彻底分散。把控制功能分散到现场设备和仪表中，使现场设备和仪表成了具有综合功能的智能设备和智能仪表，它们经过统一组态，可以构成各种所需的控制系统，从而实现彻底的分散控制。

1.4.6 计算机集成制造系统

随着工业生产过程规模的日益复杂与大型化，现代化工业要求计算机系统不仅要完成直接面向过程的控制和优化任务，而且要在获取生产全部过程尽可能多的信息基础上，进行整个生产过程的综合管理和指挥调度。由于自动化、计算机、数据通信等技术的发展，已完全可以满足上述要求，能实现这些功能的系统称为计算机集成制造系统（Computer Integrated Manufacture System，CIMS），当CIMS用于工业流程时，简称为流程CIMS或CIPS（Computer Integrated Processing System）。工业流程计算机集成制造系统按其功能可以自下而上地分成若干层，如过程直接控制层、过程优化监控层、生产调度层、企业管理层和经营决策层等，其结构如图1-12所示。

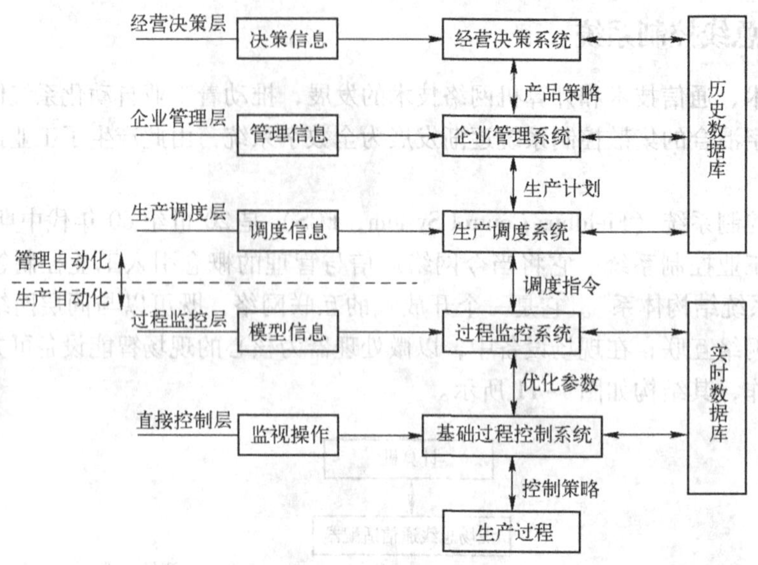

图 1–12　工业流程计算机集成制造系统

从图 1–12 中可以看到，这类系统除了常见的过程直接控制、先进控制与过程优化功能之外，还具有生产管理、收集经济信息、计划调度和产品订货、销售、运输等非传统控制的诸多功能。因此，计算机集成制造系统所要解决的不再是局部最优问题，而是一个工厂、一个企业甚至一个区域的总目标或总任务的全局多目标最优，即企业综合自动化问题。最优化的目标函数包括产量最高、质量最好、原料和能耗最小、成本最低、可靠性最高、对环境污染最小等指标，它反映了技术、经济、环境等多方面的综合性要求，是工业过程自动化及计算机控制系统发展的一个新方向。

1.5　计算机控制技术的发展

微电子技术、计算机技术、信息技术、通信技术和自动控制理论的飞速发展，极大地推动了计算机控制技术的进步。计算机控制系统已经成为当前自动控制系统的主流，并且随着相关技术和工艺水平的发展，也在日益发展，具有很强的生命力和应用前景。在不久的将来，绝大多数自动控制系统都会采用计算机控制系统。

要发展计算机控制技术，必须广泛、深入地研究生产过程知识、检测与转换技术、计算机技术、控制理论和通信技术等内容，计算机控制技术人员必须了解和掌握计算机控制系统的发展趋势。

1.5.1　计算机控制技术的发展历程

计算机的出现使科学技术产生了一场深刻的革命，同时也将自动控制推向了一个新水平。纵观工业控制的发展，可将其归结为过程控制技术、自动检测技术、自动化仪表技术与计算机网络技术的交叉发展和相互渗透。

第一阶段是 20 世纪 50 年代以前的人工控制阶段（即基地式仪表控制系统）。在这个阶段，企业的生产规模小，设备陈旧，采用的是安装在生产现场、只具备简单测控功能的基地式气动仪表，其信号仅在本仪表内使用，不能传送给别的仪表或系统，即各测控仪表处于封闭的状态，无法与外界沟通信息，操作人员只能通过生产现场的巡视，才可以了解生产过程的状况。必要的调节主要依靠最简单的测量仪表并由人工操作。

第二个阶段是 20 世纪 60 年代的模拟式仪表控制阶段（即电动单元组合式仪表控制系统）。随着企业的生产规模进一步扩大，操作人员需要综合掌握多点的运行参数和信息，需要同时按多点的信息实行操作控制，因此出现了气动、电动单元组合式仪表，形成了仪表集中控制室，如图 1-13 所示。生产现场的各种参数通过统一的模拟信号送往集中控制室。操作人员可在控制室内观察生产现场的状况，可以把各单元仪表的信号按需要组合成复杂控制系统。

图 1-13　某厂仪表集中控制室

第三个阶段是 20 世纪 70 年代的计算机集中控制阶段。人们在测量、模拟和逻辑控制领域率先使用了计算机，从而产生了计算机集中控制，如图 1-14 所示。这时可利用一台计算机控制数十甚至上百个回路，部分取代了传统的控制室仪表，但是因当时电子器件与计算机本身的可靠性较差，计算机的参与使得控制集中了，“危险”也随之集中。

图 1-14　某厂计算机集中控制室

第四个阶段是20世纪80年代的集散式控制阶段（即分布式控制系统）。它以计算机为核心，控制功能相对分散，同时通过高速数据通道把各个分散点的信息集中起来，进行集中的监视和操作，并实现复杂的控制和优化。

1.5.2 计算机控制技术的发展特点

计算机控制技术的发展具有如下几个特点。

1. 智能化

现代的检测和控制系统，或多或少地趋向于智能化。所谓智能，是指能随外界条件的变化，具有确定正确行动的能力，即具有人的思维能力以及推理、做出决策的能力。而智能化的仪表或系统，可以在个别的部件上，也可以在局部或整体系统上具有智能的特征。例如智能化的测试仪表，能在被测参数变化时自动选择测量方案，进行自校正、自补偿、自检、自诊断等，以获取最佳测试结果。为了更有效地利用被测量，在检测时往往要附加一些分析与控制的功能，因而采用实时动态建模技术、在线识别技术，以获得实时最优控制、自适应控制等功能。有的系统则直接运用人工智能、专家系统技术设计智能控制器。它是通过对误差及其变化率的检测，判断被测量的现状和变化趋势，根据专家系统中知识库、决策控制模式和控制策略，取得优良的控制性能，解决常规控制不易实现的问题。

在以微机为核心的一般检测与控制系统中，软件的功能也可实现初级的智能检测与控制功能，若采用智能计算机、系统工程、知识库以及人工智能工程，则可以实现更为高级的智能化。

2. 综合化与集成化

电子测量仪器、自动化仪表、自动化测试系统、数据采集和控制系统在过去是分属各学科和领域独立发展。由于生产自动化的要求，使它们在发展中相互靠近，功能互相覆盖，差异逐渐缩小，体现为一种“信息流”综合管理与控制系统。其综合的目的是为了提高人们对生产过程全面的监视、检测、控制与管理等多方面的能力。

20世纪80年代中期以来，计算机集成制造系统（CIMS）日渐成为制造工业的热点。其原因不仅在于CIMS具有提高生产率、缩短生产周期以及提高产品质量等一系列极有吸引力的优点，也不完全在于一些公司采用了CIMS取得了显著的经济效益，最为根本的原因在于CIMS是在新的生产组织原理和概念指导下形成的一种新型生产模式。CIMS将成为21世纪占主导地位的新型生产方式。

3. 系统化与标准化

现代检测与控制的任务，更多地涉及系统的特征。所谓系统，是指若干个相互间具有内在关联的要素，构成一个整体，由它来完成规定的功能，以达到某个给定的目的。因而在系统内部，若要设立多台微机，并且这些微机往往不是互不相干的，而是要构成相互联系的整体，这就形成了各种多微机的系统。即使使用单独微机进行集中控制，也要通过标准总线和各个部件发生联络。

例如，用于采集检测与控制的前端机或仪表，需要与生产设备的主机、辅助机组合成一体，相互建立通信联系，有时还需要一个车间、一个工区乃至一个自动化工厂作为系统的整体。由此发展了集散式、分布式数据采集和控制，以适应开放系统、复杂工程及大系统的需要。

在研究集散与分布式控制系统时要涉及数据通信、计算机网络技术及系统分层递阶控制技术等应用知识。在向系统化发展的同时，还需要涉及系统部件接口的标准化、系列化和模块化，用户只需选用符合标准的产品，而不必再考虑能否与现有系统连接，能否与现有系统进行数据通信等问题。

4. 微型化与大型化

嵌入式系统也是计算机控制技术的一个发展方向。所谓嵌入式系统，是指计算机控制系统是与被监控对象一体的，即计算机控制系统是嵌入在被监控对象之中的。微处理芯片技术、液晶显示技术、大容量电子存储器件技术的发展为嵌入式系统的开发提供了可靠的保证。另外，家庭、家电中以及一些特殊场合的应用也对计算机控制系统的微型化提出了要求。

与微型化相反的一个方向是大型化。大型化有两大特点：一是控制系统监控的参量非常多，可以达到数万个甚至数十万个；二是控制的地域非常宽广，面积可达数十平方千米，距离可达上万千米。由于大型化的需求以及计算机网络技术的日渐成熟，基于计算机网络的计算机控制系统越来越多。

5. 多媒体化与网络化

多媒体技术正在迅速地从家庭、办公室向计算机控制技术应用的各个领域扩散。通过应用多媒体技术，不仅使得操作人员能够获取丰富的现场信号，同时，还使原本枯燥乏味的工作变得有趣。随着气味合成技术的日渐成熟，在不久的将来，操作人员就能够坐在操作室里“嗅”到现场的气味（如果有必要的话）。

坐在办公室里能够轻松地遥控或监测上万千米以外的现场，已经不是什么梦想。互联网技术已经越来越多地应用在计算机控制技术上。当一个人出门在外时，通过他手中的便携式计算机，经过互联网甚至直接利用移动电话，监控家中的电冰箱、微波炉或热水器也是指日可待的事情。

随着计算机技术和网络技术的迅猛发展，各种层次的计算机网络在控制系统中的应用越来越广泛，规模也越来越大，从而使传统意义上的回路控制系统所具有的特点在系统网络化过程中发生了根本变化，并最终逐步实现了控制系统的网络化。

习题与思考题

1-1 测控系统微机化的重要意义是什么？

1-2 对计算机控制系统有哪些基本要求？

1-3 闭环控制与开环控制有什么不同？

1-4 计算机控制系统中的在线方式与离线方式的含义各是什么？

1-5 按应用领域和设备形式，计算机控制系统可分为哪几种？

1-6 计算机控制系统有哪几种输入与输出信号？各有什么特点和应用场合？

1-7 针对不同行业、不同被控对象，可以选择哪些计算机控制装置（主机）？

1-8 以定位减速和工件加工为例，说明计算机控制系统的工作原理。

1-9 什么是实时计算机系统？在计算机控制系统中实时性体现在哪几个方面？

1-10 什么是智能控制？有哪几种形式的智能控制系统？

1-11 计算机控制系统各环节软、硬件的发展趋势是什么？

第2章　总线接口与过程通道

总线是一组信号线的集合，是一种在各模块间传送信息的公共通道。在计算机控制系统中，利用总线实现芯片内部、印制电路板各部件之间、机箱内各插件板之间、主机与外部设备之间或系统与系统之间的连接与通信。总线是计算机控制系统的重要组成部分。总线的性能对计算机控制系统的性能具有举足轻重的作用。采用总线技术，可大大简化系统结构，增加系统的开放性、兼容性、可靠性和可维护性。

I/O 设备是数据、程序、信息和结果进出计算机的重要硬件部件。由于 I/O 设备和 CPU 之间可能存在工作上逻辑时序的不一致，处理的数据类型（包括数字量、模拟量和开关量）比 CPU 处理的数据类型（只有数字量）要复杂和广泛，并且工作速度比 CPU 慢，因此计算机和 I/O 设备之间需要一个接口电路来做桥梁，以实现信息的交换。

在计算机控制系统中，计算机需要从生产过程中得到现场情况的信息，接受操作人员的控制，向操作人员报告现场情况和操作结果，还要把相应的控制信息传送给生产过程，有时还需要从其他外部设备输入相关的信息，从而实现对过程的控制。以上任务的实现，都需要通过输入、输出过程通道来完成。

本章将对总线、I/O 接口和过程通道做简要阐述。

2.1　总线及其标准

一套计算机系统除中央处理器外，还有存储器、系统总线、接口电路、外部设备等部分。各类外部设备和存储器，都通过各种接口电路连接到计算机系统的总线上，用户可根据不同用途，选择不同类型的外部设备，设置相应的接口电路，把它挂接到系统总线上，构成不同用途、不同规模的计算机应用系统。

2.1.1　总线的概念

计算机作为控制设备在测试与控制领域中得到了广泛应用并形成了多种类型的应用系统。在应用系统内部，有各种单元模块，如 I/O 接口、A-D、D-A 等。这些模块之间必然要进行信息交换，而在各个独立的应用系统之间，也需要进行必要的信息交换。前者一般按数据线的位数进行传递，称为并行传送。而后者则根据两个独立应用系统相互间距离的远近，可进行并行传送也可进行串行传送。无论信息传送的方式如何，都必须遵循某种原则，如内部插件的几何尺寸应相同，插头、插座的规格应统一，针数应相同，各个插针的定义应统一，控制插件相同，信号定义和工作时序应相同等，这就导致了“总线”的诞生。

所谓总线就是在模块和模块之间或设备与设备之间的一组进行互连和传输信息的信号线，信息包括指令、数据和地址。总线就是一组信号线的集合，用这个集合可以组成系统的标准信息通道，它定义了各引线的信号、电气、机械特性，使计算机内部各组成部分之间以及不同的计算机之间建立信号联系，进行信息传送。它可以把计算机或控制系统的模板或各种设备连成一个整体以便彼此间进行信息交换。

当今世界上的计算机系统基本上有两种结构：一种是以 CPU 为中心的面向处理器的结构，另一种则是以总线为中心的面向总线的结构。对于面向处理器的结构，虽然可以根据处理器的特点来进行整个系统的设计，使处理效率达到最优，但是在通用性、兼容性等诸多方面却不如面向总线的结构。

2.1.2 总线的类别

总线的类别很多。按其传送数据的方式可分为串行总线和并行总线；按应用的场合可分为芯片总线、板内总线、机箱总线、设备互连总线、现场总线及网络总线等；按用途可分为计算机总线、外设总线和控制系统总线；按总线的作用域可分为全局总线和本地总线；按标准化程度可分为标准总线和非标准（专用）总线等。

计算机中的总线可分为内部总线和外部总线。内部总线是计算机内部功能模板之间进行通信的总线，它按功能又可分为数据总线、地址总线、控制总线和电源总线 4 部分，每种型号的计算机都有自身的内部总线。外部总线是计算机与计算机之间或计算机与其他智能设备之间进行通信的连线，又称为通信总线。常用的外部总线有 IEEE－481 并行总线和 RS－232C 串行总线。如果数据在信号线上是以位为单位进行传输，则称为串行总线；如果数据在信号线上是以字节甚至多个字节为单位进行传输，则称为并行总线。

下面介绍计算机内部总线的功能。总线结构示意图如图 2–1 所示。

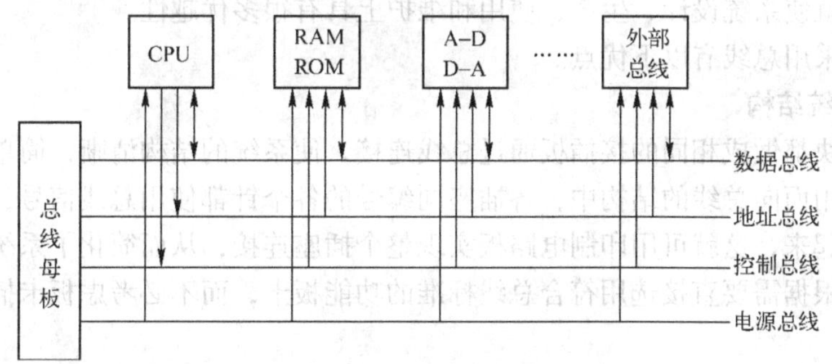

图 2–1　总线结构示意图

1. 数据总线

数据总线用于 CPU 与其他部件之间传送信息（数据和指令代码）。具有三态（高阻、“1”和“0”）控制功能，而且是双向传输的，即 CPU 通过数据总线可以接收来自其他部件的信息，也可以通过数据总线向其他部件发送信息。如 ISA 总线数据线是 16 位，PCI 总线是 32 位或 64 位。数据线的宽度表示了总线数据传输的能力，反映了总线的性能。

2. 地址总线

地址总线用来传送 CPU 要访问的存储单元或 I/O 接口地址信号。地址信号一般由 CPU 发往其他芯片，属于单向总线，但也具有三态控制功能。

地址总线的数据位数决定了该总线构成的微机系统的寻址能力。例如，ISA 总线有 24 位地址线，可寻址到 16 MB，PCI 总线有 32 位地址线，可寻址到 4 GB。地址总线的宽度视

CPU 所能直接访问的存储空间的容量而定。

3. 控制总线

控制总线用于传输控制命令和状态信息。根据不同的使用条件，控制总线有的为单向，有的为双向；有的为三态，有的为非三态。

控制总线用于传送控制信息、时序信息和状态信息。比如，I/O 读写信号、存储器读写信号和中断信号等。控制总线是最能体现总线特色的信号线，它决定总线功能的强弱和适应性。

4. 电源线与地线

电源线与地线为挂在总线上的模块或设备提供电能以及电流通路。电源的区别在一定程度上也体现了总线标准的特色。例如，ISA 采用 +12 V 和 +5 V，PCI 采用 +5 V 和 +3 V。一般来说，越是先进的总线标准，采用的电压越低。

通常，微机系统总线都做成多个插槽的形式，各插槽相同的引脚通过总线连在一起。总线接口引脚的定义、传输速率的设定、驱动能力的限制、信号电平的规定、时序的安排以及信息格式的约定等，都有统一的标准。外部总线则使用标准的接口插头，其结构和通信规约也是标准的。

2.1.3 采用总线的优点

总线是联系计算机及控制设备的纽带。由于总线中每一条线、每一个信号都有严格的定义，因此总线标准就是系统的结构法规。一旦选中某种总线，任何厂家和用户都要严格遵守这个法规，这就使系统设计、生产、使用和维护上具有很多优越性。

概括起来采用总线有以下优点。

1. 简化系统结构

所有的模块都做成相同的接插板通过总线连接，使系统的结构清晰，简单明了，节省了连接线。在采用面向总线的结构中，各插座同编号的各个针都使用总线信号，因而可用短接线把它们连接起来，这就可用印制电路板实现整个插座连接，从而简化了系统的设计和制造工序，用户可根据需要直接选用符合总线标准的功能板卡，而不必考虑板卡插件之间的匹配和兼容问题。

2. 简化硬件与软件的设计

由于面向总线的结构中总线是严格定义的，挂在总线上的模块或设备只需满足总线标准并辅以相应的软件即可正常工作。因此，可以分别对各个模块或设备进行设计，而无须考虑其他模块或设备。

采用面向总线标准的结构设计，使系统结构简化。根据系统的总体性能，将其分为若干个功能子系统或功能模块，利用总线将这些功能模块联系起来，按一定的规约协调工作，使系统的结构紧凑、简洁。由于硬件是积木式接插件结构，也给整个软件设计带来了特有的模块性，每一块插件在系统中仅与总线打交道，从而使硬件的调试简单，调试周期短，节省工时。加之模块化程序设计可供多个用户重复使用，提高了效率，降低了成本，缩短了研制周期。

3. 便于系统的扩充与更新

由于总线的标准具有国际性，规范是公开的，因此各国厂商都可根据市场的需要，设计生产符合某总线标准的功能模块和配套软件。如果要扩充规模，只需往总线上多插几块同类型的插件；如果要变换功能，用户只需选择相应的功能板卡插在总线插槽上即可构成新的系统，无须重新设计；如果要扩充新功能，只要根据总线标准，设计制造新的模块即可。随着电子技术的发展，产品的更新换代是必然的；如果采用总线结构，在要提高产品性能时，只要更换新型器件，不必对系统做出大的更改，有时只需更换个别模块即可。

4. 便于组织生产，提高产品质量，降低产品造价

由于采用总线的系统产品模块化，各模块间可通过总线规约进行联系。又由于各模块有一定的独立性，这就可组织专业化生产，使产品的性能和质量得到进一步提高。模块的单一性又可简化调试设备，降低对调试工人的技术要求，便于组织大规模生产，降低产品的造价。接插板由多个厂家生产，用户有了选择的余地，并能选到最优的产品，从而有利于产品的更新换代。

5. 可维护性好

采用总线标准模块化设计的产品，一般都有较好的诊断软件，很容易诊断到模块级的故障，因此，一旦发现故障可立即更换模块，系统很快就可修复。

2.1.4 总线标准

1. 总线标准的含义

总线是计算机系统的组成基础和重要资源，是联系计算机内部各部分资源的高速公路。因此，计算机系统中总线结构性能的好坏、速度的高低和总线结构的优化合理程度将直接影响到计算机的性能。总线标准的建立对计算机应用和普及是至关重要的。

总线上的各个单元，如芯片之间、扩展卡之间以及系统之间，如果要进行正确的连接与传输信息，就应遵守协议与规范，这些协议与规定称为总线标准。总线标准包括：各个信号线的功能定义、总线工作的时钟频率、总线系统的结构、总线仲裁机构与配置机构、信号的逻辑电平、时序要求、电路驱动能力、抗干扰能力、机械规范（包括接插件的几何形状与尺寸）和实施总线协议的驱动与管理程序。

为了有效、可靠地进行各种信息交换而对总线信号传送规则及传送信号的物理介质所做的一系列物理规定称为总线规约，某一标准化组织批准或推荐的总线规约称为某种总线标准。

计算机中使用的总线标准有两类，一类是由 IEC（国际电工委员会）和 IEEE（美国电气与电子工程师协会）制订的总线标准，如 S-100 总线、STD 总线、MultiBus 总线、VMESCSI 总线等。这类标准的特点是通用性、兼容性、可扩展性和适应能力很强，适用于各类 CPU 系统，世界上许多厂商均支持这些标准。第二类是各大计算机厂商，如 IBM、Intel、Microsoft、HP、Google、Apple 等对自己生产的计算机或兼容机系统联合推出了自己的总线标准，这些标准因计算机的大量推广而普及，并成为事实上的国际标准。许多外部设备提供商和兼容机生产厂商都遵循这些标准，使这类标准与国际标准有同等的作用，最典型的是 IBM PC-XT 总线、PC 总线、ISA 总线、PCI 总线等。

2. 常用的总线标准

（1）ISA 总线

ISA（Industry Standard Architecture）总线是 IBM 公司 1984 年为推出 PC/AT 机而建立的

系统总线标准，所以也叫 AT 总线，它是对 XT 总线的扩展，以适应 8 位或 16 位数据总线要求。

ISA 总线的主要特点是：它有比 XT 总线更强的支持能力，是一种多主控（Multi Master）总线，可支持 8 种类型的总线周期。

ISA 总线共包含 98 根信号线，它们是在原 XT 总线 62 线的基础上再扩充 36 线而形成的。其扩充卡插头插槽也由两部分组成：一部分是原 XT 总线的 62 线插头插槽（分 A、B 两面，每面 31 线）；另一部分是新增加的 36 线插头插槽（分 C、D 两面，每面 18 线），新增的 36 线与原有的 62 线之间由一个凹槽隔开。

ISA 总线共有 16 条数据线，24 条地址线（寻址空间为 16 MB），总线时钟频率为 8 MHz，总线最大传输速率为 16 MB/s，采用半同步的工作方式。

现在的个人计算机主板上基本不再提供 ISA 扩展槽。

（2）PCI 总线

PCI（Peripheral Component Interconnect）是计算机外部设备互连的意思。它于 1992 年由 Intel 公司发布，很快就成为了商用计算机的总线标准。发展至今，PCI 实际上已经不是一个简单的总线标准，而是一类标准。

PCI 总线的提出极大地扩展了 PC 的数据传输能力，使 PC 对高速外设，如图形显示器、硬盘等，的支持能力极大提高，它是目前各种总线标准中定义最完善、性能价格比最高的一种总线标准，除在 PC 中广泛应用和普及外，在小型工作站等高档计算机中也得到日益推广。

归纳起来，PCI 总线具有以下特点：总线传输速率高，可达 528MB/s，不受处理器限制，兼容性强，具有自动配置功能，支持即插即用，高性能价格比，是立足现在放眼未来的标准。

PCI 总线的接口芯片将大量系统功能高度集成，节省了逻辑电路，耗用较小的电路板空间，使成本降低。PCI 总线采用地址/数据总线复用方式，接口引脚数减至 50 以下。

PCI 局部总线既迎合了当今的技术要求，又能满足未来的发展需要，是计算机界公认的最具发展前景的局部总线标准。PCI 总线的高性能、高效率及与现有总线标准的兼容性和充裕的发展潜力，是其他总线不可及的。

图 2-2 是某型号计算机主板上的 PCI 和 ISA 插槽示意图。其中有 5 个短白色的 PCI 扩展槽，2 个长黑色的 ISA 扩展槽。

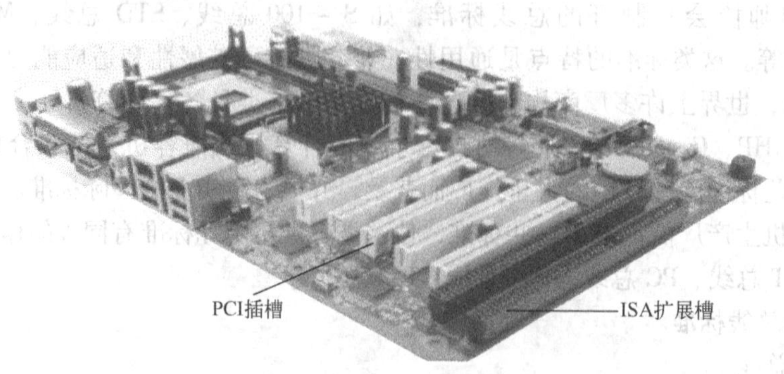

图 2-2　计算机主板上的 PCI 和 ISA 插槽示意图

2.2 I/O 接口

微机接口技术是采用硬件与软件相结合的方法，使微处理器与外部设备进行最佳的匹配，实现 CPU 与外部设备之间的高效、可靠的信息交换的一门技术。

所谓接口，就是微处理器与外部连接的部件，是 CPU 与外部设备进行消息交换的中转站。如源程序或数据要通过接口从输入设备送入计算机，运算结果要通过接口向输出设备送出；控制命令通过接口发出，现场状态通过接口取进来等。

所谓标准接口，就是指明确定义了几何尺寸、信号功能、信号电平等的接口。有了标准接口，可以使不同类型、不同生产厂家的数据终端和数据通信设备之间方便地进行通信。

接口技术是工业实时控制、数据采集中非常重要的微机应用技术，它可实现 CPU 与存储器、I/O 设备、控制设备、测量设备、通信设备、A-D、D-A 转换器等的信息交换。

2.2.1 I/O 设备与 I/O 接口

1. I/O 设备

外部设备是微机系统的重要组成部分。首先，任何计算机必须有一条接受程序和数据的通道，才能接收外界的信息来进行处理，这就必须有输入设备，如键盘、操纵杆、鼠标、光笔、触摸屏和扫描仪等。而处理的结果还必须送给要求进行信息处理的人或设备，才能为人或设备所利用，这就必须有输出设备，如 CRT 显示终端、打印机和绘图仪等。为了将计算机应用于数据采集、参数检测和实时控制等领域，必须向计算机输入反映控制对象的状态和变化的信息，经过中央处理器处理后，再向控制对象输出控制信息。这些输入信息和输出信息的表现形式是千差万别的，可能是开关量或数字量，更可能是各种不同性质的模拟量，如温度、湿度、压力、流量和浓度等，因此需要把各种传感器和执行机构与微处理器或微机连接起来。所有这些设备统称为外部设备或输入/输出设备，即 I/O 设备。

由于计算机的外部设备品种繁多，几乎都采用了机电传动设备，因此，CPU 在与 I/O 设备进行数据交换时存在以下问题。

1）速度不匹配。I/O 设备的工作速度一般要比 CPU 慢很多，而且由于种类不同，它们之间的速度差异也很大，例如硬盘的传输速度就要比打印机快很多。

2）时序不匹配。各个 I/O 设备都有自己的定时控制电路，以自己的速度传输数据，无法与 CPU 的时序取得统一。

3）信息格式不匹配。不同的 I/O 设备存储和处理信息的格式不同，例如可以分为串行和并行两种；也可以分为二进制格式、ASCII 编码和 BCD 编码等。

4）信息类型不匹配。不同 I/O 设备采用的信号类型不同，有些是数字信号，有些是模拟信号，因此所采用的处理方式也不同。

基于以上原因，I/O 设备一般不和微机内部直接相连，而是必须通过 I/O 接口与微机内部进行信息交换。接口的主要作用就是为了解决计算机与外部设备连接时存在的各种矛盾。

2. I/O 接口与接口电路

接口技术是把由处理器、存储器等组成的基本系统与外部设备连接起来，从而实现计算机与外部设备通信的一门技术。处理器通过总线与接口电路连接，接口电路再与外部设备连接，因此 CPU 总是通过接口与外部设备发生联系。微机的应用是随着外部设备的不断更新和接口技术的不断发展而深入到各个领域的，因此接口技术是组成任何实用微机系统的关键技术，任何微机应用开发工作都离不开接口的设计、选用和连接。实际上，任何一个微机应用系统的研制和设计，主要就是微机接口的研制和设计，需要设计的硬件是一些接口电路，所要编写的软件是控制这些电路按要求工作的驱动程序。因此，微机接口技术是一种用软件和硬件综合来完成某一特定任务的技术，掌握微机接口技术已成为当代科技和工程技术人员应用微机必不可少的基本技能。

接口可以抽象地定义为一个部件（Unit）或一台设备（Device）与周围环境的理想分界面。这个假设的分界面切断该部件或设备与周围环境的一切联系，当一个组件或设备与外界环境进行任何信息交换和传输时，必须通过这个假想的分界面，通常称这个分界面为接口(Interface)。

为了使组件与组件之间以及设备之间进行有效和可靠的信息交换及传输，必须选用和设计合适的接口电路。

接口是计算机系统中一个部件与另一些部件的相互联系，它是系统各部分之间进行信息交换的桥梁。我们知道，在计算机系统内各部件之间或计算机与外设之间，或更一般的智能设备与智能设备之间的联系实际上都是部件与总线的联系，这样，接口又可定义为部件(此处部件所指小至单一元件，大至一个智能系统）与某一具体总线之间的一切联系，介于该部件与总线之间为实现这种联系所必需的全部电路称为接口电路。接口电路的作用就是将来自外部设备的数据信号传送给 CPU，CPU 对数据进行适当的加工后再通过接口传回外部设备，所以接口电路的基本功能就是对数据传送控制。

图 2-3 中给出了几种常用接口。其中接口 1 为程序存储器 ROM 接口，接口 2 为数据存储器 RAM 接口；接口 3 为打印机接口，接口 4 为显示器接口；接口 5 为键盘接口；接口 6 为系统间接口（如 RS -232C 串行接口）。

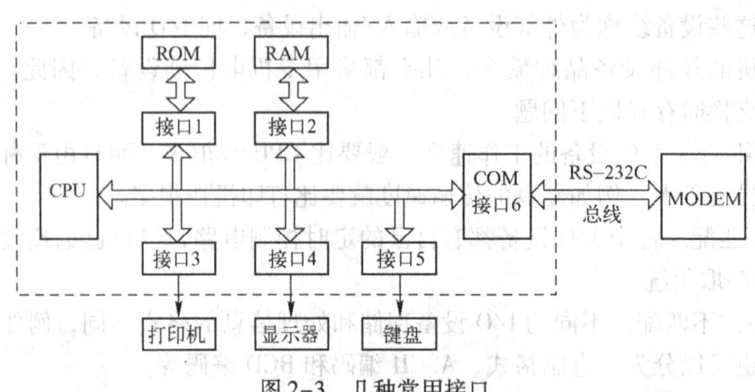

图 2-3　几种常用接口

2.2.2　接口信息与接口地址

1. 接口信息

计算机系统与 I/O 外部设备之间交换信息通常需要以下一些接口信息。

（1）数据信息

在计算机中，数据一般有 8 位、16 位、32 位、64 位等，大致可以分为 3 种基本类型：

数字量（常见的有键盘、打印机、显示器等）数据、模拟量（如温度、压力、声音等）数据、开关量（如电动机起停控制、开关断开与闭合等）数据。计算机与外部设备之间的数据传送主要有并行传送（如打印机等）和串行传送（如键盘、异步通信口等）两种传送方式。

（2）状态信息

状态信息反映了当前外设或接口本身所处的工作状态。计算机在输入与输出过程中，外部设备的数据是否准备好，外部设备是否准备好接收数据等，都要通过一定的数据量来表示，才能实现计算机与外部设备之间的正确“握手”。常见的状态信息有“空”、“满”、“准备好”、“忙”、“不忙”等。一般来说，不同的外部设备其状态信息的数量和类别有很大的差异。

（3）控制信息

控制信息主要是指启动、停止外部设备之类的接口信息。CPU 通过发送控制信息控制外设的工作。

数据、状态、控制信息是不同性质的接口信息，一般要用不同的端口地址分别传送，如图 2-4 所示。

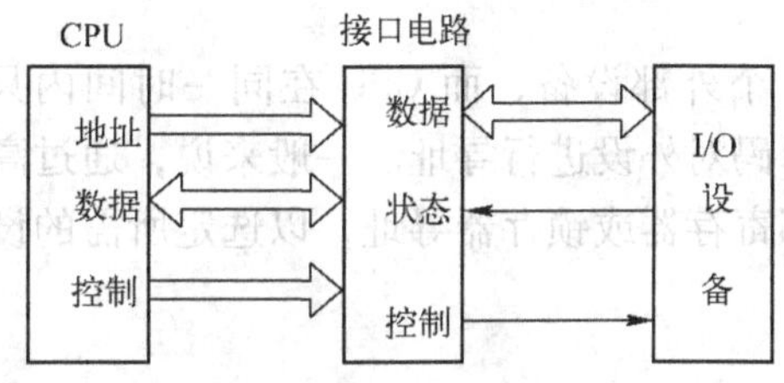

图 2-4　接口信息传送端口

2. 接口地址

CPU 要和 I/O 设备进行数据传送，在接口中就必须有一些寄存器或特定的硬件电路供 CPU 直接存取访问，这就是接口电路。为了区分不同的接口电路，也必须像存储器一样给它们编号，这就是接口电路的地址，这样 CPU 就可以像访问存储单元一样按地址访问这些接口电路，从而与外设发生联系。一个接口电路中根据需要可能有多个存储器，如数据寄存器、状态寄存器和命令寄存器等，为了区别它们，也给予不同的地址，以便 CPU 能正确找到它们。为了将这些地址和存储器地址区别开，称它们为接口地址。CPU 通过这些地址向接口电路中的寄存器发送命令，读取状态和传送数据。

有时也将上述接口中可被 CPU 直接访问的一些寄存器称为端口。一个接口常有几个端口，如数据端口、状态端口、命令端口等，每个端口的地址叫做端口地址，如何实现对这些接口地址、端口地址的访问，就是 I/O 地址的寻址问题。

在接口电路中，一般一个端口对应一个寄存器，也可以一个端口对应多个寄存器，此时由内部控制逻辑根据程序指定的 I/O 端口地址和数据标志位选择不同的寄存器进行读/写等操作。因此，CPU 在访问这些寄存器时，只需指明它们的端口，不需指出是什么寄存器。我们在输入/输出程序中，也只看到端口，而看不到相应的具体寄存器。也就是说，访问端口就是访问接口电路中的寄存器。这些端口可以是输入端口，也可以是输出端口，还可以是双向端口。端口寄存器或部分端口线与I/O设备直接相连，完成数据、状态及控制信息的交换。这样，I/O操作实质上转化为对I/O端口的操作，即CPU所访问的是与I/O设备相关的端口，而不是I/O设备本身。对I/O端口的访问，则取决于I/O端口的编址方式，即I/O编址。常用的编址方式主要有I/O端口与存储器统一编址和I/O端口与存储器分开独立编址。

2.2.3 I/O接口的功能

接口的基本功能就是根据CPU的要求对外设进行管理与控制，实现信号逻辑及工作时序的转换，保证CPU与外设之间能进行可靠有效的信息交换。

具体来说，接口部件应该具有以下功能。

1. 数据缓冲功能

计算机的工作速度很快，过程通道和外部设备的工作速度相比则是比较慢的，为了避免因速度不一致而丢失数据，利用接口电路进行数据缓冲，协调两者的工作。接口电路设置有数据寄存器或者锁存器，以解决高速的主机与低速的外设之间的速度匹配问题。计算机工作时从寄存器取数据，而寄存器数据是由外部电路或计算机定时刷新，所以计算机的工作不受寄存器数据和外部电路影响。

2. 设备选择功能

一个接口往往会连接多个外部设备，而CPU在同一时间内只能与一台外设交换信息，因此需要通过接口的地址译码对外设进行寻址。一般来说，通过高位地址产生外设的片选信号，低位地址作为芯片内部寄存器或锁存器寻址，以选定所需的设备，只有被选中的设备才能与CPU交换数据信息。

3. 信号转换功能

由于外部设备所需的控制信号和所能提供的状态信号与计算机能识别的信号往往是不一致的，因此连接不同公司生产的芯片时，进行信号之间的转换是不可避免的。信号的转换包括：时序的配合、电平的转换、信号类型的转换（模拟量变数字量或数字量变模拟量）、数据格式的转换（并行变串行或串行变并行）等。

4. 提供信息交换的握手信号

CPU对外设的各种命令和数据都是以代码的形式发送到接口电路，再由接口电路解读后，形成一系列控制信号去控制外设。为了CPU与外设之间的联络，接口电路要提供寄存器或锁存器“空”、“满”、“准备好”、“忙”、“不忙”等状态信息，以便程序能够了解是否可以发送数据到外设或从外设读取数据。

5. 驱动功能

由于计算机总线的信号驱动能力有限，当要连接多台外部设备时，总线资源可能不够。利用接口电路可以提高总线的负载能力，使一个接口与多台外部设备相连接，充分利用计算机的硬件资源。

6. 中断管理功能

当外部设备需要及时得到计算机的服务时，特别是一些需要随机与CPU交换信息的外设，就要求接口设备具有中断控制管理功能。此时，接口为CPU处理有关中断事务，如提出中断请求，中断优先级排队，提供中断向量等。这样既提高了计算机对外部的响应速度，又使CPU与外部设备能并行工作，从而提高了CPU的效率。

7. 可编程功能

可编程是指用程序来改变接口的工作方式。目前大多数接口芯片是可编程的，这样在不改动硬件电路的情况下通过修改接口驱动程序就可以改变接口的工作方式，从而大大增强了接口的灵活性和适应性，使接口向智能化方向发展。

总之，I/O 接口的功能就是完成数据、地址和控制三条总线的转换和连接任务。当然并非所有接口电路都同时具备以上功能，需根据完成的任务而定。

2.2.4 接口的分类

1. 按接口的功能划分

1）人机对话接口。这类接口主要为操作者与计算机之间的信息交换服务，如键盘接口、显示器接口、图形设备接口和语音输入输出接口等。

2）过程控制接口（I/O 接口）。这类接口是对生产过程进行检测与控制的接口。它一般包括传感器接口和控制接口两部分，前者输入各种外界信息，以实现对生产过程的检测，后者输出经计算机处理后的控制信号，以实现对生产过程的控制。所以过程控制接口是计算机应用于控制系统的关键部分。

3）通用外设接口（标准接口）。这类接口是通用外设（如打印机、磁盘机、绘图仪等）与计算机之间的接口。

图 2-5 是某型号个人计算机后面板上提供的外设接口示意图。

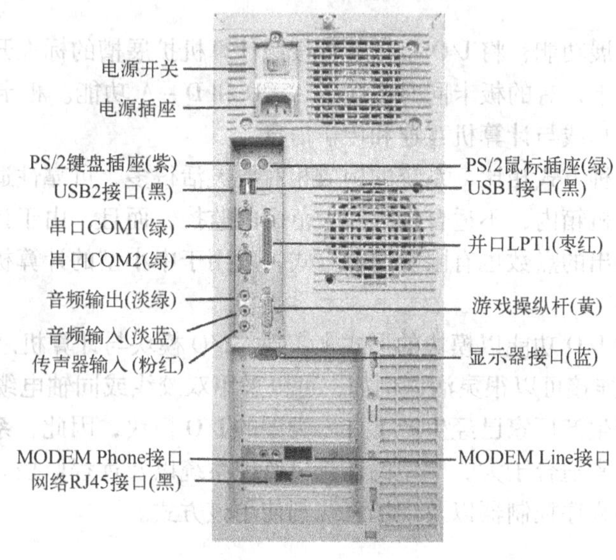

图 2-5　个人计算机的外设接口示意图

2. 按接口与总线的关系划分

接口是某一部件与总线的联系，它与总线密切相关。

1）元件级接口。元件级接口是计算机系统内部某一具体元件，如存储器、定时器、中断控制器等，与内部总线之间的联系。元件级接口是接口电路的基本部分，任何接口都必须涉及元件级接口，因为它是实现各种接口电路的基础。

2）插板级接口。插板级接口又称为系统内接口，它是系统某一部分与系统内总线之间的一切联系，如键盘接口、显示器接口、打印机接口、磁盘驱动器接口等，这种接口都比较复杂。

3）系统间接口。系统间接口又称为通信接口，是计算机系统与另外一系统或智能设备之间的联系，因这种联系就是数据的通信联系，故常称之为通信接口。数据信息都是通过总线传输的，因此通信接口是一种总线与另一种总线之间的接口，即计算机系统总线与通信总线之间的接口。如 RS－232C 接口、IEEE－488 接口、USB 接口等。

此外，按照信息的流向可以将接口分为输入接口和输出接口；按照接口与外设交换信息的方式可以将接口分为并行接口和串行接口等。

2.2.5 I/O 接口的实现方式

计算机控制系统的结构形式多种多样，相应的 I/O 接口装置也各不相同，归纳起来基本上有以下 3 种形式。

1. 整体方式

将控制系统制作成一个独立的装置，在这种方式中，计算机（CPU）与 I/O 接口是安装在同一块印制电路板上的，例如，用单片机开发的系统。这种方式的特点是体积小、重量轻，成本也比较低。由于接口装置与 CPU 是放在一起的，一旦系统开发完成，就不能轻易改变。这种方式一般用于小型的计算机控制系统，特别是嵌入式系统中。

2. 板卡方式

利用计算机的扩展功能，将 I/O 接口装置按照计算机扩展槽的标准开发，并根据实际需要制成多种类型的板卡，有的板卡同时包含了 A－D 和 D－A 功能。板卡直接插在个人计算机的扩展槽上，通过总线与计算机互连和传输信息。

这种方式与前一种方式相比，系统的构成相对要灵活得多，可靠性适中。但是，由于所有的板卡都插在一个机箱内，不适合远程和大范围的监控，而且，由于计算机插槽的数目也有限，因此输入、输出的点数也有限。这种方式一般用于中小型的计算机监控系统。

3. 模块方式

这种方式将各种 I/O 功能以模块的形式来实现。I/O 模块与计算机之间以及 I/O 模块与 I/O 模块之间的物理连接可以很灵活，例如，可以采用双绞线或同轴电缆连接，也可以采用并行总线连接。由于生产厂家已经生产了许多类型的 I/O 模块，因此，系统的构成与扩充非常方便。这种方式非常适合于大、中型的计算机监控系统以及远程监控。目前，无论是集散控制系统，还是可编程序控制器以及现场总线都使用该方式。

2.3 过程通道

2.3.1 过程通道的含义

过程通道是计算机控制系统中计算机与被监控过程的现场设备之间的物理信息通道。如果将计算机控制系统视为一个人体系统，计算机就类似于人体的大脑，它接收外部信息，并对接收到的信息进行加工处理；而输入通道就类似于人体的五官，其作用是获取外部信息并传输给计算机处理；输出通道就类似于人体的四肢，用于完成执行计算机处理信息后得出的命令或结果。这样，在计算机和生产过程之间就需要建立一种能对现场设备信息进行传递和变换的连接装置，这种连接装置就称为输入、输出过程通道，即从现场设备（传感器、变送器等）到计算机（主要指 CPU）或从计算机到现场设备（执行机构）的物理信息通道。输入通道的作用是将传感器或变送器的电流/电压信号转换为计算机可以识别的数字信号。输出通道的作用则是将计算机输出的数字信号转换为可直接推动执行机构的电气信号。输入、输出通道技术属于计算机接口技术的一部分，它是计算机控制系统的重要组成部分。

工业过程通道实现计算机信号和工业现场信号的互联与转换，是工业生产过程实现自动控制的输入、输出通道。工业过程通道有过程通道板卡、过程通道子系统和远程 I/O 三种基本形式。目前，使用最多的仍然是过程通道板卡，其次是远程 I/O 模块。

无论是何种形式的过程通道，都应具备模拟量输入/输出、数字量输入/输出、脉冲量输入/输出和中断量输入等基本功能。

2.3.2 过程通道的模式

根据目前计算机控制技术的情况，将过程通道大致归纳为图 2-6 和图 2-7 两种模式。

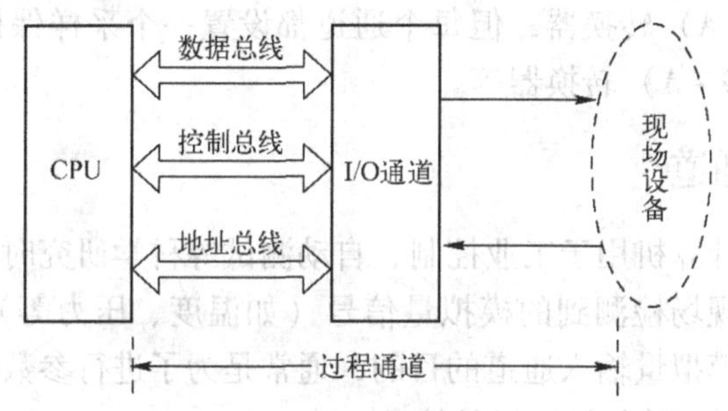

图 2-6 过程通道模式 1

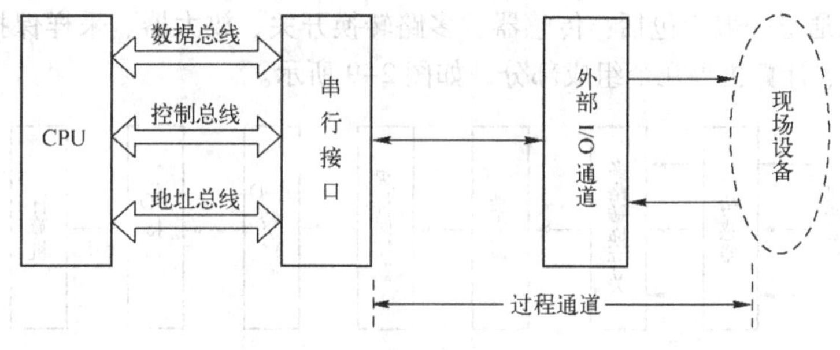

图 2-7 过程通道模式 2

对于图 2-6 所示的模式，I/O 通道往往是做成一块板卡，插在个人计算机的扩展槽上，或者直接与 CPU 做在一块板上；而对于图 2-7 所示的模式，I/O 通道就不直接与 CPU 相连。这时的 I/O 通道往往做成模块的形式，其作用是将现场的信号采样后转换为数字信号，然后再转换为串行通信格式与计算机通信，或者是将计算机串行通信的数据格式转换为现场所需的信号形式。

如果将 I/O 通道进一步细化，则一个计算机控制系统的 I/O 通道结构模式如图 2-8 所示。其中多路模拟开关、采样保持器（S/H）、A－D 转换器、接口 1 组成输入通道；而接口 2、D－A 转换器、多路模拟开关、S/H 组成输出通道。

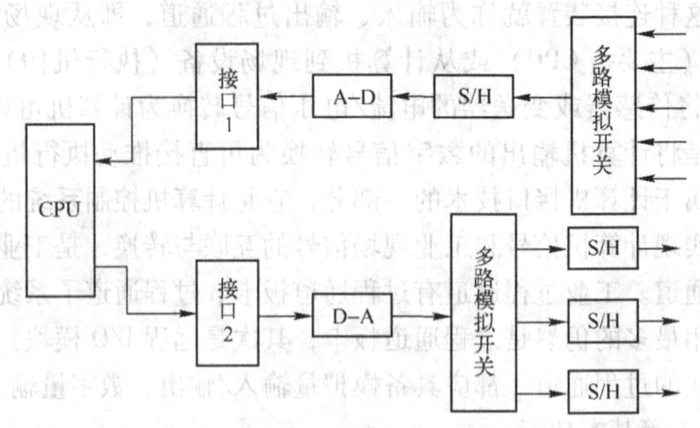

图 2-8　I/O 通道结构模式

需要说明的是，图 2-8 这种通道结构模式并不是唯一的，可根据实际应用系统的需要加以调整。例如，每个通道都设置一个 A－D（或 D－A）转换器和采样保持器；多个通道共用一个 A－D（或 D－A）转换器，但每个通道都设置一个采样保持器；多个通道共用采样保持器和 A－D（或 D－A）转换器等。

2.3.3　模拟量输入通道

模拟量输入通道是计算机用于工业控制、自动测试等科学研究时必需的模拟数据处理系统。它把各类传感器从现场检测到的模拟量信号（如温度、压力等）转换成计算机可以接收的数字量信号。建立模拟量输入通道的目的，通常是为了进行参数测量或数据采集。它的核心部件是 A－D 转换器和其与计算机的接口。

1. 模拟量输入通道的基本结构

模拟量输入通道一般应包括：传感器、多路转换开关、放大器、采样保持器、A－D 转换器、I/O 接口、计算机等几个组成部分，如图 2-9 所示。

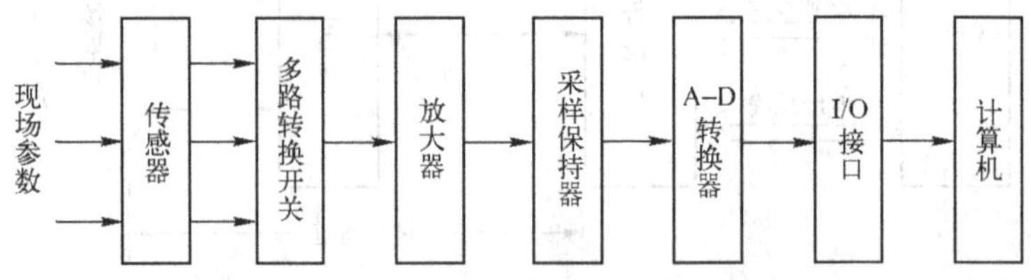

图 2-9　模拟量输入通道结构框图

（1）传感器

传感器是将现场待检测的物理量转换为电压或电流信号的器件。

（2）多路转换开关

在微机控制系统中，经常需要有多路或多参数的测量和控制。如果每一路都采用各自的输入回路，即每一路都采用采样保持、放大及 A－D 转换等环节，不仅成本增加，而且导致系统体积庞大，结构复杂，可靠性差。因此，除特殊情况下采用独立放大的 A－D 或 D－A

转换电路外，通常都采用公共的采样保持及 A－D 转换电路。而要实现这种设计，往往采用多路转换开关。

多路转换开关主要用做信号的切换，能在某一时刻接通某一路，让该路信号输入而让其他各路断开，从而达到信号切换的目的，并使一台微机能获取多个回路的测量数据。

由于被检测的模拟信号直接通过多路转换开关，所以开关性能的好坏，直接影响整个控制系统的精度和速度。因此，对多路转换开关的性能要求是：动作速度快、精度高，使用寿命长和具有接近理想开关的特性。

（3）放大器

来自传感器的模拟信号一般都是比较微弱的低电平信号，为了满足 A－D 转换器规定的量程输入，充分利用 A－D 转换器的满刻度分辨率，必须将这种微弱的测量信号放大。此外，大多数 A－D 转换器的输入阻抗较低，对高阻抗信号源的信号进行测量转换时，会产生较大误差，因而需要用放大器来实现阻抗的匹配。

模拟量输入通道中所用的放大器对速度和精度都有较高要求。在许多实际应用中，为了在整个测量范围内获取合适的分辨率，常采用可变增益放大器。在计算机控制系统中，可变增益放大器的增益由计算机的程序控制，称为程控增益放大器。

（4）采样保持器

采样保持器又简称 S/H。对模拟信号进行 A－D 转换时，需要一定的转换时间，在此期间应保持进入 A－D 转换器的输入信号值基本不变，以免 A－D 转换的输出发生差错。这种保持 A－D 转换器转换期间输入信号不变的电路称为采样保持电路。

采样保持器有两种工作方式，即采样方式和保持方式。在采样方式下，采样保持器的输出必须跟踪模拟输入电压；在保持方式下，采样保持器的输出将保持采样命令发出时刻的电压输入值，直到保持命令撤销为止。

集成采样保持器将采样电路、保持器制作在一个芯片上，保持电容器外接，由用户选用。电容的大小与采样频率及要求的采样精度有关，一般采样频率越高，保持电容越小，但此时衰减也越快，精度较差；反之，如果采样频率比较低，但要求精度比较高，则可选用较大电容。

在 A－D 转换过程中，采样保持电路对保证 A－D 转换的精度有重要的作用。

（5）A－D 转换器

A－D 转换器用于将模拟量信号转变成计算机能接收和处理的数字量信号。A－D 转换过程包括采样、量化和编码，其实质是对时间和幅值的离散化。

在工业控制系统和数据采集以及许多其他领域中，A－D 转换器常常是不可缺少的重要部件。A－D 转换器的品种繁多，目前使用较广泛的主要有逐次逼近型、双积分型等类型。其中，逐次逼近型 A－D 转换器易于用集成工艺实现，且具有较高的分辨率和转换速度；双积分型 A－D 转换器电路简单，抗干扰能力强，但转换速度较慢。因此，目前市场上的 A－D 转换器采用逐次逼近型的较多。

2. 模拟量输入通道的结构形式

一般来讲，计算机控制系统是多路模拟量输入通道系统，按 A－D 转换器结构形式可分为共享 A－D 形式和多 A－D 形式。所谓共享 A－D 形式是指所有输入模拟量共用一个 A－D 实现分时模数转换，这种形式结构简单、成本低；多 A－D 形式是指每个输入模拟量分别采用对应的 A－D 转换器实现同时转换，这种形式结构复杂、成本高，但数据采集速度快。在工业控制中，多数系统都是采用共享 A－D 形式，在极特殊的情况下，才采用多 A－D 形式，如对数据采集速度要求极高的系统。

模拟量输入通道按采样保持器可分为共享 S/H 形式和多路 S/H 形式。共享 A－D 和 S/H 形式的模拟量输入通道如图 2-10 所示。

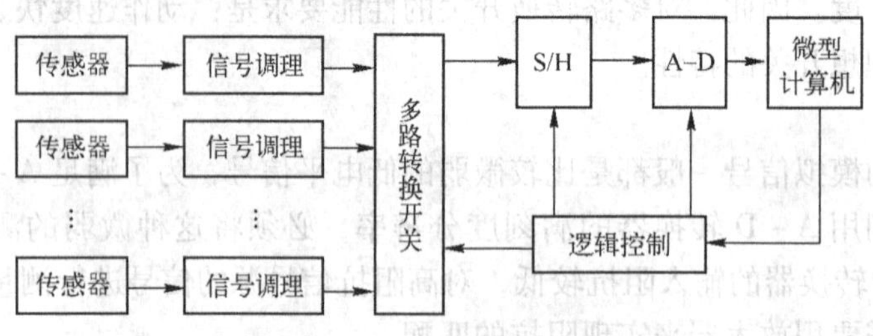

图 2-10　共享 A－D 和 S/H 形式的模拟量输入通道

在这一系统中，被测参数经信号调理，多路转换开关被一个一个地切换到 S/H 和 A－D 转换器进行转换，共享 S/H 和 A－D 形式的模拟量输入通道实现分时采样、分时模数转换。由于各参数是串行输入的，所以转换时间比较长，且采样的各模拟量是不同时刻的数值。但它的最大优点是节省硬件开销，降低了系统成本。这种系统可用于参数变化速度缓慢或被测参数不相关的系统中。当被测参数为几个相关量时，需选用多路 S/H，共享 A－D 形式。

当模拟量输入通道不全部使用时，应将不使用的通道接地，不要使其悬空，以免造成通道间的串扰或损坏通道。

2.3.4　模拟量输出通道

在计算机控制系统中，被采样的过程参数经运算处理后输出控制量，但计算机输出的是数字信号，必须转换为模拟信号才能驱动执行机构工作。众所周知，计算机输出的控制量仅在程序执行瞬时有效，无法被利用，因此，如何把瞬时输出的数字信号保持，并转换为能推动执行机构工作的模拟信号以便可靠地完成对过程的控制作用，就是模拟量输出通道的任务。

模拟量输出通道的作用就是将计算机输出的数字量转换为执行机构能接收的模拟电压或模拟电流，去驱动相应的执行机构，以达到用计算机实现控制的目的。

模拟量输出通道一般应包括：接口电路、D－A 转换器、多路开关、采样保持电路、电压/电流（V/I）变换器等几个组成部分，如图 2-11 所示。

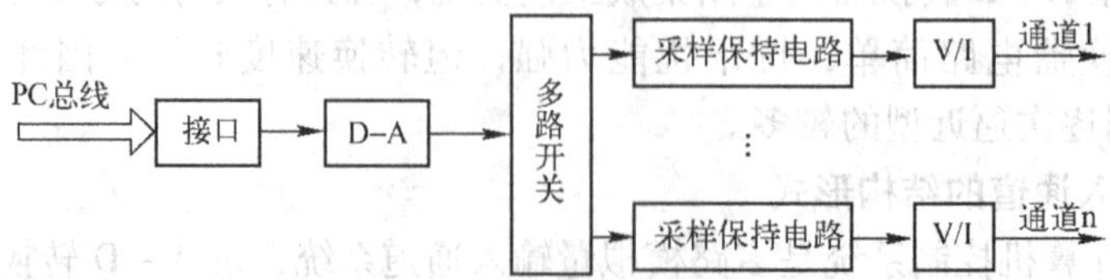

图 2-11　模拟量输出通道结构框图

其中，D－A 转换器将计算机输出的数字量信号转换为模拟量，其特点是：接收、保持和转换数字信息；多路开关有目的地选择一条通路；保持电路将 D－A 转换器输出的离散模拟信号转换为执行机构能接收的连续模拟信号。

这种结构形式的模拟量输出通道由于共用一个 D－A 转换器，所以必须采用分时工作方式，因而实时性及可靠性较差，速度较低，适用于通道数目少且转换速度要求不高的场合，如 DDC 系统。

对于高速控制系统，应采用多路 D－A 输出的形式，每个模拟输出通道都有各自的 D－A 转换器和输出保持器。这种结构形式可靠性高，速度快，即使某一通路出现故障，也不会影响其他通路的工作。但它使用的 D－A 转换器数量较多，结构复杂。

在实现 0～5 V、0～10 V、1～5 V 的直流电压信号到 0～10 mA、4～20 mA 直流电流信号转换时，可直接采用集成 V/I 转换电路来完成。

模拟量输出通道设计需要根据被控对象的通道数及执行机构的类型进行。对于能直接接受数字量的执行机构，可由计算机直接输出数字量，如步进电动机或开关、电气控制系统等。对于只能接受模拟量的执行机构（如电动、气动执行机构，液压伺服机构等），需要用 D－A 转换器把数字量变成模拟量后，再带动执行机构。

模拟量输出通道要注意在工作时不能短路，否则将会造成器件损坏。

2.3.5　数字量输入通道

数字量输入通道的任务主要是将现场输入的数字（开关）信号经转换、保护、滤波、隔离等措施转换成计算机能够接收的逻辑信号。

数字量输入通道在控制系统中主要起以下作用。

1）定时记录生产过程中某些设备的状态，例如电动机是否在运转、阀门是否开启等。

2）对生产过程中某些设备的状态进行检查，以便发现问题进行处理。若有异常，及时向主机发出中断请求信号，申请故障处理，保证生产过程的正常运转。

由于数字信号是计算机直接能接收和处理的信号，所以数字量输入通道比较简单，主要是解决信号的缓冲和锁存问题。因为在多通道的系统中，计算机要处理多路信号，而外部设备的工作速度比较慢，所以需要对各路的信号加以锁存，以便计算机能接收和处理，防止信号的丢失。

数字量输入通道主要由输入接口电路、接口地址译码器以及相关的输入电路组成，如图 2-12 所示。

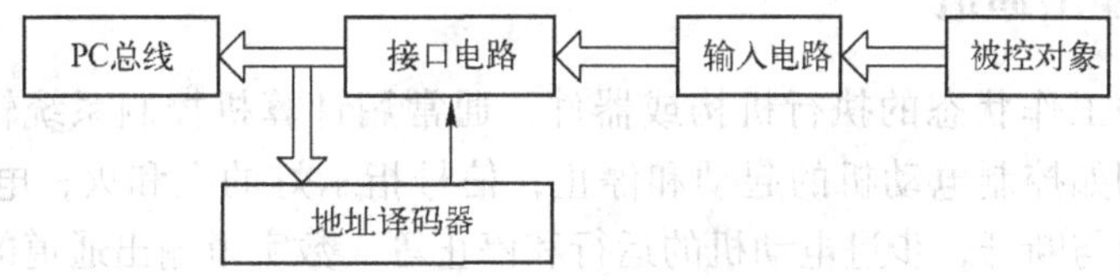

图 2-12　数字量输入通道结构框图

输入电路主要完成对现场数字（开关）信号的滤波、电平转换、隔离和整形等；接口电路是缓冲或选通外部输入的信号，CPU 通过缓冲器读入外部开关量的状态；地址译码器主要完成数字量输入通道的选通和关闭。

采用何种结构的输入电路，取决于输入的数字信号的类型。如果输入信号是 TTL 电平的编码数字，则可从并行口直接输入；如果输入信号是脉冲序列，当脉冲频率不高时，则可采用软件计数，将脉冲信号接到并行接口，用查询方式或中断方式对脉冲计数；当脉冲频率较高时，软件计数来不及处理，则要在通道中加入可编程的定时/计数器 8253。使用定时/计数器 8253 后，计数值可随时读入计算机，而且定时/计数器在被读取计数值的同时仍然能继续计数。如果输入信号是各类开关接通或断开的开关量，则先要将这些开关量转换成 TTL 电平（如“开”对应 0 V,“关”对应 5V 等），经过编码后（如 0V 对应二进制“0”，5V 对应二进制“1”等）才能输入。

一般的机电系统既包括弱电控制部分，又包括强电控制部分，所以工作环境中常常有电磁干扰。为了防止电网电压等对测量回路的损坏，以及电磁等干扰造成的系统不正常运行，需要隔绝电气方面的联系，既实行弱电和强电隔离，又保证系统内部控制信号的联系，使系统工作稳定，保证设备与操作人员的安全。

在计算机控制系统中往往采用光电隔离技术，使计算机与外部输入设备之间只存在光路联系而无电路上的联系。图 2-13 所示为电平转换及光电隔离电路。

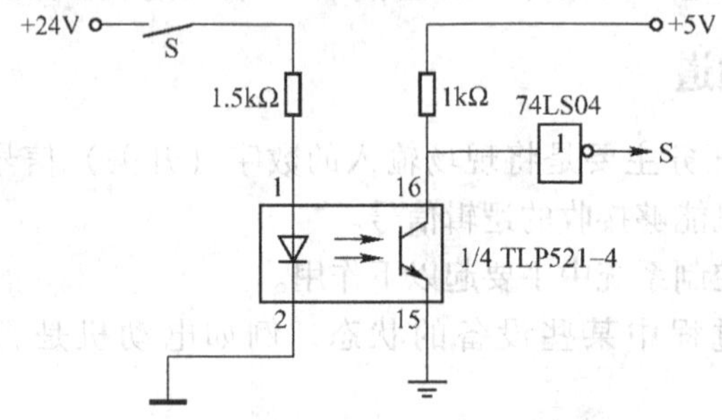

图 2-13　电平转换及光电隔离电路

光电隔离的主要器件是光耦合器。光耦合器是以光为媒介传输信号的电路，发光二极管和光敏晶体管封装在同一个管壳内，发光二极管的作用是将电信号转变为光信号，光敏晶体管接收光信号再将它转变为电信号。光耦合器的特点是：输出信号与输入信号在电气上完全隔离，抗干扰能力强，隔离电压可达千伏以上；无触点，寿命长，可靠性高；响应速度快，易与 TTL 电路配合使用。

2.3.6　数字量输出通道

对于只有两种工作状态的执行机构或器件，通常用计算机控制系统输出数字（开关）量来控制它们，例如控制电动机的起动和停止，信号指示灯的亮和灭，电磁阀的打开与关闭，继电器的接通与断开，步进电动机的运行和停止等。数字量输出通道的任务就是把计算机输出的数字（开关）信号传送给这些执行机构或器件。

数字量输出通道主要由输出锁存器、接口地址译码器以及相应的输出驱动电路组成，如图 2-14 所示。

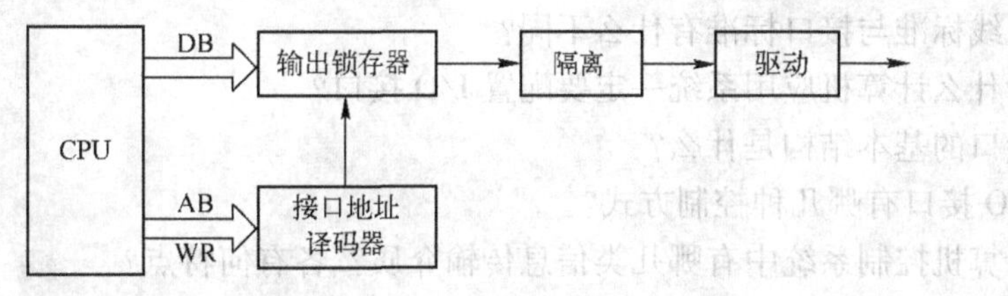

图 2-14　数字量输出通道结构框图

地址译码电路用于产生数字（开关）量输出口地址的锁存命令信号。在数字（开关）量输出电路中，输出的数字（开关）量一般都要锁存，以便受控设备能在下一次输出量到来之前受本次输出数字（开关）量的控制。

驱动被控执行机构不但需要一定的电压，而且需要一定的电流。一般同计算机直接接口的 TTL 电路或 CMOS 电路的驱动能力是有限的，如果执行机构需要较大的驱动电流，就必须在数字量输出通道的末端配接能够提供足够驱动功率的输出驱动电路。

数字量输出隔离的目的在于隔断计算机与执行机构之间的直接电气联系，以防外界电磁场等干扰因素造成执行机构的误动作，甚至导致计算机控制系统本身的损坏。

数字量输出电路中最主要的干扰是来自控制设备起动、停止时的冲击干扰，为避免干扰信号窜入计算机，输出电路往往使用光电隔离技术，切断接口与计算机之间的电气联系，有时还需加入功率放大电路。对于起动、停止负荷不太大的设备，可以用光电隔离来解决干扰问题；对负荷较大的设备，输出电路可采用继电器隔离输出方式，因为继电器触点的带负载能力远远大于光耦合器的带负载能力，它能直接控制强电动力电路。采用继电器作为开关量隔离输出时，在输出锁存器与低电压继电器间要用 OC 门（集电极开路门）作为继电器的驱动器。因此，数字量输出往往有 TTL 电平逻辑信号输出、电子无触点开关输出、继电器输出几种形式。图 2-15 给出两种数字量输出电路。

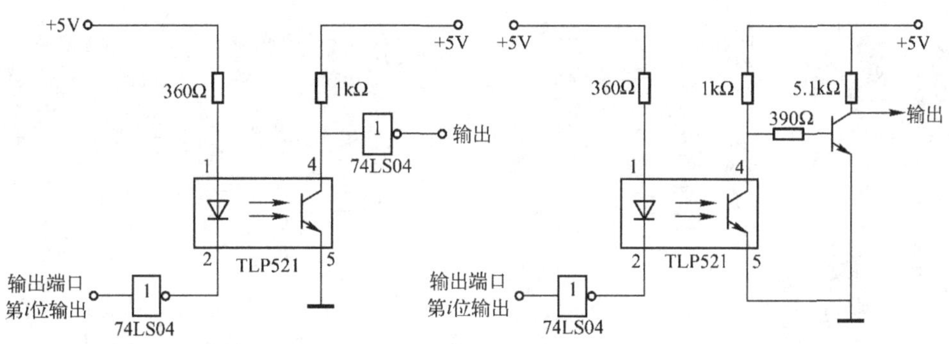

图 2-15　数字量输出电路

习题与思考题

2-1　总线有哪些基本操作？

2-2　总线有哪些性能指标？

2-3　总线标准与接口标准有什么不同？

2-4　为什么计算机应用系统一定要配置 I/O 接口？

2-5　接口的基本结构是什么？

2-6　I/O 接口有哪几种控制方式？

2-7　计算机控制系统中有哪几类信息传输介质？各有何特点？

2-8　查阅文献，了解计算机控制系统中过程通道常用的测控电路（A－D 转换器、D－A 转换器、多路转换开关、采样保持器、程控增益放大器等）的结构和工作原理。

第3章　计算机控制系统常用硬件

硬件是计算机控制系统的躯体，是完成控制任务的物质基础，硬件质量的好坏直接决定了控制系统的工作性能。在计算机控制系统中常用的硬件有传感器、数据采集卡、计算机、智能仪器、PLC以及各种执行机构等，这些硬件在其他课程中已有详细讲述，读者可查阅相关文献和资料。本章只是从应用的角度对计算机控制系统常用硬件加以概述。

3.1 传感器

传感器是一种将各种被测非电信号转换成可用电信号的测量装置或元件。

应当指出，这里所谓的“可用信号”是指便于传输、处理、显示、记录和控制的信号。当今只有电信号满足上述要求，因此，可把传感器狭义地定义为：把非电信号转换成电信号输出的装置。

按照传感器的定义，传感器实际上是一种能量转换器，有时也叫做变换器、换能器或探测器等。

如果将被测的物理量转换为标准的电信号（一般为4～20 mA或1～5 V等），则传感器被称为变送器。

3.1.1 传感器的地位

现代信息技术的三大支柱是信息的采集、传输和处理技术，即传感技术、通信技术和计算机技术，它们分别构成了信息技术系统的“感官”、“神经”和“大脑”。信息采集系统的首要部件是传感器，且置于系统的最前端。在一个现代控制系统中，如果没有传感器，就无法监测与控制表征生产过程中各个环节的各种参量，也就无法实现自动控制。传感器是现代控制技术的基础。

传感器的应用领域主要包括如下几个方面。

1）生产过程的测量与控制。在工农业生产过程中，对温度、压力、流量、位移、液位和气体成分等参量进行检测，从而实现对工作状态的控制。

2）报警与环境保护。传感器可对高温、放射性污染以及粉尘弥漫等恶劣工作条件下的过程参量进行远距离测量与控制，可用于监控、防灾、防盗等方面的报警系统。在环境保护方面可用于对大气与水质污染的监测、放射性与噪声的测量等方面。

3）自动化设备和机器人。传感器可提供各种反馈信息，尤其是传感器与计算机的结合，使生产设备的自动化程度大大提高。现代机器人中大量使用了传感器，其中包括力、扭矩、位移、超声波、转速和射线等传感器。

4）交通运输和资源探测。传感器可用于交通工具、道路和桥梁的管理，以保证运输的效率并防止事故的发生。还可用于陆地与海洋资源探测以及空间环境、气象等方面的监测。

5）医疗卫生和家用电器。利用传感器可实现对患者的自动监测与监护，可进行微量元素的测定、食品卫生检疫等。

3.1.2 常用的传感器

1. 电阻式传感器

电阻式传感器种类繁多，应用广泛。它的基本原理是将被测非电信号的变化转换成电阻的变化。导电材料的电阻不仅与材料的类型、尺寸有关，还与温度、湿度和变形等因素有关。不同导电材料，对同一非电物理量的敏感程度不同，甚至差别很大。因此，利用某种导电材料的电阻对某一非电物理量具有较强的敏感特性，就可制成测量该物理量的电阻式传感器。

常用的电阻传感器有电位器式、电阻应变式、热敏电阻、气敏电阻、光敏电阻、湿敏电阻等。利用电阻传感器可以测量应变、力、位移、荷重、加速度、压力、转矩、温度、湿度、气体成分及浓度等。图 3-1 是电阻应变式荷重传感器产品图。

2. 电容式传感器

电容式传感器是以各种类型的电容器作为敏感元件，将被测物理量的变化转换为电容量的变化，再由测量电路转换为电压、电流或频率的变化，以达到检测的目的。因此，凡是能引起电容量变化的有关非电信号，均可用电容式传感器进行电测变换。

根据变换原理的不同，电容式传感器有变极距型、变面积型、变介质型 3 种。该类传感器不仅能测量荷重、位移、振动、角度、加速度等机械量，还能测量压力、液位、物位、成分含量等热工量。图 3-2 是电容式差压变送器产品图。这种传感器具有结构简单、灵敏度高、动态特性好等一系列优点，在机电控制系统中占有十分重要的地位。

图 3-1 电阻应变式荷重传感器产品图

图 3-2 电容式差压变送器产品图

3. 电感式传感器

电感式传感器是利用线圈自感或互感系数的变化来实现非电信号测量的一种装置。电感式传感器一般分为自感式、互感式和电涡流式 3 大类。习惯上将自感式传感器称为电感式传感器，而互感式传感器由于是利用变压器原理，又往往做成差动式，故常被称为差动变压器式传感器。

电感式传感器能对位移、压力、振动、应变、流量等参数进行测量。它具有结构简单、灵敏度高、输出功率大、输出阻抗小、抗干扰能力强及测量精度高等一系列优点，因此在机电控制领域中得到广泛的应用。它的主要缺点是响应速度较慢，不宜于快速动态测量。图 3-3 是电感式传感器产品图。

图 3-3　电感式传感器（差动式和电涡流式）产品图

4. 压电式传感器

压电式传感器利用某些电介质材料具有压电效应而制成。当有些电介质材料在一定方向上受到外力（压力或拉力）作用而变形时，在其表面上会产生电荷；当外力去掉后，又回到不带电状态，这种将机械能转换成电能的现象，称为压电效应。

压电材料常使用晶体材料，但自然界中多数晶体压电效应太微弱，没有实用价值，只有石英晶体和人工制造的压电陶瓷具有良好的压电效应。压电传感器主要用来测量力、加速度、振动等动态物理量。图 3-4 是压电式力和加速度传感器产品图。

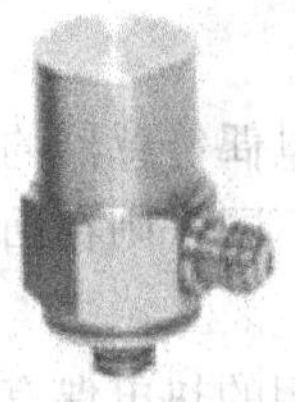

图 3-4　压电式力和加速度传感器产品图

5. 光电式传感器

光电式传感器是将光信号转化为电信号的一种传感器。它的理论基础是光电效应。光电效应大致可分为如下 3 类。

第一类是外光电效应，即在光照射下，能使电子逸出物体表面，利用这种效应做成的器件有真空光电管、光电倍增管等；第二类是内光电效应，即在光线照射下，能使物质的电阻率改变，这类器件包括各类半导体光敏电阻；第三类是光生伏特效应，即在光线作用下，物体内产生电动势的现象，此电动势称为光生电动势，这类器件包括光电池、光敏二极管和光敏晶体管等。

光耦合器是由一个发光元件和一个光敏元件同时封装在一个外壳内组合而成的光电转换元件。它实际上是一个电隔离转换器，具有单向信号传输功能，抗干扰能力强，在控制电路中，经常用于电路隔离、电平转换、噪声抑制等场合。

光电开关是一种利用感光元件对变化的入射光加以接收，进行光电转换，并加以某种形式的放大和控制从而获得最终的控制输出“开”、“关”信号的器件，如图 3-5 所示。光电开关广泛应用于工业控制、自动化包装线及安全装置中作为光控制和光探测装置。可在自动控制系统中用作物体检测、产品计数、料位检测、尺寸控制、安全报警及计算机输入接口等。

图 3-5　光电开关

6. 热电式传感器

热电式传感器主要用来检测温度变化。主要包括热电偶传感器和热电阻传感器。图 3-6 是热电偶传感器产品图。

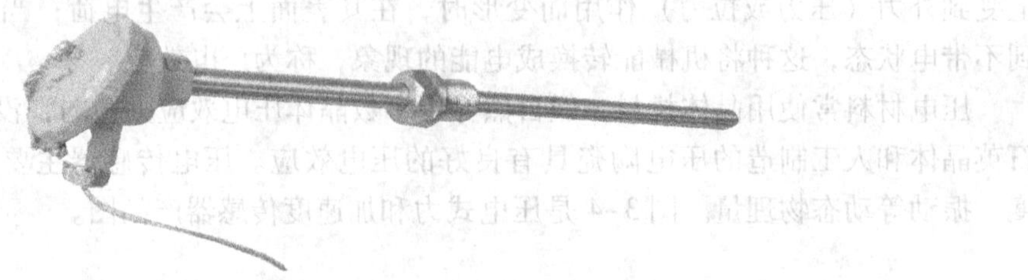

图 3-6　热电偶传感器产品图

热电偶传感器的测温原理是热电效应，即把两种不同金属导体接成闭合回路，如果两接点温度不同，则在回路中就会产生热电动势，这种由于温度不同而产生电动势的现象，称为热电效应。

常用的热电偶有铂铑 10 - 铂（分度号为 S）、镍铬 - 镍硅（分度号为 K）、镍铬 - 铜镍（分度号为 E）等，因为 K 型热电偶稳定性好，价格便宜，因而在工业上广泛应用。

热电阻传感器测温基于热电阻现象，即导体或半导体的电阻率随温度的变化而变化的现象。利用物质的这一特性制成的温度传感器有金属热电阻传感器（简称热电阻）和半导体热电阻传感器（简称热敏电阻）。一般而言，前者温度升高，电阻值变大；后者温度升高，电阻值变小。

在工业上使用最多的热电阻是铂电阻和铜电阻，常用的分度号是 Pt100 和 Cu50。

7. 数字式传感器

机电控制系统对检测技术提出了数字化、高精度、高效率和高可靠性等一系列要求。数字式传感器能满足这种要求。它具有很高的测量精度，易于实现系统的快速化、自动化和数字化，易于与微处理机配合，组成数控系统，在机械工业的生产、自动测量以及机电控制系统中得到广泛的应用。常用的数字式传感器有光栅式、码盘式、磁栅式和感应同步器等。图 3-7 是数字式传感器产品图。

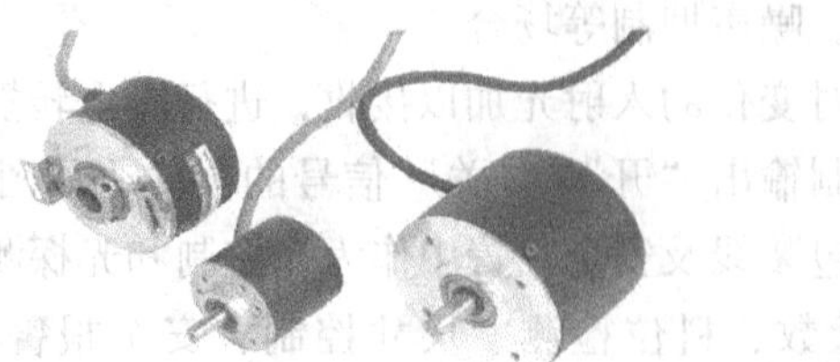

图 3-7　数字式传感器产品图

3.1.3 传感器的选用

现代传感器的原理与结构千差万别，即便对于相同种类的测量对象也可采用不同工作原理的传感器，如何根据具体的测量条件、使用条件以及传感器的性能指标合理地选用传感器是进行某个物理量测量时首先要解决的问题。当传感器确定之后，与之配套的测量方法和测量设备也就可以确定了。测量结果的好坏，在很大程度上取决于传感器的选用是否合理。可以从以下几个方面来选用传感器。

1. 传感器的类型

要进行一个具体的测量工作前，首先要考虑采用何种原理的传感器，这需要分析多方面的因素之后才能确定。因为，即使是测量同一物理量，也有基于不同测量原理的传感器可供选用，哪一种传感器更为合适，则需要根据被测量的特点和传感器的使用条件考虑以下一些具体问题：量程的大小；被测位置对传感器体积的要求；测量方式为接触式还是非接触式；信号的引出方法，有线或是非接触测量；传感器的来源，国产还是进口；价格能否承受；购买还是自行研制等。在考虑了上述问题之后，就能确定选用何种类型的传感器，然后才考虑传感器的具体性能指标。

2. 灵敏度

通常在传感器的线性范围内，希望传感器的灵敏度越高越好。因为只有灵敏度高，被测量变化时所对应的输出信号的值才比较大，有利于信号处理。但要注意的是，传感器的灵敏度高，与被测量无关的外界噪声也容易混入，也会被放大系统放大，影响测量精度。因此，要求传感器本身应具有较高的信噪比，尽量减少从外界引入的干扰信号。传感器的灵敏度是有方向性的，如果被测量是单向量，而且对其方向性要求较高，则应选择方向灵敏度小的传感器；如果被测量是多维向量，则要求传感器的交叉灵敏度越小越好。

3. 精度

精度是传感器的一个重要的性能指标，它是关系到整个测量系统测量精度的一个重要环节。传感器的精度指标常与经济性联系在一起，精度越高，其价格越昂贵，因此，传感器的精度只要满足整个测量系统的精度要求就可以，不必选得过高。这样就可以在满足同一测量目的的诸多传感器中选择比较便宜和简单的传感器。如果测量目的是定性分析，选用重复精度高的传感器即可，而不宜选用绝对量值精度高的；如果是为了定量分析，必须获得精确的测量值，就需选用精度等级能满足要求的传感器。

4. 线性度

线性度反映了输出量与输入量之间保持线性关系的程度。一般来说，人们都希望输出量与输入量之间呈线性关系。因为在线性情况下，模拟式仪表的刻度就可以做成均匀刻度，而数字式仪表就可以不必加入线性化环节；此外，当线性的传感器作为控制系统的一个组成部分时，它的线性性质常常可使整个系统的设计分析得到简化。

实际上，任何传感器都不能保证绝对的线性，其线性度是相对的。当所要求测量精度比较低时，在一定的范围内，可将非线性误差较小的传感器近似看成线性的，这会给测量带来极大的方便。

5. 稳定性

传感器使用一段时间后，其性能保持不变的能力称为稳定性。通常在不指明影响量时，它反映的是传感器不受时间变化影响的能力。稳定性有短期稳定性和长期稳定性之分。

影响传感器长期稳定性的因素除传感器本身的结构外，主要是传感器的使用环境。因此要使传感器具有良好的稳定性，传感器必须有较强的环境适应能力。

在某些要求传感器能长期使用而又不能轻易更换或标定的场合，稳定性要求更严格，要能够经受住长时间的考验。

6. 频率响应特性

传感器的频率响应特性决定了被测量的频率范围，必须在允许频率范围内保持不失真的测量条件，实际上传感器的响应总有一定延迟，我们希望延迟时间越短越好。传感器的频率响应高，可测的信号频率范围就宽。在动态测量中，应根据信号的特点（稳态、瞬态、随机等）来确定所需传感器的频率响应特性，以免产生过大的误差。

总之，应从传感器的基本工作原理出发，所选择的传感器最好既能满足使用性能要求又价格低廉。

3.2 数据采集卡

数据采集卡是为使用计算机进行数据采集与控制而设计的。用户只要把这类板卡插入计算机主板上相应的I/O（ISA或PCI）扩展槽中，就可以迅速、方便地构成一个数据采集系统，既节省大量的硬件研制时间和投资，又可以充分利用PC的软、硬件资源，还可以使用户集中精力对数据采集与处理中的理论和方法、系统设计以及程序编制等进行研究。

3.2.1 数据采集卡的功能

1. 数据采集卡的组成

数据采集板卡均参照计算机的总线技术标准设计和生产，是在一块印制电路板上集成了多路开关、放大器、采样保持器、A－D和D－A转换器等器件制作而成。

（1）多路开关

多路开关将各路信号轮流切换到放大器的输入端，实现多参数多路信号的分时采集。模拟多路开关有机械式、电磁式和电子式三大类。现代数据采集系统中，主要使用电子式多路开关。

（2）放大器

放大器的作用是将前一级多路开关切换进入待采集信号，放大（或衰减）至采样环节的量程范围内。通常实际系统中，放大器可做成增益可调的放大器，设计者可根据输入信号不同的幅值选择不同的增益倍数。

（3）采样保持器

采样保持器的作用是取出待测信号在某一瞬时的值（即实现信号的时间离散化），并在A－D转换过程中保持信号不变。如果被测信号变化很缓慢，也可以不用采样保持器。

采样保持器是指在输入逻辑电平控制下处于“采样”或“保持”两种工作状态的电路。在“采样”状态下电路的输出跟踪输入模拟信号，在“保持”状态下电路的输出保持着前一次采样结束时刻的瞬时输入模拟信号，直至进入下一次采样状态为止。通常，采样保持器用来锁存某一时刻的模拟信号，以便进行数据处理（量化）或模拟控制。

（4）A－D 转换器

将输入的模拟量转化为数字量输出，并完成信号幅值的量化。随着电子技术的发展，目前，通常将采样保持器与 A－D 转换器集成在一块芯片上。

以上 4 个部分都处在 PC 的前向通道，是组成数据采集卡/板的主要环节，与其他有关电路（如定时/计数器、总线接口电路等）做在一块印制电路板上，即构成数据采集卡，完成对信号数据的采集、放大及 A－D 转换任务。

很多数据采集卡印制电路板上还装有 D－A 转换器，处在 PC 的后向通道，即输出通道。它用于将计算机输出的数字量转换为模拟量，从而实现控制功能。

2. 数据采集卡的功能

一个典型的数据采集卡的功能有模拟输入、模拟输出、数字 I/O、计数器/计时器等，这些功能分别由相应的电路来实现。

（1）模拟输入

模拟输入是采集卡最基本的功能之一，它将一个模拟信号转换为数字信号。该项功能一般通过多路开关、放大器、采样保持电路以及 A－D 转换器来实现。A－D 转换器的性能和参数直接影响着模拟量输入的质量，要根据实际需要的精度选择合适的 A－D 转换器。

（2）模拟输出

模拟输出通常为采集系统提供激励。输出信号受 D－A 转换器的参数建立时间、转换率、分辨率等因素影响。参数建立时间和转换率则决定了输出信号幅值改变的快慢。参数建立时间短，转换率高的 D－A 转换器就可以提供一个较高频率的信号。

（3）数字 I/O

数字 I/O 通常用来控制过程、产生测试信号、与外设进行通信等。它的重要参数包括：数字接口路数、接收（发送）频率、驱动能力等。如果用输出去驱动电动机、灯、开关等，就不必用较高的数据转换率。路数要与控制对象配合。需要的电流要小于采集卡所能提供的驱动电流，但加上合适的数字信号调理设备，仍可以用采集卡输出的低电流 TTL 电平信号去监控高电压、大电流的工业设备。

（4）计数/计时器

许多场合都要用到计数器，如定时、产生方波等。计数器包括 3 个重要信号：门限信号、计数信号和输出信号。门限信号实际上是触发信号（使计数器工作或不工作）；计数信号也是信号源，它提供了计数器操作的时间基准；输出信号是在输出线上产生脉冲或方波。计数器最重要的参数是分辨率和时钟频率。

3.2.2 数据采集卡的类型

基于 PC 总线的板卡是指计算机厂商为了满足用户需要，利用总线模板化结构设计的通用功能模板。基于 PC 总线的板卡种类很多，其分类方法也有很多种。按照板卡处理信号的不同可以分为模拟量输入板卡（A－D 卡）、模拟量输出板卡（D－A 卡）、开关量输入板卡、开关量输出板卡、脉冲量输入板卡、多功能板卡等。其中多功能板卡可以集成多个功能，如数字量输入/输出板卡将模拟量输入和数字量输入/输出集成在同一张卡上。根据总线的不同，可分为PCI板卡和ISA板卡。各种类型板卡依据其所处理的数据不同，都有相应的评价指标，现在较为流行的板卡大都是基于PCI总线设计的。

数据采集卡的性能优劣对整个系统举足轻重。选购时不仅要考虑其价格，更要综合考虑，比较其质量、软件支持能力、后续开发和服务能力。

表3-1列出了部分数据采集卡的种类和用途，板卡详细的信息资料请查询相关公司的宣传资料。

表3-1　数据采集卡的种类和用途

输入/输出信息来源及用途	信息种类	配套的接口板卡产品
温度、压力、位移、转速、流量等来自现场设备运行状态的模拟电信号	模拟量输入信息	模拟量输入板卡
限位开关状态、数字装置的输出数码、触点通断状态、“0”、“1”电平变化	数字量输入信息	数字量输入板卡
执行机构的执行、记录等（模拟电流/电压）	模拟量输出信息	模拟量输出板卡
执行机构的驱动执行、报警显示、蜂鸣器等（数字量）	数字量输出信息	数字量输出板卡
流量计算、电功率计算、转速、长度测量等脉冲形式输入信号	脉冲量输入信息	脉冲计数/处理板卡
操作中断、事故中断、报警中断及其他需要中断的输入信号	中断输入信息	多通道中断控制板卡
前进驱动机构的驱动控制信号输出	间断信号输出	步进电动机控制板卡
串行/并行通信信号	通信收发信息	多口RS-232/RS-422通信板卡
远距离输入/输出模拟（数字）信号	模拟/数字量远端信息	远程I/O板卡（模块）

还有其他一些专用I/O板卡，如虚拟存储板（电子盘）、信号调理板、专用（接线）端子板等，这些种类齐全、性能良好的I/O板卡与PC配合使用，使系统的构成十分容易。

值得一提的是智能接口板卡。在多任务实时控制系统中，为了提高实时性，要求模拟量板卡具有更高的采集速度，通信板卡具有更高的通信速度。当然可以采用多种办法来提高采集和通信速度，但在实时性要求特别高的场合，则需要采用所谓智能接口板卡，如图3-8

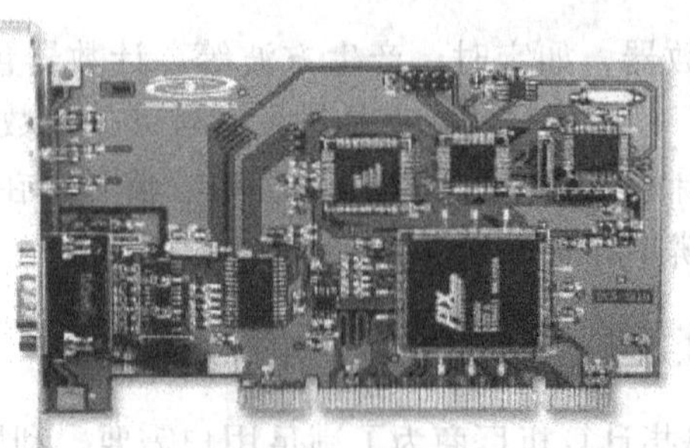

图3-8　PCI-5110智能CAN接口板卡

所示。简言之，所谓“智能”就是增加了 CPU 或控制器的 I/O 板卡，使 I/O 板卡与 CPU 具有一定的并行性。例如，除了 PC 主机从智能模拟量板卡读取结果时是串行操作外，模拟量的采集和 PC 主机处理其他事件是同时进行的（并行）。

下面简要介绍几类常用的数据采集卡。

（1）模拟量输入卡（A－D 板卡）

在工业控制系统中，输入信号往往是模拟量，这就需要一个装置把模拟量转换成数字量，各种 A－D 芯片就是用来完成此类转换的。在实际的计算机控制系统中，并不是以 A－D 芯片为基本单元，而是制成商品化的 A－D 板卡。

模拟量输入板卡使用的 A－D 转换芯片和总线结构不同，性能有很大的区别。板卡通常有单端输入、差分输入以及两种方式组合输入 3 种。板卡内部通常设置一定的采样缓冲器，对采样数据进行缓冲处理，缓冲器的大小也是板卡的性能指标之一。在抗干扰方面，A－D 板卡通常采取光电隔离技术，实现信号的隔离。板卡模拟信号采集的精度和速度指标通常由板卡所采用的 A－D 转换芯片决定。

（2）模拟量输出卡（D－A 板卡）

计算机内部处理采用的是数字量，如果执行机构采用的是模拟量，则计算机需要通过 D－A 板卡将数字量转化为模拟量，从而通过控制执行机构的动作去控制生产工艺过程。

D－A 转换板卡同样根据其采用的 D－A 转换芯片的不同，转换性能指标有很大的差别。

（3）数字量输入/输出卡（I/O 板卡）

计算机控制系统通过数字量输入板卡采集工业生产过程的离散输入信号，并通过数字量输出板卡对生产过程或控制设备进行开关式控制（二位式控制）。将数字量输入和数字量输出功能集成在一块板卡上，就称为数字量输入/输出板卡，简称 I/O 板卡。数字量输入有隔离/非隔离、触点/电平等多种输入方式。数字量输出有触点/电平、隔离/非隔离等方式，触点输出本身是隔离的，不需要隔离电源。隔离型电平输出必须提供隔离电源。

数字量输入/输出接口相对简单，一般都需要缓冲电路和光电隔离部分，输入通道需要输入缓冲器和输入调理电路，输出通道需要有输出锁存器和输出驱动器。

（4）脉冲量输入/输出板卡

工业控制现场有许多高速的脉冲信号，如旋转编码器、流量检测信号等，这些都要用脉冲量输入板卡或一些专用测量模块进行测量。脉冲量输入/输出板卡可以实现脉冲数字量的输出和采集，并可以通过跳线器选择计数、定时、测频等不同工作方式，计算机可以通过该板卡方便读取脉冲计数值，也可测量脉冲的频率或产生一定频率的脉冲。考虑到现场强电的干扰，该类型板卡多采用光电隔离技术，使计算机与现场信号之间完全隔离，来提高板卡测量的抗干扰能力。

3.2.3 数据采集卡的选择

要建立一个数据采集与控制系统，数据采集卡的选择至关重要。

在挑选数据采集卡时，用户主要考虑的是根据需求选取适当的总线形式，适当的采样速率，适当的模拟输入、模拟输出通道数量，适当的数字输入、输出通道数量等。并根据操作系统以及数据采集的需求选择适当的软件。主要选择依据如下。

1. 通道的类型及个数

根据测试任务选择满足要求的通道数，选择具有足够的模拟量输入与输出通道数、足够的数字量输入与输出通道数的数据采集卡。

2. 最高采样速度

数据采集卡的最高采样速度决定了能够处理信号的最高频率。

根据耐奎斯特采样理论，采样频率必须是信号最高频率的2倍或2倍以上，即$f_s \geqslant 2f_{max}$，采集到的数据才可以有效地复现出原始的采集信号。工程上一般选择$f_s=(5\sim10)f_{max}$。一般的过程通道板卡的采样速率可以达到30～100 kHz。快速A－D卡可达到1000 kHz或更高的采样速率。

3. 总线标准

数据采集卡有PXI、PCI、ISA等多种类型，一般是将板卡直接安装在计算机的标准总线插槽中。需根据计算机上的总线类型和数量选择相应的采集卡。

4. 其他

如果模拟信号是低电压信号，用户就要考虑选择采集卡时需要高增益。如果信号的灵敏度比较低，则需要高的分辨率。同时还要注意最小可测的电压值和最大输入电压值，采集系统对同步和触发是否有要求等。

数据采集卡的性能优劣对整个系统举足轻重。选购时不仅要考虑其价格，更要综合考虑各种因素，比较其质量、软件支持能力、后续开发和服务能力等。

3.3 工业控制计算机（IPC）

工业控制计算机（IPC），简称工控机，是一种面向工业控制、采用标准总线技术和开放式体系结构的计算机。它最初是在商用的计算机基础上进行改装，加固并用于工业生产过程控制的计算机，现在已经形成为一种专用的计算机系列。

本节介绍的工控机主要是指PC总线工业控制机，所以，这里将基于工控机的计算机监控系统简称PCs。PCs与其他类型的计算机监控系统相比，具有构成简单、价格低、软件种类丰富、开放性好以及可扩充性好的特点。因此，PCs在中、小型的计算机监控系统中（特别是小型计算机监控系统中）占有很大的比例，并且具有良好的发展前景。

3.3.1 IPC的基本特点

工控机由于其自身的特点，在过程监控、数据采集等方面得到广泛应用。与其他类型的计算机监控系统的主计算机相比，工控机具有以下特点。

1. 可靠性高

工控机通常会使用在工业控制现场，用于监控不间断的生产过程，在运行期间不允许停机检修。如果发生故障，可能会产生严重的工程事故甚至人身事故，后果不堪设想。因此，生产厂家在生产时都做了特别处理，如印制电路板合理布线，元器件老化筛选，采用工业电源、密封机箱正压送风、带有“看门狗”系统支持板等，极大地提高了可靠性。

现在的工控机的平均无故障工作时间（MTBF）都可以达到数万小时。正是由于工控机的可靠性不断地提高，现在已经接近或达到可编程序控制器（PLC）的性能。当然，由于现在的通用计算机的可靠性也相当高，如果监控系统对可靠性的要求不是特别高，也可以考虑使用普通的商用计算机，可以更进一步地降低成本。

2. 实时性好

工控机对生产过程进行实时监控，因此要求它必须实时地响应控制对象各种参数的变化。当过程参数出现偏差或故障时，工控机能及时做出响应，并能实时地进行报警和处理。为此工控机需配有实时多任务操作系统。

3. 环境适应能力强

工业现场环境恶劣，电磁干扰严重，供电系统也常受大负荷设备起停的干扰，其接“地”系统复杂，共模及串模干扰大。因此要求工控机具有很强的环境适应能力，如对温度、湿度变化范围要求高；要有防尘、防腐蚀、防振动冲击的能力；要具有较好的电磁兼容性和高抗干扰能力以及高共模抑制的能力。

4. 小板结构，模块化设计，完善的I/O通道

小板结构机械强度好，抗断裂和抗振能力强；模块化设计是指每个模板功能单一，如CPU板、存储器板、A-D转换板、D-A转换板、开关量I/O板等，便于对系统故障的诊断与维护，也便于用户的选用，方便了冗余配置。

对于生产过程控制，需要有大量的输入、输出通道，工控机总线是面向I/O设计的，有着很强的扩展功能，非常便于系统扩展。

5. 系统开放性好

工控机具有开放性体系结构，也就是说在主机接口、网络通信、软件兼容及升级等方面遵守开放性原则，便于系统扩充、软件的可移植和互换。除了软件具有很强的开放性外，硬件的开放性和可替换性也很好。无论是主机还是配套的各种I/O模板和通信模块（网卡）都是按照一定的标准生产的，在市场上很容易购买到所需的产品。由于开放性比较好，在进行系统集成时就比较容易。

6. 性能价格比高

由于工控机主要用于监控，除了对实时性的要求较高外，一般的数据处理量不是很大。因此，与商用计算机和家用计算机相比，配置可以适当降低。

各类高性能的I/O板卡作为成熟的工业化产品与IPC配套使用，使用户能在短时间内像搭积木一样很快构成所需的控制系统，投入实际运行，创造了很好的效益。

由于工控机具有上述特点，既能满足不同层次、不同控制对象的需要，又能在恶劣的工业环境中可靠地运行，因此应用极为广泛。

3.3.2 IPC的基本组成

一个典型的工控机主要由以下几个部分组成。

1. 加固型的工业机箱

由于工控机应用于环境比较恶劣的工业现场，因此，必须采取各种加固措施。具体措施包括：采用全钢结构标准机箱，机箱上带有滤网、减振和加固压条装置；配备多个冷却风扇，并使机箱内保持空气正压。这样，在机械振动较大、粉尘较多以及温度较高的环境中仍能正常使用。图3-9为研华公司生产的工控机机箱。

2. 工业电源

工控机通常采用特殊设计的高可靠性电源装置。除了能适应较宽幅度电压变化外，还具有抗浪涌电压以及过电压过电流保护措施，同时，还要求有很好的电磁兼容性。图3-10为研华公司生产的工业电源。

图3-9　工控机机箱示意图

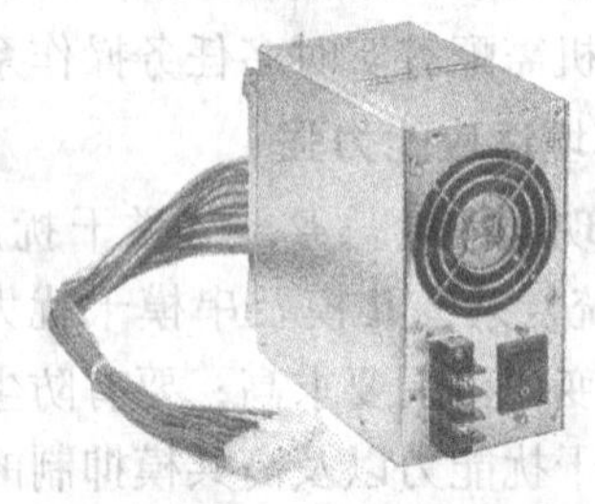

图3-10　工业电源示意图

3. 一体化主板

主板是工控机的核心部件，它所采用的元器件都经过严格筛选，并满足工业标准。现在的工控主板所使用的CPU大都采用Pentium系列芯片，也有采用其他厂家的芯片。所谓一体化主板，是指在主板上集成了通信接口（RS-232、RJ-45等）、外设接口（IDE、FDD、键盘、鼠标）、RAM插槽（168线、72线），有的还有显示器接口（CRT、LCD等），如图3-11所示。主板一般采用标准总线，如ISA、PCI、Compact PCI等。除此之外，还有一种单板计算机主板，在这种主板上，除集成了以上功能外，还有I/O接口，可以方便地构成嵌入式系统。

图3-11　一体化主板示意图

4. 无源母板

现在按总线标准生产的工控机，基本上采用无源母板结构。在母板上只提供了总线通道，一块母板上有10~20个插槽，除了一个用于插主板，另一个用于插显示板外（如果主板上没有显示器接口），其他的插槽可以供用户插各种I/O模板。这样用户就可以灵活地构成自己的计算机监控系统。通过采用无源母板结构，主板可以垂直安放，大大地减少了灰尘的积累以及振动的影响。图3-12为研华公司生产的无源母板，图3-13为一体化主板与母板安装示意图，图3-14是研华工控机主机主要部件的安装示意图。

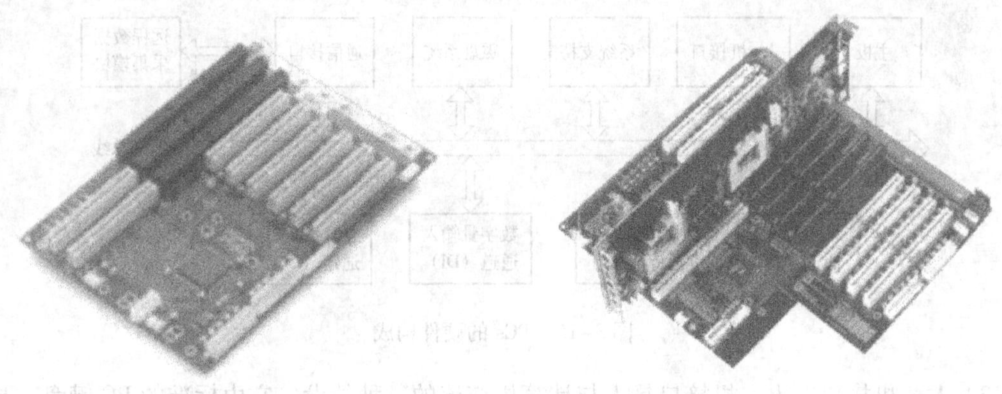

图 3-12　无源母板示意图　　　　图 3-13　一体化主板与母板安装示意图

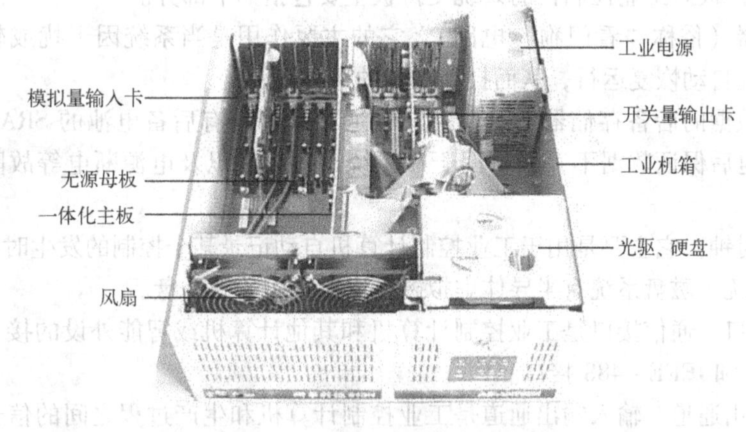

图 3-14　工控机主机安装示意图

5. 其他部件

1）光驱。由于主板上已经有了光盘驱动器接口，用户可以根据自己的需要配置光盘驱动器。

2）硬盘。由于主板上已经有了硬盘驱动器接口，用户可以根据自己的需要配置硬盘驱动器。对于振动比较大的地方，也可以使用电子盘来取代硬盘。

3）键盘。可以使用一般的标准键盘，为了防尘也可以使用薄膜键盘。

4）显示器。可以使用一般的阴极射线管显示器，也可以使用液晶显示器，必要时还可以使用触摸屏。

3.3.3　PCs 的构成

图 3-15 所示为基于工控机的计算机监控系统（PCs）的硬件构成框图。

1）主机。包括机箱、主板、母板、电源、存储器等，它是工业控制计算机的核心。

2）内部总线和外部总线。内部总线是工业控制计算机内部各组成部分进行信息传送的公共通道，它是一组信号线的集合。常用的内部总线有 ISA 总线和 PCI 总线。外部总线是工业控制计算机与其他计算机和智能设备进行信息传送的公共通道。常用的外部总线有 RS-232C 和 IEEE-488 通信总线。

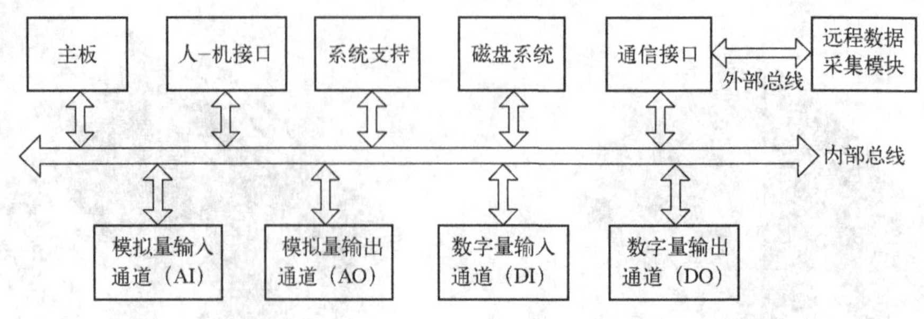

图 3-15　PCs 的硬件构成

3）人-机接口。人-机接口是人与计算机交流的一种外设。它由标准的 PC 键盘、显示器和打印机等组成。

4）系统支持板。工业控制机的系统支持板主要包括如下部分。

监控定时器（俗称“看门狗”电路）。它的主要作用是当系统因干扰或软件出现异常时，可以使系统自动恢复运行，从而提高系统的可靠性。

保护重要数据的后备存储器。这些存储器通常采用带有后备电池的 SRAM、E^2PROM。它能在系统断电后保证数据不丢失，用于在系统出现异常以及电源断电等故障后保存重要数据。

实时日历时钟。它主要是用于工业控制计算机自动记录某个控制的发生时间。

5）磁盘系统。磁盘系统有半导体虚拟磁盘以及通用的硬磁盘。

6）通信接口。通信接口是工业控制计算机和其他计算机或智能外设的接口，常用的接口有 RS-232C 和 IEEE-488 接口。

7）输入输出通道。输入输出通道是工业控制计算机和生产过程之间的信号传递和变换的连接通道。它包括模拟量输入（AI）通道、模拟量输出（AO）通道、数字量（或开关量）输入（DI）通道、数字量（或开关量）输出（DO）通道等。

8）远程数据采集模块。由于大部分的 I/O 接口都在工控机的机箱内，这对于一些需要远程监视或控制的物理参量来说，如果通过长导线将信号直接送到控制室，则会存在干扰和信号衰减等问题。为了解决这些问题，可以就地将模拟信号转换为数字信号，然后再用现场总线或其他的串行通信总线进行传输，为此需要有远程数据采集模块。

3.4　智能仪表

随着微电子技术的不断发展，微处理器芯片的集成度越来越高，使用的领域也越来越广泛，这些都对传统的电子测量仪器带来了巨大的冲击和影响。尤其是单片微型计算机（以下简称单片机）的出现，引发了仪器仪表结构的根本性变革。单片机自 20 世纪 70 年代初期问世不久，就被引进了电子测量和仪器仪表领域，作为核心控制部件很快取代了传统仪器仪表的常规电子电路。借助单片机强大的软件功能，可以很容易地将计算机技术与测量控制技术结合在一起，组成全新的微机化产品，即智能仪表，从而开创了仪器仪表的一个崭新的时代。

3.4.1 智能仪表的组成

智能仪表一般是指采用了微处理器（或单片机）的电子仪器，如图3-16所示。由智能仪表的基本组成可知，在物理结构上，微型计算机包含于电子仪器中，微处理器及其支持部件是智能仪表的一个组成部分；从计算机的角度来看，测试电路与键盘、通信接口及显示器等部件一样，可看成是计算机的一种外部设备。因此，智能仪表实际上是一个专用的微型计算机系统，它主要由硬件和软件两大部分组成。

图3-16 智能仪表产品

硬件部分主要包括主机电路、模拟量（或开关量）输入、输出通道口电路、串行或并行数据通信接口等，其组成结构如图3-17所示。

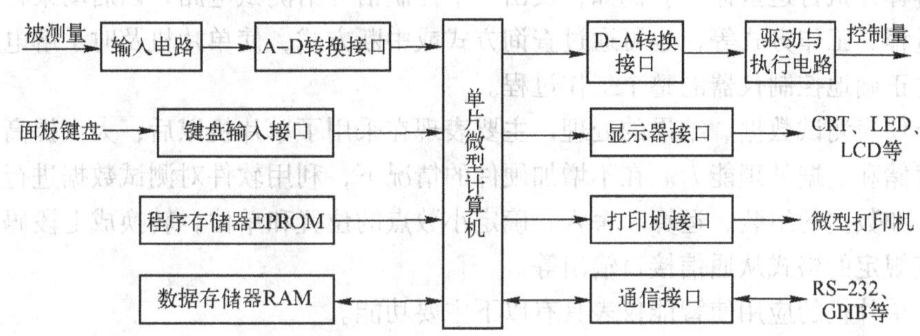

图3-17 智能仪表硬件组成框图

智能仪表的主机电路是由单片机及其扩展电路（程序存储器EPROM、数据存储器RAM及输入/输出接口等）组成的。主机电路是智能仪表区别于传统仪器的核心部件，用于存储程序、数据，执行程序并进行各种运算、数据处理和实现各种控制功能。输入电路和A-D转换接口构成了输入通道；而D-A转换接口及驱动电路则构成了输出通道；键盘输入接口、显示器接口及打印机接口等用于沟通操作者与智能仪表之间的联系，属于人-机接口部件，通信接口则用来实现智能仪表与其他仪器或设备交换数据和信息。

智能仪表的软件包括监控程序和接口管理程序两部分。其中，监控程序主要是面向仪器操作面板、键盘和显示器的管理程序。其内容包括：通过键盘操作输入并存储所设置的功能、操作方式与工作参数；通过控制I/O接口电路对数据进行采集；对仪器进行预定的设置；对所测试和记录的数据与状态进行各种处理；以数字、字符、图形等形式显示各种状态信息以及测量数据的处理结果等。接口管理程序主要面向通信接口，其作用是接收并分析来自通信接口总线的各种有关信息、操作方式与工作参数的程控操作码，并通过通信接口输出仪器的现行工作状态及测量数据的处理结果来响应计算机的远程控制命令。

智能仪表的工作过程是：外部的输入信号（被测量）先经过输入电路进行变换、放大、整形和补偿等处理，然后再经模拟量通道的A-D转换接口转换成数字量信号送入单片机。单片机对输入数据进行加工处理、分析、计算等一系列工作，并将运算结果存入数据存储器RAM中。同时，可通过显示器接口送至显示器显示，或通过打印机接口送至微型打印机打印输出，也可以将输出的数字量经模拟量通道的 D－A 转换接口转换成模拟量信号输出，并经过驱动与执行电路去控制被控对象。还可以通过通信接口（例如 RS－232、GPIB 等）实现与其他智能仪表的数据通信，完成更复杂的测量与控制任务。

智能仪表在结构上体现了微处理器、仪器的一体化，硬件、软件的相互融合。由于硬件减少，仪器的体积和重量也随之减小，特别是面板上用键盘接触开关代替了大多数的拨动开关，使面板简明美观，操作方便。

3.4.2 智能仪表的功能

单片机的出现与应用，对科学技术的各个领域都产生了极大的影响，与此同时也导致了一场仪器仪表技术的巨大变革。单片机在智能仪表中的具体功能可归结为两大类：对测试过程的控制和对测试数据、结果的处理。

单片机对测试过程的控制主要表现在单片机可以接受来自面板键盘和通信接口传来的命令信息，解释并执行这些命令。例如，发出一个控制信号给测试电路，以启动某种操作、设置或改变量程、工作方式等，也可通过查询方式或中断方式，使单片机及时了解电路的工作情况，以便正确地控制仪器的整个工作过程。

对智能仪表测试数据、结果的处理，主要表现在采用了单片机以后，大大提高了智能仪表的数据存储和数据处理能力。在不增加硬件的情况下，利用软件对测试数据进行进一步加工、处理，如数据的组装、运算、舍入，确定小数点的位置和单位，转换成七段码送显示器显示，或按规定的格式从通信接口输出等。

因此，单片机的应用使智能仪表具有以下主要功能。

（1）人－机对话

智能仪表使用键盘代替了传统仪器中的切换开关，操作人员只需通过键盘输入命令，就能实现某种测量和处理功能。与此同时，智能仪表还可以通过显示屏将仪器的运行情况、工作状态以及对测量数据的处理结果及时告诉操作人员，使仪器的操作更加方便、直观。

（2）自动校正零点、满度和自动切换量程

智能仪表的自校正功能大大降低了因仪器的零点漂移和特性变化所造成的误差，同时量程的自动切换也给使用者带来了很大的方便，可以提高测量精度和读数的分辨率。

（3）自动修正各类测量误差

许多传感器的固有特性是非线性的，且受环境温度、压力等参数的影响，从而给智能仪表带来了测量误差。在智能仪表中，只要能掌握这些误差出现的规律，就可以依靠软件进行非线性误差的修正。在一些复杂的测量系统中，对于不确定的随机误差，若能找出其统计模型，也能进行有效的补偿以减小误差。

（4）数据处理

智能仪表能实现各种复杂运算，对测量数据进行整理和加工处理，例如统计分析、查找排序、标度变换、函数逼近和频谱分析等。

（5）各种控制规律

智能仪表能实现 PID 及各种复杂的控制规律，可进行串级、前馈、解耦、非线性、纯滞后、自适应、模糊等控制，以满足不同控制系统的需要。

(6) 多种输出形式

智能仪表的输出形式有数字显示、打印记录和声光报警，也可以输出多点模拟量（开关量）信号。

(7) 自诊断和故障监控

在运行过程中，智能仪表可以自动对仪器本身各组成部分进行一系列的测试，一旦发现故障就能报警，并显示出故障部位，以便及时处理。有的智能仪表还可以在故障存在的情况下，自行改变系统结构，继续正常工作，即在一定程度上具有容错能力。

(8) 数据通信

智能仪表一般都配有 GP-IB、RS-232、RS-485 等标准的通信接口，因此具有可程控操作的能力。可以很方便地与其他仪器和计算机进行数据通信，以便构成用户所需要的自动测量控制系统，完成复杂的控制任务。

3.4.3 智能仪表的特点

智能仪表与传统仪器相比，主要有以下几个特点。

(1) 仪器的功能强

由于仪器内部含有微处理器，它具有数据的处理和存储功能，在丰富的、功能强大的软件支持下，仪器的功能较常规的仪器大为增强。例如常规的频率计数器，能够测量频率、周期等参数，带有微处理器和 A-D 转换器的通用计数器还能测量电压、相位、上升时间、占空比、零点漂移及比率等多种电参数；又如传统的数字多用表只能测量交流与直流电压、电流及电阻，而带有微处理器的数字多用表，还能测量被测量的最大/最小、极限、统计等多种参数。仪器如果配上适当的传感器，还可测量温度、压力等非电参数。

(2) 仪器的性能好

智能仪表中通过微处理器的数据存储和运算处理，很容易实现多种自动补偿、自动校正、多次测量平均等技术，以提高测量精度。智能仪表中，对随机误差通常用求平均值的方法来消除，对系统误差，则根据误差产生的原因采用适当的方法进行处理。

在智能仪表中，很大一部分设计是软件设计，研制时间较短，硬件本身的一些缺陷或弱点可用软件方法克服，从而提高仪器的性能价格比。

(3) 智能仪表的自动化程度高

常规仪器面板上的开关和旋钮均被键盘代替。仪器操作人员要做的工作仅是按键，省略了繁琐的人工调节。智能仪表通常都能自动选择量程、自动校准，有的还能自动调整测试点，这样既方便了操作，又提高了测试精度。

(4) 使用维护简单、可靠性高

智能仪表通常还具有很强的自测试和自诊断功能，有的还具有一定的容错能力，从而大大提高了仪器工作的可靠性，给仪器的使用和维护带来很大方便。

仪器中采用微处理器后能实现“硬件软化”，使许多硬件逻辑都可用软件取代。例如，传统数字电压表的数字电路通常采用了大量的计数器、寄存器、译码显示电路及复杂的控制电路，而在智能仪表中，只要速度跟得上，这些电路都可用软件取代。显然，这可使仪器降低成本、减小体积、降低功耗和提高可靠性。

3.5 执行机构

在计算机控制系统中，必须将经过采集、转换、处理的被控参量（或状态）与给定值（或事先安排好的动作顺序）进行比较，然后根据偏差来控制相关输出部件，达到自动调节被控量（或状态）的目的。例如，在机床加工工业中，经常控制电动机的正、反转及其转速，以完成进刀、退刀及走刀的任务；在雷达天线位置跟踪系统中，需要控制伺服阀油缸的位置；在各种温湿度控制系统中，经常需要控制阀门的开闭和开度，以控制液体和气体的流量；在机器人控制系统中，经常要控制各关节上伺服电动机的转动方向和速度；在程控交换系统和配料过程控制系统中，经常要控制继电器、接触器，以满足各种动作的需要等。所有这些伺服电动机、电动机、阀门、继电器、接触器等输出部件，统称为执行机构，也称为执行装置或执行器。

执行机构的作用是接收计算机发出的控制信号，并把它转换成调整机构的动作，使生产过程按照预先规定的要求正常进行。

3.5.1 执行机构的种类

执行机构有各种各样的形式，按所需能量的形式可分为气动执行机构、电动执行机构和液压执行机构。常用的执行机构为气动和电动两种类型。

1. 气动执行机构

以压缩空气为动力的执行机构称为气动执行机构。气动执行机构主要分为薄膜式与活塞式两大类。薄膜式执行机构应用最广。

由于气动执行机构结构简单，价格低，输出推力大，防火防爆，动作可靠，维修方便，适用于防火、防爆场合，因此广泛应用在化工、炼油生产中，在冶金、电力、纺织等工业部门也得到大量使用。

气动执行机构与计算机的连接极为方便，只要将电信号经电气转换器转换成标准的气压信号之后，即可与气动执行机构配套使用。

2. 电动执行机构

电动执行机构是工程上应用最多、使用最方便的一种执行器，特点是体积小、种类多、使用方便。下面简单介绍几种常用的电动执行机构。

（1）电磁式继电器

它是一种用小电流的通断控制大电流通断的常用开关控制器件，主要由线圈、铁心、衔铁和触点四部分组成。继电器的触点是与线圈分开的，通过控制继电器线圈上的电流可以使继电器上的触点断开，从而使外部高电压或大电流与微机隔离。

电磁式继电器线圈的驱动电源可以是直流的，也可以是交流的，电压规格也有很多种。输出触点的电流、电压也有很多种规格。电磁式继电器的线圈、触点可以使用各自独立的电源，两者之间相互绝缘，耐压可达千伏以上。它还有很大的电流放大作用，因此，电磁式继电器是一种很好的开关量输出隔离及驱动器件。它的不足是机械式触点动作时间较慢，在开关瞬间触点容易产生火花，引起干扰，减短使用寿命。图 3-18 所示为某型号电磁式继电器。

（2）固态继电器

固态继电器简称 SSR（Solid State Relay），它利用电子技术实现了控制电路与负载电路之间的电隔离和信号耦合，虽然没有任何可动部件或触点，却能实现电磁继电器的功能，故称为固态继电器。它实际上是一种带光耦合器的无触点开关。由于固态继电器输入控制电流小，输出无触点，所以与电磁式继电器相比，具有体积小、重量轻、无机械噪声、无抖动和回跳、开关速度快、工作可靠、寿命长等优点，因此，在微机控制系统中得到了广泛的应用，大有取代电磁式继电器之势。图 3-19 所示为某型号固态继电器。

图 3-18　电磁式继电器

图 3-19　固态继电器

根据结构形式的不同，固态继电器分为直流型固态继电器和交流型固态继电器两种。

(3) 大功率场效应晶体管

在开关量输出控制中，除了固态继电器以外，还可以用大功率场效应晶体管开关作为开关量输出控制元件。由于场效应晶体管输入阻抗高，关断漏电流小，响应速度快，而且与同功率继电器相比，体积较小，价格便宜，所以在开关量输出控制中也常作为开关元件使用。

大功率场效应晶体管包括控制栅极 G、漏极 D、源极 S。对于 NPN 型场效应晶体管来讲，当 G 为高电平时，源极与漏极导通，允许电流通过，否则场效应晶体管关断。

图 3-20 所示为某型号大功率场效应晶体管。

值得说明的是，由于大功率场效应晶体管本身没有隔离作用，故使用时为了防止高压对微机系统的干扰和破坏，通常在它与微机之间加一级光隔离器，如 4N25、TIL113 等。

(4) 晶闸管

晶闸管俗称可控硅（Silicon Controlled Rectifier，SCR），如图 3-21 所示。它是一种大功率的半导体器件，具有体积小、效率高、寿命长，用小功率控制大功率、开关无触点等特点，在交、直流电动机调速系统、调功系统、随动系统中应用广泛。单向晶闸管具有单向导电功能，在控制系统中多用于直流大电流场合，也可在交流系统中用于大功率整流电路。双向晶闸管也俗称三端双向可控硅，在结构上相当于两个单向晶闸管的反向并联，但共享一个门极，具有双向导通功能，因此特别适用于交流大电流场合。

图 3-20　大功率场效应晶体管

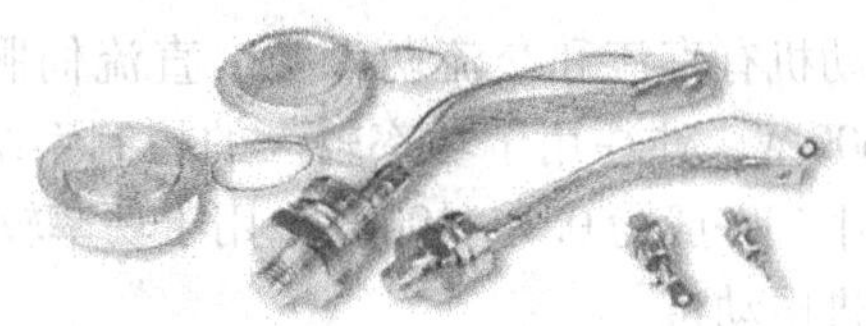

图 3-21　晶闸管

(5) 电磁阀

电磁阀是在气体或液体流动的管路中受电磁力控制开闭的阀体，如图 3-22 所示。其广泛应用于液压机械、空调系统、热水器、自动机床等系统中。它由线圈、固定铁心、可动铁心和阀体等组成。当线圈不通电时，可动铁心受弹簧作用与固定铁心脱离，阀门处于关闭状态；当线圈通电时，可动铁心克服弹簧力的作用而与固定铁心吸合，阀门处于打开状态。这样，就控制了液体和气体的流动，再通过流动的液体或气体推动油缸或汽缸来实现物体的机械运动。

图 3-22　电磁阀

电磁阀通常是处于关闭状态的，通电时才开启，以避免电磁铁长时间通电而发热烧毁。但也有例外，当电磁阀用于紧急切断时，则必须使其平常开启，通电时关闭。这种紧急切断用的电磁阀，结构与普通电磁阀不同，使用时必须采取一些特殊措施。

电磁阀有交流和直流之分。交流电磁阀使用方便，但容易产生颤动，启动电流大，并会引起发热。直流电磁阀工作可靠，但需专门的直流电源，电压分 12 V、24 V 和 48V 三个等级。

（6）调节阀

调节阀是用电动机带动执行机构连续动作以控制开度大小的阀门，又称为电动阀，如图 3-23 所示。由于电动机行程可完成直线行程也可完成旋转的角度行程，所以有可以带动直线移动的调节阀如直通单座阀、直通双座阀、三通阀、隔膜阀、角形阀等，也有可以带动叶片旋转阀芯的蝶形阀。根据流体力学的观点，调节阀是一个局部阻力可变的节流元件，通过改变阀芯的行程可改变调节阀的阻力系数，从而达到控制流量的目的。

（7）伺服电动机

伺服电动机也称为执行电动机，是控制系统中应用十分广泛的一类执行元件，如图 3-24 所示。它可以将输入的电压信号变换为轴上的角位移和角速度输出。在信号到来之前，转子静止不动；信号到来之后，转子立即转动；信号消失之后，转子又能即时自行停转。由于这种“伺服”性能，因而将这种控制性能较好、功率不大的电动机称做伺服电动机。

图 3-23　电动阀

图 3-24　伺服电动机

伺服电动机有直流和交流两大类。直流伺服电动机的输出功率常为 1～600 W，往往用于功率较大的控制系统。交流伺服电动机的功率较小，一般为 0.1～100 W，用于功率较小的控制系统。

（8）步进电动机

步进电动机是工业过程控制和仪器仪表中重要的控制元件之一，它是一种将电脉冲信号转换为直线位移或角位移的执行器，如图 3-25 所示。步进电动机按其运动方式可分为旋转式步进电动机和直线式步进电动机，前者每输入一个电脉冲转换成一定的角

图 3-25　步进电动机

位移，后者每输入一个电脉冲转换成一定的直线位移。由此可见，步进电动机的工作速度与电脉冲频率成正比，基本上不受电压、负载及环境条件变化的影响，与一般电动机相比能够提供较高精度的位移和速度控制。此外，步进电动机还有快速起停的显著特点，并能直接接收来自计算机的数字信号，而不需经过 D-A 转换，使用十分方便，所以在定位场合中得到了广泛的应用。如在数控线切割机床上用于带动丝杠，控制工作台运动；在绘图仪、打印机、光学仪器中用于定位绘图笔、打印头、光学镜头等。

3.5.2 执行机构的驱动

就接口技术而言，执行装置的接口与一般输出设备的接口没什么两样，主要差别在于，要想驱动它们，必须具有较大的输出功率，这就要求接口不仅能与微机的 TTL、CMOS 等器件连接，而且能向执行装置提供大电流、高电压驱动信号，以带动其动作。另一方面，由于各种执行装置的动作原理不尽相同，有的用电动，有的用气动或液压，因此如何使微机输出的信号与之匹配，也是执行装置接口必须解决的重要问题。

在各种执行装置的接口中，为了实现与执行装置的功率配合，一般都要在微机输出口（包括数据总线及 I/O 接口）与执行装置之间增加一级驱动器。

下面介绍电磁继电器、固态继电器、晶闸管、电磁阀、伺服电动机、步进电动机等的驱动控制方法。

1. 电磁继电器的驱动控制方法

电磁继电器方式的开关量输出是一种最常用的输出方式，可以通过弱电控制外界交流或直流的高电压、大电流设备。

继电器驱动电路的设计要根据所用继电器线圈的吸合电压和电流而定，控制电流一定要大于继电器的吸合电流才能使继电器可靠地工作。

虽然继电器本身带有一定的隔离作用，但在与微型机接口时通常还是采用光隔离器进行隔离，常用的接口驱动电路如图 3-26 所示。

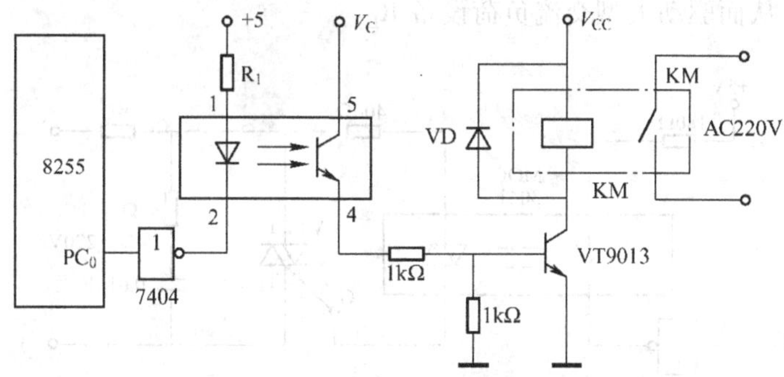

图 3-26 继电器输出驱动电路

当开关量 PC_0 输出为高电平时，经反相驱动器 7404 变为低电平，使光耦隔离器的光敏二极管发光，从而使光敏晶体管导通，同时使晶体管 VT9013 导通，因而使继电器 KM 的线圈通电，继电器常开触点 KM 闭合，使交流 220V 电源接通，从而驱动大型负荷设备；反之，当 PC_0 输出低电压时，使 KM 断开。

图 3-26 中电阻 R_1 为限流电阻，二极管 VD 的作用是保护晶体管 VT9013。当继电器 KM

吸合时，二极管 VD 截止，不影响电路工作。继电器释放时，由于继电器线圈存在电感，这时晶体管 VT9013 已经截止，所以会在线圈的两端产生较高的感应电压。此电压的极性为上负下正，正端接在晶体管的集电极上。当感应电压与 V_C之和大于晶体管 VT9013 的集电结反向电压时，晶体管 VT9013 有可能损坏。加入二极管 VD 后，继电器线圈产生的感应电流由二极管 VD 流过，因此，不会产生很高的感应电压，因而使晶体管 VT9013 得到保护。

2. 固态继电器的驱动控制方法

在继电器控制中，由于采用电磁吸合方式，在开关瞬间，触点容易产生火花，从而引起干扰；对于交流高压等场合，触点还容易氧化，因而影响系统的可靠性。所以随着微机控制技术的发展，人们又研究出一种新型的输出控制器件——固态继电器（SSR）。

直流 SSR 主要用于带动直流负载的场合，如直流电动机控制，直流步进电动机控制和直流电磁阀控制等。交流型 SSR 采用双向晶闸管作为开关器件，用于交流大功率驱动场合，如交流电动机控制、交流电磁阀控制等。

图 3-27 为一种常用的直流固态继电器驱动电路，当数据线 D_i 输出数字“0”即低电平时，经 7406 反相变为高电平，使 NPN 型晶体管导通，SSR 输入端得电，则输出端接通大型交流负荷设备 R_L。

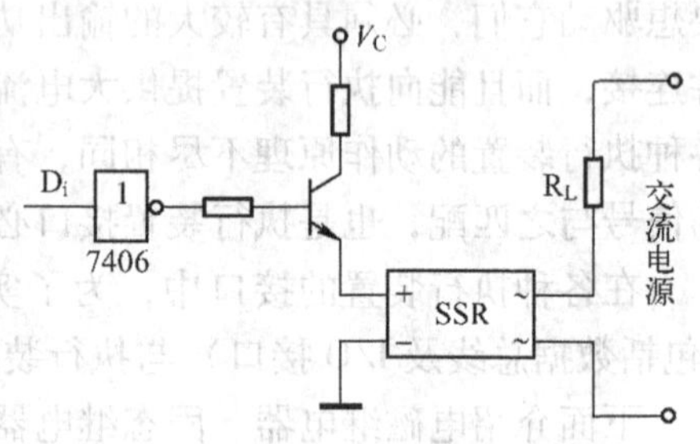

图 3-27　固态继电器输出驱动电路

3. 晶闸管的驱动控制方法

晶闸管常用于高电压、大电流的负载，在实际使用时要采用光电隔离措施，触发脉冲电压应大于 4V，脉冲宽度应大于 20 μs。在微机控制系统中，常用 I/O 接口的某一位产生触发脉冲。为了提高效率，要求触发脉冲与交流同步。通常采用检测交流电过零点来实现。

图 3-28 为经光电隔离的双向晶闸管输出驱动电路，当 CPU 数据线 D_i输出高电平“1”时，经 7406 反相变为低电平，发光二极管导通，使光敏晶闸管导通，导通电流再触发双向晶闸管 VT 导通，从而驱动大型交流负荷设备 R_L。

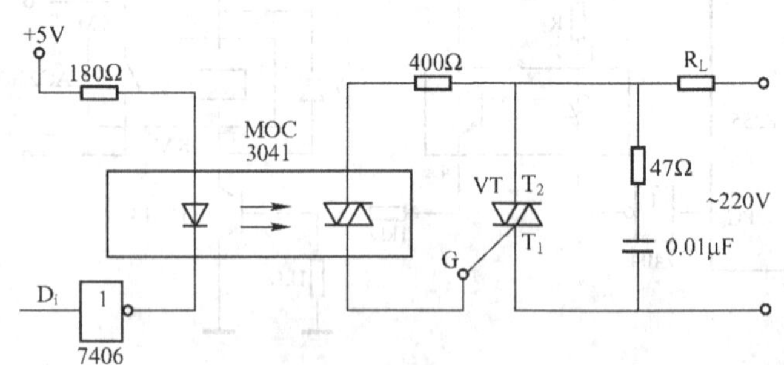

图 3-28　双向晶闸管输出驱动电路

4. 电磁阀的驱动控制方法

由于电磁阀也是由线圈的通断电来控制的，其工作原理与继电器基本相同，都是带动活动芯运动，故其与微机的接口与继电器相同，也是由光隔离器及开关电路等来控制的。

对于交流电磁阀，由于线圈要求是交流电，所以通常使用双向晶闸管驱动或使用一个直流继电器作为中间继电器控制。

图 3-29 为交流电磁阀接口电路图。交流电磁阀线圈由双向晶闸管 VT 驱动。VT 的选择要满足：额定工作电流为交流电磁阀线圈工作电流的 2 ~ 3 倍；额定工作电压为交流电磁阀线圈电压的 2 ~ 3 倍。对于中小尺寸交流 220 V 工作电压的交流电磁阀，可以选择 3 A、600 V 的双向晶闸管。

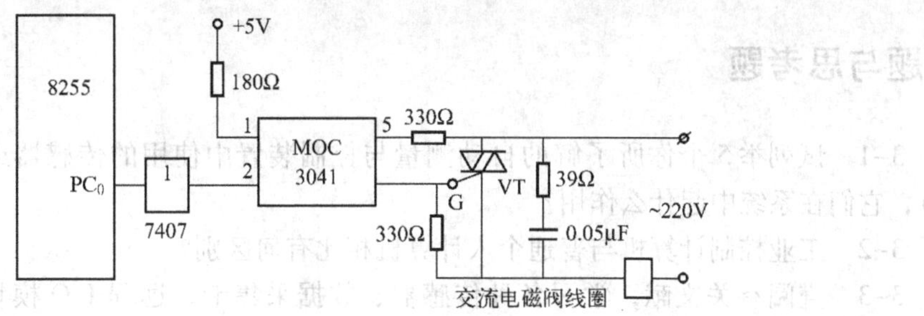

图 3-29　交流电磁阀驱动电路

光隔离器 MOC3041 的作用是触发双向晶闸管 VT 以及隔离微机和电磁阀系统。光隔离器的输入端接 7407，由 8255 的 PC_0 控制。当 PC_0 输出为低电平时，双向晶闸管 VT 导通，电磁阀吸合；PC_0 输出高电平时，双向晶闸管 VT 关断，电磁阀释放。MOC3041 内部带有过零电路，因此双向晶闸管 VT 工作在过零触发方式。

5. 步进电动机的驱动控制方法

典型的步进电动机控制系统如图 3-30 所示。步进电动机控制系统主要是由步进控制器、功率放大器及步进电动机组成。步进控制器是由缓冲寄存器、环形分配器、控制逻辑及正、反转控制门等组成。它的作用就是把输入的脉冲转换成环形脉冲，以便控制步进电动机，并进行正、反转控制。功率放大器的作用是把控制器输出的环形脉冲加以放大，以驱动步进电动机转动。在这种控制方式中，由于步进控制器电路复杂、成本高，因而限制了它的应用。

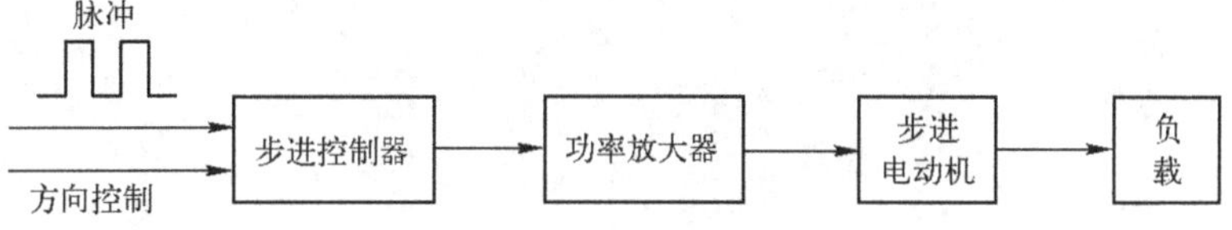

图 3-30　步进电动机控制系统的组成

如果采用计算机控制系统，由软件代替上述步进控制器，则问题将大大简化。这不仅简化了电路，降低了成本，而且可靠性也大为提高。特别是采用微机控制，更可以根据系统的需要灵活改变步进电动机的控制方案，使用起来很方便。典型的微机控制步进电动机系统原理图如图 3-31 所示。

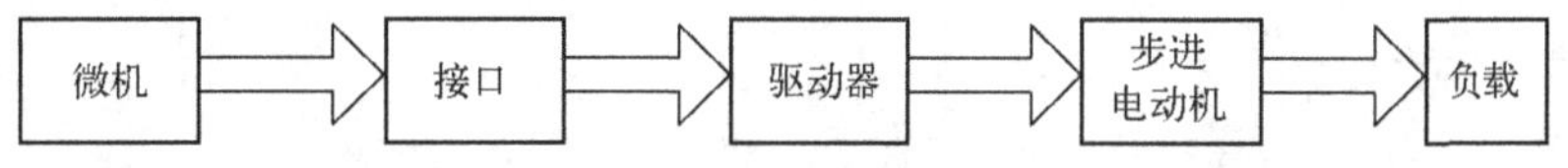

图 3-31　用微机控制步进电动机系统原理图

图 3-30 与图 3-31 相比，主要区别在于用微机代替了步进控制器。因此，微机的主要作用就是把并行二进制码转换成串行脉冲序列，并实现方向控制。每当步进电动机的脉冲输入线上得到一个脉冲，它便沿着转向控制线信号所确定的方向走一步。只要负载是在步进电动机允许的范围之内，那么，每个脉冲将使电动机转动一个固定的步距角度。只要知道初始位置，根据步距角的大小及实际走的步数，便可预知步进电动机的最终位置。

习题与思考题

3-1　试列举 5 个你所了解的自动测量与控制装置中使用的传感器或变送器（不同种类），它们在系统中起什么作用?

3-2　工业控制计算机与普通个人计算机相比有何区别?

3-3　查阅有关文献，学习各种传感器、数据采集卡、远程 I/O 模块、工业控制计算机、智能仪表、PLC 等常用硬件的结构、工作原理等知识。

3-4　查阅有关文献，学习各类电磁式继电器、固态继电器、大功率场效应晶体管、晶闸管、电磁阀、调节阀、伺服电动机、步进电动机等执行机构的结构、工作原理等知识。

3-5　上网搜索商品化的各种传感器、数据采集卡、远程 I/O 模块、工业控制计算机、智能仪表、PLC 的技术资料，列出它们的型号、生产厂家、性能特点等。

3-6　上网搜索商品化的电磁式继电器、固态继电器、大功率场效应晶体管、晶闸管、电磁阀、调节阀、伺服电动机、步进电动机等执行机构的技术资料，列出它们的型号、生产厂家、性能特点等。

第4章 计算机控制系统开发软件与实训

在一个计算机控制系统中，除了硬件（计算机、传感器、执行机构等）外，软件也是一个非常重要的部分。控制系统的硬件电路确定之后，其主要功能将依赖于软件来实现。对同一个硬件电路，配以不同的软件，它所实现的功能也就不同，而且有些硬件电路功能可以用软件来实现。研制一个复杂的计算机控制系统，软件研制的工作量往往大于硬件，可以认为，计算机控制系统设计，很大程度上是软件设计。因此，计算机控制系统设计人员必须掌握软件设计的基本方法和编程技术。

4.1 计算机控制系统应用软件概述

4.1.1 控制应用软件的种类

测控软件可以分为单任务和多任务两大类。

单任务测控软件完成的任务比较简单，或程序所执行的任务是预先安排好的，这种单任务测控软件也可以引入中断处理程序。

多任务测控软件比较复杂，系统并行地运行多个任务，分别处理不同的事件，并以某种方式分时占用计算机资源。多任务测控软件往往需要多任务操作系统的支持，由操作系统来完成多任务的调度工作。基于DOS的多任务功能往往由测控软件设计者自身完成，而基于多任务操作系统平台（如Windows、OS/2、UNIX等）的多任务功能则由操作系统来完成。鉴于Windows的普及性，许多软件商都推出了基于Windows平台的测控软件。

测控软件又可分为专用和通用两大类。

专用测控软件针对某个特定的测控系统而研制，检测点数、控制回路数、控制策略、显示画面以及报表功能都是相对固定的，无法做大的改动。

通用测控软件也称为组态软件，它不针对具体的测控对象，而是提供一种开发平台，使设计者能快速地根据不同的测控对象构成具体的测控系统。

4.1.2 控制应用软件的功能及其模块

1. 控制应用软件的功能

(1) 数据输入/输出功能

过程数据输入/输出是测控软件的基本功能之一。数据输入包括来自现场的各种数据转换值、读数值、状态值等，以及来自控制台的各种输入值（如设定值、报警限等）。数据输出包括送往现场的控制量、控制逻辑信号以及送往控制台的各种指示信号。

即使是最简单的测控软件，也具备数据采集功能和参数报警功能。

（2）回路控制功能

回路控制是测控软件最重要的功能之一。计算机测控系统的基本任务和周期性任务就是根据设定值与现场测量值获得偏差信号，由偏差信号经一定控制算法获得输出控制量，并将该控制量送往执行器，通过调节物料流量或能量，使控制对象的被控量逼近系统的目标值（设定值）。由于信号的输入、输出构成了一个环路，且控制过程是周期性的，因此称之为回路控制。一个系统有多少个控制点就有多少个控制回路，检测点的数目至少等于控制回路的数目。

（3）画面显示功能

不同的测控系统所要求的显示画面是不同的。但画面的种类大体包括总貌显示画面、棒图显示画面、细目显示画面、实时趋势画面、历史趋势画面、报警画面、回路控制画面、参数总表画面、操作记录画面、事故追忆画面及工艺流程画面等。

（4）报表功能

报表的种类是多种多样的，不同的测控系统、不同的用户对报表的格式有不同的要求。但根据报表的打印启动方式来看，主要有定时报表、随机报表和条件报表等。时报表、班报表、周报表、月报表及年报表均可视为定时报表，定时报表在定时时间到点时由系统自动打印输出。随机报表可由操作人员随时启动报表打印输出；条件报表则只有条件满足时由系统自动启动打印操作，如出现某个事故或报警信号时，自动打印有关数据。

（5）系统生成功能

专用的测控软件一般不具有系统生成功能，而一个通用的测控软件往往具有系统生成功能。系统生成功能即系统组态功能，主要包括数据库生成、历史数据库生成、图形生成、报表生成、顺序控制生成及连续控制生成等诸多子系统。

（6）通信功能

运行在单机控制系统的测控软件一般不具有通信功能，即使有通信功能，也只是为扩充系统所做的考虑。运行在多机系统的测控软件必须具有通信功能。多机控制系统往往又是二级或多级控制系统。上位机与上位机之间一般采用通用的网络通信，如以太网、TCP/IP 等。上位机与下位机之间一般都采用 RS－485 总线式通信网络或具有实时性的通信网络及其协议，以确保控制功能的实时性和可靠性。

（7）其他功能

控制策略：为控制系统提供可供选择的控制策略方案。

数据存储：存储历史数据并支持历史数据的查询。

系统保护：自诊断、断电处理、备用通道切换和为提高系统可靠性、维护性采取的措施。

数据共享：具有与第三方程序的接口，方便数据共享。

应该指出，并非每项功能都是任何测控软件所必需的，有的测控软件可能只需要其中的几项功能。

2. 控制应用软件的功能模块

目前，在计算机控制系统中，控制软件除控制生产过程之外，还对生产过程实现管理，根据控制软件的功能，一个工业控制软件应包含以下几个主要模块。

（1）数据采集及处理模块

实时数据采集程序主要完成多路信号（包括模拟量、开关量、数字量和脉冲量）的采样、输入变换、存储等。数据处理程序包括：数字滤波程序，用来滤除干扰造成的错误数据或不宜使用的数据；线性化处理程序对检测元件或变送器的非线性用软件补偿；标度变换程序把采集到的数字量转换成操作人员所熟悉的工程量；数字信号采集与处理程序对数字输入信号进行采集及码制之间的转换，如 BCD 码转换成 ASCⅡ码等；脉冲信号处理程序对输入的脉冲信号进行电平高低判断和计数；开关信号处理程序判断开关信号输入状态的变化情况，如果发生变化，则执行相应的处理程序；数据可靠性检查程序用来检查是可靠输入数据还是故障数据。

(2) 控制模块

控制算法程序是计算机控制系统中的一个核心程序模块，主要实现所选控制规律的计算，产生对应的控制量。它主要实现对系统的调节和控制，它根据各种各样的控制算法和千差万别的被控对象的具体情况来编写，控制程序的主要目标是满足系统的性能指标。常用的有数字式 PID 调节控制程序、最优控制算法程序、顺序控制及插补运算程序等。还有运行参数设置程序，对控制系统的运行参数进行设置。运行参数有采样通道号、采样点数、采样周期、信号量程范围、放大器增益系数、工程单位等。

(3) 监控报警模块

将采样读入的数据或经计算机处理后的数据进行显示或打印，以便实现对某些物理量的监视；根据控制策略，判断是否超出工艺参数的范围，计算机要加以判别，如果超越了限定值，就需要由计算机或操作人员采取相应的措施，实时地对执行机构发出控制信号，完成控制，或输出其他有关信号，如报警信号等，确保生产的安全。

(4) 系统管理模块

首先用来将各个功能模块程序组织成一个程序系统，并管理和调用各个功能模块程序；其次用来管理数据文件的存储和输出。系统管理程序一般以文字菜单和图形菜单的人 - 机界面技术来组织、管理和运行系统程序。

(5) 数据管理模块

这部分程序用于生产管理部分，主要包括变化趋势分析、报警记录、统计报表、打印输出、数据操作、生产调度及库存管理等程序。

(6) 人 - 机交互模块

人 - 机交互模块分为两部分：人机对话程序，包括显示、键盘、指示等程序；画面显示程序，包括用图、表及曲线在 CRT 屏幕上形象地反映生产状况的远程监控程序等。

(7) 数据通信模块

数据通信程序是用于完成计算机与计算机之间、计算机与智能设备之间大信息传递和交换。它的主要功能有：设置数据传送的波特率（速率）；上位机向下位机（数据采集站）发送指令，命令相应的下位机传送数据；上位机接收下位机传送来的数据。

4.1.3 控制应用软件的开发工具

简化的计算机控制系统结构可分为两层，即 I/O 控制层和操作控制层。I/O 控制层主要完成对过程现场 I/O 处理并实现直接数字控制（DDC）；操作控制层则实现一些与运行操作有关的人机界面功能，与之有关的控制软件编写常采用以下 3 种开发工具：一是采用机器语言、汇编语言等面向机器的低级语言来编制；二是采用 C、Visual Basic、Visual C ++ 等高级语言来编制；三是采用监控组态软件来编制。

1. 面向机器的语言

机器语言是一种CPU指令系统，也称为CPU的机器语言，它是CPU可以识别的一组由0和1序列构成的指令码。用机器语言编制程序，就是从所使用的CPU的指令系统中挑选合适的指令，组成一个指令序列。这种程序可以被机器直接理解并执行，速度很快，但由于它们不直观、难记、难以理解、不易查错、开发周期长，现在只有专业人员在编制对于执行速度有很高要求的程序时才采用。

为了降低编程者的劳动强度，人们使用一些用于帮助记忆的符号来代替机器语言中的0、1指令，使得编程效率和质量都有了很大的提高。由这些助记符号组成的指令系统，称为汇编语言。汇编语言指令与机器语言指令基本上是一一对应的。因为这些助记符号不能被机器直接识别，所以汇编语言程序必须被编译成机器语言程序才能被机器理解和执行。编译之前的程序被称为“源程序”，编译之后的程序被称为“目标程序”。

汇编语言与机器语言都是因CPU的不同而不同，所以统称为“面向机器的语言”。使用这类语言，可以编出效率极高的程序，但对程序设计人员的要求也很高。他们不仅要考虑解题思路，还要熟悉机器的内部结构，所以一般人很难掌握这类程序设计语言。

用汇编语言编写的程序代码针对性强，代码长度短，程序执行速度快，实时性强，要求的硬件也少，但编程繁琐，工作量大，调试困难，开发周期长，通用性差，不便于交流推广。

2. 高级语言

常用的面向过程语言有C、Fortran、BASIC、Pascal等。使用这类编程语言，程序设计者可以不关心机器的内部结构甚至工作原理，把主要精力集中在解决问题的思路和方法上。这类摆脱了硬件束缚的程序设计语言被统称为高级语言。高级语言的出现是计算机技术发展的里程碑，它大大地提高了编程效率，使人们能够开发出越来越大、功能越来越强的程序。

随着计算机技术的进一步发展，特别是像Windows这样具有图形用户界面的操作系统的广泛使用，人们又形成了一种面向对象的程序设计思想。这种思想把整个现实世界或是其中一部分看成是由不同种类对象组成的有机整体。同一类型的对象既有共同点，又有各自不同的特性。各种类型的对象之间通过发送消息进行联系，消息能够激发对象做出相应的反应，从而构成了一个运动的整体。采用了面向对象思想的程序设计语言就是面向对象的程序设计语言，当前使用较多的面向对象的语言有Visual Basic、Visual C++、Java、Object Pascal等。

高级语言通用性好，编程容易，功能多，数据运算和处理能力强，但实时性相对差些。

在计算机发展过程的早期，应用软件的开发大多采用汇编语言。在工业过程控制系统中，目前仍大量应用汇编语言编制应用软件。由于计算机技术的发展，工业控制计算机的基本系统逐渐与广泛使用的个人计算机兼容，而各种高级语言也都有各种I/O口操作语句，并具有对内存直接存取的功能。这样，就有可能用高级语言来编写需要进行许多I/O操作的工业控制系统的应用程序。从许多成功的应用来看，用高级语言开发工业控制和检测系统的应用程序，其速度快，可靠性高，质量好。

汇编语言和高级语言各有其优点和局限性。在程序设计中，应发挥汇编语言实时功能强、高级语言运算能力强的优点，所以在应用软件设计中，一般采用高级语言与汇编语言混合编程的方法，即用高级语言编写数据处理、数据管理、图形绘制、显示、打印、网络管理等程序；用汇编语言编写时钟管理、中断管理、输入/输出、数据通信程序等实时性强的程序。

3. 组态软件

组态软件是一种针对控制系统而设计的面向问题的开发软件，它为用户提供了众多的功能模块，例如控制算法模块（如PID）、运算模块（如四则运算、开方、最大/最小值选择、一阶惯性、超前滞后、工程量变换、上下限报警等数十种）、计数/计时模块、逻辑运算模块、输入模块、输出模块、打印模块、CRT显示模块等。系统设计者只需根据控制要求，选择所需的模块就能十分方便地生成系统控制软件。

监控组态软件是标准化、规模化、商品化的通用开发软件，只需进行标准功能模块的软件组态和简单的编程，就可设计出标准化、专业化、通用性强、可靠性高的上位机人机界面监控程序（HMI系统），且工作量较小，开发调试周期较短，对程序设计员要求也低一些。因此，监控组态软件是性能优良的软件产品，将成为开发上位机监控程序的主流开发工具。

工业控制软件包是由专业公司开发的现成控制软件产品，它具有标准化、模块组合化、组态生成化等特点，通用性强，实时性和可靠性高。利用工业控制软件包和用户组态软件，设计者可根据控制系统的需求来组态生成各种实际的应用软件。这种开发方式极大地方便了设计者，他们不必过多地了解和掌握如何编制程序的技术细节，只需要掌握工业控制软件包和组态软件的操作规程和步骤，就能开发、设计出符合需要的控制系统应用软件，从而大大缩短了研制时间，也提高了软件的可靠性。

在软件技术飞速发展的今天，各种软件开发工具琳琅满目，每种开发语言都有其各自的长处和短处。在设计控制系统的应用程序时，究竟选择哪种开发工具，还是几种软件混合使用，这要根据被控对象的特点、控制任务的要求以及所具备的条件而定。

4.2 监控组态软件概述

随着工业自动化水平的迅速提高，计算机在工业领域的广泛应用，人们对工业自动化的要求也越来越高，种类繁多的控制设备和过程监控装置在工业领域的应用，使得传统的工业控制软件已无法满足用户的各种需求。在开发传统的工业控制软件时，当工业被控对象一旦有变动，就必须修改其控制系统的源程序，导致其开发周期长；已开发成功的工控软件又由于每个控制项目的不同而使其重复使用率很低，导致它的价格非常昂贵；在修改工控软件的源程序时，倘若原来的编程人员因工作变动而离去时，则必须由其他人员或新手进行源程序的修改，因而难度很大。

监控组态软件的出现为解决上述实际工程问题提供了一种崭新的方法，因为它能够很好地解决传统工业控制软件存在的种种问题，使用户能根据自己的控制对象和控制目的任意组态，完成最终的自动化控制工程。

4.2.1 组态软件的含义与地位

1. 组态软件的含义

在使用工控软件时，人们经常提到组态一词。与硬件生产相对照，组态与组装类似。如要组装一台计算机，事先提供了各种型号的主板、机箱、电源、CPU、显示器、硬盘及光驱等，我们的工作就是用这些部件拼凑成自己需要的计算机。当然软件中的组态要比硬件的组装有更大的发挥空间，因为它一般要比硬件中的“部件”更多，而且每个“部件”都很灵活，因为软件都有内部属性，通过改变属性可以改变其规格（如大小、形状、颜色等）。

组态（Configuration）有设置、配置等含义，就是模块的任意组合。在软件领域内，是指操作人员根据应用对象及控制任务的要求，配置用户应用软件的过程（包括对象的定义、制作和编辑、对象状态特征属性参数的设定等），即使用软件工具对计算机及软件的各种资源进行配置，达到让计算机或软件按照预先设置自动执行特定任务、满足使用者要求的目的，也就是把组态软件视为“应用程序生成器”。

组态软件更确切的称呼应该是人机界面（Human Machine Interface，HMI）/控制与数据采集（Supervisory Control And Data Acquisition，SCADA）软件。组态软件最早出现时，实现HMI和控制功能是其主要内涵，即主要解决人机图形界面和计算机数字控制问题。

组态软件是指一些数据采集与过程控制的专用软件，它们是在自动控制系统控制层一级的软件平台和开发环境，使用灵活的组态方式（而不是编程方式）为用户提供良好的用户开发界面和简捷的使用方法，它解决了控制系统通用性问题。其预设置的各种软件模块可以非常容易地实现和完成控制层的各项功能，并能同时支持各种硬件厂家的计算机和I/O产品，与工控计算机和网络系统结合，可向控制层和管理层提供软、硬件的全部接口，进行系统集成。组态软件应该能支持各种工控设备和常见的通信协议，并且通常应提供分布式数据管理和网络功能。对应于原有的HMI的概念，组态软件应该是一个使用户能快速建立自己的HMI的软件工具或开发环境。

在工业控制中，组态一般是指通过对软件采用非编程的操作方式（主要有参数填写、图形连接和文件生成等）使得软件乃至整个系统具有某种指定的功能。由于用户对计算机控制系统的要求千差万别（包括流程画面、系统结构、报表格式、报警要求等），而开发商又不可能专门为每个用户去进行开发。所以，只能是事先开发好一套具有一定通用性的软件开发平台，生产（或者选择）若干种规格的硬件模块（如I/O模块、通信模块、现场控制模块等），然后再根据用户的要求在软件开发平台上进行二次开发，以及进行硬件模块的连接。这种软件的二次开发工作就称为组态。相应的软件开发平台就称为控制组态软件，简称组态软件。“组态”一词既可以用做名词也可以用做动词。计算机控制系统在完成组态之前只是一些硬件和软件的集合体，只有通过组态，才能使其成为一个具体的满足生产过程需要的应用系统。

从应用角度讲，组态软件是完成系统硬件与软件沟通、建立现场与控制层沟通的人机界面的软件平台，它主要应用于工业自动化领域，但又不仅仅局限于此。在工业过程控制系统中存在着两大类可变因素：一是操作人员需求的变化；二是被控对象状态的变化及被控对象所用硬件的变化。而组态软件正是在保持软件平台执行代码不变的基础上，通过改变软件配置信息（包括图形文件、硬件配置文件、实时数据库等）适应两大不同系统对两大因素的要求，构建新的控制系统的平台软件。以这种方式构建系统既提高了系统的成套速度，又保证了系统软件的成熟性和可靠性，使用起来方便灵活，而且便于修改和维护。

现在的组态软件都是采用面向对象编程技术，它提供了各种应用程序模板和对象。二次开发人员根据具体系统的需求，建立模块（创建对象）然后定义参数（定义对象的属性），最后生成可供运行的应用程序。具体地说，组态实际上是生成一系列可以直接运行的程序代码。生成的程序代码可以直接运行在用于组态的计算机上，也可以下装（下载）到其他的计算机（站）上。组态可以分为离线组态和在线组态两种。所谓离线组态，是指在计算机控制系统运行之前完成组态工作，然后将生成的应用程序安装在相应的计算机中。而在线组态则是指在计算机控制系统运行过程中组态。

随着计算机软件技术的快速发展以及用户对计算机控制系统功能要求的增加，实时数据库、实时控制、SCADA、通信及互联网、开放数据接口、对I/O设备的广泛支持已经成为它的主要内容，随着计算机控制技术的发展，组态软件将会不断被赋予新的内涵。

2. 组态软件的地位

在实时工业控制应用系统中，为了实现特定的应用目标，需要进行应用程序的设计和开发。在过去，由于技术发展水平的限制，没有相应的软件可供利用。应用程序一般都需要应用单位自行开发或委托专业单位开发，这就影响了整个工程的进度，系统的可靠性和其他性能指标也难以得到保证。为了解决这个问题，不少厂商在开发系统的同时，也致力于控制软件产品的开发。工业控制系统的复杂性，对软件产品提出了很高的要求。要想成功开发一个较好的通用的控制系统软件产品，需要投入大量的人力物力，并需经实际系统检验，代价是很昂贵的，特别是功能较全、应用领域较广的软件系统，投入的费用更是惊人。从应用程序开发到应用软件产品正式上市，其过程有很多环节。因此，一个成熟的控制软件产品的推出，一般带有如下特点。

1）在研制单位丰富系统经验的基础上，花费多年努力和代价才得以完成。

2）产品性能不断完善和提高，以版本更新为实现途径。

3）产品售价不可能很低，对一些国外的著名软件产品更是如此，因此软件费用在整个系统中所占的比例逐年提高。

对于应用系统的使用者而言，虽然购买一个适合自己系统应用的控制软件产品，要付出一定的费用，但相对于自己开发所花费的各项费用总和还是比较合算的。况且，一个成熟的控制软件产品一般都已在多个项目中得到了成功的应用，各方面的性能指标都在实际运行中得到了检验，能保证较好地实现应用单位控制系统的目标，同时，整个系统的工程周期也可相应缩短，便于更早地为生产现场服务，并创造出相应的经济效益。因此，近年来有不少应用单位也开始购买现成的控制软件产品来为自己的应用系统服务。

在组态软件出现之前，工控领域的用户通过手工或委托第三方编写HMI应用，开发时间长、效率低、可靠性差；或者购买专用的工控系统，通常是封闭的系统，选择余地小，往往不能满足需求，很难与外界进行数据交互，升级和增加功能都受到严重的限制。组态软件的出现，把用户从这些困境中解脱出来，用户可以利用组态软件的功能，构建一套最适合自己的应用系统。

采用组态技术构成的计算机控制系统在硬件设计上，除采用工业PC机外，系统大量采用各种技术成熟的通用的I/O接口设备和现场设备，基本不再需要单独进行具体电路设计。这不仅节约了硬件开发时间，更提高了工控系统的可靠性。组态软件实际上是一个专为工控开发的工具软件。它为用户提供了多种通用工具模块，用户不需要掌握太多的编程语言技术（甚至不需要编程技术），就能很好地完成一个复杂工程所要求的所有功能。系统设计人员可以把更多的注意力集中在如何选择最优的控制方法，设计合理的控制系统结构，选择合适的控制算法等这些提高控制品质的关键问题上。另一方面，从管理的角度来看，用组态软件开发的系统具有与Windows一致的图形化操作界面，非常便于生产的组织与管理。

由于组态软件都是由专门的软件开发人员按照软件工程的规范来开发的，使用前又经过了比较长时间的工程运行考验，其质量是有充分保证的。因此，只要开发成本允许，采用组态软件是一种比较稳妥、快速和可靠的办法。

组态软件是标准化、规模化、商品化的通用工业控制开发软件，只需进行标准功能模块的软件组态和简单的编程，就可设计出标准化、专业化、通用性强、可靠性高的上位机人机界面控制程序，且工作量较小，开发调试周期短，对程序设计员要求也较低，因此，控制组态软件是性能优良的软件产品，已成为开发上位机控制程序的主流开发工具。

由IPC、通用接口部件和组态软件构成的组态控制系统是计算机控制技术综合发展的结果，是技术成熟化的标志。由于组态技术的介入，计算机控制系统的应用速度大大加快了。

4.2.2 组态软件的功能与特点

1. 组态软件的功能

组态软件通常有以下几方面的功能。

（1）强大的界面显示组态功能

目前，工控组态软件大都运行于Windows环境下，充分利用Windows完善的图形功能、可视化的IE风格界面和丰富的工具栏，操作人员可以直接进入开发状态，节省时间。丰富的图形控件和工况图库，提供了大量的工业设备图符、仪表图符，还提供了实时曲线、历史曲线等，既满足了对于组件的需求，又是界面制作向导。软件提供给用户丰富的作图工具，可随心所欲地绘制出各种工业界面，并可任意编辑，从而将开发人员从繁重的界面设计中解放出来，丰富的动画连接方式，如隐含、闪烁、移动等，使界面生动、直观。画面丰富多彩，为设备的正常运行、操作人员的集中控制提供了极大的方便。

（2）良好的开放性

社会化的大生产，使得系统构成的全部软、硬件不可能出自一家公司，因此“异构”是当今控制系统的主要特点之一，正是这一点使组态软件具有了开放性的功能。开放性是指组态软件能与多种通信协议互联，支持多种硬件设备。它是衡量一个组态软件好坏的重要指标。

组态软件向下应能与低层的数据采集设备通信，向上通过TCP/IP可与高层管理网互联，实现上位机与下位机的双向通信。

（3）提供丰富的功能模块

组态软件提供丰富的控制功能库，满足用户的测控要求和现场要求。软件利用各种功能模块，完成实时监控、产生功能报表、显示历史曲线、实时曲线、提供报警等功能，使系统具有良好的人机界面，易于操作。系统既可适用于单机集中式控制、DCS 分布式控制，也可以是带远程通信能力的远程测控系统。

（4）配有强大的数据库

配有实时数据库，可存储各种数据，如模拟量、离散量、字符型等，实现与外部设备的数据交换。

（5）可编程的命令语言

有可编程的命令语言，使用户可根据自己的需要编写程序，增强图形界面。

（6）提供周密的系统安全防范

对不同的操作者，赋予不同的操作权限，保证整个系统的安全可靠运行。

（7）仿真功能

提供强大的仿真功能使系统并行设计，从而缩短开发周期。

2. 组态软件的特点

通用组态软件主要特点如下。

（1）封装性

通用组态软件所能完成的功能都用一种方便用户使用的方法包装起来，对于用户，不需掌握太多的编程语言技术（甚至不需要编程技术），就能很好地完成一个复杂工程所要求的所有功能，因此易学易用。

（2）开放性

组态软件大量采用“标准化技术”，如 OPC、DDE、ActiveX 控件等，在实际应用中用户可以根据自己的需要进行二次开发，例如可以很方便地使用 VB 或 C ++等编程工具自行编制所需的设备构件，装入设备工具箱，不断充实设备工具箱。很多组态软件提供了一个高级开发向导，自动生成设备驱动程序的框架，为用户开发设备驱动程序提供帮助，用户甚至可以采用 I/O 自行编写动态链接库（DLL）的方法在策略编辑器中挂接自己的应用程序模块。

（3）通用性

每个用户根据工程实际情况，利用通用组态软件提供的底层设备（PLC、智能仪表、智能模块、板卡、变频器等）的 I/O Driver、开放式的数据库和界面制作工具，就能完成一个具有动画效果、实时数据处理、历史数据和曲线并存、具有多媒体功能和网络功能的工程，不受行业限制。

（4）方便性

由于组态软件的使用者是自动化工程设计人员，组态软件的主要目的是确保使用者在生成适合自己需要的应用系统时不需要或者尽可能少地编制软件程序的源代码。因此，在设计组态软件时，应充分了解自动化工程设计人员的基本需求，并加以总结提炼，集中解决共性问题。

下面是组态软件主要解决的共性问题。

1）如何与采集、控制设备间进行数据交换。

2）使来自设备的数据与计算机图形界面上的各元素关联起来。

3）处理数据报警及系统报警。

4）存储历史数据并支持历史数据的查询。

5）各类报表的生成和打印输出。

6）为使用者提供灵活、多变的组态工具，可以适应不同应用领域的需求。

7）最终生成的应用系统运行稳定可靠。

8）具有与第三方程序的接口，方便数据共享。

在很好地解决了上述问题后，自动化工程设计人员在组态软件中只需填写一些事先设计的表格，再利用图形功能就把被控对象（如反应罐、温度计、锅炉、趋势曲线、报表等）形象地画出来，通过内部数据变量连接把被控对象的属性与I/O设备的实时数据进行逻辑连接。当由组态软件生成的应用系统投入运行后，与被控对象相连的I/O设备数据发生变化会直接带动被控对象的属性变化，同时在界面上显示。若要对应用系统进行修改，也十分方便，这就是组态软件的方便性。

（5）组态性

组态控制技术是计算机控制技术发展的结果，采用组态控制技术的计算机控制系统的最大特点是从硬件到软件开发都具有组态性，设计者的主要任务是分析控制对象，在平台基础上按照使用说明进行系统级二次开发即可构成针对不同控制对象的控制系统，免去了程序代码、图形图表、通信协议、数字统计等诸多具体内容细节的设计和调试，因此系统的可靠性和开发速率提高了，开发难度却下降了。

4.2.3 组态软件的系统构成与使用步骤

1. 组态软件的系统构成

组态软件的结构划分有多种标准，下面以使用软件的工作阶段和软件体系的成员构成两种标准讨论其体系结构

（1）以使用软件的工作阶段划分

从总体结构上看，组态软件一般都是由系统开发环境（或称为组态环境）与系统运行环境两大部分组成。系统开发环境和系统运行环境之间的联系纽带是实时数据库，三者之间的关系如图4-1所示。

图4-1　系统组态环境、系统运行环境和实时数据库三者之间的关系

1）系统开发环境。

它是自动化工程设计工程师为实施其控制方案，在组态软件的支持下进行应用程序的系统生成工作所必需依赖的工作环境。通过建立一系列用户数据文件，生成最终的图形目标应用系统，供系统运行环境运行时使用。

系统开发环境由若干个组态程序组成，如图形界面组态程序、实时数据库组态程序等。

2）系统运行环境。

在系统运行环境下，目标应用程序被装入计算机内存并投入实时运行。系统运行环境由若干个运行程序组成，如图形界面运行程序、实时数据库运行程序等。

组态软件支持在线组态技术，即在不退出系统运行环境的情况下可以直接进入组态环境

并修改组态，使修改后的组态直接生效。

自动化工程设计工程师最先接触的一定是系统开发环境，通过一定工作量的系统组态和调试，最终将目标应用程序在系统运行环境投入实时运行，完成一个工程项目。

一般工程应用必须有一套开发环境，也可以有多套运行环境。在本书的例子中，为了方便，我们将开发环境和运行环境放在一起，通过菜单限制编辑修改功能而实现运行环境。

一套好的组态软件应该能够为用户提供快速构建自己的计算机控制系统的手段。例如，对输入信号进行处理的各种模块、各种常见的控制算法模块、构造人机界面的各种图形要素、使用户能够方便地进行二次开发的平台或环境等。如果是通用的组态软件，还应当提供各类工控设备的驱动程序和常见的通信协议。

（2）按照成员构成划分

组态软件因为其功能强大，且每个功能相对来说又具有一定的独立性，因此其组成形式是一个集成软件平台，由若干程序组件构成。

组态软件必备的功能组件包括如下6个部分。

1）应用程序管理器。

应用程序管理器是提供应用程序的搜索、备份、解压缩、建立应用等功能的专用管理工具。在自动化工程设计工程师应用组态软件进行工程设计时，经常会遇到下面一些烦恼：经常要进行组态数据的备份，经常需要引用以往成功项目中的部分组态成果（如画面），经常需要迅速了解计算机中保存了哪些应用项目。虽然这些工作可以用手动方式实现，但效率低下，极易出错。有了应用程序管理器的支持，这些工作将变得非常简单。

2）图形界面开发程序。

它是自动化工程设计人员为实施其控制方案，在图形编辑工具的支持下进行图形系统生成工作所依赖的开发环境。通过建立一系列用户数据文件，生成最终的图形目标应用系统，供图形运行环境运行时使用。

3）图形界面运行程序。

在系统运行环境下，图形目标应用系统被图形界面运行程序装入计算机内并投入实时运行。

4）实时数据库系统组态程序。

有的组态软件只在图形开发环境中增加了简单的数据管理功能，因而不具备完整的实时数据库系统。目前比较先进的组态软件都有独立的实时数据库组件，以提高系统的实时性、增强处理能力。实时数据库系统组态程序是建立实时数据库的组态工具，可以定义实时数据库的结构、数据来源、数据连接、数据类型及相关的各种参数。

5）实时数据库系统运行程序。

在系统运行环境下，目标实时数据库及其应用系统被实时数据库运行程序装入计算机内存，并执行预定的各种数据计算、数据处理任务。历史数据的查询、检索、报警的管理都是在实时数据库系统运行程序中完成的。

6）I/O驱动程序。

它是组态软件中必不可少的组成部分，用于I/O设备通信，互相交换数据。DDE和OPC客户端是两个通用的标准I/O驱动程序，用来支持DDE和OPC标准的I/O设备通信，多数组态软件的DDE驱动程序被整合在实时数据库系统或图形系统中，而OPC客户端则多数单独存在。

2. 组态软件的使用步骤

组态软件通过I/O驱动程序从现场I/O设备获得实时数据，对数据进行必要的加工后，一方面以图形方式直观地显示在计算机屏幕上；另一方面按照组态要求和操作人员的指令将控制数据送给I/O设备，对执行机构实施控制或调整控制参数。具体的工程应用必须经过完整、详细的组态设计，组态软件才能够正常工作。

下面列出组态软件的使用步骤。

1）将所有I/O点的参数收集齐全，并填写表格，以备在控制组态软件和控制、检测设备上组态时使用。

2）搞清楚所使用的I/O设备的生产商、种类、型号，使用的通信接口类型，采用的通信协议，以便在定义I/O设备时做出准确选择。

3）将所有I/O点的I/O标识收集齐全，并填写表格，I/O标识是唯一确定一个I/O点的关键字，组态软件通过向I/O设备发出I/O标识来请求对应的数据。在大多数情况下，I/O标识是I/O点的地址或位号名称。

4）根据工艺过程绘制、设计画面结构和画面草图。

5）按照第1）步统计出的表格，建立实时数据库，正确组态各种变量参数。

6）根据第1）步和第3）步的统计结果，在实时数据库中建立实时数据库变量与I/O点的一一对应关系，即定义数据连接。

7）根据第4）步的画面结构和画面草图，组态每一幅静态的操作画面。

8）将操作画面中的图形对象与实时数据库变量建立动画连接关系，规定动画属性和幅度。

9）对组态内容进行分段和总体调试。

10）系统投入运行。

在一个自动控制系统中，投入运行的控制组态软件是系统的数据收集处理中心、远程监视中心和数据转发中心，处于运行状态的控制组态软件与各种控制、检测设备（如PLC、智能仪表、DCS等）共同构成快速响应的控制中心。控制方案和算法一般在设备上组态并执行，也可以在PC上组态，然后下装到设备中执行，根据设备的具体要求而定。

监控组态软件投入运行后，操作人员可以在它的支持下完成以下6项任务。

1）查看生产现场的实时数据及流程画面。

2）自动打印各种实时/历史生产报表。

3）自由浏览各个实时/历史趋势画面。

4）及时得到并处理各种过程报警和系统报警。

5）在需要时，人为干预生产过程，修改生产过程参数和状态。

6）与管理部门的计算机联网，为管理部门提供生产实时数据。

3. 组态工控系统的组建过程

（1）工程项目系统分析

首先要了解控制系统的构成和工艺流程，弄清被控对象的特征，明确技术要求。然后在此基础上进行工程的整体规划，包括系统应实现哪些功能，控制流程如何，需要什么样的用户窗口界面，实现何种动画效果以及如何在实时数据库中定义数据变量。

（2）设计用户操作菜单

在系统运行的过程中，为了便于画面的切换和变量的提取，通常应由用户根据实际需要建立自己的菜单方便用户操作。例如，制定按钮来执行某些命令或通过其输入数据给某些变量等。

（3）画面设计与编辑

画面设计分为画面建立、画面编辑和动画编辑与连接等几个步骤。画面由用户根据实际需要编辑制作，然后将画面与已定义的变量关联起来，以便运行时使画面上的内容随变量变化。用户可以利用组态软件提供的绘图工具进行画面的编辑制作，也可以通过程序命令即脚本程序来实现。

（4）编写程序进行调试

用户程序编写好后，要进行在线调试。在实际调试前，先借助于一些模拟手段进行初调，通过对现场数据进行模拟，来检查动画效果和控制流程是否正确。

（5）连接设备驱动程序

利用组态软件编写好的程序要实现和外围设备的连接，在进行连接前，要装入正确的设备驱动程序和定义彼此间的通信协议。

（6）综合测试

对系统进行整体调试，经验收后方可投入试运行，在运行过程中发现问题并及时完善系统设计。

4.2.4 常见的组态方式与组态软件

1. 常见的组态方式

（1）系统组态

系统组态又称为系统管理组态（或系统生成），这是整个组态工作中的第一步，也是最重要的一步。系统组态的主要工作是对系统的结构以及构成系统的基本要素进行定义。以DCS的系统组态为例，硬件配置的定义包括：选择什么样的网络层次和类型（如宽带、载波带等），选择什么样的工程师站、操作员站和现场控制站（I/O控制站）（如类型、编号、地址、是否为冗余等）以及其具体的配置，选择什么样的I/O模块（如类型、编号、地址、是否为冗余等）以及其具体的配置。有的DCS的系统组态可以做得非常详细。例如，机柜、机柜中的电源、电缆与其他部件，各类部件在机柜中的槽位，打印机以及各站使用的软件等，都可以在系统组态中进行定义。系统组态的过程一般都是用图形加填表的方式。

（2）控制组态

控制组态又称为控制回路组态，这同样是一种非常重要的组态。为了确保生产工艺的实现，一个计算机控制系统要完成各种复杂的控制任务。例如，各种操作的顺序动作控制，各个变量之间的逻辑控制以及对各个关键参量采用各种控制（如PID、前馈、串级、解耦，甚至是更为复杂的多变量预控制、自适应控制等）。因此，有必要生成相应的应用程序来实现这些控制。组态软件往往会提供各种不同类型的控制模块，组态的过程就是将控制模块与各个被控变量相联系，并定义控制模块的参数（例如比例系数、积分时间等）。另外，对于一些被监视的变量，也要在信号采集之后对其进行一定的处理，这种处理也是通过软件模块来实现的。因此，也需要将这些被监视的变量与相应的模块相联系，并定义有关的参数。这些工作都是在控制组态中来完成的。

由于控制问题往往比较复杂，组态软件提供的各种模块不一定能够满足现场的需要，这就需要用户做进一步的开发，即自己建立符合需要的控制模块。因此，组态软件应该能够给用户提供相应的开发手段。通常可以有两种方法：一是用户自己用高级语言来实现，然后再嵌入系统中；二是由组态软件提供脚本语言。

(3) 画面组态

它的任务是为计算机控制系统提供一个方便操作员使用的人机界面。显示组态的工作主要包括两个方面：一是画出一幅（或多幅）能够反映被控制的过程概貌的图形；二是将图形中的某些要素（例如数字、高度、颜色等）与现场的变量相联系（又称为数据连接或动画连接），当现场的参数发生变化时，就可以及时地在显示器上显示出来，或者是通过在屏幕上改变参数来控制现场的执行机构。

现在的组态软件都会为用户提供丰富的图形库。图形库中包含大量的图形元件，只需在图库中将相应的子图调出，再作少量修改即可。因此，即使是完全不会编程序的人也可以“绘制”出漂亮的图形来。图形又可以分为两种：一种是平面图形，另一种是三维图形。平面图形虽然不是十分美观，但占用内存少，运行速度快。

数据连接分为两种：一种是被动连接，另一种是主动连接。对于被动连接，当现场的参数改变时，屏幕上相应数字量的显示值或图形的某个属性（如高度、颜色等）也会相应改变。对于主动连接方式，当操作人员改变屏幕上显示的某个数字值或某个图形的属性（例如高度、位置等）时，现场的某个参量就会发生相应的改变。显然，利用被动连接就可以实现现场数据的采集与显示，而利用主动连接就可以实现操作人员对现场设备的控制。

(4) 数据库组态

数据库组态包括实时数据库组态和历史数据库组态。实时数据库组态的内容包括：数据库各点（变量）的名称、类型、工位号、工程量转换系数上下限、线性化处理、报警限和报警特性等。历史数据库组态的内容包括定义各个进入历史数据库数据点的保存周期，有的组态软件将这部分工作放在了历史组态之中，还有的组态软件将数据点与I/O设备的连接放在数据库组态之中。

(5) 报表组态

一般的计算机控制系统都会带有数据库。因此，可以很轻易地将生产过程形成的实时数据形成对管理工作十分重要的日报、周报或月报。报表组态包括：定义报表的数据项、统计项、报表的格式以及打印报表的时间等。

(6) 报警组态

报警功能是计算机控制系统很重要的一项功能，它的作用就是当被控或被监视的某个参数达到一定数值的时候，以声音、光线、闪烁或打印机打印等方式发出报警信号，提醒操作人员注意并采取相应的措施。报警组态的内容包括：报警的级别、报警限、报警方式和报警处理方式的定义。有的组态软件没有专门的报警组态，而是将其放在控制组态或显示组态中顺便完成报警组态的任务。

(7) 历史组态

由于计算机控制系统对实时数据采集的采样周期很短，形成的实时数据很多，这些实时数据不可能也没有必要全部保留，可以通过历史模块将实时数据进行浓缩从而形成有用的历史记录。历史组态的作用就是定义历史模块的参数，形成各种浓缩算法。

(8) 环境组态

由于组态工作十分重要，如果处理不好，就会使计算机控制系统无法正常工作，甚至会造成系统瘫痪。因此，应当严格限制组态人员的操作权限。一般的做法是：设置不同的环境，例如，过程工程师环境、软件工程师环境以及操作员环境等。只有在过程工程师环境和软件工程师环境中才可以进行组态，而操作员环境只能进行简单的操作。为此，还引出了环境组态的概念。所谓环境组态，是指通过定义软件参数，建立相应的环境。不同的环境拥有不同的资源，且环境是有密码保护的。还有一个办法就是：不在运行平台上组态，组态完成后再将运行的程序代码安装到运行平台中。

2. 常见的组态软件

随着社会对计算机控制系统需求的日益增大，组态软件也已经形成了一个不小的产业。现在市面上已经出现了多种不同类型的组态软件。按照使用对象来分类，可以将组态软件分为两类：一类是专用的组态软件，另一类是通用的组态软件。

专用的组态软件主要是由一些集散控制系统厂商和 PLC 厂商专门为自己的系统开发的，例如 Honeywell 的组态软件、Foxboro 的组态软件、Rockwell 公司的 RSView、Simens 公司的 WinCC、GE 公司的 Cimplicity。

通用组态软件并不特别针对某一类特定的系统，开发者可以根据需要选择合适的软件和硬件来构成自己的计算机控制系统。如果开发者在选择了通用组态软件后，发现其无法驱动自己选择的硬件，可以提供该硬件的通信协议，请组态软件的开发商来开发相应的驱动程序。

通用组态软件目前发展很快，也是市场潜力很大的产业。国外开发的通用组态软件有：FIX/iFIX、InTouch、Citech、Lookout、TraceMode 以及 Wizcon 等。国产的通用组态软件有：组态王（KingView）、MCGS、Synall2000、ControX 2000、Force Control 和 FameView 等。

下面简要介绍几种常用的组态软件。

1）InTouch。美国 Wonderware 公司堪称组态软件的鼻祖，它们率先推出的 16 位 Windows 环境下的组态软件 InTouch，在国际上获得较高的市场占有率。InTouch 软件的图形功能比较丰富，使用较方便，其 I/O 硬件驱动丰富，工作稳定，在中国市场也普遍受到好评。

2）iFIX。美国 GE 公司的 FIX 产品系列较全，包括 DOS 版、16 位 Windows 版、32 位 Windows 版、OS/2 版和其他一些版本，功能较强，是全新模式的组态软件，思想和体系结构都比现有的其他组态软件要先进，但实时性仍欠缺。最新推出的 iFIX 是全新模式的组态软件，思想和体系结构都比较新，提供的功能也较为完整。但由于过于"庞大"和"臃肿"，对系统资源耗费巨大，而且经常受微软的操作系统影响。

3）Citech。澳大利亚 CIT 公司的 Citech 是组态软件中的后起之秀，在世界范围内扩展的很快。Citech 产品控制算法比较好，具有简洁的操作方式，但其操作方式更多的是面向程序员，而不是工控用户。I/O 硬件驱动相对比较少，但大部分驱动程序可随软件包提供给用户。

4）WinCC。德国西门子公司的 WinCC 也属于目前比较先进的产品之一，功能强大，使用较复杂。新版软件有了很大进步，但在网络结构和数据管理方面要比 InTouch 和 iFIX 差。WinCC 主要针对西门子硬件设备。因此，对使用西门子硬件设备的用户，WinCC 是不错的选择。若用户选择其他公司的硬件，则需开发相应的I/O驱动程序。

5）ForceControl。北京三维力控科技有限公司的ForceControl（力控）是国内较早出现的组态软件之一，该产品在体系结构上具备了较为明显的先进性，最大的特征之一就是其基于真正意义的分布式实时数据库的三层结构，而且实时数据库结构为可组态的活结构，是一个面向方案的HMI/SCADA平台软件。

6）MCGS。北京昆仑通态自动化软件科技有限公司的MCGS设计思想比较独特，有很多特殊的概念和使用方式，为用户提供了解决实际工程问题的完整方案和开发平台。使用MCGS，用户无须具备计算机编程的知识，就可以在短时间内轻而易举地完成一个运行稳定、功能成熟、维护量小并且具备专业水准的计算机监控系统的开发工作。

7）WebAccess。是研华（中国）科技发展有限公司近几年开发的一种面向网络监控的组态软件，是未来组态软件的发展趋势。

8）组态王（KingView）。组态王是北京亚控科技发展有限公司开发的一个较有影响的组态软件。组态王提供了资源管理器式的操作主界面，并且提供了以汉字作为关键字的脚本语言支持。界面操作灵活方便，易学易用，有较强的通信功能，支持的硬件也非常丰富。

4.2.5 KingView与下位机通信

KingView运行于Microsoft Windows 9X/NT/XP平台，主要特点：支持真正客户/服务器和Internet/Intranet浏览器技术，适应各种规模的网络系统，支持分布式网络开发；可直接插入第三方ActiveX控件；可以导入、导出ODBC数据库；组态王既是OPC客户端，又是OPC服务器；允许VB、VC直接访问等。

1. KingView中的I/O设备

作为上位机，KingView把那些需要与之交换数据的设备或程序都作为外部设备（即I/O设备，又称为逻辑设备）。KingView支持的I/O设备包括：可编程序控制器（PLC）、智能模块、板卡、智能仪表、变频器等。

KingView设备管理中的逻辑设备分为DDE设备、板卡类设备（即总线型设备）、串口类设备、人机界面卡、网络模块，工程人员根据自己的实际情况通过KingView的设备管理功能来配置定义这些逻辑设备。

DDE设备是指与KingView进行DDE数据交换的Windows独立应用程序，因此，DDE设备通常就代表了一个Windows独立应用程序，该独立应用程序的扩展名通常为.exe文件，KingView与DDE设备之间通过DDE协议交换数据，如Excel是Windows的独立应用程序，当Excel与KingView交换数据时，就是采用DDE的通信方式进行的。

板卡类逻辑设备实际上是KingView内嵌的板卡驱动程序的逻辑名称，内嵌的板卡驱动程序不是一个独立的Windows应用程序，而是以DLL形式供KingView调用，这种内嵌的板卡驱动程序对应着实际插入计算机总线扩展槽中的I/O设备，因此，一个板卡逻辑设备也就代表了一个实际插入计算机总线扩展槽中的I/O板卡。KingView根据工程人员指定的板卡逻辑设备自动调用相应内嵌的板卡驱动程序，因此对工程人员来说，只需要在逻辑设备中定义板卡逻辑设备，其他的事情就由KingView自动完成。

串口类逻辑设备实际上是KingView内嵌的串口驱动程序的逻辑名称，内嵌的串口驱动程序不是一个独立的Windows应用程序，而是以DLL形式供KingView调用，这种内嵌的串口驱动程序对应着实际与计算机串口相连的I/O设备，因此，一个串口逻辑设备也就代表了一个实际与计算机串口相连的I/O设备。

人机界面卡又称为高速通信卡，它既不同于板卡，也不同于串口通信，往往由硬件厂商提供，如西门子公司的S7-300用的MPI卡、莫迪康公司的SA85卡。通过人机界面卡可以使设备与计算机进行高速通信，这样不占用计算机本身所带的RS-232串口，因为这种人机界面卡一般插在计算机的总线（ISA或PCI）插槽上。

2. KingView对I/O设备的管理

KingView与I/O设备之间的数据交换采用以下5种方式：串行通信方式、板卡方式、网络节点方式、人机接口卡方式、DDE方式。其他Windows应用程序一般通过DDE交换数据；若组态软件在网络上运行，则外部设备还包括网络上的其他计算机。KingView通过对I/O设备的操作可以实现KingView与其他许多软件的数据交换。

KingView软件系统与工程人员最终使用的具体控制设备或现场部件无关，对于不同的硬件设施，只需为KingView配置相应的通信驱动程序即可。因此要使KingView与外部设备通信，在KingView安装过程中需安装外部I/O设备的驱动程序，如图4-2所示，在运行期间，KingView通过驱动程序和这些外部设备交换数据。

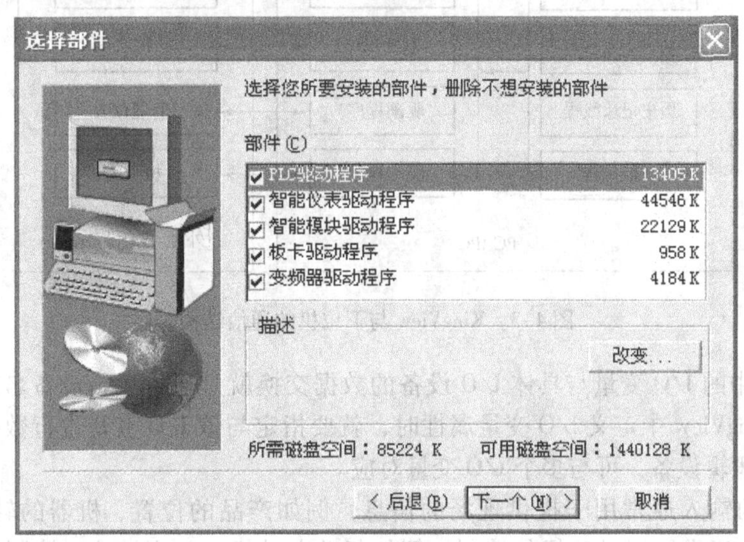

图4-2　安装I/O设备KingView驱动程序

KingView对设备的管理是通过对逻辑设备名的管理实现的，具体讲就是每一个实际I/O设备都必须在KingView中指定一个唯一的逻辑名称，此逻辑设备名就对应着该I/O设备的生产厂家、实际设备名称、设备通信方式、设备地址、与上位PC机的通信方式等信息内容（逻辑设备名的管理方式就如同对城市长途区号的管理，每个城市对应一个唯一的区号，这个区号就可以认为是该城市的逻辑城市名，比如北京市的区号为010，则查看长途区号时就可以知道010代表北京）。在KingView中，具体I/O设备与逻辑设备名是一一对应的，有一个I/O设备就必须指定一个唯一的逻辑设备名，特别是设备型号完全相同的多台I/O设备，也要指定不同的逻辑设备名。

KingView的设备管理结构列出已配置的与KingView通信的各种I/O设备名，每个设备名实际上是具体设备的逻辑名称（简称逻辑设备名，以此区别I/O设备生产厂家提供的实际设备名），每一个逻辑设备名对应一个相应的驱动程序，以此与实际设备相对应。

只有在定义了外部设备之后，KingView才能通过I/O变量和它们交换数据。为方便定义外部设备，KingView设计了“设备配置向导”指导完成设备的连接。在开发过程中，用户只需要按照向导的提示就可以进行相应的参数设置，选择I/O设备的生产厂家、设备名称、通信方式，指定设备的逻辑名称和通信地址，完成I/O设备的配置工作，KingView会自动完成驱动程序的启动和通信，不再需要工程人员人工进行。KingView采用工程浏览器界面来管理硬件设备，已配置好的设备统一列在工程浏览器界面下的设备分支。

3. KingView与I/O设备通信

在系统运行的过程中，KingView通过内嵌的设备管理程序负责与I/O设备的实时数据交换，如图4-3所示。每一个驱动程序都是一个COM对象，这种方式使通信程序和KingView构成一个完整的系统，既保证了运行系统的高效率，也使系统能够达到很大的规模。

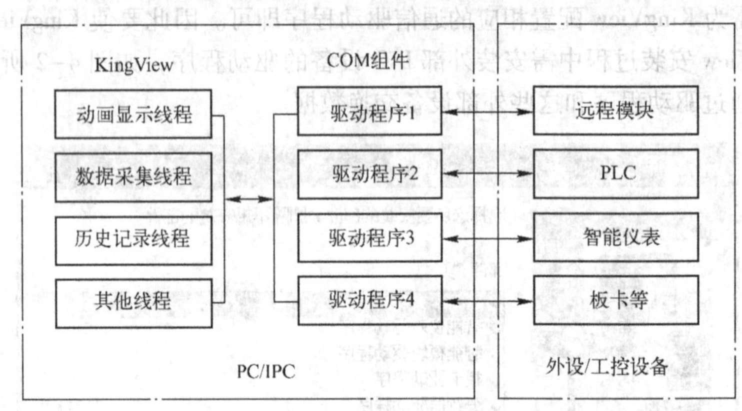

图4-3　KingView与下位机的通信结构

KingView中的I/O变量与具体I/O设备的数据交换就是通过逻辑设备名来实现的，当工程人员在KingView中定义I/O变量属性时，就要指定与该I/O变量进行数据交换的逻辑设备名。一个逻辑设备，可与多个I/O变量对应。

I/O设备的输入通常用于提供现场的信息，例如产品的位置、机器的转速、炉温等。I/O设备的输出通常用于对现场的控制，例如起动电动机、改变转速、控制阀门和指示灯等，如图4-4所示。有些I/O设备（例如PLC），其本身的程序完成对现场的控制，程序根据输入决定各输出的值。

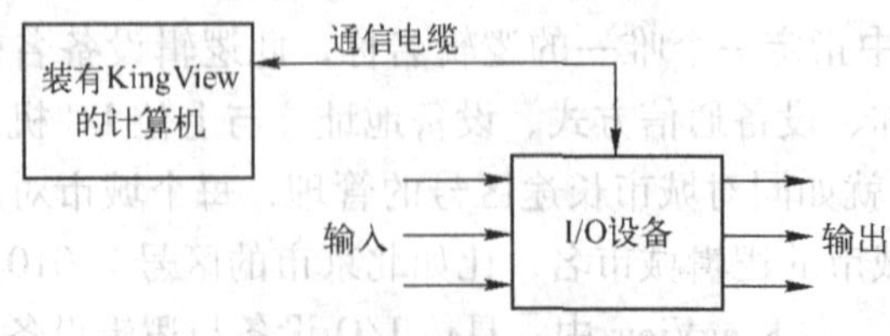

图4-4　KingView与I/O设备的连接

输入、输出的数值存放在I/O设备的寄存器中，寄存器通过其地址进行引用。大多数I/O设备提供与其他设备或计算机进行通信的通信端口或数据通道，KingView通过这些通信通道读写I/O设备的寄存器，采集到的数据可用于进一步的监控。用户不需要读写I/O设备的寄存器，KingView提供了一种数据定义方法，当定义了I/O变量后，可直接将变量名用于系统控制、操作显示、趋势分析、数据记录和报警显示。

4.3 KingView基本操作实训

4.3.1 实训目的

掌握监控组态软件KingView的集成开发环境和设计应用程序的步骤。

4.3.2 实训任务

采用监控组态软件KingView编写应用程序，完成下面的任务。

1）一个整数从零开始每隔1 s加1，累加数显示在画面的文本框中。

2）当该数累加至10时，画面中指示灯变换颜色，停止累加。

3）单击画面中“关闭”按钮，结束程序运行。

4.3.3 实训操作

1. 建立新工程项目

KingView软件包由工程管理器、工程浏览器、画面运行系统、信息窗口4部分组成。工程浏览器内嵌画面开发系统，即KingView开发系统。工程浏览器和画面运行系统是各自独立的Windows应用程序，均可单独使用；两者又相互依存，在工程浏览器的画面开发系统中设计开发的画面应用程序必须在画面运行系统运行环境中才能运行。

运行KingView程序，出现“组态王工程管理器”画面，如图4-5所示。

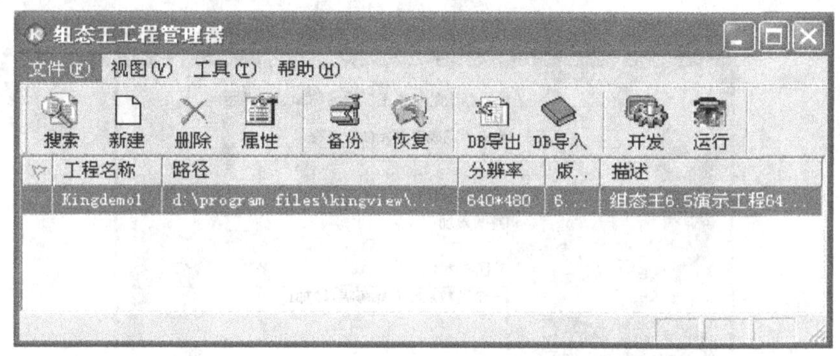

图4-5 “组态王工程管理器”画面

“组态王工程管理器”的主要作用就是为用户集中管理本机上的所有组态王工程。它的主要功能包括：新建、删除工程，搜索指定路径下的所有组态王工程，对工程重命名，修改工程属性，工程的备份、恢复，数据词典的导入、导出，切换到组态王开发或运行环境等。

在KingView中，设计者开发的每一个应用系统称为一个工程，每个工程必须在一个独立的目录中，不同的工程不能共用一个目录，工程目录也称为工程路径。在每个工程路径下，KingView为此项目生成了一些重要的数据文件，这些数据文件一般是不允许修改的。

我们每建立一个新的应用程序时，都必须先为这个应用程序指定工程路径，以便 KingView 根据工程路径对不同的应用程序分别进行不同的自动管理。

要建立一个新工程，需执行以下操作。

1）在“组态王工程管理器”中选择菜单“文件”→“新建工程”或单击快捷工具栏“新建”命令，出现“新建工程向导之一——欢迎使用本向导”对话框。

2）单击“下一步”按钮出现“新建工程向导之二——选择工程所在路径”对话框。选择或指定工程所在路径，如图 4-6 所示。如果需要更改工程路径，则单击“浏览”按钮；如果路径或文件夹不存在，则需创建路径或文件夹。

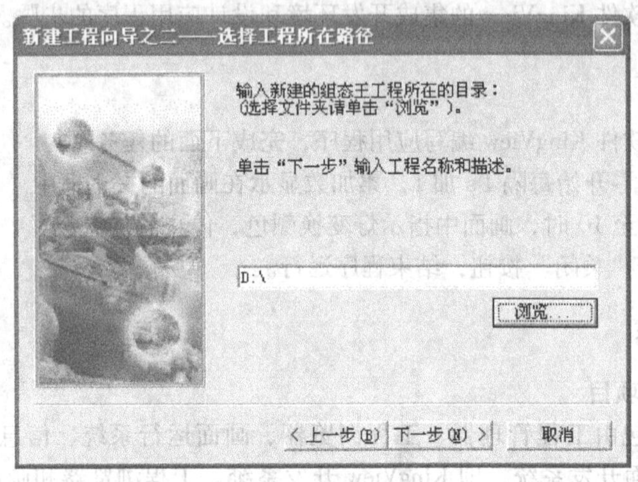

图 4-6　选择或指定工程所在路径

3）单击“下一步”按钮出现“新建工程向导之三——工程名称和描述”对话框，如图 4-7 所示。

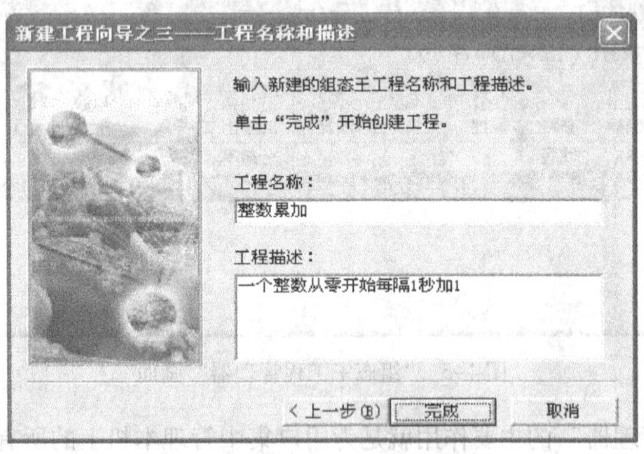

图 4-7　输入工程名称对话框

在对话框中输入工程名称为“整数累加”（必需）；在工程描述中输入“一个整数从零开始每隔 1 秒加 1”（可选）。

4）单击“完成”按钮，新工程建立，单击“是”按钮，确认将新建的工程设为 KingView

当前工程，此时“组态王工程管理器”中出现新建的工程，如图 4-8 所示。

图 4-8　新工程建立

在 KingView 中，工程名称是唯一的，不能重复，工程名称和工程路径是一一对应的。

5）双击新建的工程名，出现演示方式“提示”对话框，单击“确定”按钮，进入“工程浏览器”界面，如图 4-9 所示。

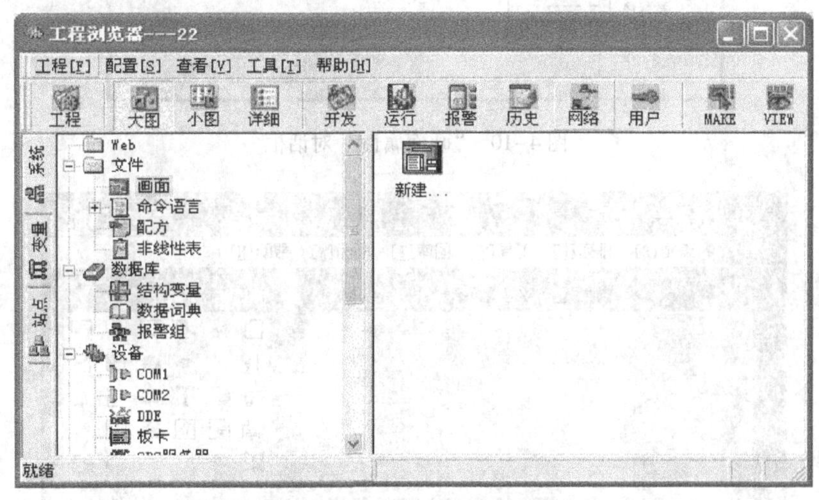

图 4-9　“工程浏览器”界面

注意：每套正版 KingView 软件均配置了“加密狗”，在实际工业监控中，将“加密狗”安装在计算机并行接口上，则 KingView 运行时，没有时间限制。

工程浏览器是 KingView 软件的核心部分和管理开发系统，它将画面制作系统中已设计的图形画面、命令语言、设备驱动程序管理、配方管理、数据报告等工程资源进行集中管理，并在一个窗口中进行树形结构排列。

2. 制作图形画面

KingView 画面开发系统是应用程序的集成开发环境，工程人员在这个环境中完成画面的设计、动画连接等工作。画面开发系统具有先进完善的图形生成功能，数据库中有多种数据类型，能合理地抽象控制对象的特性，对数据变量的报警、趋势曲线、过程记录、安全防范等重要功能有简单的操作办法。利用 KingView 丰富的图库，用户可以大大减少设计画面的时间，从整体上提高工控软件的质量。

在工程浏览器左侧树形菜单中选择“文件”下的“画面”选项，在右侧视图中双击“新建”，出现“画面属性”对话框，输入画面名称为“整数累加”，设置画面位置、大小等，如图4-10所示，然后单击“确定”按钮，进入组态王画面开发系统，此时自动加载工具箱，如图4-11所示。

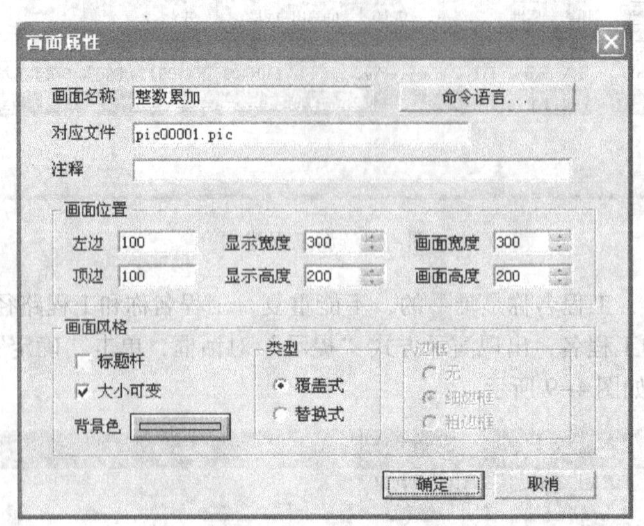

图4-10 “画面属性”对话框

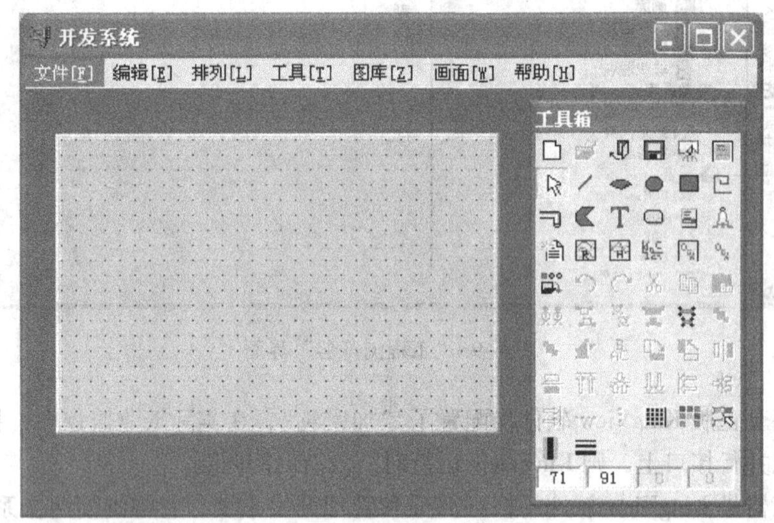

图4-11 开发系统及工具箱

绘制图素的主要工具放在图形编辑工具箱中，各基本工具的使用方法与“画笔”类似。

1）用鼠标单击工具箱中的文本工具按钮“T”，然后将鼠标移动到画面上适当位置单击，用户便可以在画面中输入文字“000”。输入完毕，单击鼠标，文字输入完成。

若需要对输入的文字进行修改，则可以首先选中该文本，单击鼠标右键，在弹出的快捷菜单中单击“字符串替换”选项，弹出“字符串替换”对话框，输入要修改的文字。

2）添加1个指示灯对象：在开发系统中执行菜单“图库”→“打开图库”命令，进入

“图库管理器”界面，选择指示灯库中的一个图形对象，如图 4-12 所示，双击选择的指示灯图形，此时“图库管理器”关闭，显示开发系统画面窗口，在开发系统画面空白处单击并拖动鼠标，则画面中出现选择的指示灯图形，可以通过鼠标拖动图形边上的箭头来放大或缩小图形。

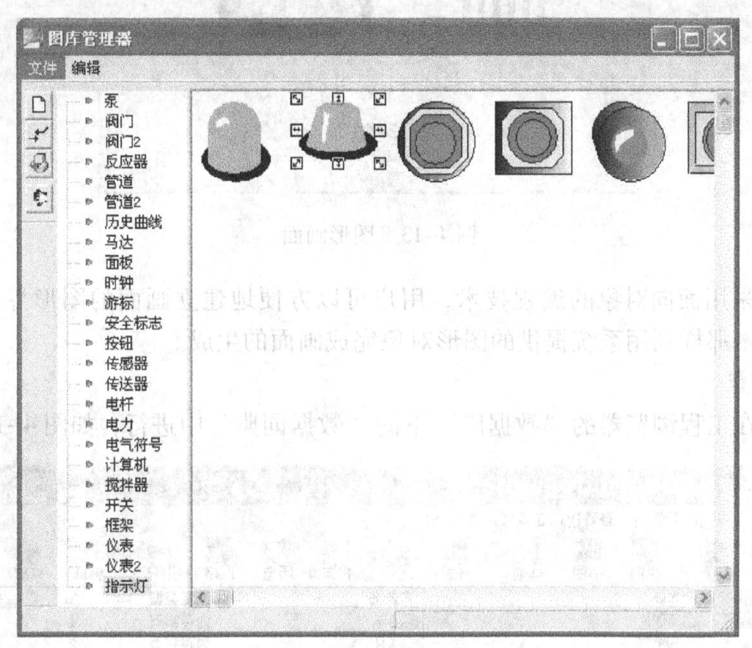

图 4-12 “图库管理器”界面

“图库管理器”内存放的是组态软件的各种图素（称为图库精灵），用户选择需要的图库精灵就可以设计自己需要的界面。使用“图库管理器”有 3 个方面的好处：降低人工设计界面的难度，缩短开发周期；用图库开发的软件将具有统一的外观；利用图库的开放性，工程人员可以生成自己的图库精灵。

图库精灵中大部分都有连接向导或精灵外观设置，可将精灵和数据词典中的变量联系起来，但是也有一些精灵没有动画连接，只能作为普通图片使用。将图库精灵加载到画面上之后，双击精灵可弹出连接向导，每种精灵有各自的连接向导，一般是将组态王的变量连接到精灵中，还有对精灵外观的设置。

3）在工具箱中选择“按钮”控件添加到画面中，然后选中该按钮，单击鼠标右键，在弹出的快捷菜单中选择“字符串替换”选项，将按钮文本改为“关闭”。

设计的图形画面如图 4-13 所示。

注意：建立仪表、文本、按钮等对象和变量的动画连接后，才可对这些对象进行各种属性设置。

用 KingView 系统开发的应用程序是以“画面”为程序单位的，每一个“画面”对应于程序实际运行时的一个 Windows 窗口。

用户可以为每个应用程序建立数目不限的画面，在每个画面上生成互相关联的静态或动态图形对象。KingView 提供类型丰富的绘图工具，还提供按钮、实时趋势曲线、历史趋势曲线、报警窗口等复杂的图形对象。

图 4-13　图形画面

KingView 采用面向对象的编程技术，用户可以方便地建立画面的图形界面。用户构图时可以像搭积木那样利用系统提供的图形对象完成画面的生成。

3. 定义变量

定义变量在工程浏览器的“数据库”下的“数据词典”中进行，如图 4-14 所示。

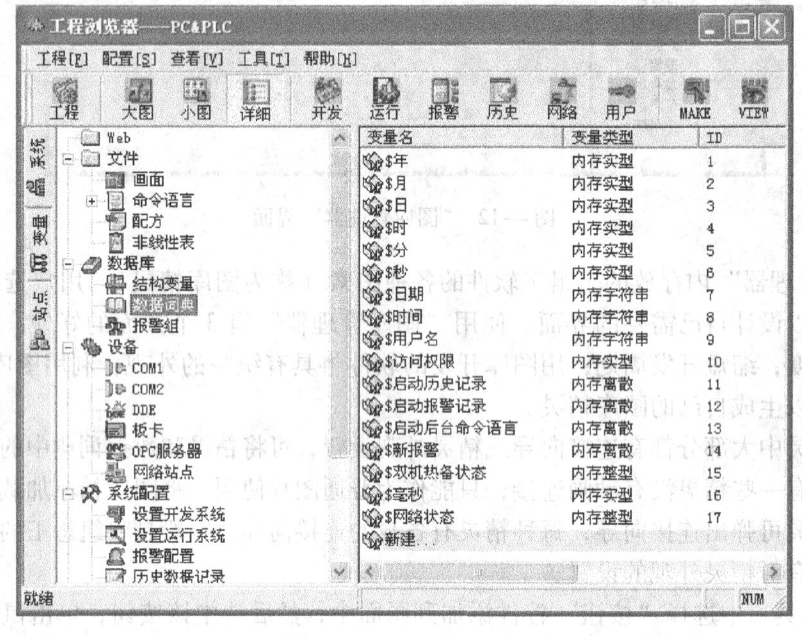

图 4-14　数据词典

数据库是 KingView 最核心的部分。在 KingView 运行时，工业现场的生产状况要以动画的形式反映在屏幕上，同时工程人员在计算机前发布的指令也要迅速送达生产现场，所有这一切都是以实时数据库为中介环节，数据库是联系上位机和下位机的桥梁。

在数据库中存放的是变量的当前值，变量包括系统变量和用户定义的变量。变量的集合形象地称为数据词典，数据词典记录了所有用户可使用的数据变量的详细信息。

在工程浏览器的左侧树形菜单中选择“数据库”下的“数据词典”，在右侧双击“新建”，弹出“定义变量”对话框。

(1) 定义1个内存整型变量

变量名设为“num”，变量类型选择“内存整数”，初始值设为“0”，最小值设为“0”，最大值设为“1000”，如图4-15所示。

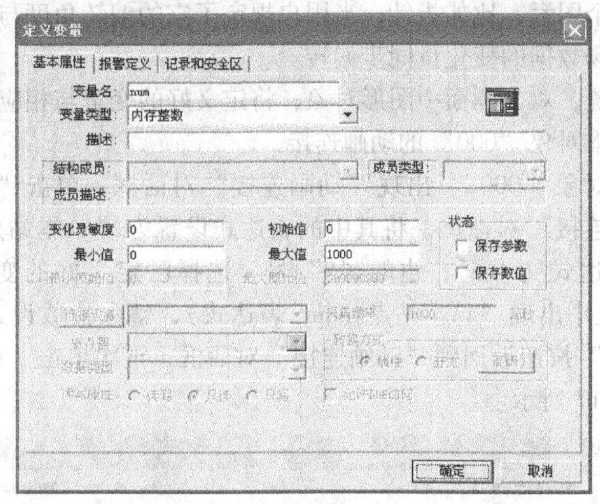

图4-15　定义内存整数变量“num”

定义完成后，单击“确定”按钮，则在数据词典中增加1个内存整型变量“num”。

(2) 定义1个内存离散变量

变量名设为“deng”，变量类型选择“内存离散”，初始值选择“关”，如图4-16所示。

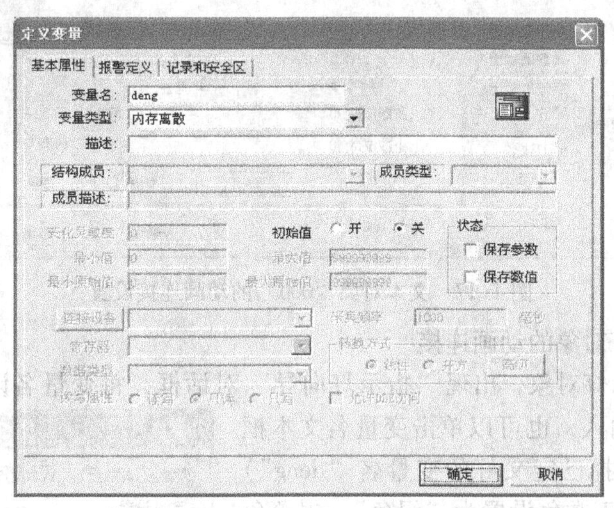

图4-16　定义内存离散变量“deng”

定义完成后，单击“确定”按钮，则在数据词典中增加1个内存离散变量“deng”。

每一个变量都要采取上述方法进行定义，只有经过定义以后的变量，才能被系统中动画连接、命令语言编程等引用。变量定义完成后，下面的任务是使画面上的图素运动起来，实现一个动画效果的监控系统。

4. 建立动画连接

以上绘制的画面是静态的，要逼真地显示系统的运行状况，必须将图素和数据库中已设定的相应变量联系起来，即让画面“动”起来。将画面中的图形对象与数据库中的对应变量建立联系的过程称为动画连接。动画连接就是建立画面的图素与数据库变量的对应关系。这样，工业现场的数据如温度发生变化时，通过驱动程序，将引起实时数据库中变量的变化，如果画面上有一个图素，比如指针，当用户规定了它的偏转角度与这个变量相关时，就会看到指针随工业现场数据的变化量同步偏转。

首先进入开发系统，双击画面中图形对象，将定义好的变量与相应对象连接起来。

(1) 建立显示文本对象“000”的动画连接

双击画面中文本对象“000”，出现“动画连接”对话框，单击“模拟值输出”按钮，则弹出“模拟值输出连接”对话框，将其中的表达式设置为“\\本站点\num”（可以直接输入，也可以单击表达式文本框右边的“?”号，选择已定义好的变量名“num”，单击“确定”按钮，文本框中出现“\\本站点\num”表达式)，整数位数设为“3”，小数位数设为“0”，单击“确定”按钮返回到“动画连接”对话框，再次单击“确定”按钮，动画连接设置完成，如图4-17所示。

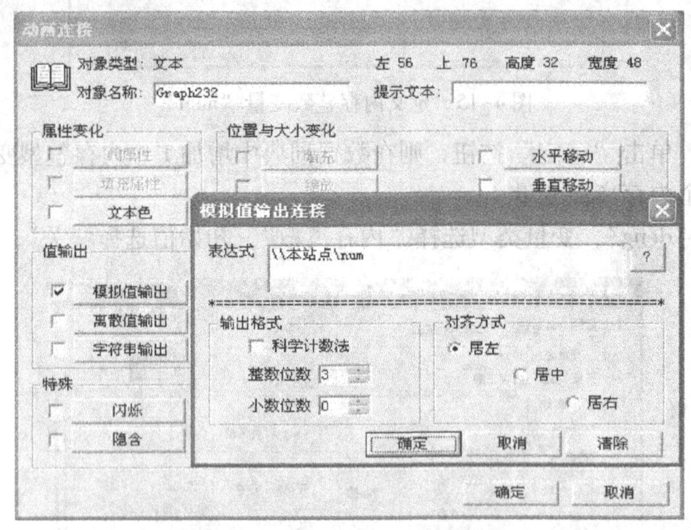

图4-17　文本对象“000”的动画连接设置

(2) 建立指示灯对象的动画连接

双击画面中指示灯对象，出现“指示灯向导”对话框，将变量名设定为“\\本站点\deng”（可以直接输入，也可以单击变量名文本框右边的“?”号，选择已定义好的变量名“deng”）如图4-18所示。将正常色设置为“绿色”，报警色设置为“红色”。设置完毕后，单击“确定”按钮，则指示灯对象动画连接完成。

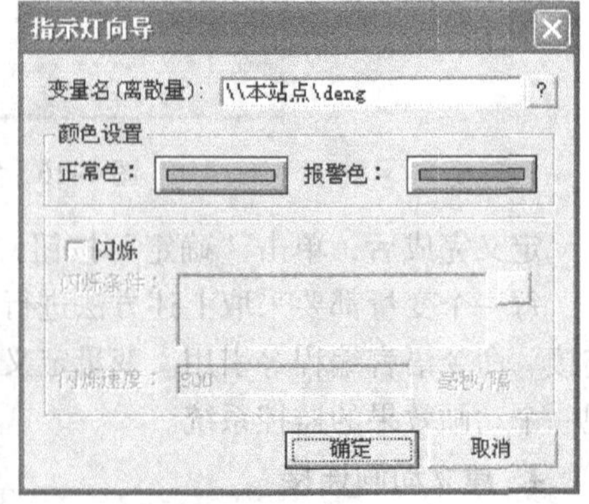

图4-18　指示灯对象的动画连接设置

(3) 建立按钮对象的动画连接

双击“关闭”按钮对象，出现“动画连接”对话框，如图4-19所示。单击命令语言连接设置区中的“弹起时”按钮，出现“命令语言”窗口，在编辑栏中输入命令“exit(0);”。

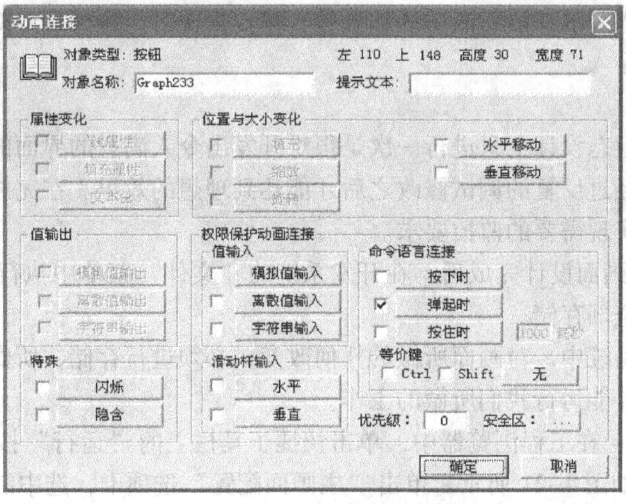

图 4-19 “关闭”按钮的动画连接设置

单击“确定”按钮，返回到“动画连接”对话框，再单击“确定”按钮，则“关闭”按钮的动画连接完成。程序运行时，单击“关闭”按钮，程序停止运行并退出。

5. 命令语言编程

KingView 除了在建立动画连接时支持连接表达式，还允许用户定义命令语言来驱动应用程序，极大地增强了应用程序的灵活性。

命令语言的语法和 C 语言非常类似，是 C 语言的一个子集，具有完备的语法查错功能和丰富的运算符、数学函数、字符串函数、控件函数、SQL 函数和系统函数。各种命令语言通过“命令语言”对话框编辑输入，在 KingView 运行系统中被编译执行。

在工程浏览器左侧树形菜单中双击“命令语言”下的“应用程序命令语言”选项，出现“应用程序命令语言”编辑对话框，单击“运行时”选项卡，将循环执行时间设定为“1000 ms”，然后在“命令语言”编辑框中输入控制程序，如图 4-20 所示。然后单击“确定”按钮，完成命令语言的输入。

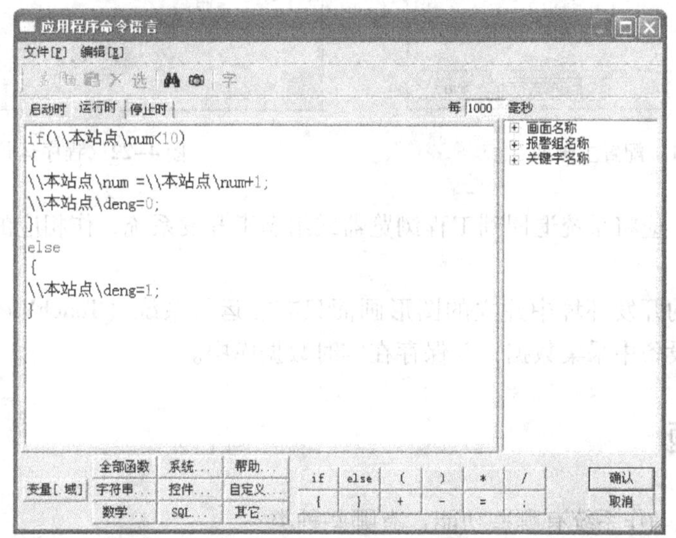

图 4-20 编写命令语言

注意：命令输入要求在语句的尾部加分号。输入程序时，各种符号如括号、分号等应在英文输入法状态下输入。

6. 程序运行

一般而言，在组态设计上只进行一次是很难开发出令人满意的界面的，所以在使用组态软件开发后，必须经过反复的调试修改之后才能达到理想的效果。在完成设计后，就可以与实际的设备通信，实现需要的监控要求。

1）画面存储：画面设计完成后，在开发系统的“文件”菜单中执行“全部存”命令将设计的画面和程序全部存储。

注意：在开发系统中，对画面所做的任何改变，必须进行存储，所做的改变才有效，即在画面运行系统中才能运行我们所做的工作。

2）配置主画面：在工程浏览器中，单击快捷工具栏上的“运行”按钮，出现“运行系统设置”对话框，如图4-21所示。单击“主画面配置”选项卡，选中制作的图形画面名称“整数累加”，单击“确定”按钮，即将其配置成主画面。

将图形画面“整数累加”设为有效，目的是启动组态王画面运行程序TouchView后，直接进入“整数累加”画面，无需再进行画面选择。

3）程序运行：在工程浏览器中，单击快捷工具栏上的“VIEW”按钮或在开发系统中执行“文件”→“切换到View”命令，启动运行系统。

画面中文本对象中的数字开始累加，当累加到10时停止累加，指示灯颜色变化，如图4-22所示。单击“关闭”按钮，程序退出。

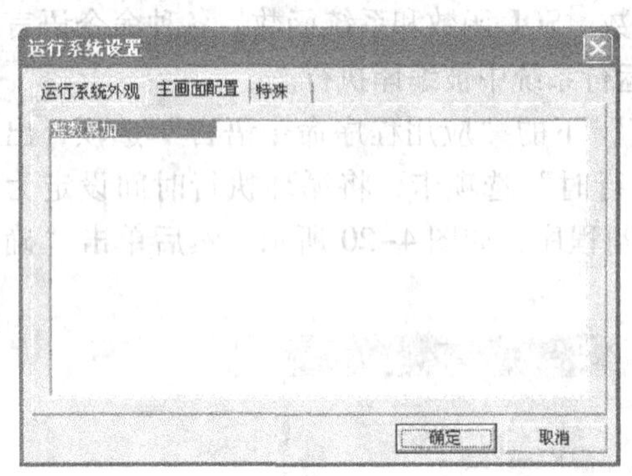

图4-21　配置主画面

图4-22　程序运行画面

如果有异常，应将系统退回到工程浏览器或组态王开发系统，作相应的修改，直到系统工作完全正常。

在应用工程的开发环境中建立的图形画面只有在运行系统（TouchView）中才能运行。运行系统从控制设备中采集数据，并保存在实时数据库中。

习题与思考题

4-1　计算机操作系统有哪些功能？有哪些种类？

4-2　计算机通用操作系统有哪些？各有什么特点？

4-3　计算机实时操作系统有什么特点?

4-4　计算机嵌入式操作系统有什么特点?

4-5　计算机实时控制系统采用的操作系统有什么特点?

4-6　在计算机控制系统设计中可采用的程序设计语言有哪几种?

4-7　组态软件的基本构成是什么？它的数据处理流程是什么?

4-8　查阅文献，了解组态软件的发展历程和发展趋势。

4-9　在计算机控制系统中采用数据库的意义是什么？如何理解实时和历史数据库?

4-10　查阅文献，了解现代软件技术及其对计算机控制系统的影响和意义。

4-11　查阅文献，了解计算机测控开发软件的最新进展。

第5章 串口通信控制系统与实训

目前计算机的串口通信应用十分广泛，串口已成为计算机的必需部件和接口之一。串行接口技术简单成熟，性能可靠，价格低廉，所要求的软、硬件环境或条件都很低，广泛应用于计算机控制相关领域，遍及调制解调器（Modem）、串行打印机、各种监控模块、PLC、摄像头云台、数控机床、单片机及相关智能设备。在计算机控制系统中，主控机一般采用工控机，通过串口与监控模块相连，监控模块再连接相应的传感器和执行器，如此形成一个简单的双层结构的计算机监控系统。

5.1 串口通信概述

5.1.1 串口通信的基本概念

1. 通信与通信方式

什么是通信？简单地说，通信就是两个人之间的沟通，也可以说是两个设备之间的数据交换。人类之间的通信使用了诸如电话、书信等工具进行；而设备之间的通信则是使用电信号。最常见的信号传递就是使用电压的改变来达到表示不同状态的目的。以计算机为例，高电位代表了一种状态，而低电位则代表了另一种状态，在组合了很多电位状态后就形成了两种设备之间的通信。

最简单的信息传送方式，就是使用一条信号线路来传送电压的变化而达到传送信息的目的，只要准备沟通的双方事先定义好何种状态代表何种意思，那么通过这一条线就可以让双方进行数据交换。

在计算机内部，所有的数据都是使用“位”来存储的，每一位都是电位的一个状态（计算机中以0、1表示）；计算机内部使用组合在一起的8位数据代表一般所使用的字符、数字及一些符号，例如01000001就表示一个字符。一般来说，必须传递这些字符、数字或符号才能算是数据交换。

数据传输可以通过两种方式进行：并行通信和串行通信。

（1）并行通信

如果一组数据的各数据位在多条线上同时被传送，则这种传输称为并行通信，如图5-1所示，使用了8条信号线一次将一个字符11001101全部传送完毕。

并行数据传送的特点是：各数据位同时传送，传送速度快、效率高，多用在实时、快速的场合，打印机端口就是一个典型的并行传送的例子。

并行传送的数据宽度可以是1~128位，甚至更宽，但是有多少数据位就需要多少根数据线，因此传送的成本高。在集成电路芯片的内部、同一插件板上各部件之间、同一机箱内各插件板之间的数据传送都是并行的。

并行数据传送只适用于近距离的通信，通常小于30 m。

（2）串行通信

串行通信是指通信的发送方和接收方之间数据信息的传输是在一根数据线上进行，以每次一个二进制的0、1为最小单位逐位进行传输，如图5-2所示。

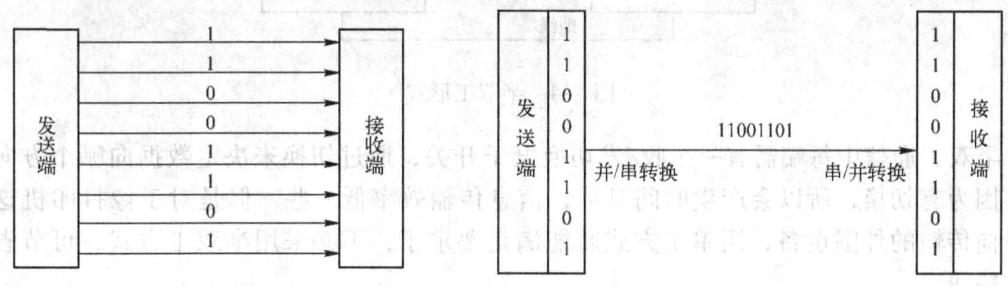

图5-1　并行通信　　　　　　　　　　　　　　图5-2　串行通信

串行数据传送的特点是：数据传送按位顺序进行，最少只需要一根传输线即可完成，节省传输线。与并行通信相比，串行通信还有较为显著的优点：传输距离长，可以从几米到几千米；在长距离时，串行数据传送的速率会比并行数据传送速率快；串行通信的通信时钟频率容易提高；串行通信的抗干扰能力十分强，其信号间的互相干扰完全可以忽略。但是串行通信传送速度比并行通信慢得多，若并行通信时间为T，则串行时间为NT（N为数据位数）。正是由于串行通信的接线少、成本低，因此它在数据采集和控制系统中得到了广泛的应用，产品也多种多样。

2. 串行通信的工作模式

通过单线传输信息是串行数据通信的基础。数据通常是在两个站（点对点）之间进行传送，按照数据流的方向可分成3种传送模式：单工、半双工、全双工。

（1）单工形式

单工形式的数据传送是单向的。通信双方中，一方固定为发送端，另一方则固定为接收端。信息只能沿一个方向传送，使用一根传输线，如图5-3所示。

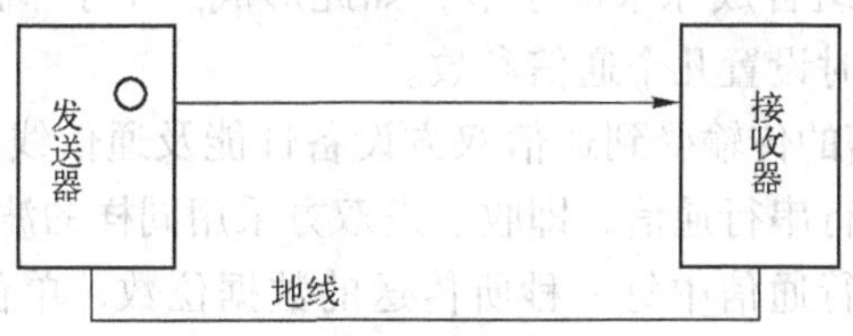

图5-3　单工形式

单工形式一般用在只向一个方向传送数据的场合。例如计算机与打印机之间的通信是单工形式，因为只有计算机向打印机传送数据，而没有反方向的数据传送。还有在某些通信信道中，如单工无线发送等也是采用单工形式。

（2）半双工形式

半双工通信使用同一根传输线，既可发送数据又可接收数据，但不能同时发送和接收。在任何时刻只能由其中的一方发送数据，另一方接收数据。因此半双工形式既可以使用一条数据线，也可以使用两条数据线，如图 5-4 所示。

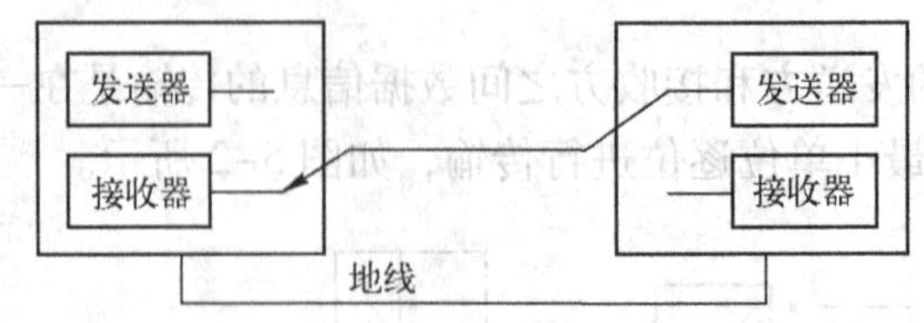

图 5-4　半双工形式

半双工通信中每端需有一个收/发切换电子开关，通过切换来决定数据向哪个方向传输。因为有切换，所以会产生时间延迟，信息传输效率低一些。但是对于像打印机这样单方向传输的外围设备，用单工方式就能满足要求了，不必采用半双工方式，可节省一根传输线。

（3）全双工形式

全双工数据通信分别由两根可以在两个不同的站点同时发送和接收的传输线进行传送，通信双方都能在同一时刻进行发送和接收操作，如图 5-5 所示。

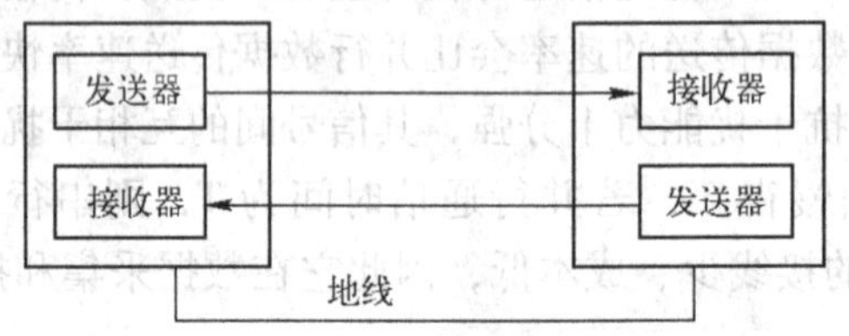

图 5-5　全双工形式

在全双工方式中，每一端都有发送器和接收器，有两条传送线，可在交互式应用和远程控制系统中使用，信息传输效率较高。

3. 串口通信参数

串行端口的通信方式是将字节拆分成一个接着一个的位再传送出去。接到此电位信号的一方再将此一个一个的位组合成原来的字节，如此形成一个字节的完整传送，在数据传送时，应在通信端口初始化时设置几个通信参数。

1）波特率。串行通信的传输受到通信双方设备性能及通信线路特性的影响，收、发双方必须按照同样的速率进行串行通信，即收、发双方采用同样的波特率。我们通常将传输速度称为波特率，指的是串行通信中每一秒所传送的数据位数，单位是 bit/s。我们经常可以看到仪器或 Modem 的规格书上都写着 19200 bit/s、38400 bit/s、……，所指的就是传输速度。例如，在某异步串行通信中，每传送一个字符需要 8 位，如果采用波特率 4800 bit/s 进行传送，则每秒可以传送 600 个字符。

2）数据位。当接收设备收到起始位后，紧接着就会收到数据位，数据位的个数可以是 5、6、7 或 8 位数据。在字符数据传送的过程中，数据位从最低有效位开始传送。

3）起始位。在通信线上，没有数据传送时处于逻辑“1”状态。当发送设备要发送一个字符数据时，首先发出一个逻辑“0”信号，这个逻辑低电平就是起始位。起始位通过通信线传向接收设备，当接收设备检测到这个逻辑低电平后，就开始准备接收数据位信号。因此，起始位所起的作用就是表示字符传送的开始。

4）停止位。在奇偶校验位或者数据位（无奇偶校验位时）之后是停止位。它可以是1位、1.5位或2位，停止位是一个字符数据的结束标志。

5）奇偶校验位。数据位发送完之后，就可以发送奇偶校验位。奇偶校验位用于有限差错检验，通信双方在通信时约定一致的奇偶校验方式。就数据传送而言，奇偶校验位是冗余位，但它表示数据的一种性质，这种性质虽然只用于检错，但很容易实现。

5.1.2 RS－232C串口通信标准

1. 概述

RS－232C是美国电子工业协会（Electronic Industry Association，EIA）于1962年公布，并于1969年修订的串行接口标准。它已经成为国际上通用的标准。

RS－232C标准（协议）的全称是EIA－RS－232C标准，其中RS（Recommended Standard）代表推荐标准，232是标识号，C代表RS－232的最新一次修改（1969），它适合于数据传输速率在0～20 000 bit/s范围内的通信。这个标准对串行通信接口的有关问题，如信号电平、信号线功能、电气特性、机械特性等都做了明确规定。

目前RS－232C已成为数据终端设备（Data Terminal Equipment，DTE），如计算机和数据通信设备（Data Communication Equipment，DCE），如Modem的接口标准。

目前RS－232C是PC与通信工业中应用最广泛的一种串行接口，在IBM PC上的COM1、COM2接口，就是RS－232C接口。

利用RS－232C串行通信接口可实现两台个人计算机的点对点的通信；可与其他外设（如打印机、逻辑分析仪、智能调节仪、PLC等）近距离串行连接；连接调制解调器可远距离地与其他计算机通信；将其转换为RS－422或RS－485接口，可实现一台个人计算机与多台现场设备之间的通信。

2. RS－232C接口连接器

由于RS－232C并未定义连接器的物理特性，因此，出现了DB－25和DB－9各种类型的连接器，其引脚的定义也各不相同。现在计算机上一般只提供DB－9连接器，都为公头。相应的连接线上的串口连接器也有公头和母头之分，如图5-6所示。

作为多功能I/O卡或主板上提供的COM1和COM2两个串行接口的DB－9连接器，它只提供异步通信的9个信号引脚，如图5-7所示，各引脚的信号功能描述见表5-1。

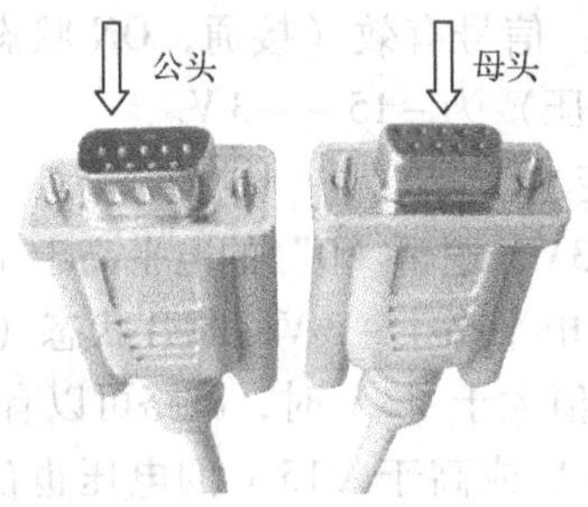

图5-6 公头与母头串口连接器

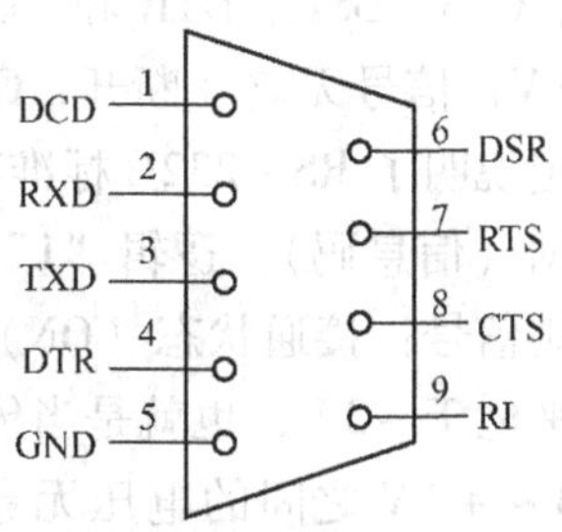

图5-7 DB－9串口连接器

表 5-1 9 针串行口的引脚功能

引脚	符号	通信方向	功能
1	DCD	计算机→调制解调器	载波信号检测。用来表示 DCE 已经接收到满足要求的载波信号，已经接通通信链路，告知 DTE 准备接收数据
2	RXD	计算机←调制解调器	接收数据。接收 DCE 发送的串行数据
3	TXD	计算机→调制解调器	发送数据。将串行数据发送到 DCE。在不发送数据时，TXD 保持逻辑“1”
4	DTR	计算机→调制解调器	数据终端准备好。当该信号有效时，表示 DTE 准备发送数据至 DCE，可以使用
5	GND	计算机 = 调制解调器	信号地线。为其他信号线提供参考电位
6	DSR	计算机←调制解调器	数据装置准备好。当该信号有效时，表示 DCE 已经与通信的信道接通，可以使用
7	RTS	计算机→调制解调器	请求发送。该信号用来表示 DTE 请求向 DCE 发送信号。当 DTE 欲发送数据时，将该信号置为有效，向 DCE 提出发送请求
8	CTS	计算机←调制解调器	清除发送。该信号是 DCE 对 RTS 的响应信号。当 DCE 已经准备好接收 DTE 发送的数据时，将该信号置为有效，通知 DTE 可以通过 TXD 发送数据
9	RI	计算机←调制解调器	振铃信号指示。当 Modem（DCE）收到交换台送来的振铃呼叫信号时，该信号被置为有效，通知 DTE 对方已经被呼叫

RS-232C 的每一支引脚都有它的作用，也有它信号流动的方向。原来的 RS-232C 是设计用来连接调制解调器作传输之用的，因此它的脚位意义通常也和调制解调器传输有关。

从功能来看，全部信号线分为 3 类，即数据线（TXD、RXD）、地线（GND）和联络控制线（DSR、DTR、RI、DCD、RTS、CTS）。

可以从表 5-1 了解到硬件线路上的方向。另外值得一提的是，如果从计算机的角度来看这些脚位的通信状况的话，流进计算机端的，可以看成数字输入；而流出计算机端的，则可以看成数字输出。

数字输入与数字输出的关系是什么呢？从工业应用的角度来看，所谓的输入就是用来“监测”，而输出就是用来“控制”的。

3. RS-232C 接口电气特性

EIA-RS-232C 对电气特性、逻辑电平和各种信号线功能都做了规定。

在 TXD 和 RXD 上：逻辑 1 为 -15 ~ -3 V；逻辑 0 为 +3 ~ +15 V。

在 RTS、CTS、DSR、DTR 和 DCD 等控制线上：信号有效（接通，ON 状态，正电压）为 +3 ~ +15 V；信号无效（断开，OFF 状态，负电压）为 -15 ~ -3 V。

以上规定说明了 RS-232C 标准对逻辑电平的定义。

对于数据（信息码）：逻辑“1”的电平低于 -3V，逻辑“0”的电平高于 +3 V。

对于控制信号：接通状态（ON）即信号有效的电平高于 +3 V，断开状态（OFF）即信号无效的电平低于 -3 V，也就是当传输电平的绝对值大于 +3 V 时，电路可以有效地检查出来，介于 -3 ~ +3 V 之间的电压无意义，低于 -15 V 或高于 +15 V 的电压也认为无意义，因此，实际工作中，应保证电平在 ±(3 ~ 15) V 之间。

RS-232C 是用正负电压来表示逻辑状态，与 TTL 以高低电平表示逻辑状态的规定不同，因此，为了能够同计算机接口或终端的 TTL 器件连接，必须在 RS－232C 与 TTL 电路之间进行电平和逻辑关系的变换，实现这种变换的方法可用分立元件，也可用集成电路芯片。目前较为广泛地使用集成电路转换器件，如 MAX232 芯片可完成 TTL 电平到 EIA 电平的转换。

5.1.3 RS－422/485 串口通信标准

RS－422 由 RS－232 发展而来，它是为弥补 RS－232 的不足而提出的。为改进 RS－232 抗干扰能力差、通信距离短、速率低的缺点，RS－422 定义了一种平衡通信接口，将传输速率提高到 10 Mbit/s，传输距离延长到 1219 m（速率低于 100 Kbit/s 时），并允许在一条平衡总线上连接最多 10 个接收器。RS－422 是一种单机发送、多机接收的单向、平衡传输规范，被命名为 TIA/EIA－425－A 标准。为扩展其应用范围，EIA 又于 1983 年在 RS－422 基础上制定了 RS－485 标准，增加了多点、双向通信能力，即允许多个发送器连接到同一条总线上，同时增加了发送器的驱动能力和冲突保护特性，扩展了总线共模范围，后命名为 TIA/EIA－485－A 标准。由于 EIA 提出的建议标准都是以“RS”作为前缀，所以在通信工业领域，仍然习惯将上述标准以 RS 作为前缀称谓。

RS－232、RS－422 与 RS－485 标准只对接口的电气特性做出规定，而不涉及接插件、电缆或协议，在此基础上用户可以建立自己的高层通信协议。有关电气参数见表 5-2。

表 5-2 RS－232、RS－422、RS－485 电气参数比较

规　定	RS－232	RS－422	RS－485
工作方式	单端	差分	差分
节点数	1 收、1 发	1 发 10 收	1 发 32 收
最大传输电缆长度/m	15	121	121
最大传输速率	20 Kbit/s	10 Mbit/s	10 Mbit/s
最大驱动输出电压/V	±25	－0.25 ~ +6	－7 V ~ +12
驱动器输出信号电平负载最小值/V	±5 ~ ±15	±2.0	±1.5
驱动器输出信号电平空载最大值/V	±25	±6	±6
驱动器负载阻抗/Ω	3000 ~ 7000	100	54
接收器输入电压范围/V	±15	－10 ~ +10	－7 ~ +12
接收器输入门限/mV	±3000	±200	±200
接收器输入电阻/Ω	3000 ~ 7000	4000（最小）	≥12000
驱动器共模电压/V		－3 ~ +3	－1 ~ +3
接收器共模电压/V		－7 ~ +7	－7 ~ +12

由于 RS－485 是从 RS－422 基础上发展而来的，所以 RS－485 许多电气规定与 RS－422 相同。如都采用平衡传输方式，都需要在传输线上接终端匹配电阻等。

RS－485 可以采用二线与四线方式，二线制可实现真正的多点双向通信。其主要特点如下。

1）RS－485 的接口信号电平比 RS－232 降低了，不易损坏接口电路的芯片，且该电平与 TTL 电平兼容，可方便与 TTL 电路连接。

2）RS-485 的数据最高传输速率为 10 Mbit/s。其平衡双绞线的长度与传输速率成反比，在 100 Kbit/s 速率以下，才可能使用规定最长的电缆长度。只有在很短的距离下才能获得最高传输速率。一般 100 m 长的双绞线最大传输速率仅为 1 Mbit/s。因为 RS-485 接口组成的半双工网络，一般只需二根连线，所以 RS-485 接口均采用屏蔽双绞线传输。

3）RS-485 接口是采用平衡驱动器和差分接收器的组合，抗共模干扰能力增强，即抗噪声干扰性好，抗干扰性能大大高于 RS-232 接口，因而通信距离远，RS-485 接口的最大传输距离大约为 1200 m。

4）RS-485 需要接 2 个终端电阻，其阻值要求等于传输电缆的特性阻抗。在短距离传输时可不接终端电阻，即在 300 m 以下可不接终端电阻，终端电阻接在传输总线的两端。理论上，在每个接收数据信号的中点进行采样时，只要反射信号在开始采样时衰减到足够低就可以不考虑匹配。

5）RS-485 接口在总线上允许连接多达 128 个收发器，具有多站能力，这样用户可以利用单一的 RS-485 接口方便地建立起设备网络。

RS-485 协议可以看做是 RS-232 协议的替代标准，与传统的 RS-232 协议相比，其在通信速率、传输距离、多机连接等方面均有了非常大的提高，这也是工业系统中使用 RS-485 总线的主要原因。

由于 RS-485 总线是 RS-232 总线的改良标准，所以在软件设计上它与 RS-232 总线基本上一致，如果不使用 RS-485 接口芯片提供的接收器、发送器选通的功能，为 RS-232 总线系统设计的软件部分完全可以不加修改直接应用到 RS-485 网络中。

RS-485 总线工业应用成熟，而且大量的已有工业设备均提供 RS-485 接口，因而时至今日，RS-485 总线仍在工业应用领域中具有十分重要的地位。

5.1.4 串口通信线路连接

1. 近距离通信线路连接

当 2 台 RS-232 串口设备通信距离较近时（<15 m），可以用电缆线直接将 2 台设备的 RS-232 端口连接，若通信距离较远（>15 m）时，则需附加调制解调器（Modem）。

在 RS-232 的应用中，很少严格按照 RS-232 标准。其主要原因是许多定义的信号在大多数的应用中并没有用上。在许多应用中，例如 Modem，只用了 9 个信号（2 条数据线、6 条控制线、1 条地线）。但在其他一些应用中，可能只需要 5 个信号（2 条数据线、2 条握手线、1 条地线）；还有一些应用，可能只需要数据线，而不需要握手线（即只需要 3 条信号线）。

当通信距离较近时，通信双方不需要 Modem，可以直接连接，这种情况下，只需使用少数几根信号线。最简单的情况是，在通信中根本不需要 RS-232 的控制联络信号，只需 3 根线（发送线、接收线、信号地线）便可实现全双工异步串行通信。

图 5-8a 是两台串口通信设备之间的最简单连接（即三线连接），图中的 2 号接收脚与 3 号发送脚交叉连接是因为在直连方式时，把通信双方都当做数据终端设备看待，双方都可发也可收。在这种方式下，通信双方的任何一方，只要请求发送 RTS 有效和数据终端准备好 DTR 有效就能开始发送和接收。

如果只有一台计算机，而且也没有两个串行通信端口可以使用，那么将第 2 脚与第 3 引脚外部短路，如图 5-8b 所示，那么由第 3 脚的输出信号就会被传送到第 2 脚，从而送到同一串行端口的输入缓冲区，程序只要再由相同的串行端口上做读取的操作，即可将数据读入，一样可以形成一个测试环境。

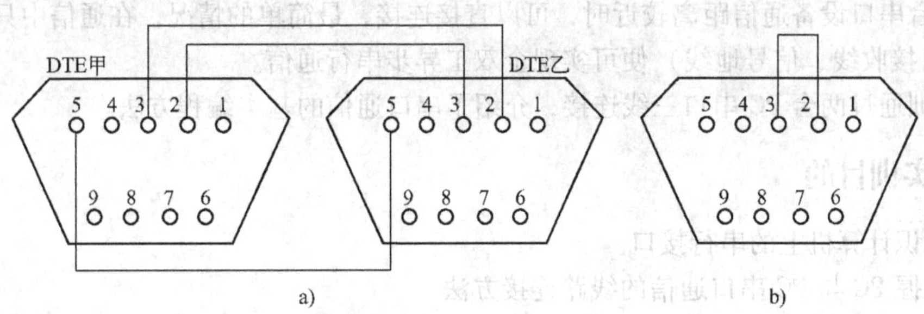

图 5-8　串口设备最简单连接

2. 远距离通信线路连接

一般 PC 采用 RS－232 通信接口，当 PC 与串口设备通信距离较远时，二者不能用电缆直接连接，可采用 RS－485 总线。

当 PC 与多台具有 RS－232 接口的设备远距离通信时，可使用 RS－232/RS－485 型通信接口转换器，将计算机上的 RS－232 通信口转为 RS－485 通信口，在信号进入设备前再使用 RS－485/RS－232 转换器将 RS－485 通信口转为 RS－232 通信口，再与设备相连，如图 5-9 所示。

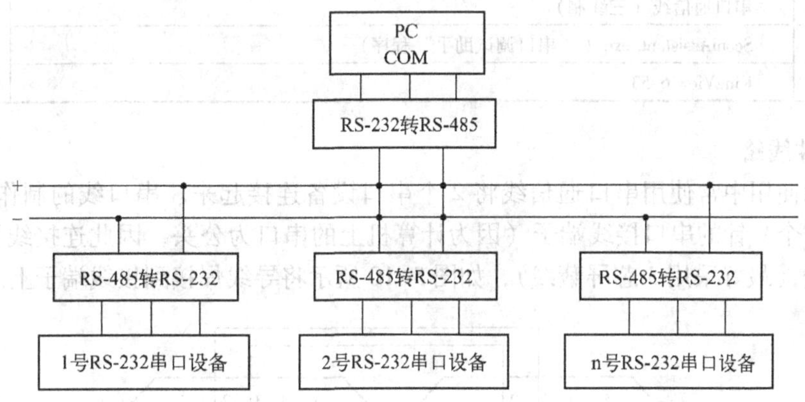

图 5-9　PC 与多个 RS－232 串口设备远距离连接

当 PC 与多台具有 RS－485 接口的设备通信时，由于两端设备接口电气特性不一，不能直接相连，因此，也采用 RS－232/RS－485 接口转换器将 RS－232 接口转换为 RS－485 信号电平，再与串口设备相连。

如果 PC 直接提供 RS－485 接口，与多台具有 RS－485 接口的设备通信时，则不用转换器即可直接相连。

RS－485 接口只有两根线要连接，有 +、－端（或称为 A、B 端）区分，用双绞线将所有串口设备的接口并联在一起即可。

5.2 PC 与 PC 串口通信实训

当两台串口设备通信距离较近时，可以直接连接，最简单的情况，在通信中只需 3 根线（发送线、接收线、信号地线）便可实现全双工异步串行通信。

本实训通过两台 PC 串口三线连接，介绍了串口通信的基本编程方法。

5.2.1 实训目的

1）认识计算机上的串行接口。

2）掌握 PC 与 PC 串口通信的线路连接方法。

3）了解“串口调试助手”程序的使用方法。

4）掌握 PC 与 PC 串口通信的 KingView 程序设计方法。

5.2.2 实训线路

1. 软、硬件清单

本实训用到的硬件和软件清单见表 5-3。

表 5-3 实训用软、硬件清单

序 号	名 称	数 量
1	PC（或 IPC，至少应带有 1 个 RS-232 串口）	2
2	串口通信线（三线制）	1
3	ScomAssistant. exe（“串口调试助手”程序）	1
4	KingView 6. 53	1

2. 硬件线路

在实际使用中常使用串口通信线将 2 个串口设备连接起来。串口线的制作方法非常简单：准备 2 个 9 针的串口接线端子（因为计算机上的串口为公头，因此连接线为母头），准备 3 根导线（最好采用 3 芯屏蔽线），如图 5-10 所示将导线焊接到接线端子上。

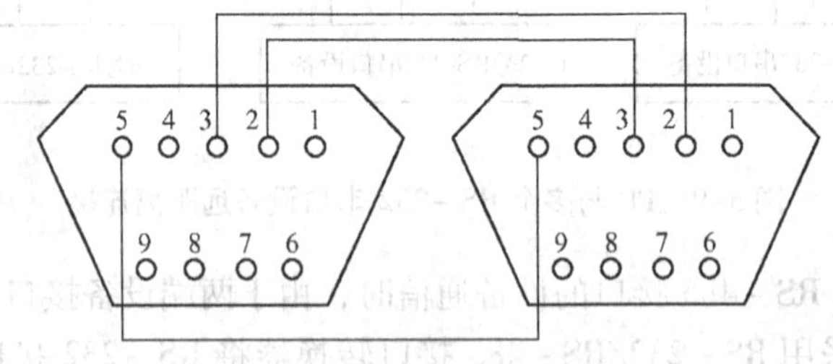

图 5-10 串口通信线的制作

图 5-10 中的 2 号接收脚与 3 号发送脚交叉连接是因为在直连方式时，把通信双方都当做数据终端设备看待，双方都可发也可收。在这种方式下，通信双方的任何一方，只要请求发送 RTS 有效和数据终端准备好 DTR 有效就能开始发送和接收。

在计算机通电前，如图 5-11 所示将两台 PC 的 COM1 口用串口线连接起来。

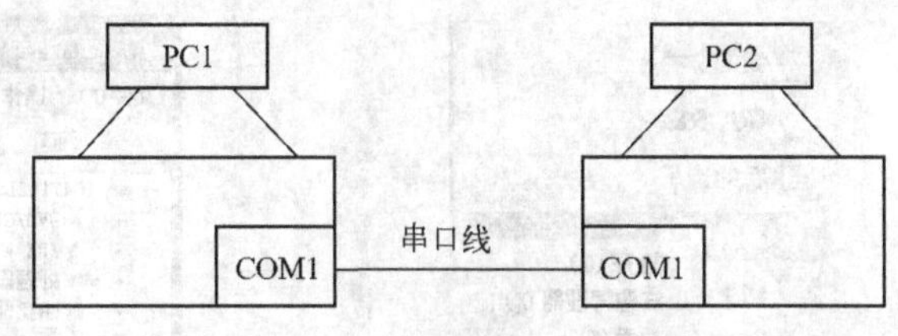

图 5-11　PC 与 PC 串口通信线路

特别注意：连接串口线时，计算机严禁通电，否则极易烧毁串口。

5.2.3　实训任务

1）观察计算机后面板上的串口结构、形状，通过“设备管理器”了解串口信息。

2）通过“串口调试助手”程序在两台计算机之间互传数据。

3）采用 KingView 编写程序实现 PC 与 PC 串口通信。任务要求：

两台计算机互发字符并自动接收，如一台计算机输入字符串“我是第一组，收到请回话!”，单击“发送字符”命令，另一台计算机若收到，就输入字符串“收到，我是第 2 组!”，单击“发送字符”命令，信息返回到第一组的计算机。

实际上就是编写一个简单的双机聊天程序。

5.2.4　实训操作

1. 认识 PC 上的串行接口

(1) 观察计算机上串口位置和几何特征。

在 PC 主机箱后面板上，有各种各样的接口，其中有两个 9 针的接头区，如图 5-12 所示，这就是 RS-232C 串行通信端口。PC 上的串行接口有多个名称，如 232 口、串口、通信口、COM 口、异步口等。

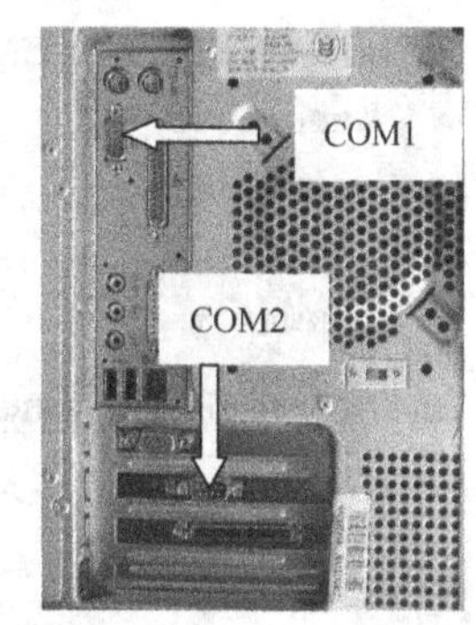

图 5-12　PC 上的串行端口

(2) 查看串口设备信息

进入 Windows 操作系统，右键单击“我的电脑”，如图 5-13 所示。在弹出的快捷菜单中选择“属性”命令，打开“系统属性”对话框。在“系统属性”对话框中选择“硬件”选项，单击“设备管理器”按钮，出现“设备管理器”对话框。在列表中有端口 COM 和 LPT 设备信息，如图 5-14 所示。

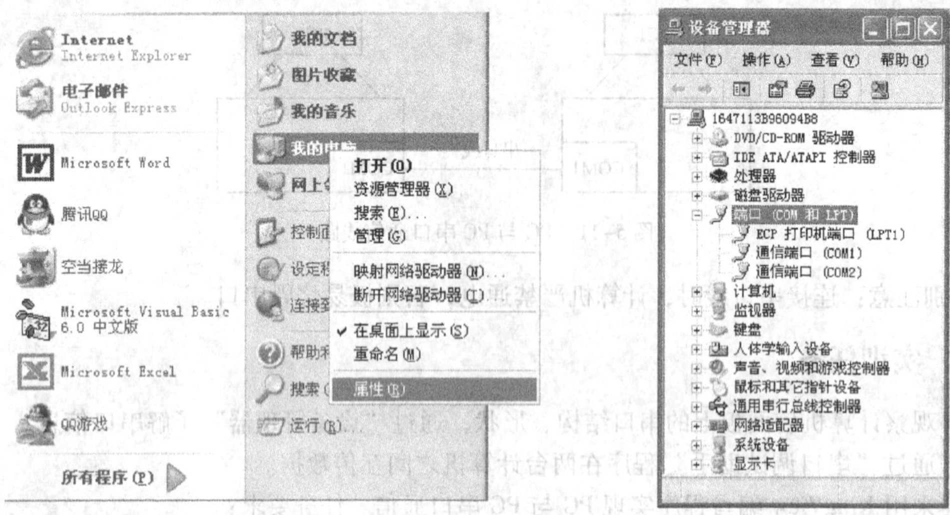

图 5-13　右键单击“我的电脑”　　　　图 5-14　查看串口设备信息

选择“通信端口（COM1）”，单击鼠标右键，在弹出的快捷菜单中选择“属性”命令，进入“通信端口（COM1）属性”对话框，在这里可以查看端口的低级设置，也可查看其资源。

在“端口设置”选项卡中，可以看到默认的波特率和其他设置，如图 5-15 所示，这些设置可以在这里改变，也可以在应用程序中很方便地修改。

在“资源”选项卡中，可以看到，COM1 口的输入/输出范围（03F8 ~ 03FF）和中断请求号（04），如图 5-16 所示。

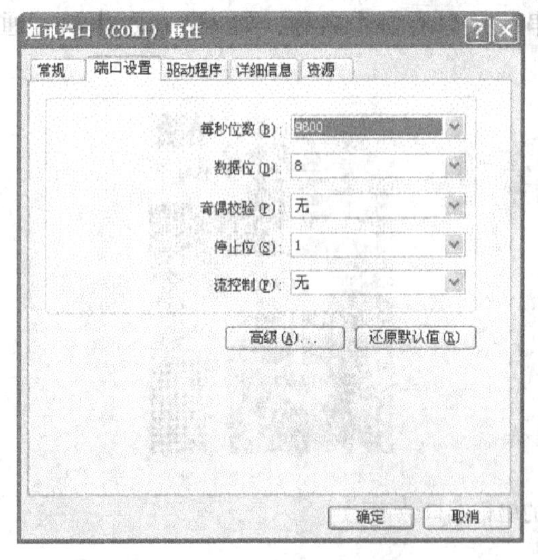

图 5-15　查看端口设置

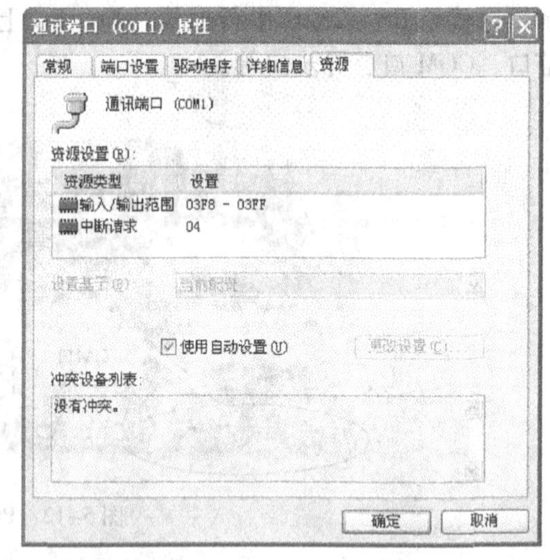

图 5-16　查看端口资源

2. PC 与 PC 串口通信调试

在进行串口开发之前，一般要进行串口调试，经常使用的工具是“串口调试助手”程序。它是一个适用于 Windows 平台的串口监视、串口调试程序。它可以在线设置各种通信速率、通信端口等参数，可以发送字符串命令，可以发送文件，可以设置自动/手动发送方式，可以十六进制显示接收到的数据等，从而提高串口开发效率。

“串口调试助手”程序是串口开发设计人员必备的调试工具。

在两台计算机中同时运行“串口调试助手”程序，首先串口选“COM1”、波特率选“4800”、校验位选“NONE”、数据位选“8”、停止位选“1”（注意：两台计算机设置的参数必须一致），单击“打开串口”按钮，如图5-17所示。

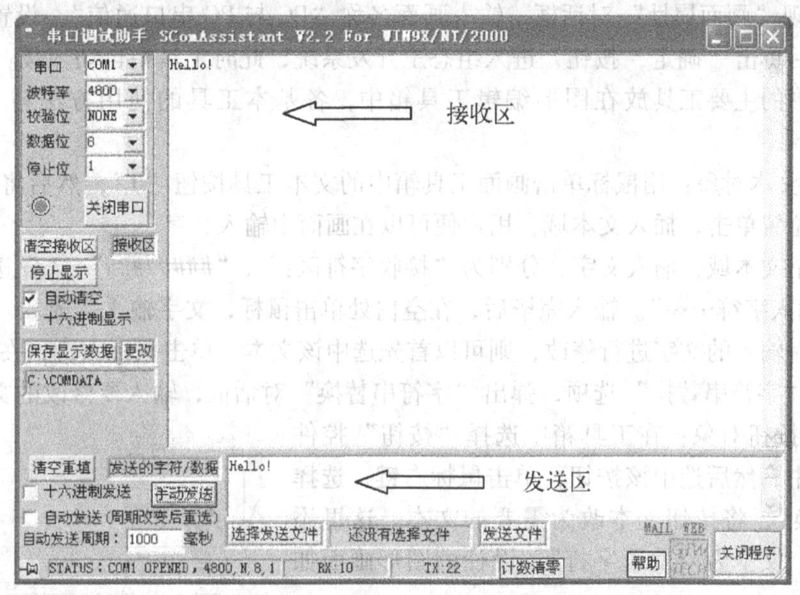

图5-17 “串口调试助手”程序

在发送数据区输入字符，例如“Hello!”，单击“手动发送”按钮，发送区的字符串通过COM1口发送出去；如果联网通信的另一台计算机收到字符，则返回字符串，如“Hello!”，如果通信正常该字符串将显示在接收区中。

若选择了“手动发送”，则每单击一次可以发送一次；若选中了“自动发送”，则每隔设定的发送周期发送一次，直到停止“自动发送”为止。还有一些特殊的字符，如按回车键换行，则直接按回车键即可。

3. 利用KingView实现PC与PC串口通信

（1）建立新工程项目

运行KingView程序，出现KingView工程管理器界面。

为建立一个新工程，执行以下操作。

1）在工程管理器中选择菜单“文件”→“新建工程”或单击快捷工具栏“新建”命令，出现“新建工程向导之一——欢迎使用本向导”对话框。

2）单击“下一步”按钮，出现“新建工程向导之二——选择工程所在路径”对话框。选择或指定工程所在路径。如果需要更改工程路径，则单击“浏览”按钮。如果路径或文件夹不存在，则需创建。

3）单击“下一步”按钮，出现“新建工程向导之三——工程名称和描述”对话框。在对话框中输入工程名称“PC1&PC2”；在工程描述中输入“PC与PC串口通信”。

4）单击“完成”按钮，新工程建立，单击“是”按钮，确认将新建的工程设为组态王当前工程，此时组态王工程管理器中出现新建的工程。

5）双击新建的工程名，出现演示方式“提示”对话框，单击“确定”按钮，进入工程浏览器对话框。

（2）制作图形画面

在工程浏览器左侧树形菜单中选择“文件”下的“画面”选项，在右侧视图中双击“新建”，出现“画面属性”对话框，输入画面名称“PC 与 PC 串口通信”，设置画面位置、大小等，然后单击“确定”按钮，进入组态王开发系统，此时工具箱自动加载。

绘制图形的主要工具放在图形编辑工具箱中，各基本工具的使用方法与“画笔”类似。

1）添加文本对象：用鼠标单击画面工具箱中的文本工具按钮“T”，然后将鼠标移动到画面上适当位置单击，插入文本域，用户便可以在画面中输入文字。

插入 4 个文本域，输入文字，分别为“接收字符区:”、“########”、“发送字符区:”、“单击这里输入字符……”。输入完毕后，在空白处单击鼠标，文字输入完成。

若需要对输入的文字进行修改，则可以首先选中该文本，单击鼠标右键，在弹出的快捷菜单中选择“字符串替换”选项，弹出“字符串替换”对话框，输入要修改的文字。

2）添加按钮对象：在工具箱中选择“按钮”控件添加到画面中，然后选中该按钮，单击鼠标右键，选择“字符串替换”，将按钮文本改为需要的文本。这里添加 1 个按钮，文本为“发送字符”。设计的图形画面如图 5-18 所示。

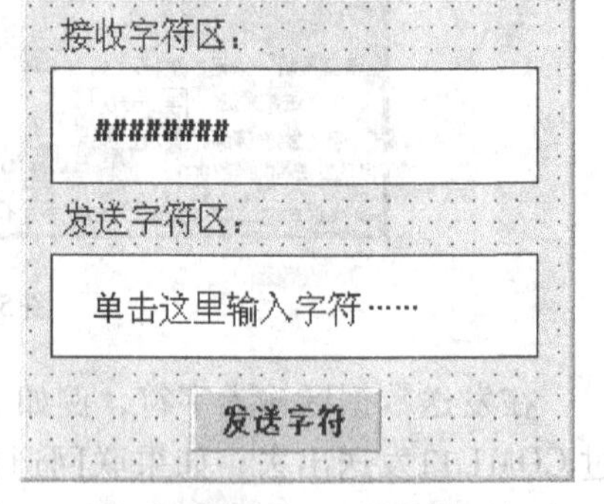

图 5-18　图形画面

注意：建立文本、按钮等对象和变量的动画连接后，才可对这些对象进行各种属性设置。

（3）定义串口设备

在 KingView 工程浏览器的左侧选择“设备”下的“COM1”，在右侧视图中双击“新建”，运行“设备配置向导”。

1）选择：“设备驱动”→“智能模块”→“北京亚控”→“串口数据发送”→“串口”，如图 5-19 所示。

2）单击“下一步”按钮，给要安装的设备指定唯一的逻辑名称，如“PC1COM”。

3）单击“下一步”按钮，选择串口号，如“COM1”（与计算机上使用的串口号一致）。

4）单击“下一步”按钮，为要安装的设备指定地址，如“0”。

5）单击“下一步”按钮，不改变通信参数。

6）单击“下一步”按钮，显示所要安装的设备信息总结，检查各项设置是否正确，确认无误后，单击“完成”按钮。

设备定义完成后，用户可以在工程浏览器“设备”下的“COM1”的右侧看到逻辑名称为“PC1COM”的串口设备。

（4）定义变量

定义变量在工程浏览器左侧列表中的“数据库”下的“数据词典”中进行。在工程浏

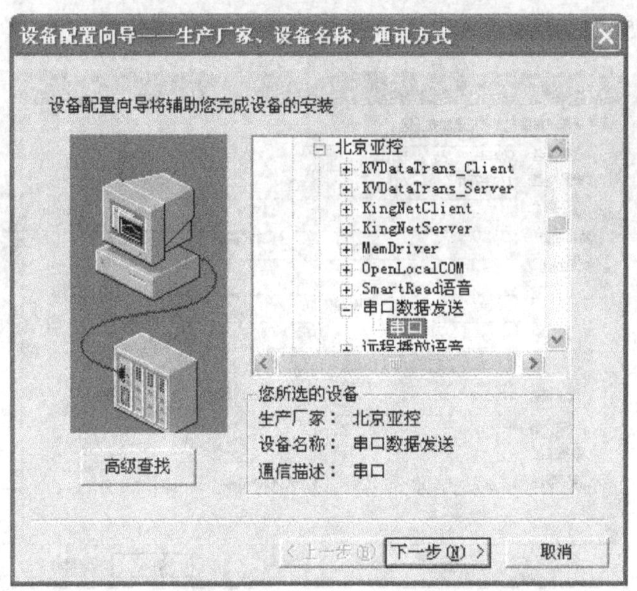

图 5-19　选择串口设备

览器的左侧树形菜单中选择“数据库”下的“数据词典”，在右侧视图中双击“新建”，弹出“定义变量”对话框。

1）定义变量“COMOUT”。变量类型选“I/O 字符串”，初始值设为“0”，连接设备选“PC1COM”，寄存器选“WDATA”，数据类型选“String”，读写属性选“只写”，采集频率设为“500”，如图 5-20 所示。

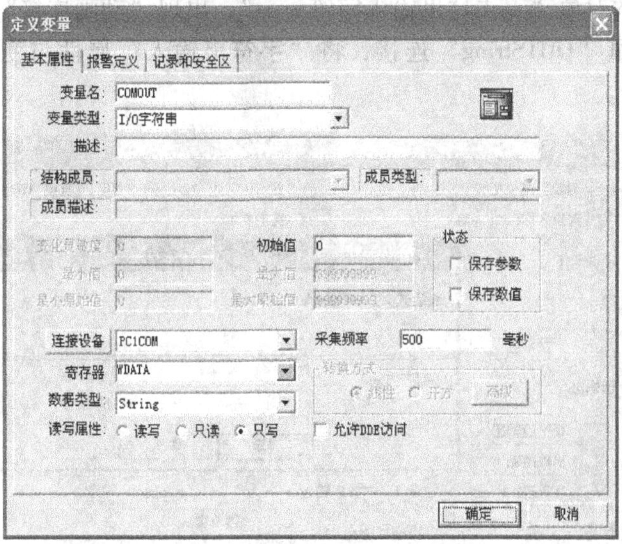

图 5-20　定义变量“COMOUT”

定义完成后，单击“确定”按钮，则在数据词典中出现定义好的变量。

2）定义变量“COMIN”。变量类型选“I/O 字符串”，初始值设为“0”，连接设备选“PC1COM”，寄存器选“RDATA”，数据类型选“String”，读写属性选“只读”，采集频率设为“500”，如图 5-21 所示。

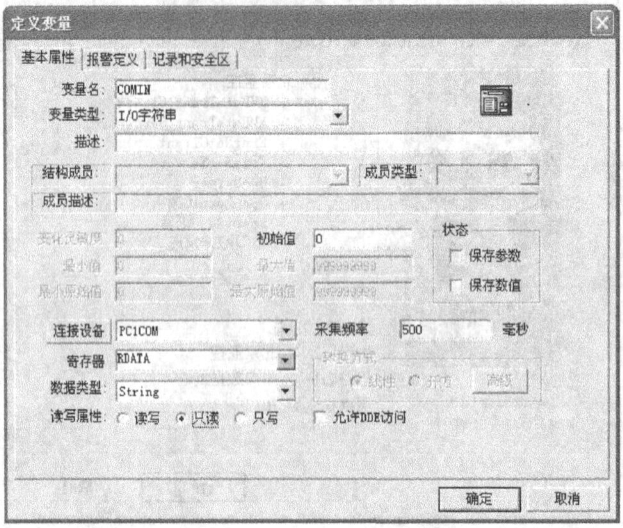

图 5-21　定义变量“COMIN”

3）定义变量“OUTString”。变量类型选“内存字符串”，初始值设为“单击这里输入字符……”。

(5）建立动画连接

进入开发系统，双击画面中图形对象，将定义好的变量与相应对象连接起来。

1）建立文本对象“单击这里输入字符……”的动画连接。

双击画面中文本对象“点击这里输入字符……”，出现“动画连接”对话框，将“字符串输出”属性与变量“OUTString”连接，将“字符串输入”属性与变量“OUTString”连接，如图 5-22 所示。

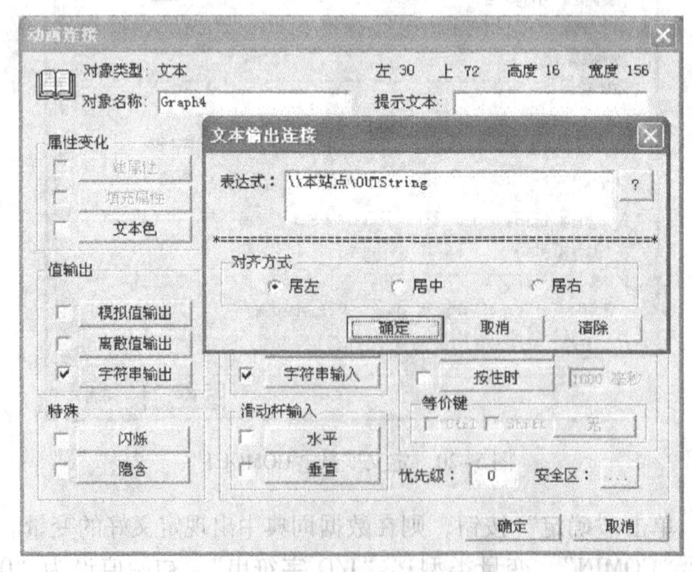

图 5-22　文本对象“点击这里输入字符……”动画连接

2）建立文本对象“########”的动画连接。

双击画面中文本对象“########”，出现“动画连接”对话框，将“字符串输出”属性与变量“COMIN”连接。

3）建立按钮对象“发送字符”的动画连接。

双击按钮对象“发送字符”，出现“动画连接”对话框，如图5-23所示。

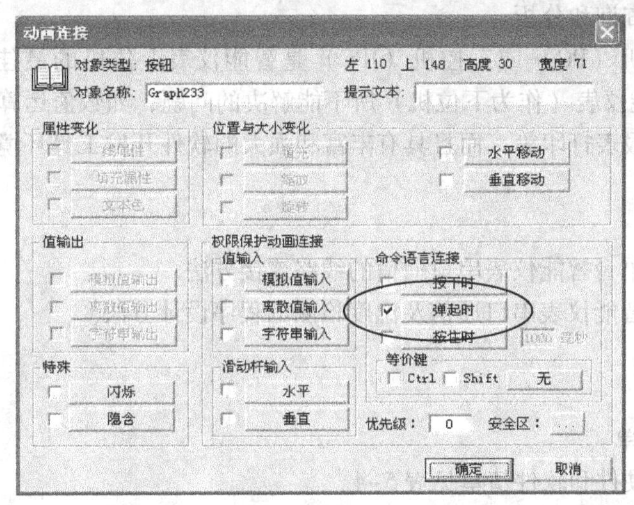

图5-23 “发送字符”按钮的动画连接

选择命令语言连接功能，单击“弹起时”按钮，在“命令语言”编辑栏中输入命令“\\本站点\COMOUT = \\本站点\OUTString;”。

（6）调试与运行

1）存储：设计完成后，在开发系统“文件”菜单中执行“全部存”命令，将设计的画面和程序全部存储。

注意：在开发系统中，对画面所做的任何改变，必须存储，所做的改变才有效。

2）配置主画面：在工程浏览器中，单击快捷工具栏上“运行”配置命令按钮，在弹出的“运行系统设置”对话框中，进入主画面配置选项，选中制作的图形画面名称“PC与PC串口通信”，单击“确定”按钮即将其配置成主画面。

3）运行：在工程浏览器中，单击快捷工具栏上的“VIEW”按钮或在开发系统中执行“文件”→“切换到View”命令，启动运行系统。注意：两台计算机同时运行本程序。

首先在一台计算机程序窗体中的发送字符区输入要发送的字符，如“我是第一组，收到请回话!”，单击“发送字符”按钮，发送区的字符串通过COM1口发送出去。

如果联网通信的另一台计算机程序收到字符，则返回字符串，如“收到，我是第2组!”，如果通信正常该字符串将显示在接收区中。

程序运行画面如图5-24所示。

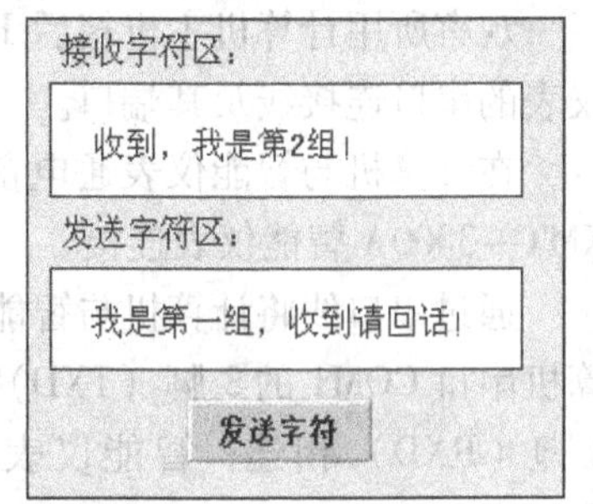

图5-24 程序运行画面

5.3 PC与智能仪表串口通信实训

目前仪器仪表的智能化程度越来越高，大量的智能仪表都配备了RS－232通信接口，并提供了相应的通信协议，能够将测试、采集的数据传输给计算机等设备，以便进行大量数据的储存、处理、查询和分析。

通常个人计算机（PC）或工控机（IPC）是智能仪表上位机的最佳选择，因为PC或IPC不仅能解决智能仪表（作为下位机）所不能解决的问题，如数值运算、曲线显示、数据查询、数据存储、报表打印等，而且具有丰富和强大的软件开发工具环境。

5.3.1 实训目的

1）掌握PC与单台智能仪表串口通信的线路连接方法。

2）掌握PC与智能仪表串口通信及温度检测的程序设计方法。

5.3.2 实训线路

1. 软、硬件清单

本实训用到的硬件和软件清单见表5-4。

表5-4 实训用软、硬件清单

序　号	名　称	数　量
1	PC（或IPC）	1
2	智能仪表（XMT－3000A型，需配置RS－232通信、上下限控制继电器、DC24V电源等模块）	1
3	串口通信线（三线制）	1
4	热电阻传感器（Cu50）	1
5	指示灯（DC24 V）	2
6	ScomAssistant. exe（“串口调试助手”程序）	1
7	KingView 6. 53	1

2. 硬件线路

观察所用计算机主机箱后RS－232串口的数量、位置和几何特征；查看计算机与智能仪表的串口连接线及其端口。

在计算机与智能仪表通电前，按图5-25所示将传感器Cu50、上、下限报警指示灯与XMT－3000A智能仪表连接。

通过串口线将计算机与智能仪表连接起来的方法是：智能仪表的14端子（RXD）与计算机串口COM1的3脚（TXD）相连；智能仪表的15端子（TXD）与计算机串口COM1的2脚（RXD）相连；智能仪表的16端子（GND）与计算机串口COM1的5脚（GND）相连。

特别注意：连接仪器与计算机串口线时，仪器与计算机严禁通电，否则极易烧毁串口。

XMT系列仪表是具有调节、报警功能的数字式指示调节型智能仪表，是专为热工、电

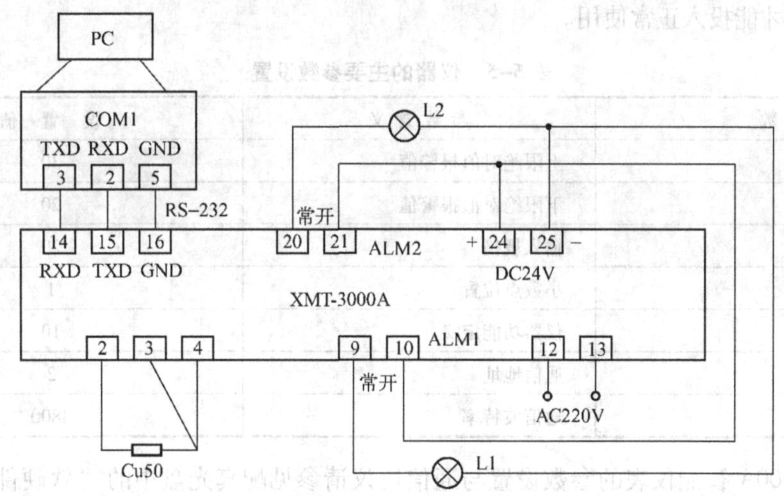

图 5-25　PC 机与智能仪表串口通信线路

力、化工等工业系统测量、显示、变送温度的一种标准仪器，适用于旧式动圈指针式仪表的更新、改造。它采用工控单片机为主控部件，智能化程度高，使用方便。它不仅具有显示温度的功能，还能实现被测温度超限报警或双位继电器调节。其面板上设置有温度设定按键。当被测温度高于设定温度时，仪表内部的继电器动作，可以切断加热回路。

南京朝阳仪表有限责任公司生产的 XMT－3000A 智能仪表采用先进的微型计算机芯片、专家 PID 控制算法，具备高准确度的自整定功能，并可以设置出多种报警方式。

XMT－3000A 智能仪表有多种输入功能，一台仪表可以接热电偶（K、S、Wr、E、J、T、B、N）、热电阻（Pt100、Cu50）、电压（0～5 V、1～5 V）、电流（0～10 mA、5～20 mA）等不同的输入信号。XMT－3000A 智能仪表接热电阻输入时，采用三线制接线，消除了引线带来的误差；接热电偶输入时，仪表内部带有冷端补偿部件；接电压/电流输入时，对应显示的物理量程可任意设定。

图 5-26　XMT－3000A 智能仪表示意图

图 5-26 是 XMT－3000A 型智能仪表示意图（详细信息请查询网站 http://www.njcy.com/）。

5.3.3　实训任务

采用 KingView 编写应用程序实现 PC 与单台智能仪表串口通信。任务要求如下。

1）使用“串口调试助手”程序检查智能仪表的通信状态。

2）自动连续读取并显示智能仪表的温度测量值（十进制）。

3）显示智能仪表测量温度实时变化曲线。

5.3.4　实训操作

1. 仪表参数设置与通信测试

(1) XMT－3000A 智能仪表的参数设置

XMT－3000A 智能仪表在使用前应对其输入/输出参数进行正确设置，参数设置见表 5-5，设置好的仪器才能投入正常使用。

表 5-5　仪器的主要参数设置

参　数	参数含义	设 置 值
HiAL	上限绝对值报警值	30
LoAL	下限绝对值报警值	20
Sn	输入规格	20
diP	小数点位置	1
ALP	仪器功能定义	10
Addr	通信地址	2
bAud	通信波特率	4800

XMT-3000A 智能仪表的参数设置与通信协议请参见配套光盘中的“软硬件资源”。

(2) 温度测量与控制

1) 正确设置仪器参数后，仪器 PV 窗显示当前温度测量值。

2) 给传感器升温，当温度测量值大于上限报警值 30℃时，上限指示灯 L2 亮，仪器 SV 窗显示上限报警信息。

3) 给传感器降温，当温度测量值小于上限报警值 30℃，大于下限报警值 20℃时，上限指示灯 L2 和下限指示灯 L1 均灭。

4) 给传感器继续降温，当温度测量值小于下限报警值 20℃时，下限指示灯 L1 亮，仪器 SV 窗显示下限报警信息。

(3) PC 与智能仪表串口通信调试

在进行串口开发之前，一般要进行串口调试，经常使用的工具是“串口调试助手”程序。它是一个适用于 Windows 平台的串口监视、串口调试程序。它可以在线设置各种通信速率、通信端口等参数，既可以发送字符串命令，也可以发送文件，可以设置自动发送/手动发送方式，可以十六进制显示接收到的数据等，从而提高串口开发效率。

1) 使用“串口调试助手”程序发送指令和接收数据。

运行“串口调试助手”程序，首先设置串口为“COM1”、波特率为“4800”、校验位为“NONE”、数据位为“8”、停止位为“2”等参数（注意：设置的参数必须与智能仪表设置的一致），选择“十六进制显示”和“十六进制发送”复选框，打开串口，如图 5-27 所示。

在“发送的字符/数据”文本框中输入读指令“82 82 52 0C”，单击“手动发送”按钮，则 PC 向智能仪表发送一条指令，仪器返回一串数据，如“4C 01 21 01 00 01 03 00”，该串数据在返回信息框内显示（瞬时温度不同，返回数据不同）。

根据仪器返回数据，可知仪器的当前温度测量值为“4C 01”（十六进制，低位字节在前，高位字节在后），十进制为________℃（请尝试转换）。

2) 使用“计算器”程序进行数制转换。

打开 Windows 的“附件”中“计算器”程序，在“查看”菜单下选择“科学型”。

选择“十六进制”，输入仪器当前温度测量值“01 4C”（十六进制，0 在最前面不显示），如图 5-28 所示。

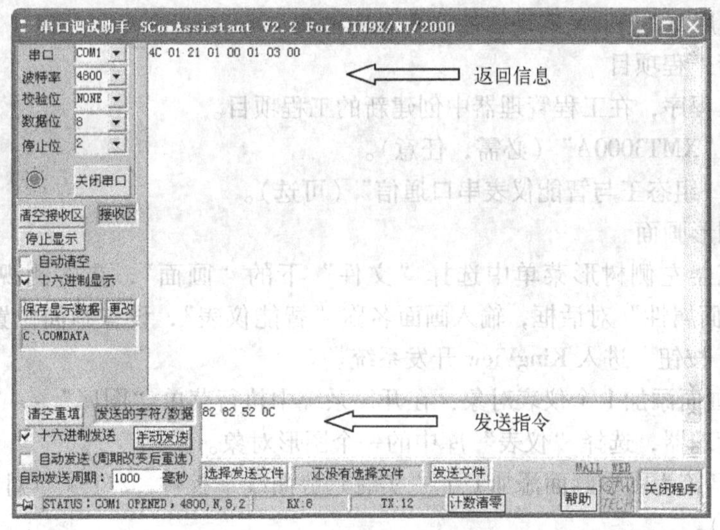

图 5-27　串口调试助手

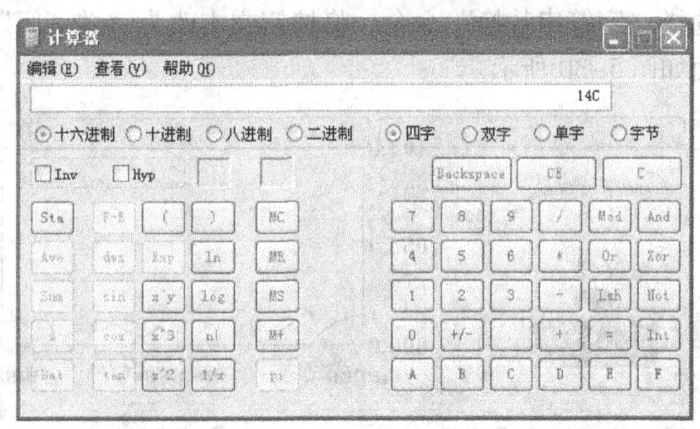

图 5-28　在“计算器”中输入十六进制数

选择“十进制”单选按钮，则十六进制数“01 4C”转换为十进制数“332”，如图 5-29 所示。仪器的当前温度测量值为 33.2℃。该值应该与智能仪表显示的温度值一致。

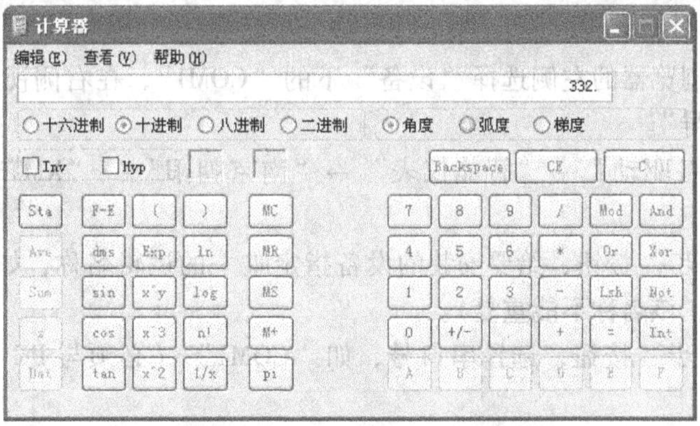

图 5-29　十六进制数转十进制数

2. PC 端采用 KingView 实现智能仪表温度检测

(1) 建立新工程项目

运行组态王程序，在工程管理器中创建新的工程项目。

工程名称："XMT3000A"（必需，任意）。

工程描述："组态王与智能仪表串口通信"（可选）。

(2) 制作图形画面

在工程浏览器左侧树形菜单中选择"文件"下的"画面"，在右侧视图中双击"新建"，出现"画面属性"对话框，输入画面名称"智能仪表"，设置画面位置、大小等，然后单击"确定"按钮，进入 KingView 开发系统。

1) 为图形画面添加 1 个仪表对象：在开发系统中执行菜单"图库"→"打开图库"命令，进入图库管理器，选择"仪表"库中的一个图形对象。

2) 通过工具箱为图形画面添加 1 个"实时趋势曲线"控件，2 个文本对象（"当前温度值："和"000"）。

3) 在工具箱中选择"按钮"控件添加到画面中，然后选中该按钮，单击鼠标右键，在弹出的快捷菜单中选择"字符串替换"命令，将按钮文本改为"关　闭"。

设计的图形画面如图 5-30 所示。

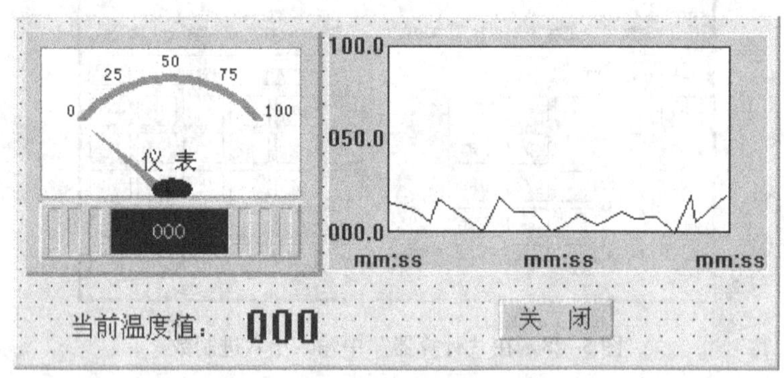

图 5-30　图形画面

(3) 定义串口设备

1) 添加设备。

在组态王工程浏览器的左侧选择"设备"下的"COM1"，在右侧视图中双击"新建"，运行"设备配置向导"。

① 选择："设备驱动"→"智能仪表"→"南京朝阳"→"XMT3000"→"串行"，如图 5-31 所示。

② 单击"下一步"按钮，给要安装的设备指定唯一的逻辑名称，如"XMT3000"（若定义多个串口设备，该名称不能重复）。

③ 单击"下一步"按钮，选择串口号，如"COM1"（必须与 PC 上使用的串口号一致）。

④ 单击"下一步"按钮，为要安装的智能仪表指定地址，如"2"（必须与智能仪表内部设定的 Addr 参数一致。

⑤ 连续单击“下一步”按钮，不改变通信参数和设置。

设备定义完成后，可以在工程浏览器“设备/COM1”的右侧看到新建的串口设备“XMT3000”。

2）设置串口通信参数。

双击“设备”→“COM1”，弹出“设置串口”对话框，设置串口 COM1 的通信参数如下：波特率为“4800”；奇偶校验为“无校验”；数据位为“8”；停止位为“2”；通信方式为“RS232”，如图 5-32 所示。

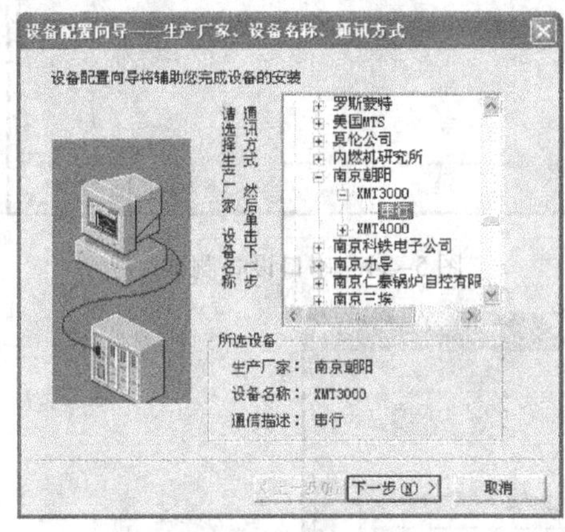

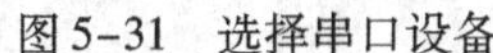
图 5-31　选择串口设备

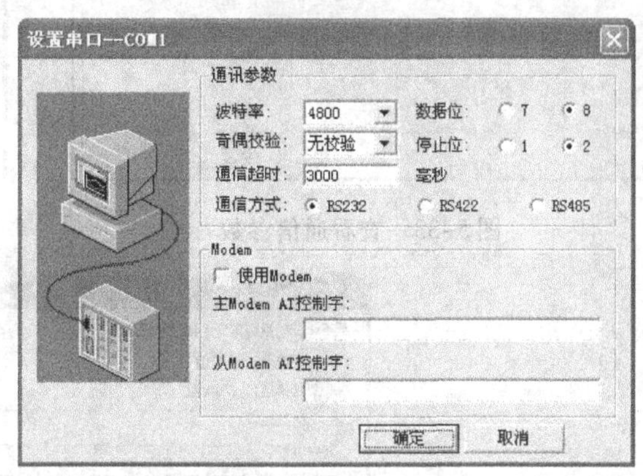

图 5-32　设置串口参数

设置完毕，单击“确定”按钮，这就完成了对 COM1 的通信参数配置，保证 COM1 同智能仪表的通信能够正常进行。

3）测试智能仪表。

选择新建的串口设备“XMT3000”，单击鼠标右键，在弹出的快捷菜单中选择“测试 XMT3000”选项，出现“串口设备测试”对话框，如图 5-33 所示，观察设备参数与通信参数是否正确，若正确，则选择“设备测试”选项卡。

寄存器选“PV”，数据类型选“Float”；单击“添加”按钮，“采集列表”中出现 PV 寄存器项，单击“读取”按钮，则 PV 寄存器的值出现在列表里，如图 5-34 所示，PV 寄存器的值为 239.000，该值除以 10 就是仪表的温度测量值。观察该值与智能仪表显示的值是否一致。

如果智能仪器与计算机串口连接错误，则出现通信失败提示框。

（4）定义变量。

在工程浏览器的左侧树形菜单中选择“数据库”下的“数据词典”，在右侧双击“新建”，弹出“定义变量”对话框。

定义变量“测量值”：变量名为“测量值”，变量类型选“I/O 实数”，最小值设为“0”，最大值设为“100”，最小原始值设为“0”，最大原始值设为“1000”，连接设备选“XMT3000”，寄存器选“PV”，数据类型选“FLOAT”，读写属性选“只读”，采集频率设为“500”，如图 5-35 所示。

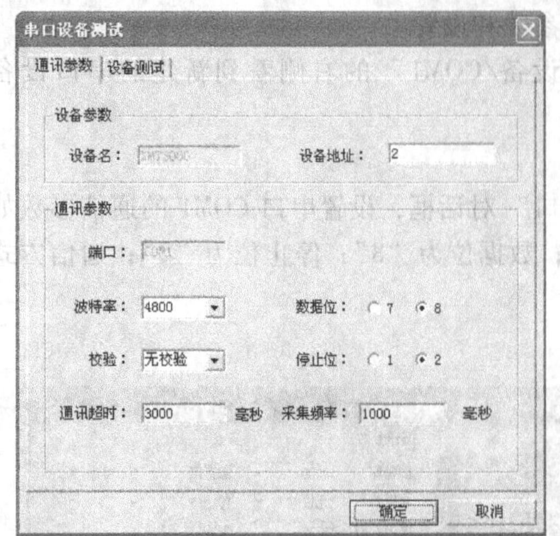

图 5-33　查看通信参数

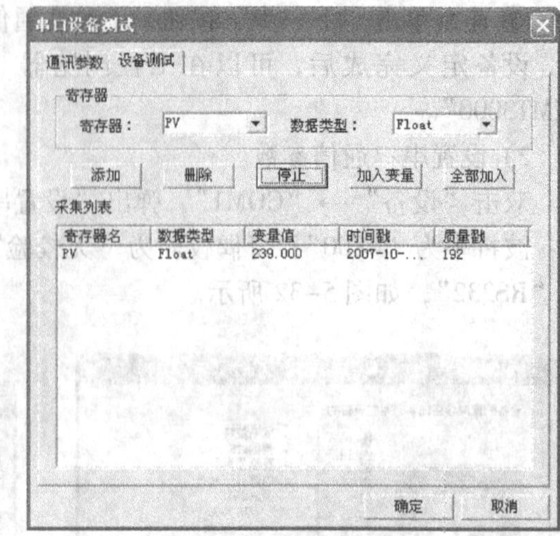

图 5-34　串口设备测试

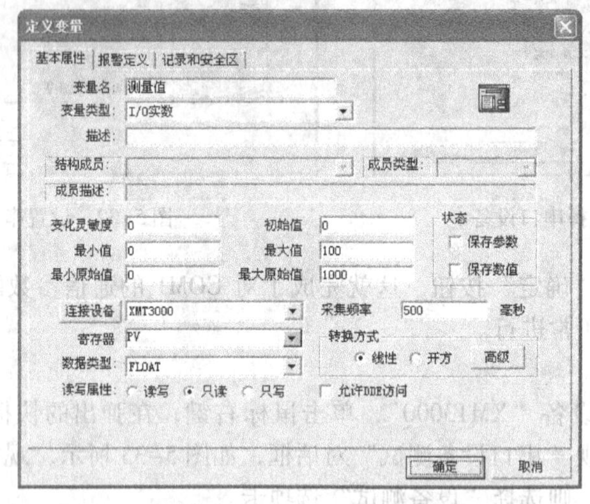

图 5-35　定义变量“测量值”

（5）建立动画连接

动画连接就是建立画面的图素与数据库变量之间的对应关系。这样，工业现场的数据如温度发生变化时，通过驱动程序，将引起实时数据库中变量的变化，如果画面上有一个图素，例如指针，用户规定了它的偏转角度与这个变量相关，就会看到指针随工业现场数据的变化量同步偏转。

进入开发系统，双击画面中图形对象，将定义好的变量与相应对象连接起来。

1）建立仪表对象的动画连接。

双击画面中仪表对象，弹出“仪表向导”对话框，单击“变量名”文本框右边的“?”按钮，选择已定义好的变量名“测量值”，单击“确定”按钮，“变量名”文本框中出现“\\本站点\测量值”表达式，如图 5-36 所示。

2）建立实时趋势曲线对象的动画连接。

双击画面中实时趋势曲线对象，出现“动画连接”对话框。在“曲线定义”选项卡中，单击“曲线1表达式”文本框右边的“?”按钮，选择已定义好的变量“测量值”，并设置其他参数值，如图5-37所示。

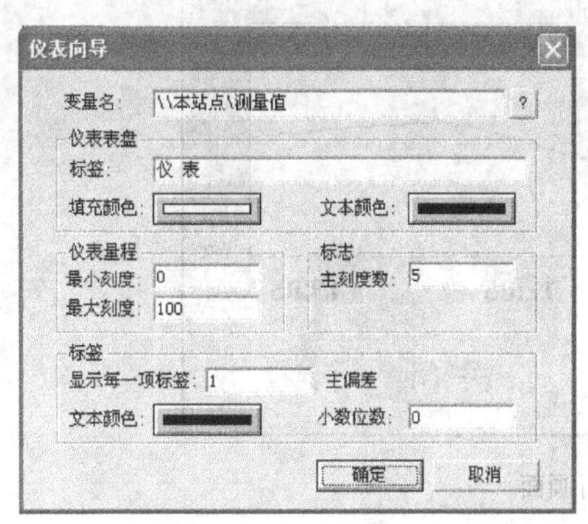

图5-36　仪表对象动画连接

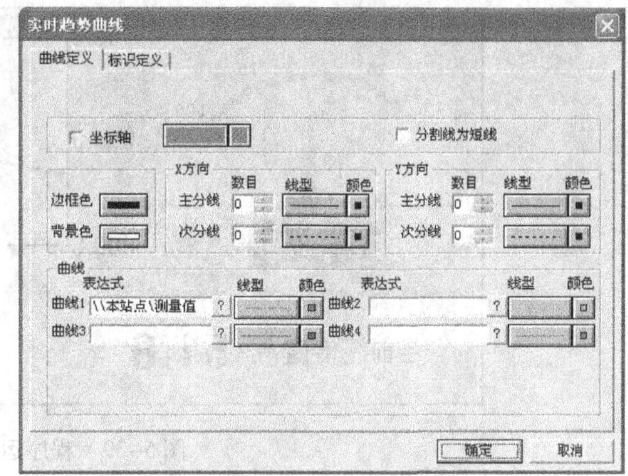

图5-37　实时趋势曲线对象动画连接

进入“标识定义”选项卡，设置数值轴标识数目为5，时间轴标识数目为“5”，格式为分、秒，更新频率为“1”秒，时间长度为“5”分。

3）建立文本对象“000”的动画连接。

双击画面中文本对象“000”，出现“动画连接”对话框，将“模拟值输出”属性与变量“测量值”连接，输出格式设为整数位数“2”，小数位数“1”，如图5-38所示。

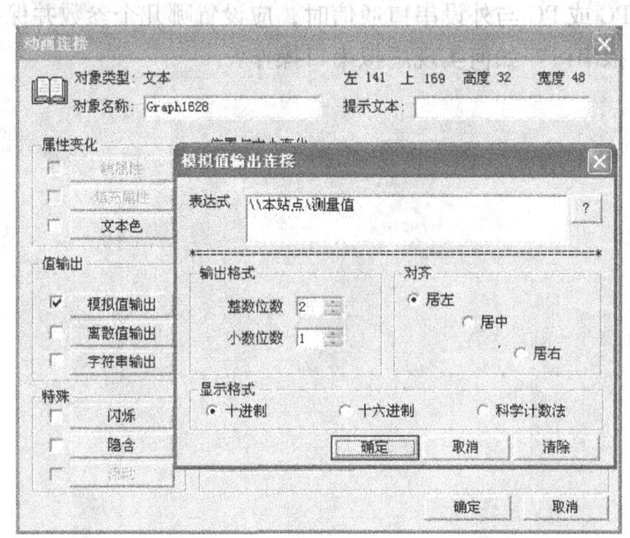

图5-38　文本对象“000”动画连接

4）建立按钮对象的动画连接。

双击按钮对象“关闭”，出现“动画连接”对话框。选择“命令语言连接”功能，单击“弹起时”按钮，在“命令语言”编辑栏中输入命令“exit(0);”。

(6) 调试与运行

将设计的画面全部存储并配置成主画面，启动画面，运行程序。

给传感器升温或降温，画面中显示测量温度值及实时变化曲线，如图 5-39 所示。观察画面显示的温度值与智能仪表显示的温度值是否一致。

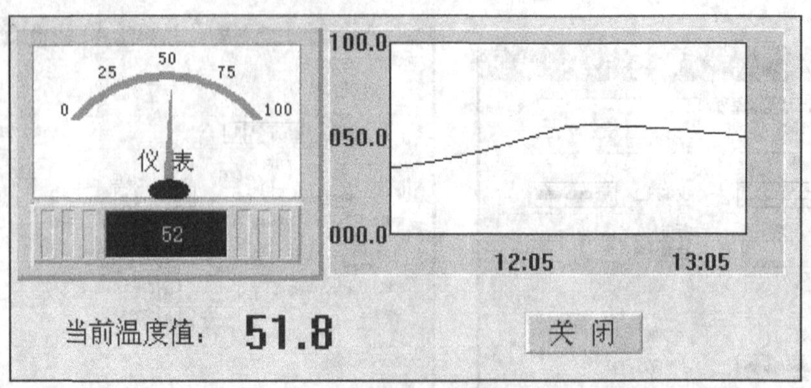

图 5-39　程序运行画面

习题与思考题

5-1　在实际应用系统中，为什么串行通信比并行通信要多？

5-2　异步串行通信接口的基本任务有哪些？

5-3　什么是握手信号？实现发送方和接收方的握手有哪几种方式？

5-4　当 PC 与 PC 或 PC 与外设串口通信时，应设置哪几个参数并保持一致？

5-5　什么是虚拟串口？如何实现虚拟串口操作？

第 6 章　PLC 控制系统与实训

可编程序逻辑控制器（简称 PLC）主要是为现场控制而设计的，其人机界面主要由开关、按钮、指示灯等组成，因其良好的适应性和可扩展能力而得到越来越广泛的应用。采用 PLC 的控制系统或装置具有可靠性高、易于控制、系统设计灵活、能模拟现场调试、编程使用简单、性价比高、有良好的抗干扰能力等特点。但是，PLC 也有不易显示各种实时图表/曲线（趋势线）和汉字、无良好的用户界面、不便于监控等缺点。

20 世纪 90 年代后，许多 PLC 都配备有计算机通信接口，通过总线将一台或多台 PLC 与计算机相连。计算机作为上位机可以提供良好的人机界面，进行系统的监控和管理，进行程序编制、参数设定和修改、数据采集等，既能保证系统性能，又能使系统操作简便，便于生产过程的有效监督；而 PLC 作为下位机，执行可靠有效的分散控制。

6.1 可编程序逻辑控制器（PLC）

PLC 最初只是设计用于机械制造行业的顺序控制器，可以说是与集散控制系统完全不同的两种技术，但其可靠性高是公认的。经过几十年的发展，PLC 增加了许多功能。例如，通信功能、模拟控制功能、远程数据采集功能等。人们很快发现，用 PLC 构成一个网络是不错的选择。现在，在许多场合利用 PLC 网络构成一个计算机监控系统，或是将其作为集散控制系统的一个下位机子系统，基本上成为了首选方案。

6.1.1 PLC 的构成

PLC 是基于微处理器技术的通用工业自动化控制设备。它采用了计算机的设计思想，实际上就是一种特殊的工业控制专用计算机，只不过它的最主要的功能是数字逻辑控制。因此，PLC 具有与通用的微型个人计算机相类似的硬件结构，由中央处理器（CPU）、存储器、输入/输出接口、智能接口模块和编程器构成，其结构如图 6-1 所示。

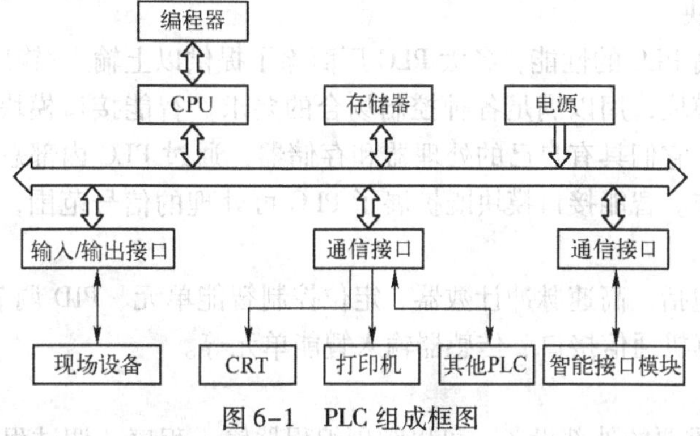

图 6-1　PLC 组成框图

1. 中央处理器（CPU）

CPU 是整个 PLC 的核心组成部分，是系统的控制中枢。它的主要功能是实现逻辑运算、数学运算，协调控制 PLC 内部的各部分工作。PLC 的 CPU 内部结构与微型计算机的 CPU 结构基本相同，它的整体性能取决于 CPU 的性能，因此，常用的 CPU 主要是通用的微处理器、单片机或工作速度较快的双极型位片式微处理器。

2. 存储器

存储器主要用于存放系统程序、用户程序以及工作时产生的数据。系统程序是指控制 PLC 完成各种功能的系统管理程序、监控程序、用户逻辑解释程序、标准子程序模块和各种系统参数，由 PLC 生产厂家编写并固化在只读存储器（ROM）中。用户程序是指由用户根据工业现场的要求所编写的控制程序，允许用户修改，最终固化并存储于 PLC 中。

PLC 的存储空间根据存储的内容可分为：系统程序存储区、系统 RAM 存储区和用户程序存储区。

3. 输入/输出接口

输入/输出接口是 PLC 与现场各种信号相连接的部件，要求它能够处理这些信号并具有一定的抗干扰能力。因此，输入/输出接口通常配有电子变换、光电隔离和滤波电路。输入/输出接口可分为：数字量输入、数字量输出、模拟量输入和模拟量输出。

数字量（包括开关量）输入信号类型有直流和交流两种，均采用光电隔离器件将现场电信号与 PLC 内部实现电气上的隔离，同时转换成系统内统一的信号范围。输出接口除了具有光电隔离外，还具有各种输出方式：有的采用直流输出方式，有的采用交流输出方式，有的采用继电器输出方式，还有的提供功率放大方式等。

模拟量有各种类型，包括 0～10V，－10～10V，4～20mA 等。它们首先要进行信号处理，将输入模拟量转换成统一的电压信号，然后再进行模拟量到数字量的转换，即 A－D 变换。通过采样、保持和多路开关的切换，多个模拟量的 A－D 变换就可以共用一个 A－D 转换器来完成。转换为数字量的模拟量就可以通过光电隔离、数据驱动输入到 PLC 内部。

模拟量的输出是把 PLC 内的数字量转换成相应的模拟量输出，因此，它是与输入相反的过程。整个过程可分为光电隔离、D－A 转换和模拟信号驱动输出等环节。PLC 内的数字量经过光电隔离实现两部分电路上的电气隔离，数字量到模拟量的转换由 D－A 转换器完成。转换后的模拟量再经过运算放大器等模拟器件进行相应的驱动，形成现场所需的控制信号。

4. 智能接口模块

为了进一步提高 PLC 的性能，各大 PLC 厂商除了提供以上输入/输出接口外，还提供各种专用的智能接口模块，用以满足各种控制场合的要求。智能接口模块是 PLC 系统中的一个较为独立的模块，它们具有自己的处理器和存储器，通过 PLC 内部总线在 CPU 的协调管理下独立地进行工作。智能接口模块既扩展了 PLC 可处理的信号范围，又可使 CPU 能处理更多的控制任务。

智能接口模块包括：高速脉冲计数器、定位控制智能单元、PID 调节智能单元、PLC 网络接口、PLC 与计算机通信接口、传感器输入智能单元等。

5. 编程器

编程器是 PLC 重要的外部设备，可以利用编程器输入程序、调试程序和监控程序运行，它是人机交互的接口。编程器按功能可分为2种：简易型和智能型。

6.1.2 PLC的技术特点

PLC是一种专为工业环境下设计的计算机控制器，归纳起来，它具有以下优点。

（1）可靠性特别高，抗干扰能力强，能适应各种恶劣的工业环境

PLC采用了大规模集成电路，元器件和接线的数量大大减少；采用了光电耦合隔离及各种滤波方法，有效地防止了干扰信号的进入；内部采用电磁屏蔽，防止辐射干扰；电源使用开关电源，防止了从电源引入干扰。具有良好的自诊断功能。对使用的元器件进行了严格的筛选且设计时就留有余地，充分保证了元器件的可靠性；PLC采用了可靠性设计，如冗余设计、断电保护、故障诊断和其他针对工业生产中恶劣的环境而使用的硬件等措施。正因为如此，目前市场上主流PLC的平均无故障时间都达到数万小时以上。

（2）编程简单，易学、易懂

PLC可采用的编程语言包括梯形图和助记符等。PLC的梯形图与继电器电路的梯形图相似，直观易用。而且，PLC采用软件编制程序来完成控制任务，通过修改程序就能适应生产上的改变。因此，工程人员很容易接受和掌握。

（3）采用模块化结构，系统组成灵活方便

由于PLC采用的是模块式结构，一般由主模块（包含CPU的模块）、电源、各种输入/输出模块构成，并可根据需要配备通信模块或远程I/O模块。模块间的连接可通过机架底座或电缆来连接，因而十分方便。PLC既具有可与工业现场的各种电信号相接的输入/输出接口，同时还具有可与上位机相接的通信接口。它可以根据需要进行规模上的或者控制功能上的扩展。

（4）安装调试简单方便

当用PLC构成控制系统时，只需将现场的各种设备与执行机构和PLC的I/O接口端子正确连接，用简单的编程方法将程序存入存储器内，即可正常工作。如果是在现场，可以使用手持编程器直接对PLC进行编程调试；如果是在实验室也可以使用个人计算机与PLC连接后进行编程调试。而且，PLC的输入/输出的接线端均有发光二极管指示，调试起来十分方便。

由于PLC不需要继电器、转换开关等，它的输出可直接驱动执行机构，中间一般不需要设置转换单元，因此大大简化了接线，减少设计及施工工作量。同时PLC又能事先进行模拟调试，减少了现场的调试工作量，并且PLC的监视功能很强，模块化结构大大减小了维修量。

6.1.3 计算机与PLC的连接

1. 个人计算机与PLC

通常可以通过4种设备实现PLC的人机交互功能。这4种设备是：编程终端、显示终端、工作站和个人计算机。编程终端主要用于编程和调试程序，其监控功能较弱。显示终端主要用于现场显示。工作站的功能比较全，但是价格也高，主要用于配置组态软件。

个人计算机是一种性价比较高的选择，它可以发挥以下作用。

1）通过开发相应功能的个人计算机软件，与PLC进行通信。实现多个PLC信息的集中显示、报警等监控功能。

2）以个人计算机作为上位机，多台PLC作为下位机，构成小型控制系统，由个人计算机完成PLC之间控制任务的协同工作。

3）把个人计算机开发为协议转换器实现 PLC 网络与其他网络的互联。例如，可把下层的控制网络接入上层的管理网络。

2. 连接的基础

1）计算机和 PLC 均应具有异步通信接口，都是 RS－232、RS－422 或 RS－485，否则，要通过转换器转接以后才可以互连。

2）异步通信接口相连的双方要进行相应的初始化工作，设置相同的波特率、数据位数、停止位数、奇偶校验等参数。

3）用户参考 PLC 的通信协议编写计算机的通信部分程序，大多数情况下不需要为 PLC 编写通信程序。

如果计算机无法使用异步通信接口与 PLC 通信，则应使用与 PLC 相配置的专用通信部件及专用的通信软件实现互联。

3. 连接方式

个人计算机与 PLC 的联网一般有两种形式：一种是点对点方式，即一台计算机的 COM 接口与 PLC 的异步通信端口之间直接用电缆相连，连接方式如图 6-2 所示；另一种是多点结构，即一台计算机与多台 PLC 通过一条通信总线连接。以计算机为主站，PLC 为从站，进行主从式通信，连接方式如图 6-3 所示。通信网络可以有多种，如 RS－422、RS－485 以及各个公司的专门网络或工业以太网等。

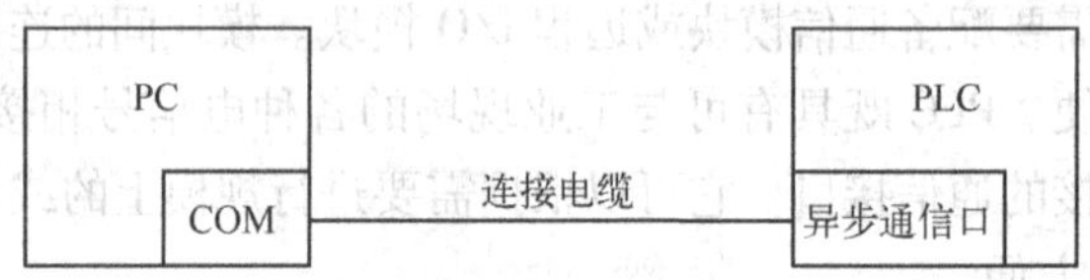

图 6-2　PLC 与 PC 机连接的点对点方式

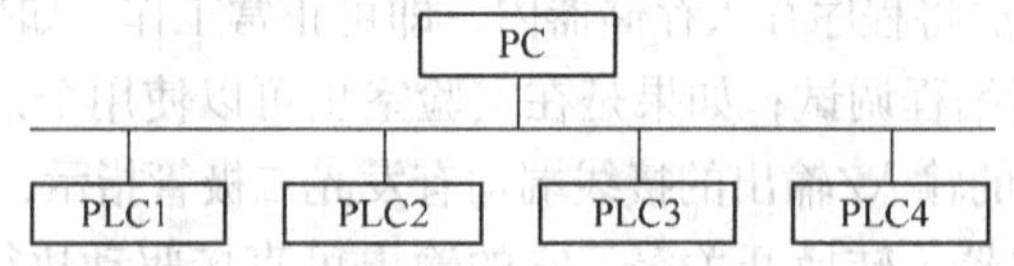

图 6-3　计算机与 PLC 的多点连接方式

6.2　三菱 PLC 测控应用实训

三菱公司的 PLC 分为 F 系列、FX 系列、A 系列和 Q 系列，FX 系列是三菱公司近年推出的小型 PLC，功能较强，性价比较高，应用比较广泛，其外形如图 6-4 所示。

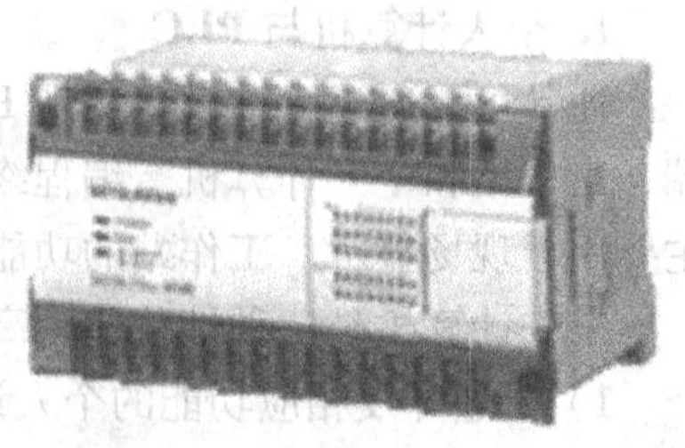

图 6-4　三菱 FX 系列 PLC

FX 系列 PLC 具有丰富的软、硬件资源、强大的功能和很高的运行速度，可用于要求很高的机电一体化控制系统。而其具有的各种扩展单元和扩展模块可以根据现场系统功能的需要组成不同的控制系统。

6.2.1　开关量输入

许多现场设备往往只对应于两种状态，例如，行程开关的闭合和断开、电动机的起动和停止、指示灯的亮和灭、继电器或接触器的释放和吸合、阀门的打开和关闭等，这些都是开关量信号。开关量信号反映了生产过程、设备运行的现行状态、逻辑关系和动作顺序。例如，行程开关可以指示出某个部件是否达到规定的位置，如果已经到位，则行程开关接通，并向 PLC 系统输入 1 个开关量信号。开关量输入信号有触点输入和电平输入两种方式。触点又有常开和常闭之分。

1. 实训目的

1）掌握用三菱 PLC 进行开关量信号输入的硬件连接方法。

2）掌握用 KingView 设计三菱 PLC 开关量输入（DI）程序的方法。

2. 实训线路

（1）软、硬件清单

本实训用到的硬件和软件清单见表 6-1。

表 6-1　实训用软、硬件清单

序　号	名　称	数　量
1	PC（或 IPC）	1
2	三菱 FX_{2N} -32MR PLC	1
3	SC-09 编程电缆	1
4	KingView 6.53	1

（2）硬件线路

三菱 FX_{2N} -32MR PLC 可以通过自身的编程口和 PC 通信，也可以通过通信口和 PC 通信。通过编程口，PC 只能和一台 PLC 通信，实现对 PLC 中软元件的间接访问（每个软元件具有唯一的地址映射）；通过通信口，一台 PC 可以和多台 PLC 通信，并实现对 PLC 中软元件的直接访问，两者使用不同的通信协议。

PC 通过 FX_{2N} -32MR PLC 的编程口组成的开关量输入系统如图 6-5 所示。

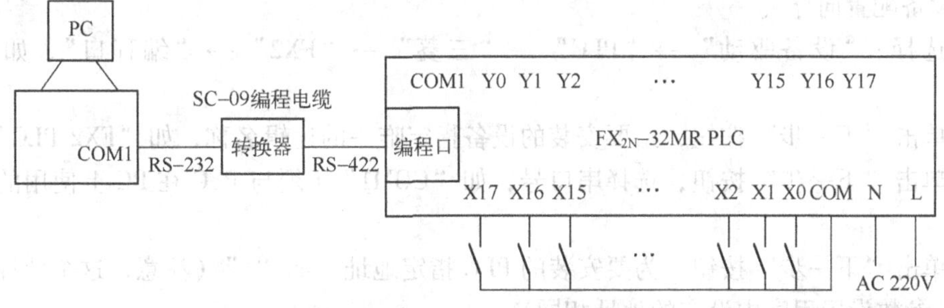

图 6-5　PC 与 FX_{2N} PLC 组成的开关量输入系统

图 6-5 中，通过 SC-09 编程电缆将 PC 的串口 COM1 与三菱 FX_{2N} -32MR PLC 的编程口连接起来。按钮、行程开关等的常开触点接 PLC 开关量输入端点（实际测试中，可用导线将 X0、X1……X17 与 COM 端点之间短接或断开产生开关量输入信号）。

3. 实训任务

1）将 PC 与三菱 FX_{2N} -32MR PLC 通过编程电缆连接起来，构成一套开关量输入系统。采用按钮、行程开关、继电器开关等改变 PLC 某个输入端口的状态（打开/关闭）。

2）采用 KingView 编写程序，实现 PC 与三菱 FX_{2N} -32MR PLC 数据通信，要求 PC 接收 PLC 发送的开关量输入信号状态值，并在程序中显示。

4. 实训操作

（1）建立新工程项目

运行 KingView 程序，在工程管理器中创建新的工程项目。工程名称为“DI”；工程描述为“开关量输入”。

（2）制作图形画面

画面名称“PLC 开关量输入”。

1）为图形画面添加 8 个指示灯对象。

2）为图形画面添加 8 个文本对象，分别为 X0、X1、X2、X3、X4、X5、X6、X7。

3）为图形画面添加 1 个按钮对象，将按钮文本改为“关闭”。

设计的图形画面如图 6-6 所示。

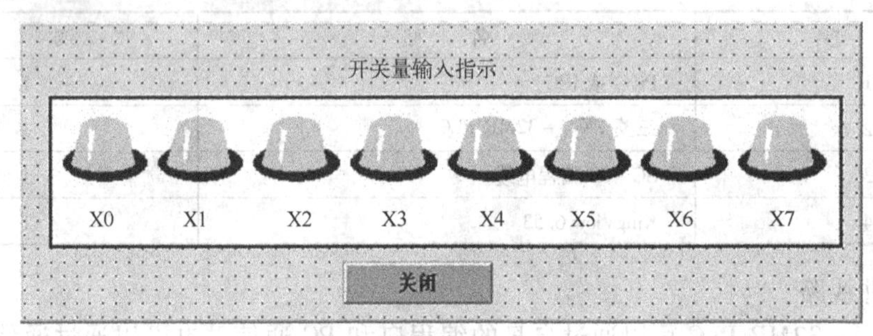

图 6-6　图形画面

（3）定义串口设备

1）添加设备。

在组态王工程浏览器的左侧选择“设备”下的“COM1”，在右侧视图中双击“新建”，运行“设备配置向导”。

① 选择：“设备驱动” → “PLC” → “三菱” → “FX2” → “编程口”，如图 6-7 所示。

② 单击“下一步”按钮，给要安装的设备指定唯一的逻辑名称，如“FX2 PLC”。

③ 单击“下一步”按钮，选择串口号，如“COM1”（须与 PLC 在 PC 上使用的串口号一致）。

④ 单击“下一步”按钮，为要安装的 PLC 指定地址，如“1”（注意，这个地址应该与 PLC 通信参数设置程序中设定的地址相同）。

⑤ 单击“下一步”按钮，出现“通信故障恢复策略”设定窗口，使用默认设置即可。

⑥ 单击“下一步”按钮，显示所要安装的设备信息，检查各项设置是否正确，确认无误后，单击“完成”按钮，完成设备的配置。

2）串口通信参数设置。

双击“设备”→“COM1”，弹出“设置串口—COM1”对话框，设置串口 COM1 的通信参数：波特率选“9600”，奇偶校验选“偶校验”，数据位选“7”，停止位选“1”，通信方式选“RS232”，如图 6-8 所示。

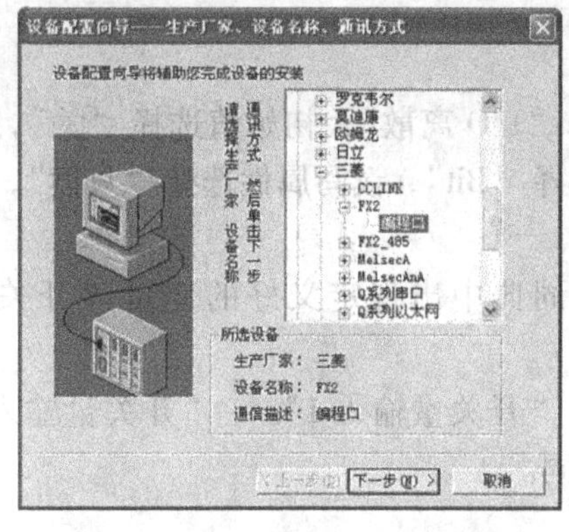

图 6-7 选择串口设备

图 6-8 设置串口 COM1

设置完毕，单击“确定”按钮，就完成了对 COM1 的通信参数配置，保证组态王与 PLC 的通信能够正常进行。

注意：设置的参数必须与 PLC 设置的一致，否则不能正常通信。

3）PLC 通信测试。

选择新建的串口设备“FX2 PLC”，单击鼠标右键，在弹出的快捷菜单中，选择“测试 FX2PLC”项，出现“串口设备测试”对话框，如图 6-9 所示，观察设备参数与通信参数是否正确，若正确，选择“设备测试”选项卡。

寄存器选择“X”，再添加数字“1”，即设为“X1”，数据类型选择“Bit”，单击“添加”按钮，X1 进入采集列表。

将线路中 X1 端口与 COM 端口短接，PLC 上输入信号指示灯 1 亮，单击“串口设备测试”对话框中的“读取”按钮（此时该按钮名变为“停止”），寄存器 X1 的变量值为“打开”，如图 6-10 所示。

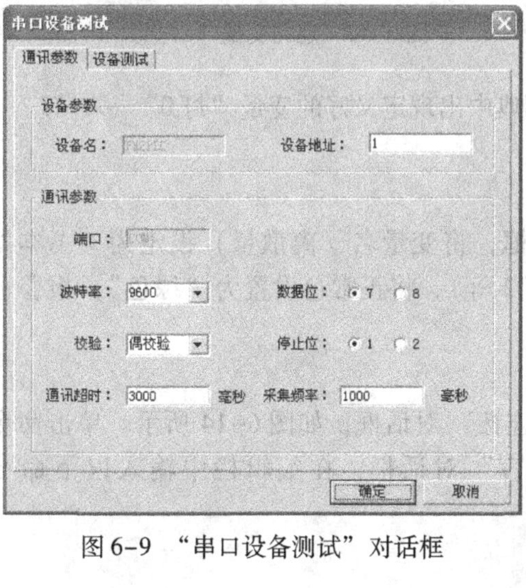

图 6-9 “串口设备测试”对话框

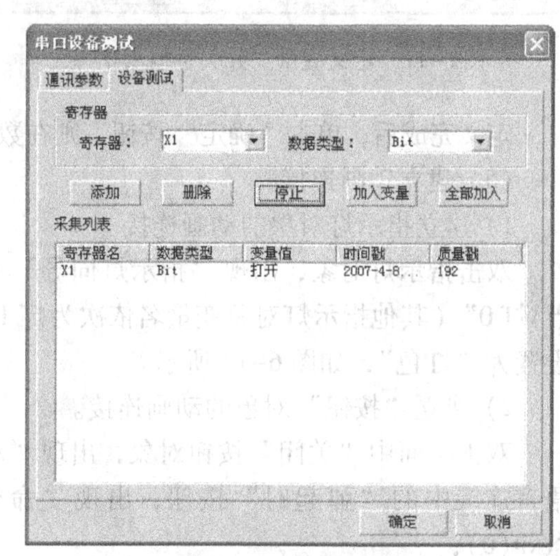

图 6-10 PLC 寄存器测试

如果将线路中 X1 端口与 COM 端口断开，PLC 上输入信号指示灯 1 灭，单击“串口设备测试”对话框中的“读取”按钮，寄存器 X1 的变量值为“关闭”。

同样方法可以测试其他寄存器。

（4）定义变量

1）定义 8 个 I/O 离散变量。

首先定义变量“开关量输入 0”，变量类型选择“I/O 离散”，初始值选择“关”，连接设备选择 FX2PLC，寄存器设为“X0”，数据类型选择“Bit”，读写属性选择“只读”，采集频率设为“100” ms，如图 6-11 所示。

定义完成后，单击“确定”按钮，则在数据词典中出现定义好的变量“开关量输入 0”。

同样再定义 7 个 I/O 离散变量，变量名分别为“开关量输入 1” ~ “开关量输入 7”，对应的寄存器分别为“X1” ~ “X7”，其他属性相同。

2）定义 8 个内存离散变量。

变量名分别为“灯 0”、“灯 1”……“灯 7”；变量类型均选“内存离散”，初始值均选“关”，如图 6-12 所示。

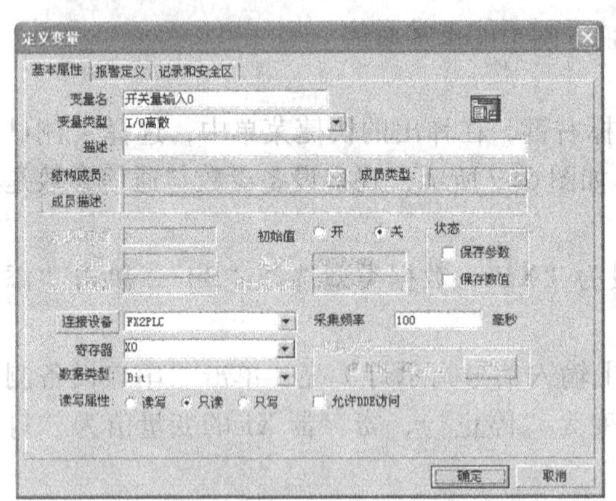

图 6-11　定义变量“开关量输入 0”

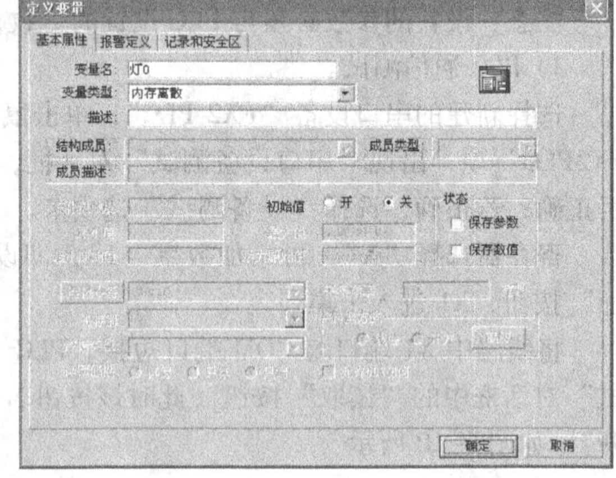

图 6-12　定义变量“灯 0”

定义完成后，单击“确定”按钮，则在数据词典中出现定义好的变量“灯 0” ~ “灯 7”。

（5）建立动画连接

1）建立指示灯对象的动画连接。

双击指示灯对象，出现“指示灯向导”对话框，将变量名（离散量）设定为“\\本站点\灯 0”（其他指示灯对象变量名依次为灯 1，灯 2 等），将正常色设置为“绿色”，报警色设置为“红色”，如图 6-13 所示。

2）建立“按钮”对象的动画连接。

双击画面中“关闭”按钮对象，出现“动画连接”对话框，如图 6-14 所示。单击命令语言连接中的“弹起时”按钮，出现“命令语言”对话框，在编辑栏中输入以下命令“exit(0);”。

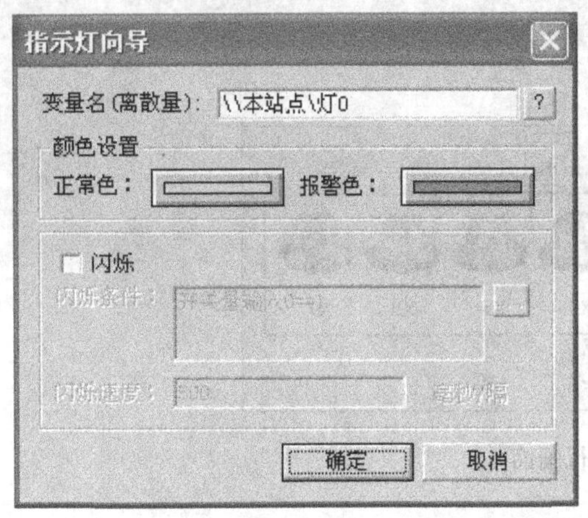

图 6-13　指示灯对象动画连接

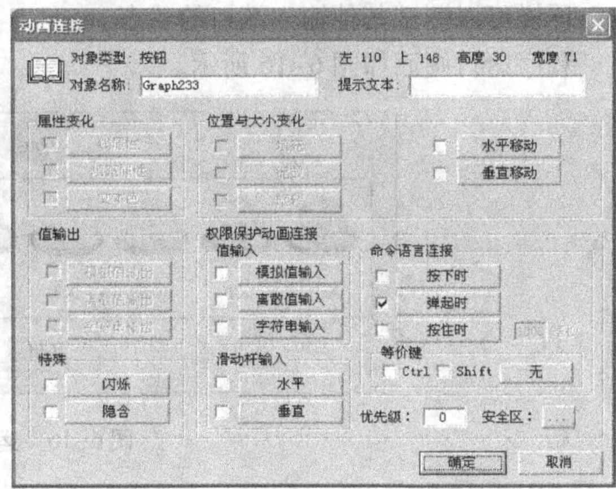

图 6-14　“动画连接”对话框

单击“确定”按钮，返回到“动画连接”对话框，再单击“确定”按钮，则“关闭”按钮的动画连接完成。程序运行时，单击“关闭”按钮，程序停止运行并退出。

(6) 编写命令语言

进入工程浏览器，在左侧树形菜单中选择“命令语言”下的“数据改变命令语言”，在右侧视图中双击“新建”，出现“数据改变命令语言”对话框，在变量[. 域] 文本框中输入表达式：“ \\本站点\开关量输入 0”（或单击右边的按钮? 来选择），在编辑框中输入程序，如图 6-15 所示。

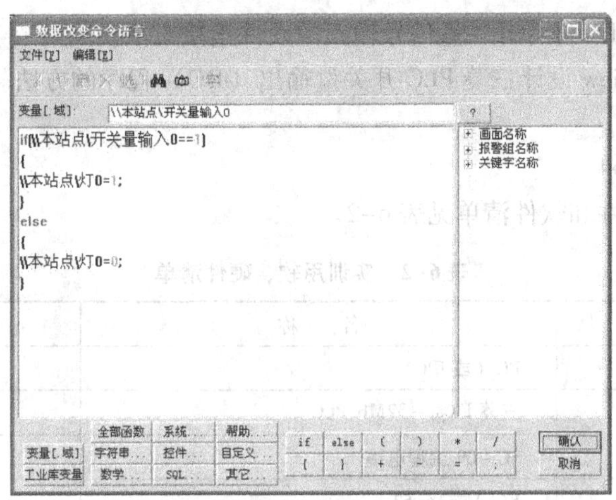

图 6-15　开关量输入控制程序

其他端口的开关量输入程序与此类似。

(7) 调试与运行

将设计的画面全部存储并配置成主画面，启动画面运行程序。

将线路中输入端口如 X3 与 COM 端口短接，则 PLC 上输入信号指示灯 3 亮，程序画面中开关量输入指示灯 X3 变成绿色；将 X3 端口与 COM 端口断开，则 PLC 上输入信号指示灯 3 灭，程序画面中开关量输入指示灯 X3 变成红色。

同样可以测试其他输入端口的状态。

程序运行画面如图 6-16 所示。

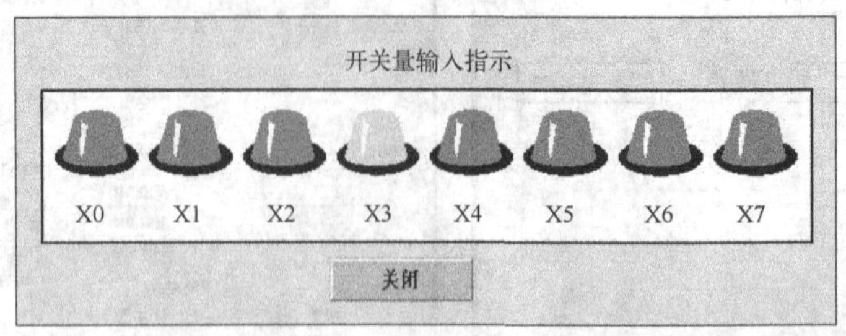

图 6-16　运行画面

6.2.2　开关量输出

开关量信号反映了生产过程、设备运行的现行状态、逻辑关系和动作顺序。例如，PLC 系统要输出报警信号，则可以输出 1 个开关量信号，通过继电器或接触器驱动报警设备，发出声光报警。开关量输出信号可以分为两种形式：一种是电压输出，另一种是继电器输出。电压输出一般是通过晶体管的通、断来直接对外部提供电压信号，继电器输出则是通过继电器触点的通断来提供信号。电压输出方式的速度比较快且外部接线简单，但带负载能力弱；继电器输出方式的优缺点则与之相反。

1. 实训目的

1）掌握用三菱 PLC 进行开关量信号输出的硬件连接方法。

2）掌握用 KingView 设计三菱 PLC 开关量输出（DO）程序的方法。

2. 实训线路

（1）软、硬件清单

本实训用到的硬件和软件清单见表 6-2。

表 6-2　实训用软、硬件清单

序　号	名　称	数　量
1	PC（或 IPC）	1
2	三菱 FX_{2N} -32MR PLC	1
3	SC-09 编程电缆	1
4	KingView 6.53	1

（2）硬件线路

PC 通过 FX_{2N} -32MR PLC 的编程口组成的开关量输出系统如图 6-17 所示。

图 6-17 中，通过 SC-09 编程电缆将 PC 的串口 COM1 与三菱 FX_{2N} -32MR PLC 的编程口连接起来。可外接指示灯或继电器等装置来显示开关输出状态（实际测试中，不需外接指示装置，直接使用 PLC 面板上提供的输出信号指示灯）。

3. 实训任务

1）将 PC 与三菱 FX_{2N} -32MR PLC 通过编程电缆连接起来，构成一套开关量输出系统。

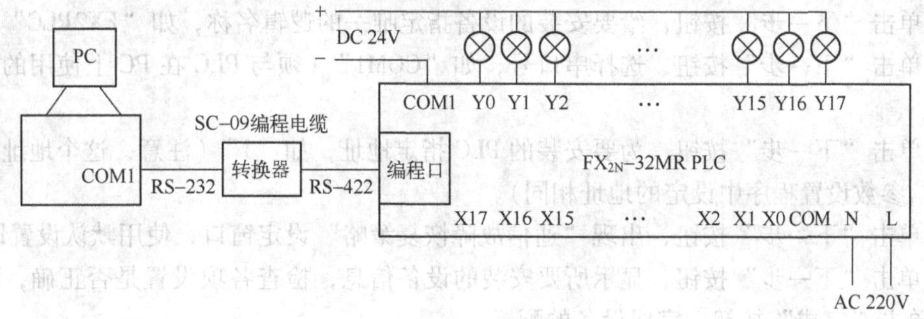

图 6-17 PC 与 FX_{2N} PLC 组成的开关量输出系统

采用指示灯、继电器等显示 PLC 开关量输出状态（打开/关闭）。

2）采用 KingView 编写程序，实现 PC 与三菱 FX_{2N} -32MR PLC 数据通信，要求在 PC 程序界面中指定元件地址，单击打开/关闭命令按钮，设置指定地址的元件端口（继电器）状态为 ON 或 OFF，使线路中 PLC 指示灯亮/灭。

4. 实训操作

（1）建立新工程项目

运行 KingView 程序，在工程管理器中创建新的工程项目。工程名称为“DO”；工程描述为“开关量输出”。

（2）制作图形界面

画面名称“PLC 开关量输出”。

1）为图形画面添加 8 个开关对象。

2）为图形画面添加 8 个文本对象，分别为 Y0、Y1、Y2、Y3、Y4、Y5、Y6、Y7。

3）为图形画面添加 1 个按钮对象，将按钮文本改为“关闭”。

设计的图形画面如图 6-18 所示。

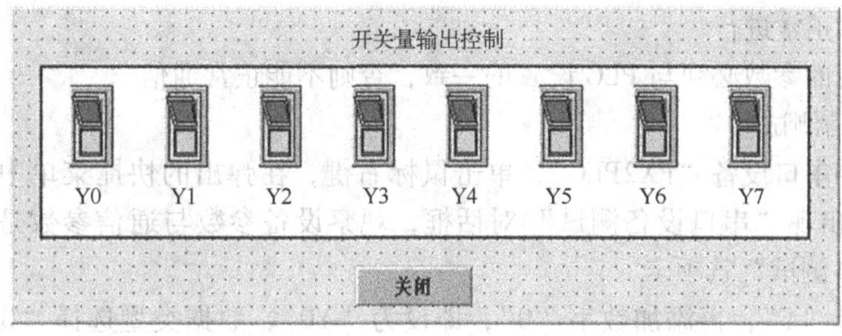

图 6-18 图形画面

（3）定义串口设备

1）添加设备。

在组态王工程浏览器的左侧选择“设备”下的“COM1”，在右侧视图中双击“新建”，打开“设备配置向导”对话框。

① 选择:“设备驱动”→“PLC”→“三菱”→“FX2”→“编程口”，如图 6-19 所示。

② 单击“下一步”按钮，给要安装的设备指定唯一的逻辑名称，如“FX2PLC”。

③ 单击“下一步”按钮，选择串口号，如“COM1”（须与 PLC 在 PC 上使用的串口号一致）。

④ 单击“下一步”按钮，为要安装的 PLC 指定地址，如“1”（注意，这个地址应该与 PLC 通信参数设置程序中设定的地址相同）。

⑤ 单击“下一步”按钮，出现“通信故障恢复策略”设定窗口，使用默认设置即可。

⑥ 单击“下一步”按钮，显示所要安装的设备信息，检查各项设置是否正确，确认无误后，单击“完成”按钮，完成设备的配置。

2）串口通信参数设置。

双击“设备”→“COM1”，弹出“设置串口—COM1”对话框，设置串口 COM1 的通信参数：波特率选“9600”，奇偶校验选“偶校验”，数据位选“7”，停止位选“1”，通信方式选“RS232”，如图 6-20 所示。

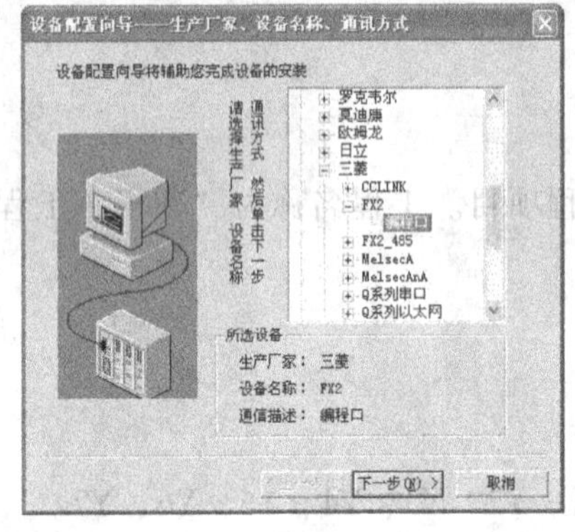

图 6-19 选择串口设备

图 6-20 设置串口 COM1

设置完毕，单击“确定”按钮，即完成了对 COM1 的通信参数配置，保证组态王与 PLC 的通信能够正常进行。

注意：设置的参数必须与 PLC 设置的一致，否则不能正常通信。

3）PLC 通信测试。

选择新建的串口设备“FX2PLC”，单击鼠标右键，在弹出的快捷菜单中，选择“测试 FX2PLC”项，出现“串口设备测试”对话框，观察设备参数与通信参数是否正确，若正确，选择“设备测试”选项卡。

寄存器选择“Y”，再添加数字“0”，即设为“Y0”，数据类型选择“Bit”，单击“添加”按钮，Y0 进入采集列表。

在采集列表中，双击寄存器名 Y0，出现“数据输入”对话框，在输入数据文本框中输入数值“1”，单击“确定”按钮，寄存器 Y0 的变量值变为“打开”，如图 6-21 所示。

如果通信正常，PLC 输出端口 Y0 动作，指示灯亮。

在“数据输入”对话框输入数据栏中输入数值“0”，单击“确定”按钮，寄存器 Y0 的变量值变为“关闭”，PLC 输出端口 Y0 动作，指示灯灭。

寄存器 Y0 的值可以直接是“打开”或“关闭”，作用和值“1”或“0”是相同的。

同样方法可以测试其他寄存器。

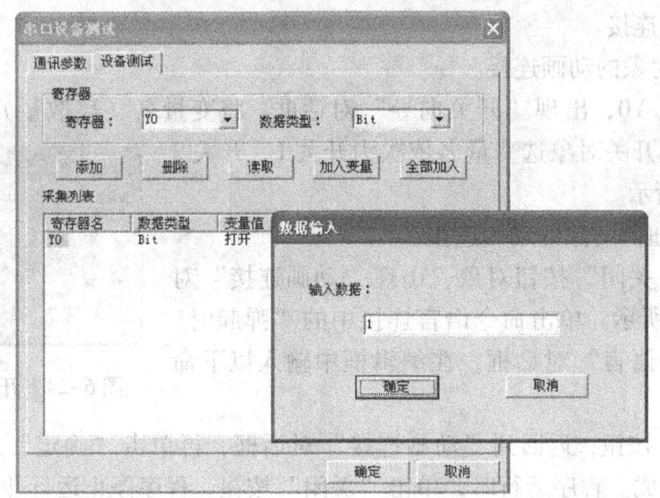

图 6-21　PLC 寄存器测试

(4) 定义变量

1) 定义 8 个 I/O 离散变量。

首先定义变量开关量输出 0，变量类型选“I/O 离散”，初始值选“关”，连接设备选“FX2PLC”，寄存器设为“Y0”，数据类型选“Bit”，读写属性选“只写”，采集频率设为“100” ms，如图 6-22 所示。

定义完成后，单击“确定”按钮，则在数据词典中出现定义好的变量“开关量输出 0”。

同样定义 7 个 I/O 离散变量，变量名分别为“开关量输出 1” ~ “开关量输出 7”，对应的寄存器分别为“Y1” ~ “Y7”，其他属性相同。

2) 定义 8 个内存离散变量。

变量名分别为“开关 0”、“开关 1”…… “开关 7”；变量类型均选“内存离散”，初始值均选“关”，如图 6-23 所示。

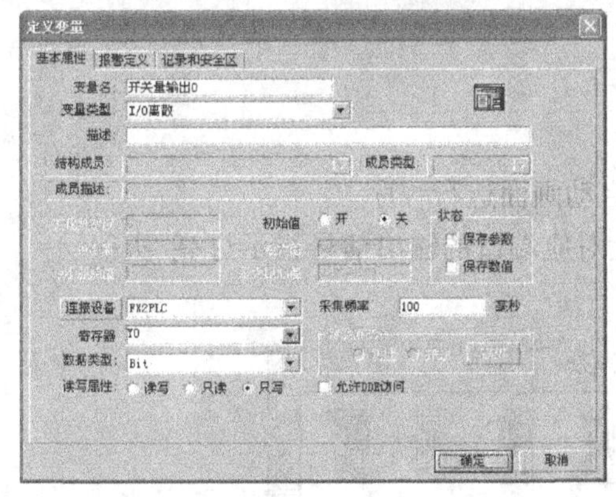

图 6-22　定义变量“开关量输出 0”

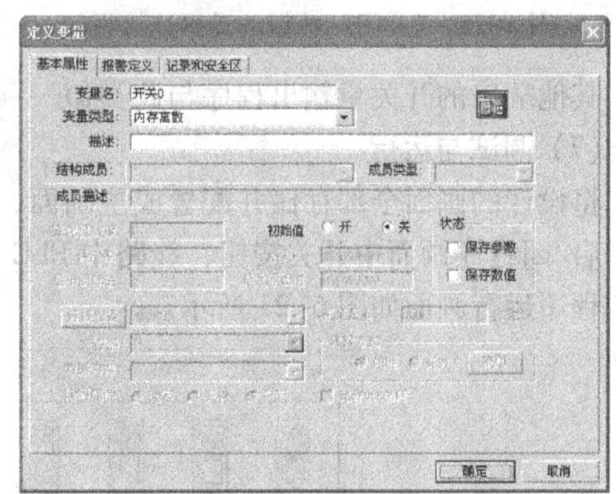

图 6-23　定义变量“开关 0”

定义完成后，单击“确定”按钮，则在数据词典中出现定义好的变量“开关 0” ~ “开关 7”。

(5) 建立动画连接

1) 建立开关对象的动画连接。

双击开关对象 Y0，出现“开关向导”对话框，将变量名（离散量）设定为“\\本站点\开关0”（其他开关对象选变量名依次为开关1、开关2等），如图6-24所示。

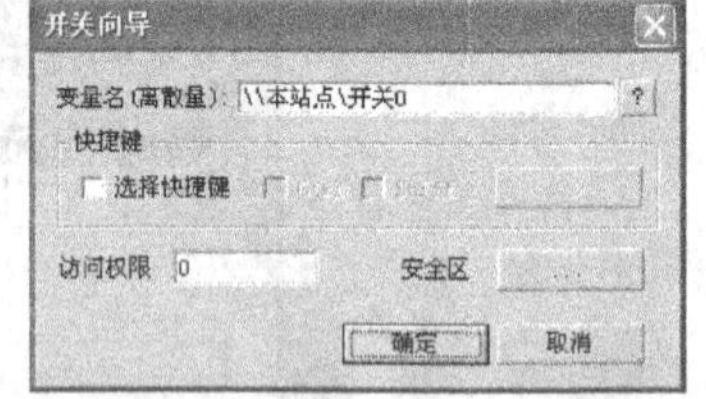

图6-24　开关对象动画连接

2) 建立“按钮”对象的动画连接。

双击画面中“关闭”按钮对象，出现“动画连接”对话框，如图6-25所示。单击命令语言连接中的“弹起时”按钮，出现“命令语言”对话框，在编辑框中输入以下命令“exit(0);”。

单击“确定”按钮，返回到“动画连接”对话框，再单击“确定”按钮，则“关闭”按钮的动画连接完成。程序运行时，单击“关闭”按钮，程序停止运行并退出。

(6) 编写命令语言

选择“命令语言”下的“数据改变命令语言”，在右侧视图中双击“新建”，出现“数据改变命令语言”对话框，在变量[. 域] 文本框中输入表达式“\\本站点\开关0”（或单击右边的按钮“?”来选择），在编辑栏中输入程序，如图6-26所示。

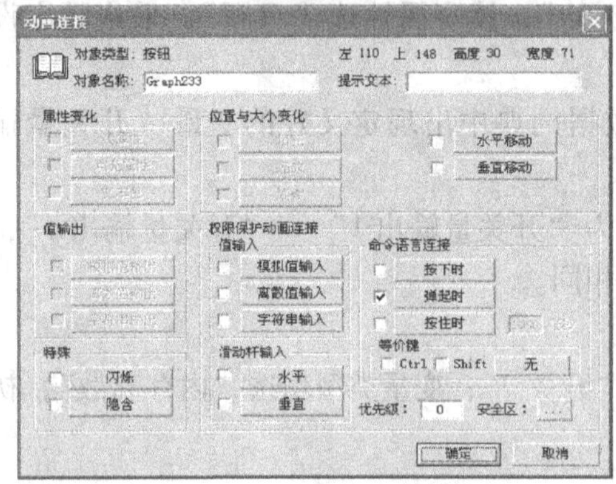

图6-25　“关闭”按钮的动画连接设置

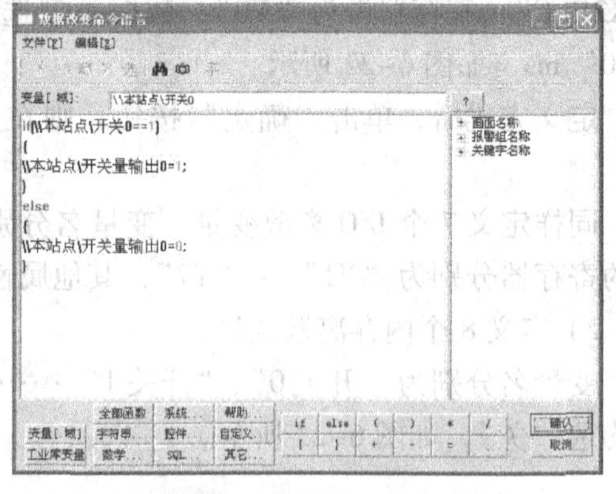

图6-26　开关量输出控制程序

其他端口的开关量输出程序与此类似。

(7) 调试与运行

将设计的画面全部存储并配置成主画面，启动画面运行程序。

启/闭程序画面中开关按钮，线路中 PLC 上对应端口的输出信号指示灯亮/灭。

程序运行画面如图6-27所示。

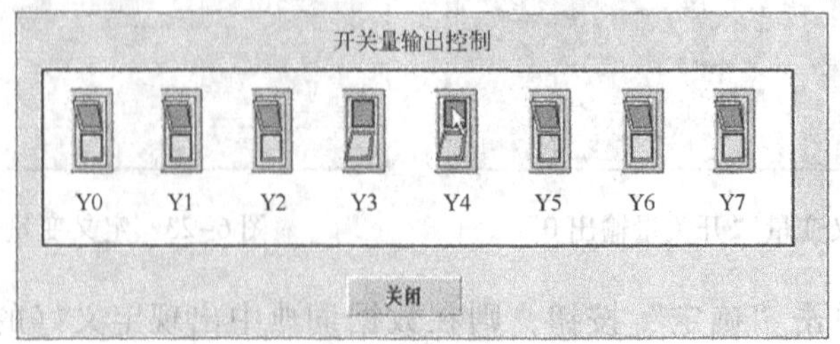

图6-27　运行画面

6.2.3 模拟量输入

许多来自工业现场的检测信号都是模拟信号，如温度、液位、压力等，通常都是将现场待检测的物理量通过传感器或变送器转换为电压或电流信号。

PLC 的模拟量输入包括 -10 ~ 10 V、0 ~ 10 V、0 ~ 5 V 电压信号、-20 ~ 20 mA、4 ~ 20 mA电流信号等几种规格。

本实训通过三菱模拟量输入扩展模块 FX_{2N} -4AD 实现 PLC 的电压检测，并将检测到的电压值通过通信电缆传送给上位计算机。

1. 实训目的

1）掌握用三菱 PLC 进行模拟量信号采集的硬件线路连接方法。

2）掌握用 KingView 设计三菱 PLC 模拟量输入（AI）程序的方法。

2. 实训线路

（1）软、硬件清单

本实训用到的硬件和软件清单见表 6-3。

表 6-3　实训用软、硬件清单

序　号	名　称	数　量
1	PC（或 IPC）	1
2	三菱 FX_{2N} -32MR PLC	1
3	SC-09 编程电缆	1
4	FX_{2N} -4AD 模拟量输入扩展模块	1
5	SWOPC-FXGP/WIN-C 编程软件	1
6	KingView 6.53	1

（2）硬件线路

PC 通过 FX_{2N} -32MR PLC 的编程口组成的模拟电压采集系统如图 6-28 所示。

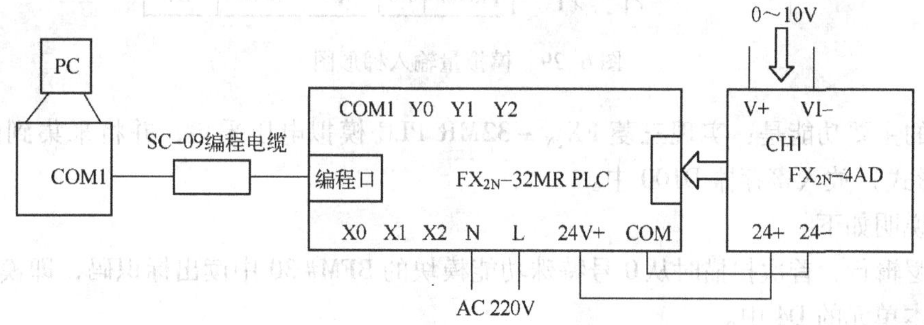

图 6-28　PC 与 FX_{2N} PLC 组成的模拟电压采集系统

图 6-28 中，通过 SC-09 编程电缆将 PC 的串口 COM1 与三菱 FX_{2N} -32MR PLC 的编程口连接起来；将模拟量输入扩展模块 FX_{2N} -4AD 通过编程电缆与 PLC 主机相连。FX_{2N} -4AD 模块的 ID 号为 0，其 DC24V 电源由主机提供（也可使用外接电源）。

在 FX_{2N} -4AD 的模拟量输入 1 通道（CH1）V+与 VI-之间接输入电压 0 ~ 10V。

PLC 的模拟量输入模块（FX_{2N} -4AD）负责 A-D 转换，即将模拟量信号转换为 PLC 可以识别的数字量信号。

提示：工业控制现场的模拟量，如温度、压力、物位、流量等参数可通过相应的变送器转换为 1~5V 的电压信号，因此本章提供的电压采集系统同样可以进行温度、压力、物位、流量等参数的采集，只需在程序设计时做相应的标度变换。

3. 实训任务

1）采用 SWOPC-FXGP/WIN-C 编程软件编写 PLC 程序，实现三菱 FX_{2N}-32MR PLC 模拟电压采集，并将采集到的电压值（数字量形式）放入寄存器 D100 中。

2）采用 KingView 编写程序，实现 PC 与三菱 FX_{2N}-32MR PLC 数据通信，要求 PC 接收 PLC 发送的电压值，转换成十进制形式，以数字、曲线的形式显示。

4. 实训操作

PLC 与 PC 通信，在程序设计上涉及两个部分的内容：一是 PLC 端数据采集、控制和通信程序；二是 PC 端通信和功能程序。

（1）PLC 端电压输入程序

1）PLC 梯形图。

三菱 FX_{2N}-32MR 型 PLC 使用 FX_{2N}-4AD 模拟量输入模块实现模拟电压采集。采用 SWOPC-FXGP/WIN-C 编程软件编写的 PLC 程序梯形图如图 6-29 所示。

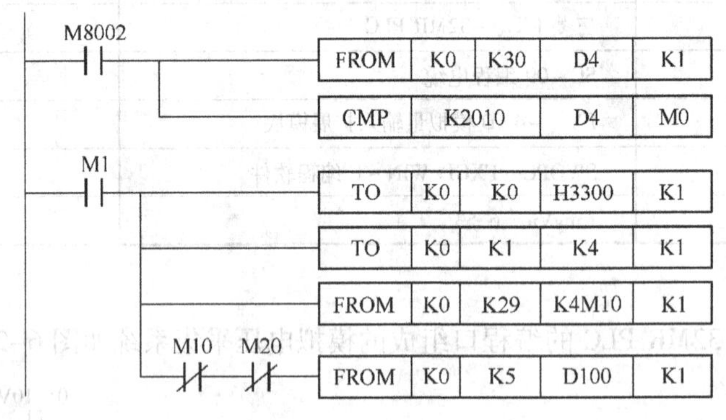

图 6-29　模拟量输入梯形图

程序的主要功能是：实现三菱 FX_{2N}-32MR PLC 模拟电压采集，并将采集到的电压值（数字量形式）放入寄存器 D100 中。

程序说明如下。

第 1 逻辑行，首次扫描时从 0 号特殊功能模块的 BFM#30 中读出标识码，即模块 ID 号，并放到基本单元的 D4 中。

第 2 逻辑行，检查模块 ID 号，如果是 FX_{2N}-4AD，结果送到 M0。

第 3 逻辑行，设定通道 1 的量程类型。

第 4 逻辑行，设定通道 1 平均滤波的周期数为 4。

第 5 逻辑行，将模块运行状态从 BFM#29 读入 M10~M25。

第 6 逻辑行，如果模块运行没有错，且模块数字量输出值正常，通道 1 的平均采样值存入寄存器 D100 中。

2）程序的写入。

PLC 端程序编写完成后需将其写入 PLC 才能正常运行。步骤如下。

① 接通 PLC 主机电源，将 RUN/STOP 转换开关置于 STOP 位置；

② 运行 SWOPC－FXGP/WIN－C 编程软件，打开模拟量输入程序，执行“转换”命令；

③ 执行菜单“PLC”→“传送”→“写出”命令，如图 6-30 所示，打开“PC 程序写入”对话框，选中“范围设置”，终止步设为“50”，单击“确定”按钮，即开始写入程序，如图 6-31 所示；

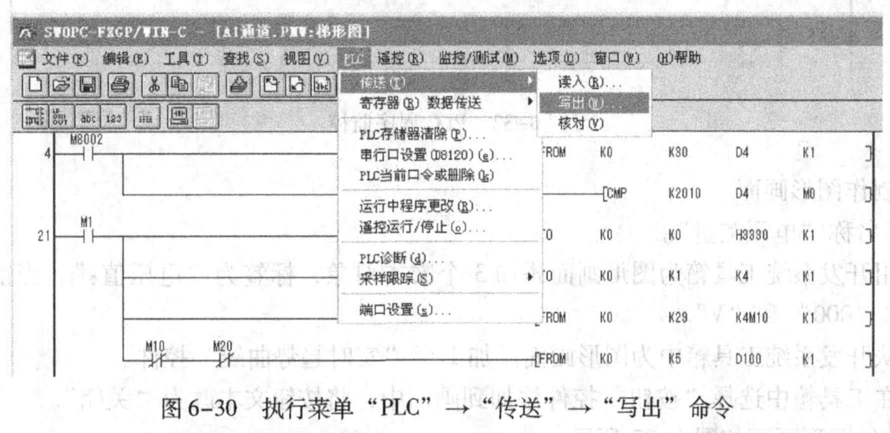

图 6-30　执行菜单“PLC”→“传送”→“写出”命令

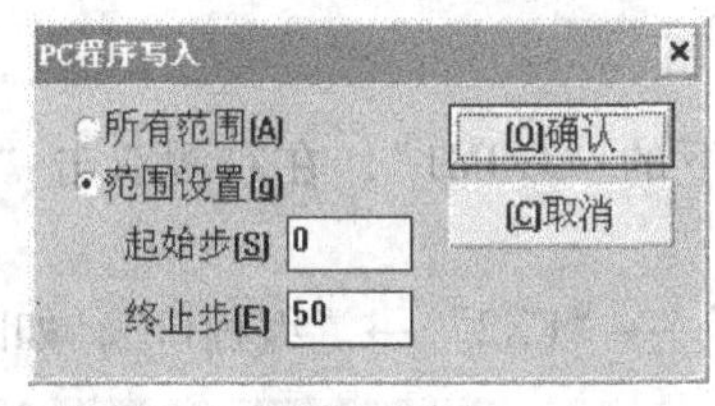

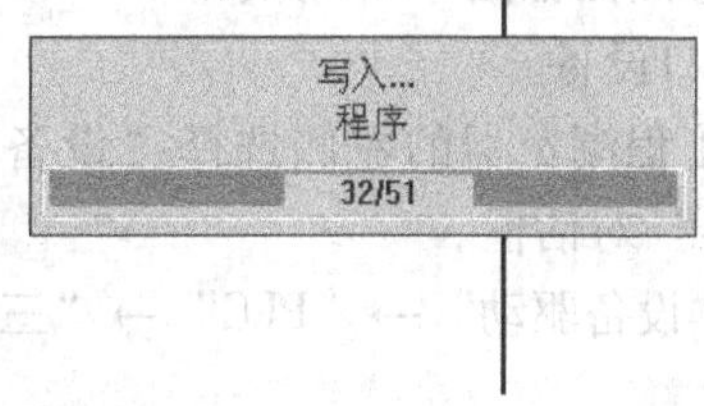

图 6-31　PC 程序写入

④ 程序写入完毕将 RUN/STOP 转换开关置于 RUN 位置，即可进行模拟电压的采集。

3）PLC 程序的监控。

PLC 端程序写入后，可以进行实时监控。步骤如下：

① 接通 PLC 主机电源，将 RUN/STOP 转换开关置于 RUN 位置；

② 运行 SWOPC－FXGP/WIN－C 编程软件，打开模拟量输入程序，并写入；

③ 执行菜单“监控/测试”→“开始监控”命令，即可开始监控程序的运行，如图 6-32 所示；

寄存器 D100 上的蓝色数字，如 435，就是模拟量输入 1 通道的电压实时采集值（换算后的电压值为 2.175 V，与万用表测量值相同），改变输入电压，该数值随之改变。

④ 监控完毕，执行菜单“监控/测试”→“停止监控”命令，即可停止监控程序的运行。

注意：必须停止监控，否则影响上位机程序的运行。

（2）PC 端采用 KingView 实现电压输入

1）建立新工程项目。

运行 KingView 程序，在工程管理器中创建新的工程项目。工程名称为“AI”；工程描述为“模拟电压输入”。

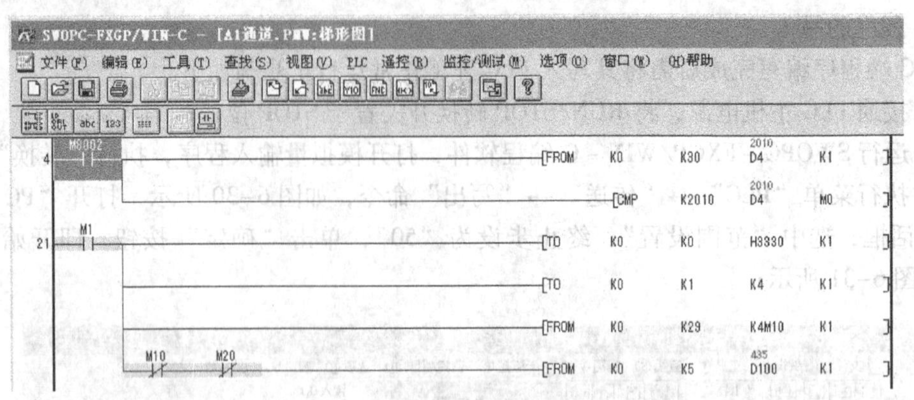

图 6-32　PLC 程序监控

2）制作图形画面。

画面名称“电压测量”。

① 用开发系统工具箱为图形画面添加 3 个文本对象，标签为“电压值:”、当前电压值显示文本“000”和“V”。

② 从开发系统工具箱中为图形画面添加 1 个“实时趋势曲线”控件。

③ 在工具箱中选择“按钮”控件添加到画面中，将按钮文本改为“关闭”。

设计的图形画面如图 6-33 所示。

3）添加串口设备。

在组态王工程浏览器的左侧选择“设备”下的“COM1”，在右侧双击“新建”，打开“设备配置向导”对话框。

① 选择:“设备驱动”→“PLC”→“三菱”→“FX2”→“编程口”，如图 6-34 所示。

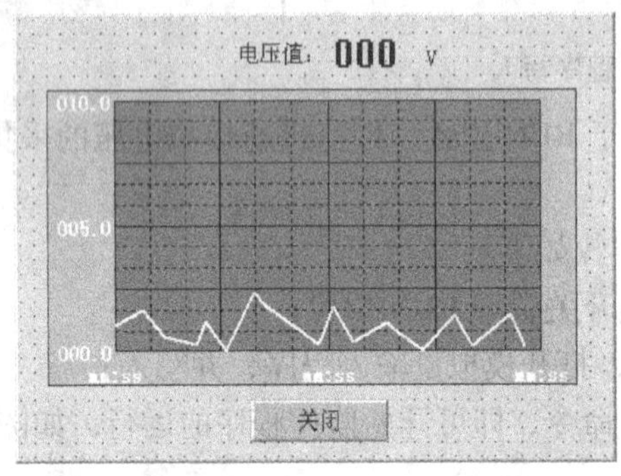

图 6-33　图形画面

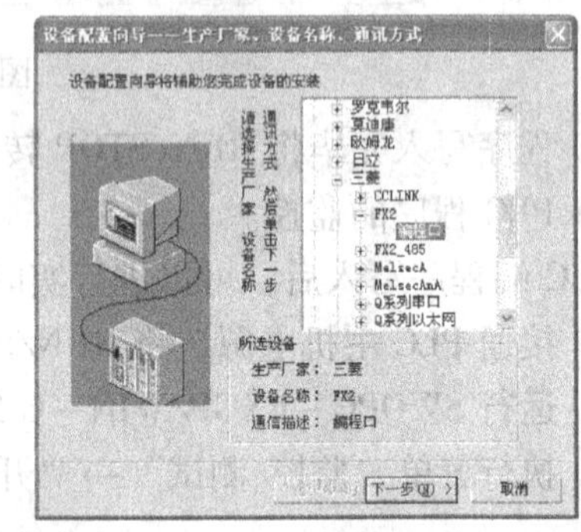

图 6-34　选择串口设备

② 单击“下一步”按钮，给要安装的设备指定唯一的逻辑名称，如“PLC”。

③ 单击“下一步”按钮，选择串口号，如“COM1”（须与 PLC 在 PC 上使用的串口号一致）。

④ 单击“下一步”按钮，为要安装的 PLC 指定地址，如“1”（注意，这个地址应该与 PLC 通信参数设置程序中设定的地址相同）。

⑤ 单击“下一步”按钮，出现“通信故障恢复策略”设定窗口，使用默认设置即可。

⑥ 单击“下一步”按钮，显示所要安装的设备信息，检查各项设置是否正确，确认无

误后，单击“完成”按钮，完成设备的配置。

4）串口通信参数设置。

双击“设备”→“COM1”，弹出“设置串口—COM1”对话框，设置串口 COM1 的通信参数：波特率选“9600”，奇偶校验选“偶校验”，数据位选“7”，停止位选“1”，通信方式选“RS232”，如图 6-35 所示。

图 6-35　设置串口 COM1

设置完毕，单击“确定”按钮，就完成了对 COM1 的通信参数配置，保证组态王与 PLC 的通信能够正常进行。

注意：设置的参数必须与 PLC 设置的一致，否则不能正常通信。

5）PLC 通信测试。

选择新建的串口设备“PLC”，单击鼠标右键，在弹出的快捷菜单中，选择“测试 PLC”选项，出现“串口设备测试”对话框，观察设备参数与通信参数是否正确，若正确，选择“设备测试”选项卡。

寄存器选择“D”，再添加数字 100，即设为 D100，数据类型选择“SHORT”，单击“添加”按钮，D100 进入采集列表。

给线路中模拟量输入 1 通道输入电压，单击“串口设备测试”对话框中的“读取”命令，寄存器 D100 的变量值为一整型数字量，如“435”，如图 6-36 所示。该数值就反映了输入电压的大小，换算后的电压值为 2.175 V。用万用表测量 PLC 的输入电压，观察是否与测试值一致。

6）定义变量。

① 定义变量“数字量”。

变量类型选“I/O 整数”。初始值、最小值，最小原始值设为“0”，最大值、最大原始值设为“2000”；连接设备选“PLC”，寄存器设置为“D100”，数据类型选“SHORT”，读写属性选“只读”，如图 6-37 所示。

定义完成后，单击“确定”按钮，则在数据词典中出现定义好的变量“数字量”。

② 定义变量“电压”。

变量类型选“内存实数”。初始值、最小值设为“0”，最大值设为“10”，如图 6-38 所示。

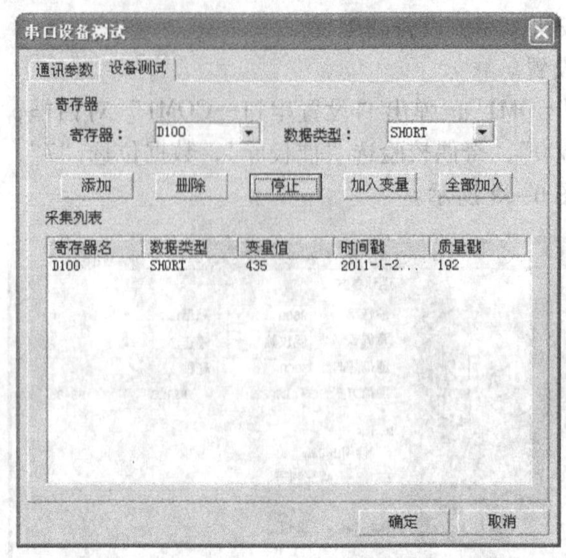

图 6-36　PLC 寄存器测试

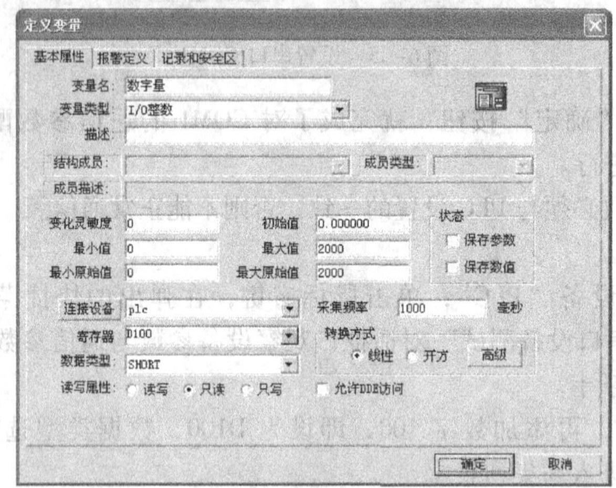

图 6-37　定义变量“数字量”

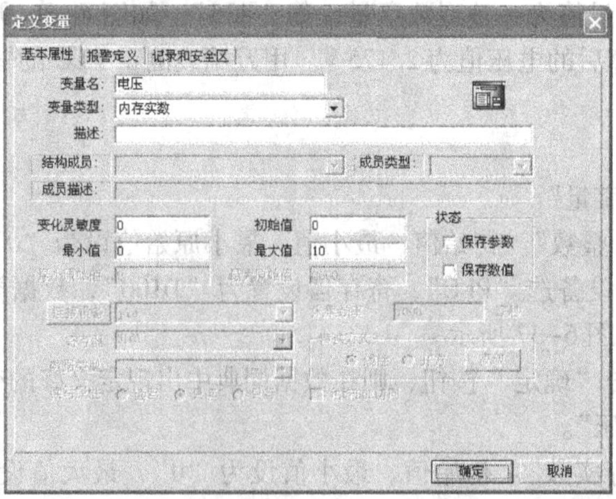

图 6-38　定义变量“电压”

定义完成后，单击“确定”按钮，则在数据词典中出现定义好的变量“电压”。

7）建立动画连接。

① 建立当前电压值显示文本对象动画连接。

双击画面中当前电压值显示文本对象“000”，出现“动画连接”对话框，单击“模拟值输出”按钮，则弹出“模拟值输出连接”对话框，将其中的表达式设置为“\\本站点\电压”（可以直接输入，也可以单击表达式文本框右边的“?”按钮，选择已定义好的变量名“电压”，单击“确定”按钮，文本框中出现“\\本站点\电压”），整数位数设为“1”，小数位数为“2”，单击“确定”按钮返回到“动画连接”对话框，再次单击“确定”按钮，动画连接设置完成，如图 6-39 所示。

② 建立实时趋势曲线对象的动画连接。

双击画面中实时趋势曲线对象打开“实时趋势曲线”对话框。在“曲线定义”选项卡中，单击“曲线 1”表达式文本框右边的“?”按钮，选择已定义好的变量“电压”，并设置其他参数值，如图 6-40 所示。

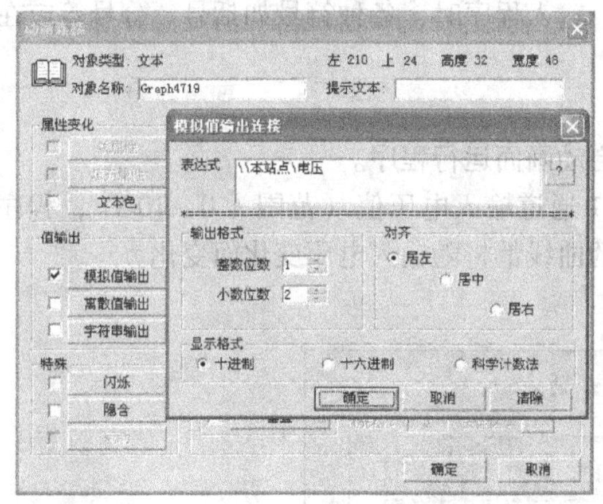

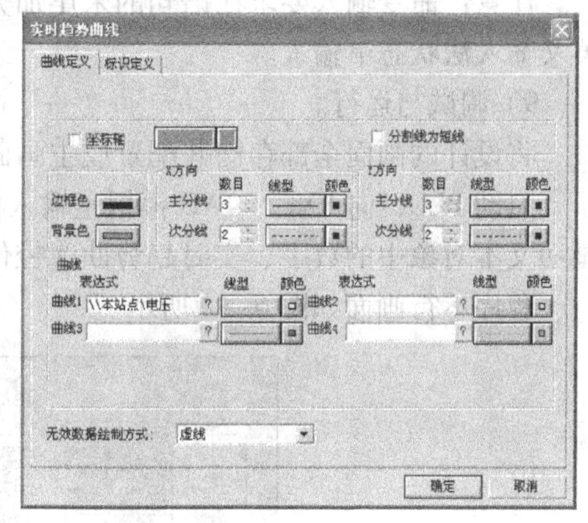

图 6-39　当前电压值显示文本对象动画连接　　　　图 6-40　实时趋势曲线对象动画连接

在“标识定义”选项卡中，数值轴最大值设为“10”，数值格式选“实际值”，时间轴长度设为“2”分钟。

③ 建立按钮对象的动画连接。

双击“关闭”按钮对象，打开“动画连接”对话框。单击命令语言连接中的“弹起时”按钮，出现“命令语言”对话框，在文本框中输入命令“exit(0);”。

单击“确定”按钮，返回“动画连接”对话框，再单击“确定”按钮，则“关闭”按钮的动画连接完成。程序运行时，单击“关闭”按钮，程序停止运行并退出。

8）编写命令语言。

在工程浏览器左侧树形菜单中双击“命令语言”下的“应用程序命令语言”项，出现“应用程序命令语言”对话框，单击“运行时”选项卡，将循环执行时间设定为“200”毫秒，然后在命令语言编辑框中输入数值转换程序“\\本站点\电压 =\\本站点\数字量/200;”，如图 6-41 所示。然后单击“确定”按钮，完成命令语言的输入。

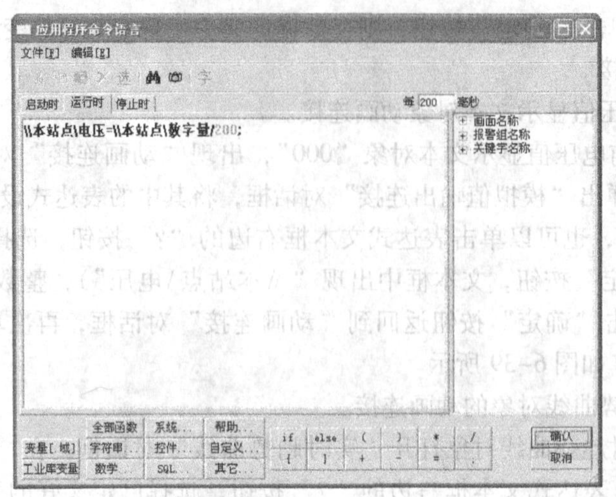

图 6-41　编写命令语言

注意：命令输入要求在语句的末尾加分号。输入程序时，各种符号如括号、分号等应在英文输入法状态下输入。

9）调试与运行。

将设计的画面全部存储并配置成主画面，启动画面运行程序。

启动 PLC，向 FX_{2N} -4AD 模拟量输入模块 1 通道输入电压值（范围为 0 ~ 10 V），程序画面文本对象中的数字、实时趋势曲线控件中的曲线都将随输入电压变化而变化。

程序运行画面如图 6-42 所示。

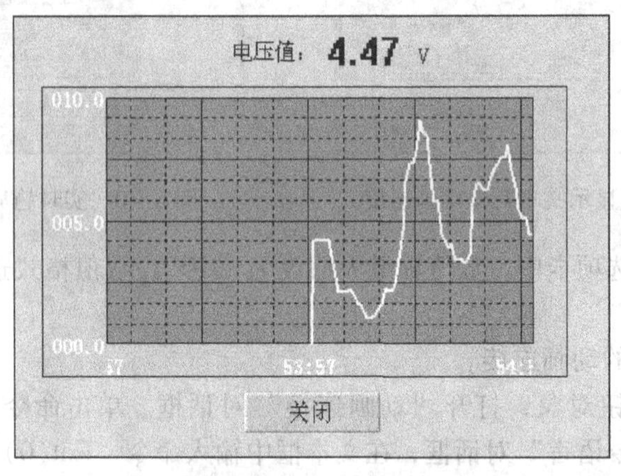

图 6-42　运行画面

6.2.4　模拟量输出

许多执行装置所需的控制信号是模拟量，如调节阀、电动机、电力电子的功率器件等的控制信号。PLC 的模拟量输出包括 -10 ~ 10 V、0 ~ 10 V、0 ~ 5 V 电压信号、0 ~ 20 mA、4 ~ 20 mA 电流信号等几种规格。

本实训通过模拟量输出扩展模块 FX_{2N} -4DA 实现 PLC 电压输出。

1. 实训目的

1）掌握用数据采集板卡进行模拟量信号输出的硬件线路连接方法。

2）掌握用 KingView 编写数据采集卡模拟量输出（AO）程序的方法。

2. 实训线路

（1）软、硬件清单

本实训用到的硬件和软件清单见表 6-4。

表 6-4 实训用软、硬件清单

序　号	名　称	数　量
1	PC（或 IPC）	1
2	三菱 FX_{2N} -32MR PLC	1
3	SC-09 编程电缆	1
4	FX_{2N} -4DA 模拟量输出扩展模块	1
5	SWOPC-FXGP/WIN-C 编程软件	1
6	KingView 6.53	1

（2）硬件线路

PC 通过 FX_{2N} -32MR PLC 的编程口组成的模拟电压输出系统如图 6-43 所示。

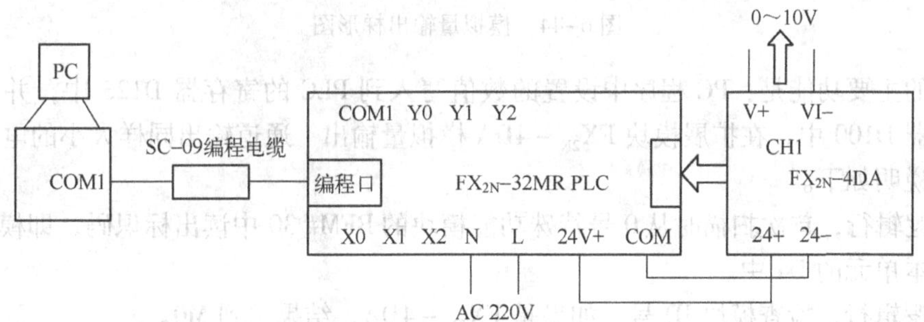

图 6-43 PC 与 FX_{2N} PLC 组成的模拟电压输出系统

图 6-43 中，通过 SC-09 编程电缆将 PC 的串口 COM1 与三菱 FX_{2N} -32MR PLC 的编程口连接起来；将模拟量输出扩展模块 FX_{2N} -4DA 与 PLC 主机相连。FX_{2N} -4DA 模块的 ID 号为 0，其 DC24V 电源由主机提供（也可使用外接电源）。

PC 发送到 PLC 的数值（范围 0～10，反映电压大小）由 FX_{2N} -4DA 的模拟量输出 1 通道（CH1）V+与 VI-之间接输出，可由万用表测量。

PLC 的模拟量输出模块（FX_{2N} -4DA）负责 D-A 转换，即将数字量信号转换为模拟量信号输出。

3. 实训任务

1）采用 SWOPC-FXGP/WIN-C 编程软件编写 PLC 程序，将上位 PC 输出的电压值（数字量形式，在寄存器 D123 中）放入寄存器 D100 中，并在 FX_{2N} -4DA 模拟量输出 1 通道输出同样大小的电压值（0～10 V）。

2）采用 KingView 编写程序，实现 PC 与三菱 FX_{2N} -32MR PLC 数据通信，要求在 PC 程

序界面中输入一个数值（范围 0 ~ 10），转换成数字量形式，并发送到 PLC 的寄存器 D123 中。

4. 实训操作

(1) PLC 端电压输出程序

1) PLC 梯形图。

三菱 FX_{2N} -32MR PLC 使用 FX_{2N} -4DA 模拟量输出模块实现模拟电压输出，采用 SWOPC-FXGP/WIN-C 编程软件编写的 PLC 程序梯形图，如图 6-44 所示。

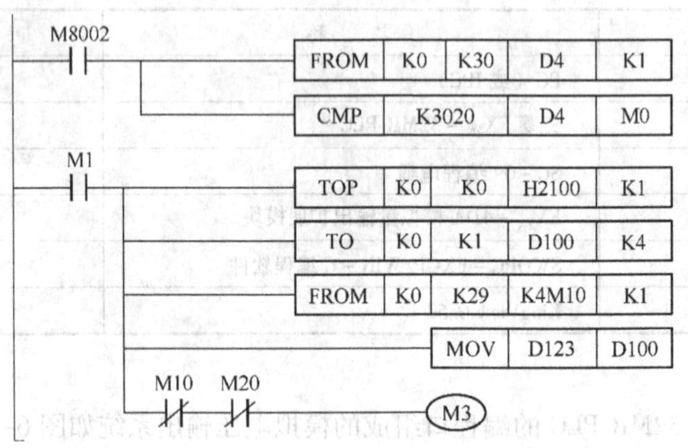

图 6-44　模拟量输出梯形图

程序的主要功能是：PC 程序中设置的数值写入到 PLC 的寄存器 D123 中，并将数据传送到寄存器 D100 中，在扩展模块 FX_{2N} -4DA 模拟量输出 1 通道输出同样大小的电压值。

程序说明如下。

第 1 逻辑行，首次扫描时从 0 号特殊功能模块的 BFM# 30 中读出标识码，即模块 ID 号，并放到基本单元的 D4 中。

第 2 逻辑行，检查模块 ID 号，如果是 FX_{2N} -4DA，结果送到 M0。

第 3 逻辑行，传送控制字，设置模拟量输出类型。

第 4 逻辑行，将从 D100 开始的 4 B 数据写到 0 号特殊功能模块的编号从 1 开始的 4 个缓冲寄存器中。

第 5 逻辑行，读出通道工作状态，将模块运行状态从 BFM#29 读入 M10 ~ M17。

第 6 逻辑行，将上位计算机传送到 D123 的数据传送给寄存器 D100。

第 7 逻辑行，如果模块运行没有错误，且模块数字量输出值正常，将内部寄存器 M3 置"1"。

2) 程序的写入。

PLC 端程序编写完成后需将其写入 PLC 才能正常运行。步骤如下。

① 接通 PLC 主机电源，将 RUN/STOP 转换开关置于 STOP 位置。

② 运行 SWOPC-FXGP/WIN-C 编程软件，打开模拟量输出程序，执行"转换"命令。

③ 执行菜单"PLC"→"传送"→"写出"命令，如图 6-45 所示，打开"PC 程序写入"对话框，选中"范围设置"，终止步设为"100"，单击"确定"按钮，即开始写入程序，如图 6-46 所示。

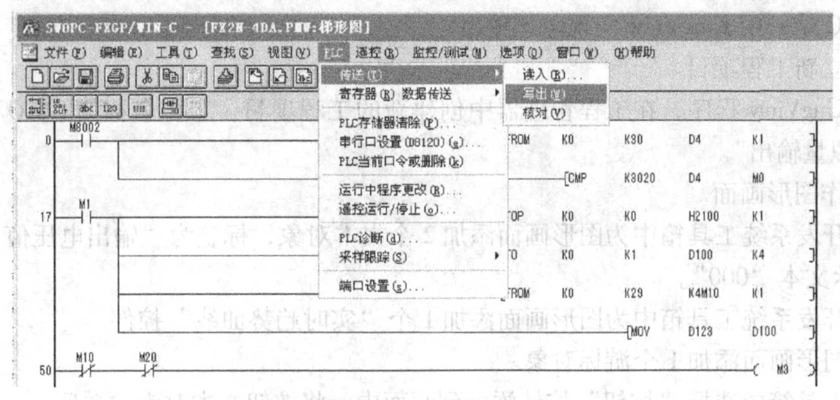

图 6-45　执行菜单“PLC”→“传送”→“写出”命令

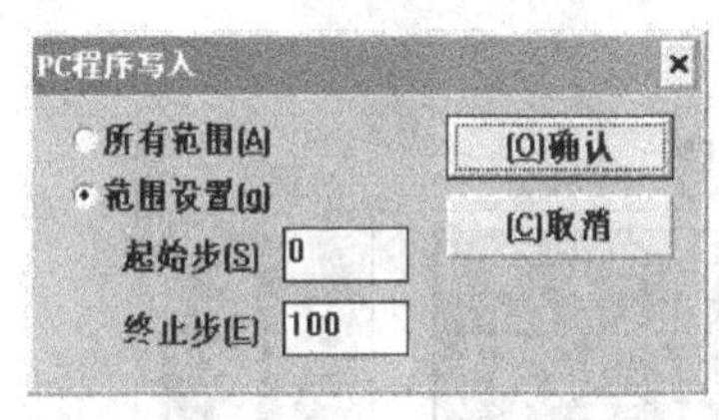

图 6-46　PC 程序写入

④ 程序写入完毕将 RUN/STOP 转换开关置于 RUN 位置，即可进行模拟电压的输出。

3）PLC 程序的监控

PLC 端程序写入后，可以进行实时监控。其步骤如下。

① 接通 PLC 主机电源，将 RUN/STOP 转换开关置于 RUN 位置。

② 运行 SWOPC - FXGP/WIN - C 编程软件，打开模拟量输出程序，并写入。

③ 执行菜单“监控/测试”→“开始监控”命令，即可开始监控程序的运行，如图 6-47 所示。寄存器 D123 和 D100 上的蓝色数字，如 700，就是要输出到模拟量输出 1 通道的电压值（换算后的电压值为 3.5 V，与万用表测量值相同）。注意：模拟量输出程序监控前，要保证往寄存器 D123 中发送数字量 700。实际测试时先运行上位机程序，输入数值 3.5（反映电压大小），转换成数字量 700 再发送给 PLC。

④ 监控完毕，执行菜单“监控/测试”→“停止监控”命令，即可停止监控程序的运行。注意：必须停止监控，否则影响上位机程序的运行。

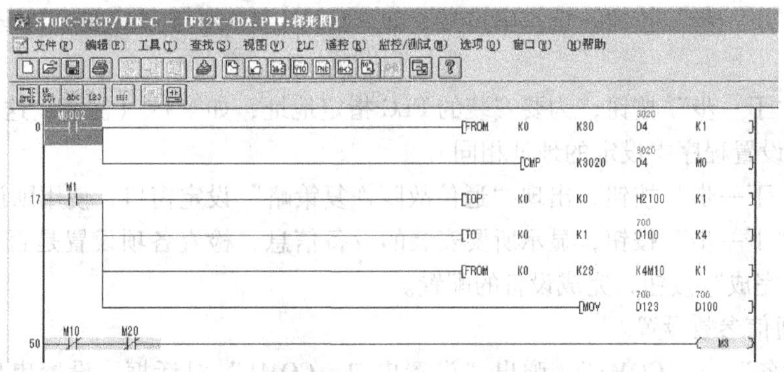

图 6-47　PLC 程序监控

(2) PC 端采用 KingView 实现电压输出

1) 建立新工程项目。

运行 KingView 程序，在工程管理器中创建新的工程项目。工程名称为“AO”；工程描述为“模拟量输出”。

2) 制作图形画面。

① 从开发系统工具箱中为图形画面添加 2 个文本对象，标签为“输出电压值:”和当前电压值显示文本“000”。

② 从开发系统工具箱中为图形画面添加 1 个“实时趋势曲线”控件。

③ 为图形画面添加 1 个游标对象。

④ 在工具箱中选择“按钮”控件添加到画面中，将按钮文本改为“关闭”。

设计的图形画面如图 6-48 所示。

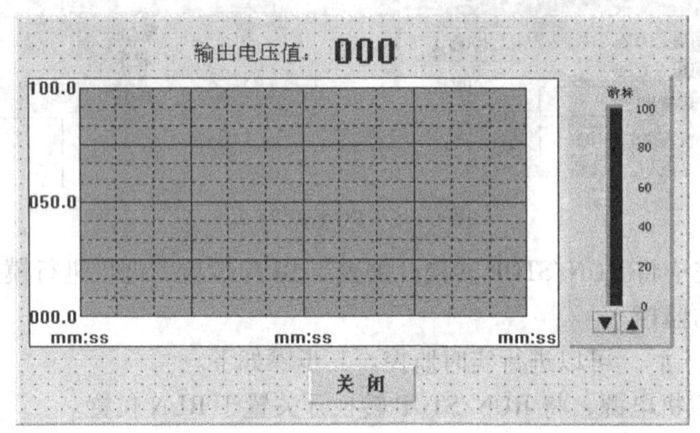

图 6-48 图形画面

3) 添加设备。

在组态王工程浏览器的左侧选择“设备”下的“COM1”，在右侧视图中双击“新建”，打开“设备配置向导”对话框。

① 选择：“设备驱动”→“PLC”→“三菱”→“FX2”→“编程口”，如图 6-49 所示。

② 单击“下一步”按钮，给要安装的设备指定唯一的逻辑名称，如“FX2NPLC”。

③ 单击“下一步”按钮，选择串口号，如“COM1”（须与 PLC 在 PC 上使用的串口号一致）。

④ 单击“下一步”按钮，为要安装的 PLC 指定地址，如“1”（注意，这个地址应该与 PLC 通信参数设置程序中设定的地址相同）。

⑤ 单击“下一步”按钮，出现“通信故障恢复策略”设定窗口，使用默认设置即可。

⑥ 单击“下一步”按钮，显示所要安装的设备信息，检查各项设置是否正确，确认无误后，单击“完成”按钮，完成设备的配置。

4) 串口通信参数设置。

双击“设备”→“COM1”，弹出“设置串口—COM1”对话框，设置串口 COM1 的通信参数：波特率选“9600”，奇偶校验选“偶校验”，数据位选“7”，停止位选“1”，通信方式选“RS232”，如图 6-50 所示。

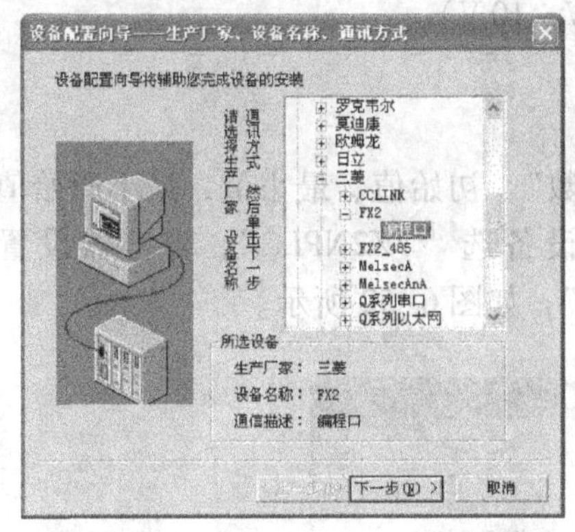

图 6-49 选择串口设备

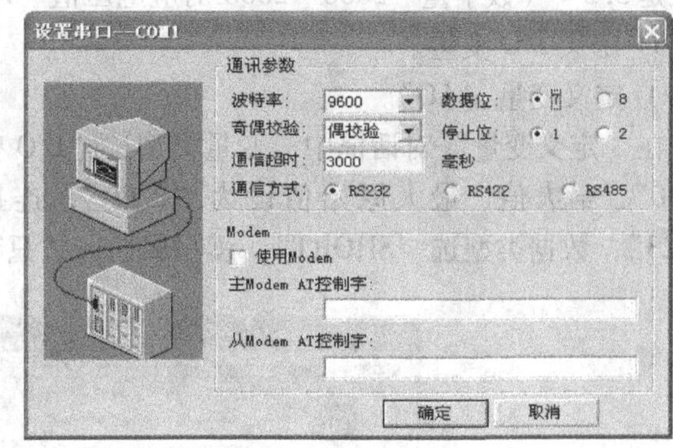

图 6-50 设置串口 COM1

设置完毕，单击“确定”按钮，这就完成了对 COM1 的通信参数配置，保证组态王与 PLC 的通信能够正常进行。

注意：设置的参数必须与 PLC 设置的一致，否则不能正常通信。

5）PLC 通信测试。

选择新建的串口设备“FX2NPLC”，单击鼠标右键，在弹出的快捷菜单中，选择“测试 FX2NPLC”选项，出现“串口设备测试”对话框，观察设备参数与通信参数是否正确，若正确，则选择“设备测试”选项卡。

寄存器选择“D”，再添加数字 123，即设为“D123”，数据类型选择“SHORT”，单击“添加”按钮，D123 进入采集列表。

在采集列表中，双击寄存器名 D123，出现“数据输入”对话框，在输入数据文本框中输入数值，如“700”，单击“确定”按钮，寄存器 D123 的变量值变为“700”，如图 6-51 所示。

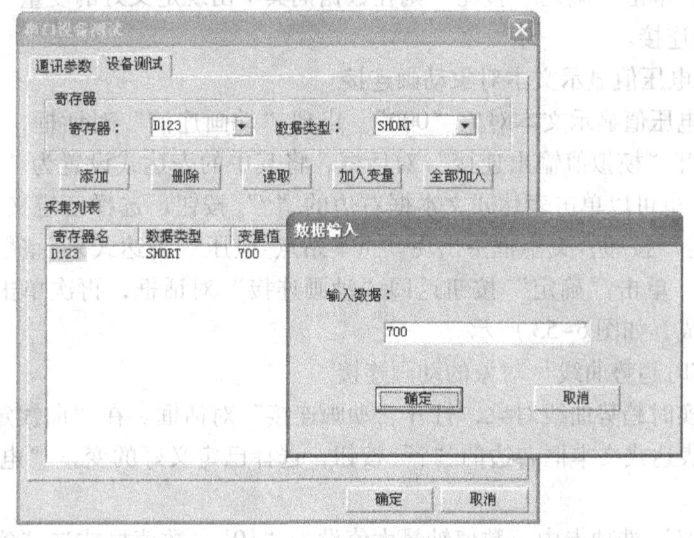

图 6-51 PLC 寄存器测试

如果通信正常，使用万用表测量 FX_{2N} -4DA 扩展模块模拟量输出 1 通道，输出电压值应该是 3.5 V（数字量 -2000 ~ 2000 对应电压值 -10 V ~ 10 V）。

6）定义 I/O 变量。

① 定义变量“AO”。

在“定义变量”对话框中，变量类型选“I/O 整数”。初始值、最小值，最小原始值设为“0”，最大值、最大原始值设为“2000”；连接设备选“FX2NPLC”，寄存器设置为“D123”，数据类型选“SHORT”，读写属性选“只写”，如图 6-52 所示。

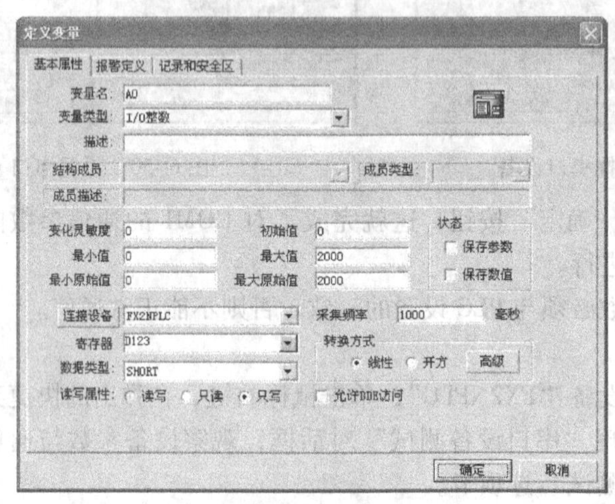

图 6-52　定义变量“AO”

定义完成后，单击“确定”按钮，则在数据词典中出现定义好的变量“AO”。

② 定义变量“电压”：变量类型选“内存实数”。初始值、最小值设为“0”，最大值设为“10”。

定义完成后，单击“确定”按钮，则在数据词典中出现定义好的变量“电压”。

7）建立动画连接。

① 建立输出电压值显示文本对象动画连接。

双击画面中电压值显示文本对象“000”，出现“动画连接”对话框，单击“模拟值输出”按钮，则打开“模拟值输出连接”对话框，将其中的表达式设置为“\\本站点\电压”（可以直接输入，也可以单击表达式文本框右边的“?”按钮，选择已定义好的变量名“电压”，单击“确定”按钮，文本框中出现“\\本站点\电压”表达式），整数位数设为“1”，小数位数为“2”，单击“确定”按钮返回“动画连接”对话框，再次单击“确定”按钮，动画连接设置完成，如图 6-53 所示。

② 建立“实时趋势曲线”对象的动画连接。

双击画面中实时趋势曲线对象，打开“动画连接”对话框。在“曲线定义”选项卡中，单击“曲线 1”表达式文本框右边的“?”按钮，选择已定义好的变量“电压”，如图 6-54 所示。

在“标识定义”选项卡中，数值轴最大值设为“10”，数值格式选“实际值”，时间轴长度设为“2”分钟。

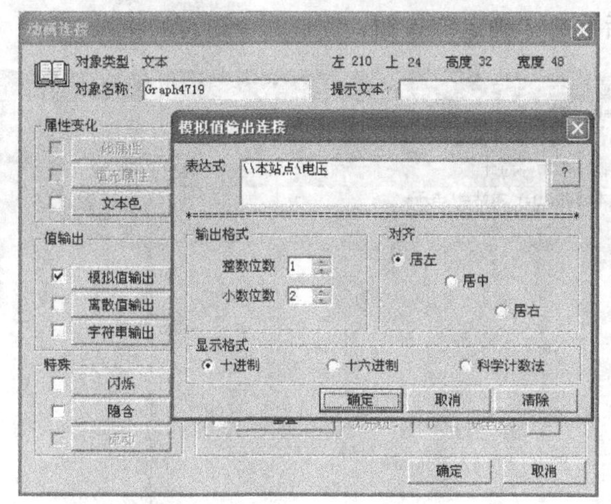

图 6-53　电压值显示文本对象动画连接

③ 建立“游标”对象动画连接。

双击画面中游标对象，打开“游标”对话框。单击“变量名（模拟量）”文本框右边的“?”按钮，选择已定义好的变量“电压”；并将滑动范围的最大设置为“10”，如图 6-55所示。

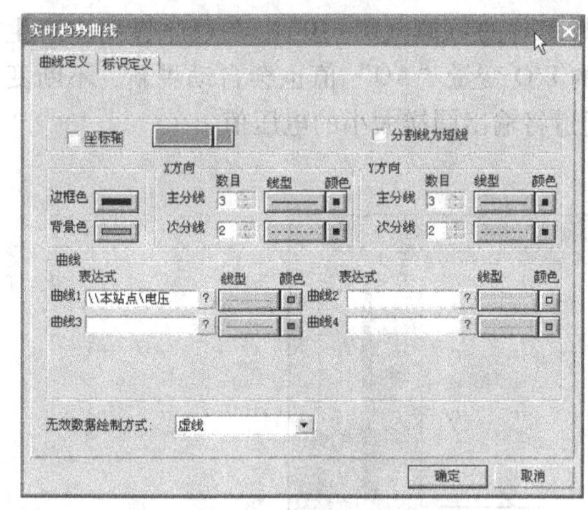

图 6-54　实时趋势曲线对象动画连接

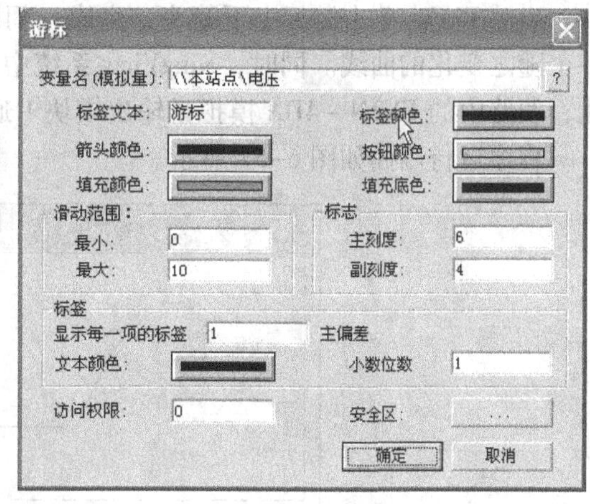

图 6-55　“游标”对象动画连接

④ 建立“按钮”对象的动画连接。

双击画面中“关闭”按钮对象，出现“动画连接”对话框。单击命令语言连接中的“弹起时”按钮，出现“命令语言”对话框，在文本框中输入命令“exit(0);”。

单击“确定”按钮，返回“动画连接”对话框，再单击“确定”按钮，则“关闭”按钮的动画连接完成。程序运行时，单击“关闭”按钮，程序停止运行并退出。

8）编写命令语言。

在工程浏览器左侧树形菜单中双击“命令语言”下的“应用程序命令语言”项，打开“应用程序命令语言”对话框，单击“运行时”选项卡，将循环执行时间设定为“200”毫秒，然后在命令语言文本框中输入数值转换程序“ \\本站点\AO = \\本站点\电压 * 200;”，如图 6-56 所示。然后单击“确定”按钮，完成命令语言的输入。

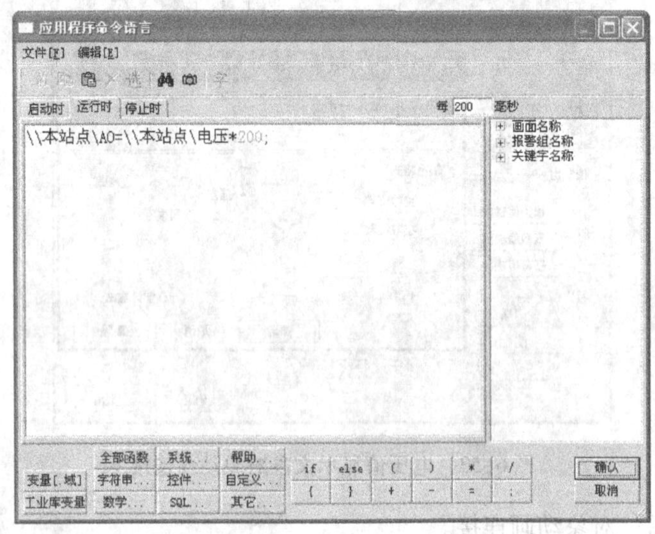

图 6-56　编写命令语言

9）调试与运行。

将设计的画面全部存储并配置成主画面，启动画面运行程序。

启动 PLC，单击游标上下箭头，生成一间断变化的数值（0 ~ 10），在程序界面中产生一个随之变化的曲线。同时，KingView 系统中的 I/O 变量“AO”值也会自动更新，不断变化，线路中的 FX2N - 4DA 模拟量输出模块 1 通道将输出同样大小的电压值。

程序运行画面如图 6-57 所示。

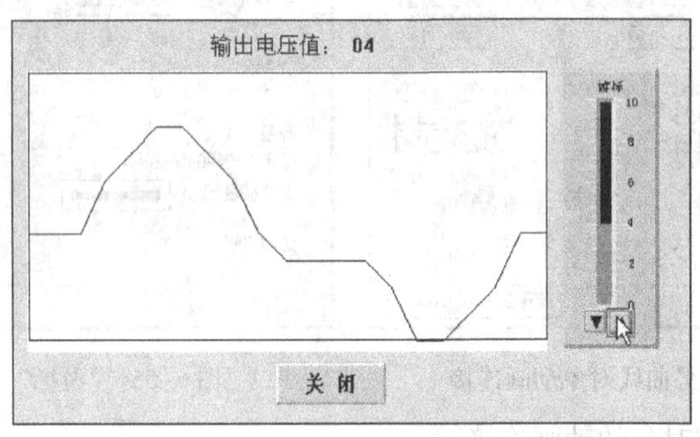

图 6-57　程序运行画面

6.3　西门子 PLC 测控应用实训

西门子 S7 - 200 PLC 具有极高的可靠性、丰富的指令集和内置的集成功能、强大的通信能力和品种丰富的扩展模块。S7 - 200 PLC 可以单机运行，用于代替继电器控制系统，也可以用于复杂的自动化控制系统。由于它有极强的通信功能，在网络控制系统中也能充分发挥其作用。

6.3.1 开关量输入

1. 实训目的

1）掌握用西门子 PLC 进行开关量信号输入的硬件连接方法。

2）掌握用 KingView 设计西门子 PLC 开关量输入（DI）程序的方法。

2. 实训线路

（1）软、硬件清单

本实训用到的硬件和软件清单见表 6-5。

表 6-5 实训用软、硬件清单

序 号	名 称	数 量
1	PC（或 IPC）	1
2	西门子 S7-200 PLC	1
3	PC/PPI 数据电缆	1
4	KingView 6.53	1

（2）硬件线路

利用西门子 PC/PPI 电缆，将 S7-200 PLC 与计算机连接起来组成 PC/PPI 网络，实现点对点通信，如图 6-58 所示。

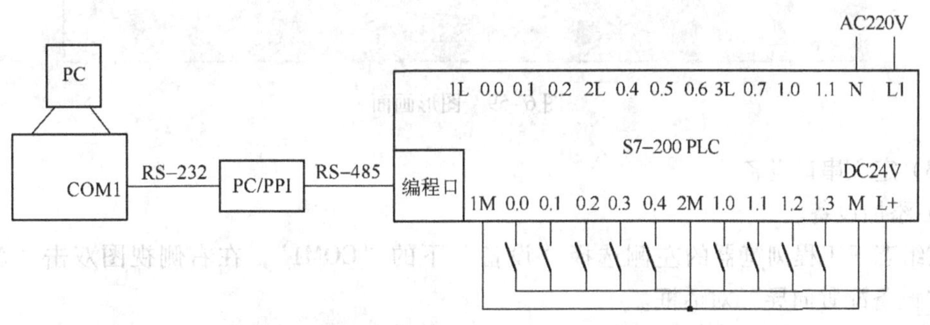

图 6-58 PC 与 S7-200 PLC 组成的开关量输入系统

图 6-58 中，通过 PC/PPI 编程电缆将 PC 的串口 COM1 与西门子 S7-200 PLC 的编程口连接起来。用导线将 M、1M 和 2M 端点短接，按钮、行程开关等的常开触点接 PLC 开关量输入端点（实际测试中，可用导线将输入端点 0.0、0.1、0.2……与 L+端点之间短接或断开产生开关量输入信号）。

西门子 S7-200 PLC 系统为用户提供了灵活的通信功能。集成在 S7-200 中的点对点接口（PPI）可用普通的双绞线做波特率高达 9600 bit/s 的数据通信，用 RS-485 接口实现的高速用户可编程接口，可使用专用位通信协议（如 ASCII）进行波特率高达 38.4 kbit/s 的高速通信并可按步调整。而 PC 的接口为 RS-232，两者之间需要进行电平转换。

3. 实训任务

1）将 PC 与西门子 S7-200 PLC 通过编程电缆连接起来，构成一套开关量输入系统。采用按钮、行程开关、继电器开关等改变 PLC 某个输入端口的状态（打开/关闭）。

2）采用 KingView 软件编写程序，实现 PC 与西门子 S7-200 PLC 的数据通信，要求 PC 接收 PLC 发送的开关量输入信号状态值，并在程序中显示。

4. 实训操作

（1）建立新工程项目

运行 KingView 程序，在工程管理器中创建新的工程项目。工程名称为“DI”；工程描述为“开关量输入”。

（2）制作图形画面

画面名称“PLC 开关量输入”。

1）为图形画面添加 8 个指示灯对象。

2）为图形画面添加 8 个文本对象，分别为 I0.0、I0.1、I0.2、I0.3、I0.4、I0.5、I0.6、I0.7。

3）为图形画面添加 1 个按钮对象，将按钮文本改为“关闭”。

设计的图形画面如图 6-59 所示。

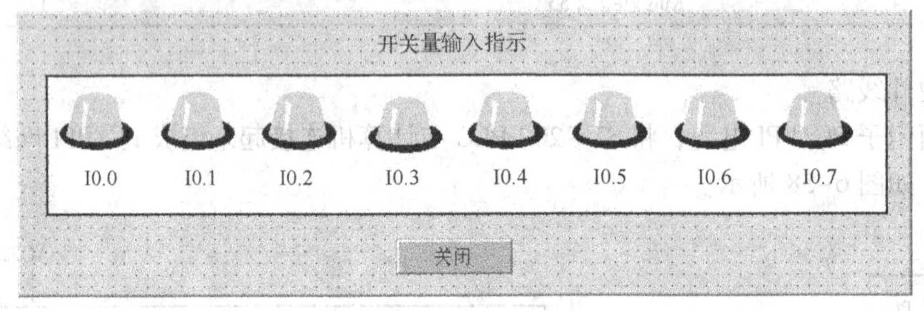

图 6-59　图形画面

（3）定义串口设备

1）添加设备。

在组态王工程浏览器的左侧选择“设备”下的“COM1”，在右侧视图双击“新建”，运行“设备配置向导”对话框。

① 选择：“设备驱动”→“PLC”→“西门子”→“S7-200 系列”→“PPI”，如图 6-60 所示。

② 单击“下一步”按钮，给要安装的设备指定唯一的逻辑名称，如“S7200PLC”。

③ 单击“下一步”按钮，选择串口号，如“COM1”（须与 PLC 在 PC 机上使用的串口号一致）。

④ 单击“下一步”按钮，为要安装的 PLC 指定地址，如“2”（不能为 0）。

⑤ 单击“下一步”按钮，显示所要安装的设备信息，检查各项设置是否正确，确认无误后，单击“完成”按钮，完成设备的配置。

2）串口通信参数设置。

双击“设备/COM1”，弹出“设置串口—COM1”对话框，设置串口 COM1 的通信参数：波特率选“9600”，奇偶校验选“偶校验”，数据位选“8”，停止位选“1”，通信方式选“RS232”，如图 6-61 所示。

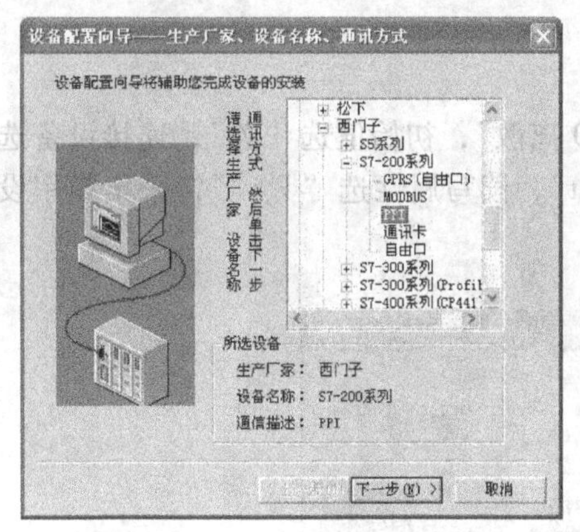

图 6-60　选择串口设备

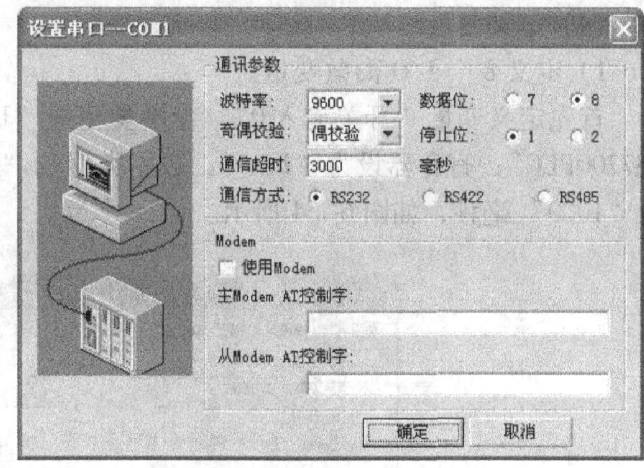

图 6-61　设置串口 COM1

设置完毕，单击“确定”按钮，这就完成了对 COM1 的通信参数配置，保证组态王与 PLC 的通信能够正常进行。

注意：设置的参数必须与 PLC 设置的一致，否则不能正常通信。

3）PLC 通信测试。

选择新建的串口设备“S7200PLC”，单击鼠标右键，在弹出的快捷菜单中，选择“测试 S7200PLC”项，出现“串口设备测试”对话框，如图 6-62 所示，观察设备参数与通信参数是否正确，若正确，选择“设备测试”选项卡。

寄存器选择“I”，再添加数字 0.0，即设为“I0.0”，数据类型选择“Bit”，单击“添加”按钮，I0.0 进入采集列表，同样添加 I0.6。

将线路中 I0.0 端口与 L+端口断开，I0.6 端口与 L+端口短接，PLC 上输入 I0.0 信号指示灯灭，I0.6 指示灯亮，单击“串口设备测试”对话框中的“读取”命令，寄存器 I0.0 的变量值为“关闭”，I0.6 的变量值为“打开”如图 6-63 所示。

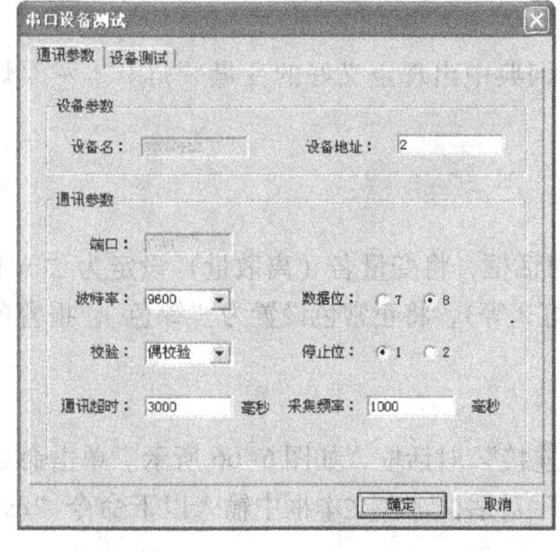

图 6-62　查看通信参数

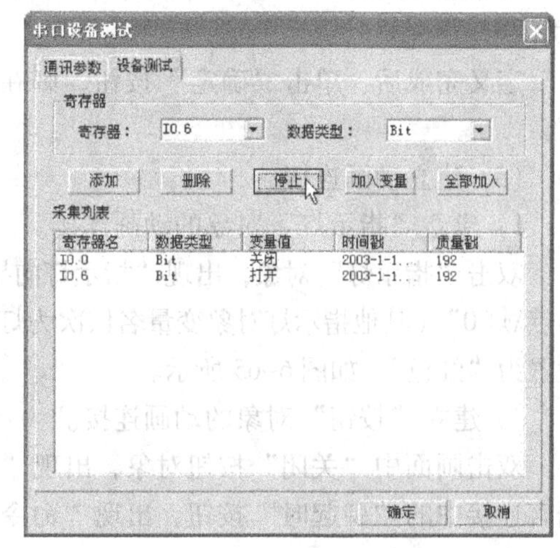

图 6-63　PLC 寄存器测试

同样方法可以测试其他寄存器的状态。

（4）定义变量

1）定义 8 个 I/O 离散变量。

首先定义变量“开关输入 0”，变量类型选“I/O 离散”，初始值选“关”，连接设备选“S7200PLC”，寄存器设为“I0.0”，数据类型选“Bit”，读写属性选“只读”，采集频率设为“1000”毫秒，如图 6-64 所示。

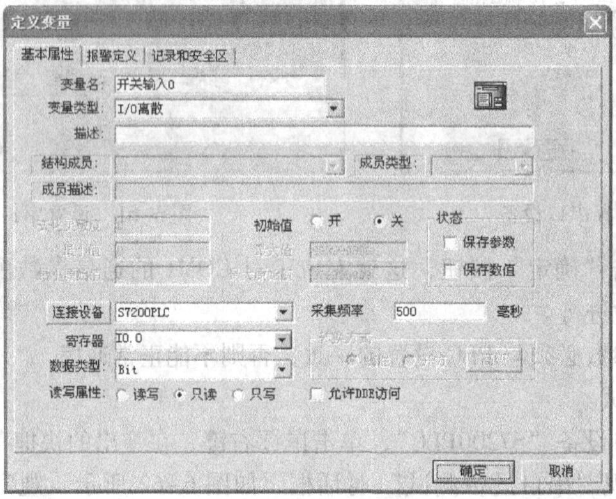

图 6-64　定义“开关输入 0”变量

定义完成后，单击“确定”按钮，则在数据词典中出现定义好的变量“开关输入 0”。

同样再定义 7 个 I/O 离散变量，变量名分别为“开关输入 1”～“开关输入 7”，对应的寄存器分别为“I0.1”～“I0.7”，其他属性相同。

2）定义 8 个内存离散变量。

变量名分别为“灯 0”、“灯 1”……“灯 7”；变量类型均选“内存离散”，初始值均选“关”。

定义完成后，单击“确定”按钮，则在数据词典中出现定义好的变量“灯 0”～“灯 7”。

（5）建立动画连接

1）建立“指示灯”对象的动画连接。

双击“指示灯”对象，出现“指示灯向导”对话框，将变量名（离散量）设定为“\\本站点\灯 0”（其他指示灯对象变量名依次为灯 1，灯 2 等），将正常色设置为“绿色”，报警色设置为“红色”，如图 6-65 所示。

2）建立“按钮”对象的动画连接。

双击画面中“关闭”按钮对象，出现“动画连接”对话框，如图 6-66 所示。单击命令语言连接中的“弹起时”按钮，出现“命令语言”对话框，在文本框中输入以下命令“exit(0);”。

单击“确定”按钮，返回到“动画连接”对话框，再单击“确定”按钮，则“关闭”按钮的动画连接完成。程序运行时，单击“关闭”按钮，程序停止运行并退出。

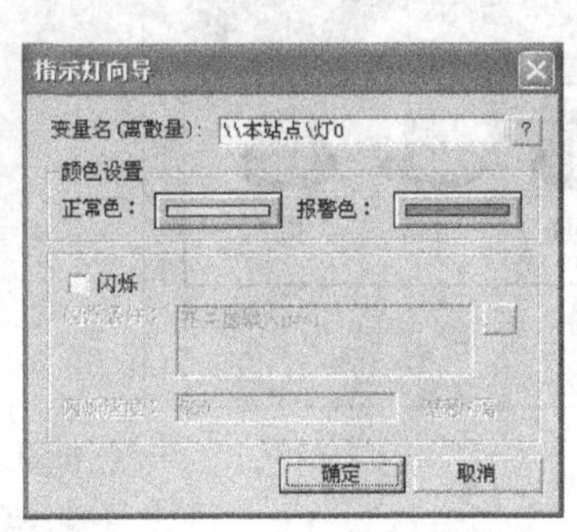

图 6-65 “指示灯”对象动画连接

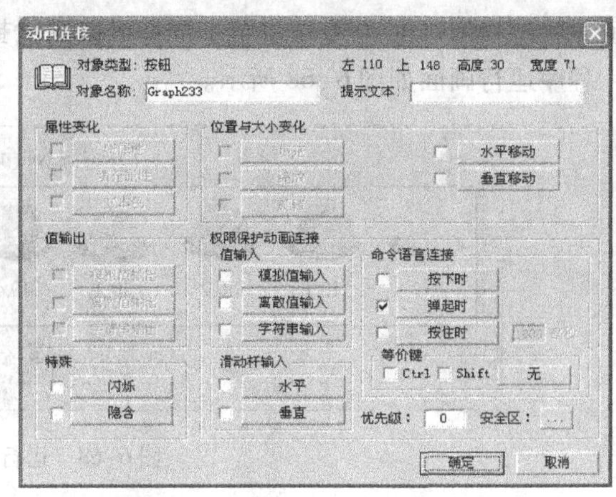

图 6-66 “关闭”按钮的动画连接设置

（6）编写命令语言

进入工程浏览器，在左侧树形菜单中选择“命令语言”下的“数据改变命令语言”，在右侧双击“新建”，出现“数据改变命令语言”对话框，在变量［. 域］文本框中输入表达式：“ \\本站点\开关输入 0”（或单击右边的“?”按钮来选择），在文本框中输入程序，如图 6-67 所示。

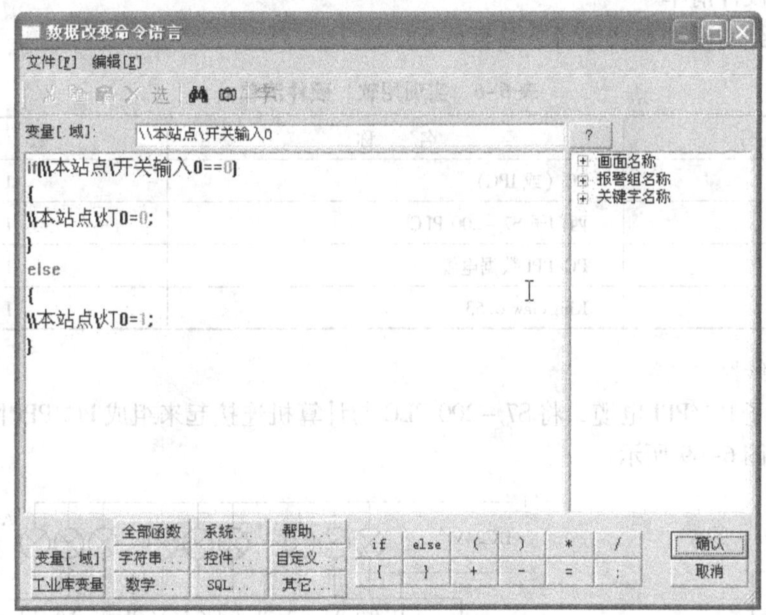

图 6-67 开关量输入控制程序

其他端口的开关量输入程序与此类似。

（7）调试与运行

将设计的画面全部存储并配置成主画面，启动画面运行程序。

将线路中 I0.0 端口与 L+端口短接，则 PLC 上输入信号指示灯 0 亮，程序画面中状态指示灯 I0.0 变成绿色；将 I0.0 端口与 L+端口断开，则 PLC 上输入信号指示灯 0 灭，程序画面中状态指示灯 I0.0 变成红色。同样可以测试其他输入端口的状态。

程序运行画面如图 6-68 所示。

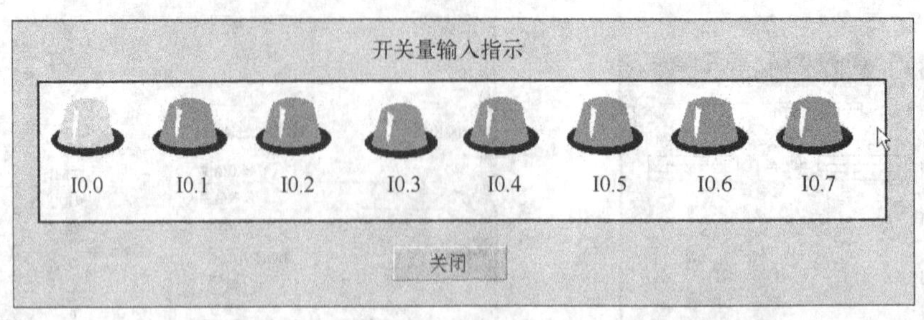

图 6-68　运行画面

6.3.2　开关量输出

1. 实训目的

1）掌握用西门子 PLC 进行开关量信号输出的硬件连接方法。

2）掌握用 KingView 设计西门子 PLC 开关量输出（DO）程序的方法。

2. 实训线路

（1）软、硬件清单

本实训用到的硬件和软件清单见表 6-6。

表 6-6　实训用软、硬件清单

序　　号	名　　称	数　　量
1	PC（或 IPC）	1
2	西门子 S7 - 200 PLC	1
3	PC/PPI 数据电缆	1
4	KingView 6.53	1

（2）硬件线路

利用西门子 PC/PPI 电缆，将 S7 - 200 PLC 与计算机连接起来组成 PC/PPI 网络，实现点对点通信，如图 6-69 所示。

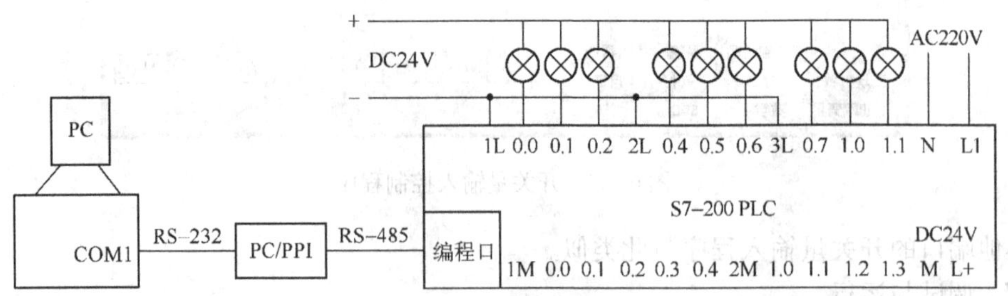

图 6-69　PC 与 S7 - 200 PLC 组成的开关量输出系统

图 6-69 中，通过 PC/PPI 编程电缆将 PC 的串口 COM1 与西门子 S7 - 200 PLC 的编程口连接起来。可外接指示灯或继电器等装置来显示开关输出状态（实际测试中，不需要外接

指示装置，直接使用PLC提供的输出信号指示灯)。

3. 实训任务

1）将PC与西门子S7-200 PLC通过编程电缆连接起来，构成一套开关量输出系统。采用指示灯、继电器等显示PLC开关量输出状态（打开/关闭）。

2）采用KingView软件编写程序，实现PC与西门子S7-200 PLC的数据通信，要求在PC程序界面中指定元件地址，单击置位/复位（或打开/关闭）命令按钮，设置指定地址的元件端口（继电器）状态为ON或OFF，使线路中PLC指示灯亮/灭。

4. 实训操作

（1）建立新工程项目

运行KingView程序，在工程管理器中创建新的工程项目。工程名称为“DO”；工程描述为“开关量输出”。

（2）制作图形画面

1）为图形画面添加8个开关对象。

2）为图形画面添加8个文本对象，分别为Q0.0、Q0.1、Q0.2、Q0.3、Q0.4、Q0.5、Q0.6、Q0.7。

3）为图形画面添加1个按钮对象，将按钮文本改为“关闭”。

设计的图形画面如图6-70所示。

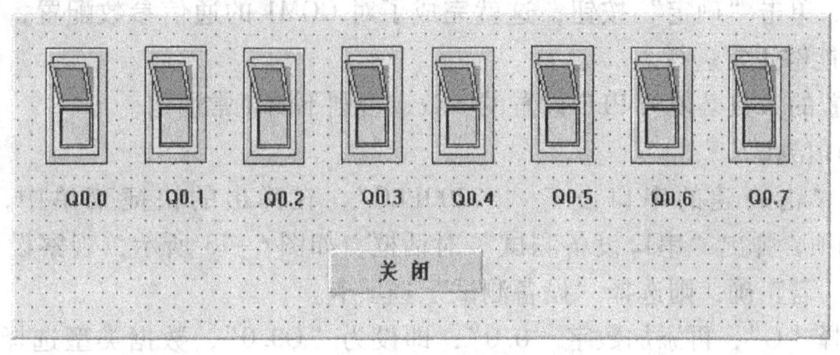

图6-70　图形画面

（3）定义串口设备

1）添加设备。

在组态王工程浏览器的左侧选择“设备”下的“COM1”，在右侧双击“新建”，打开“设备配置向导”对话框。

① 选择：“设备驱动”→“PLC”→“西门子”→“S7-200系列”→“PPI”，如图6-71所示。

② 单击“下一步”按钮，给要安装的设备指定唯一的逻辑名称，如“S7200PLC”。

③ 单击“下一步”按钮，选择串口号，如“COM1”（须与PLC在PC上使用的串口号一致）。

④ 单击“下一步”按钮，为要安装的PLC指定地址，如“2”（不能为0，因为主机地址为0）。

⑤ 单击“下一步”按钮，显示所要安装的设备信息，检查各项设置是否正确，确认无

误后，单击“完成”按钮，完成设备的配置。

2）串口通信参数设置。

双击“设备”→“COM1”，弹出“设置串口—COM1”对话框，设置串口 COM1 的通信参数。波特率选“9600”，奇偶校验选“偶校验”，数据位选“8”，停止位选“1”，通信方式选“RS232”，如图 6-72 所示。

图 6-71　选择串口设备　　　图 6-72　设置串口 COM1

设置完毕，单击“确定”按钮，这就完成了对 COM1 的通信参数配置，保证 KingView 与 PLC 的通信能够正常进行。

注意：设置的参数必须与 PLC 设置的一致，否则不能正常通信。

3）PLC 通信测试。

鼠标右键单击新建的串口设备“S7200PLC”，在弹出的快捷菜单中，选择“测试 S7200PLC”选项，弹出“串口设备测试”对话框，如图 6-73 所示，观察设备参数与通信参数是否正确，若正确，则选择“设备测试”选项卡。

寄存器选择“Q”，再添加数字“0.0”，即设为“Q0.0”，数据类型选择“Bit”，单击“添加”按钮，Q0.0 进入“采集列表”，如图 6-74 所示。

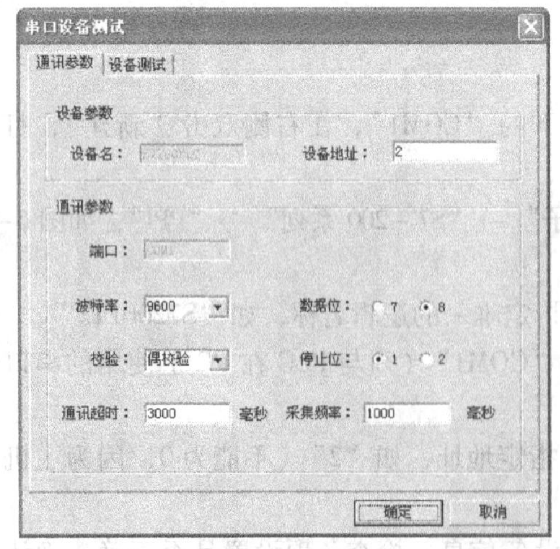

图 6-73　通信参数检查

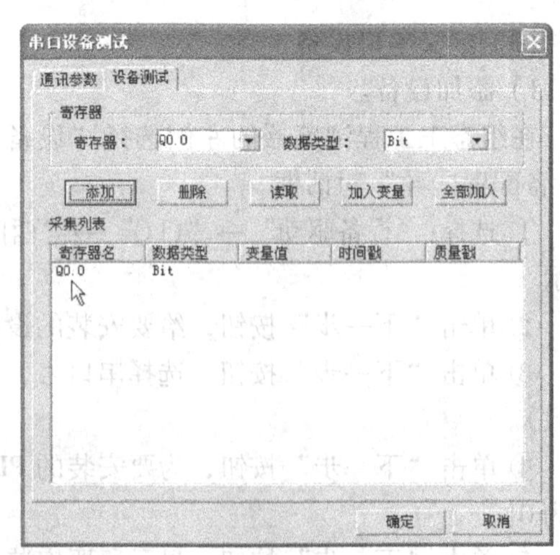

图 6-74　PLC 寄存器添加

对寄存器 Q0.0 设置数据。双击“采集列表”中的寄存器 Q0.0，弹出“数据输入”对话框，如图6-75所示，输入数“1”，单击“确定”按钮，“串口设备测试”对话框中 Q0.0 的变量值为“打开”或“关闭”，此时，PLC 寄存器 Q0.0 置1。若输入数0，则其作用是将寄存器 Q0.0 置0。

也可直接输入文本“打开”或“关闭”，作用与输入“1”或“0”相同。

(4) 定义变量

1）定义8个I/O离散变量。

首先定义变量名为“开关输出0”，变量类型选“I/O离散”，初始值选“关”，连接设备选“S7200PLC”，寄存器设为“Q0.0”，数据类型选“Bit”，读写属性选只写，采集频率设为“1000”毫秒，如图6-76所示。

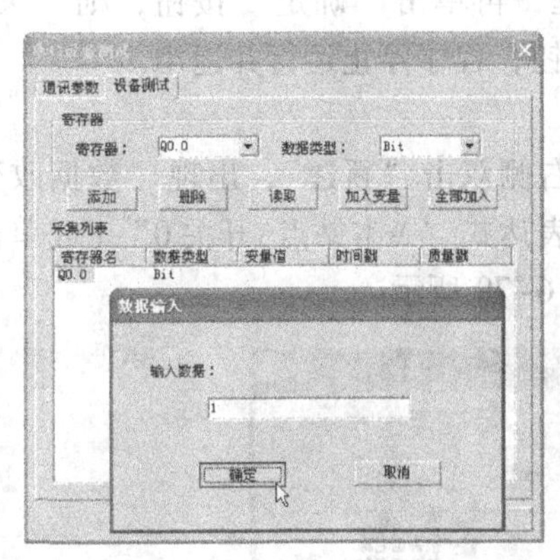

图6-75 为寄存器 Q0.0 输入数据

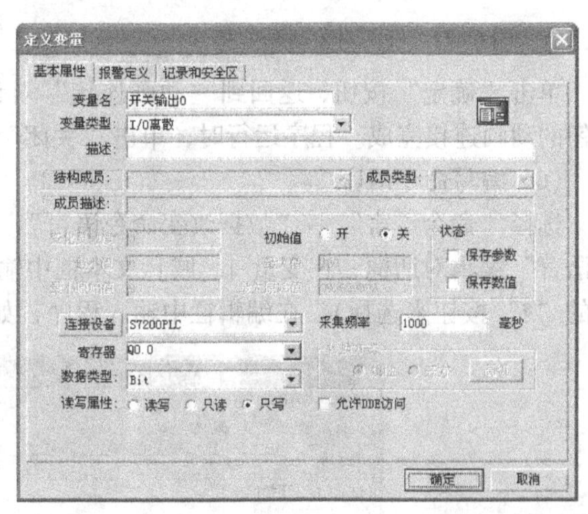

图6-76 定义“开关输出0”变量

定义完成后，单击“确定”按钮，则在数据词典中出现定义好的变量“开关输出0”。

同样定义另外7个I/O离散变量，变量名分别为“开关输出1”～“开关输出7”，对应的寄存器分别为“Q0.1”～“Q0.7”，其他属性相同。

2）定义8个内存离散变量。

变量名分别为“开关0”、“开关1”……“开关7”；变量类型均选“内存离散”，初始值均选“关”。

定义完成后，单击“确定”按钮，则在数据词典中出现定义好的变量“开关0”～“开关7”等。

(5) 建立动画连接

1）建立开关对象的动画连接。

双击开关对象“Y0”，弹出“开关向导”对话框，将变量名（离散量）设定为“\\本站点\开关0”（其他开关对象变量名依次为“开关1”，“开关2”等），如图6-77所示。

2）建立按钮对象“关闭”的动画连接。

双击画面中“关闭”按钮对象，弹出“动画连接”对话框，如图6-78所示。单击命令语言连接中的“弹起时”按钮，出现“命令语言”对话框，在编辑栏中输入命令“exit(0);”。

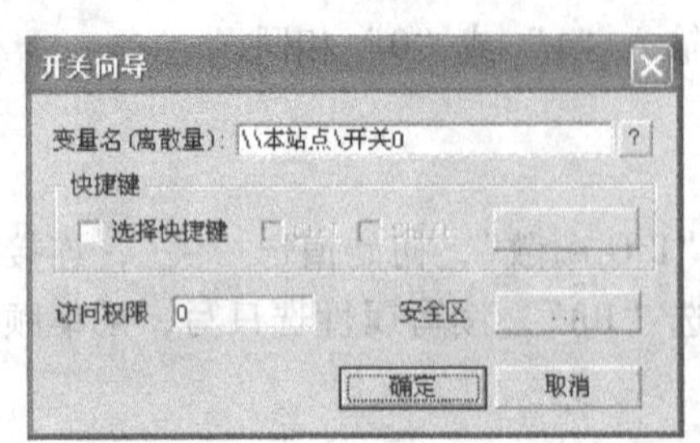

图 6-77　开关对象动画连接

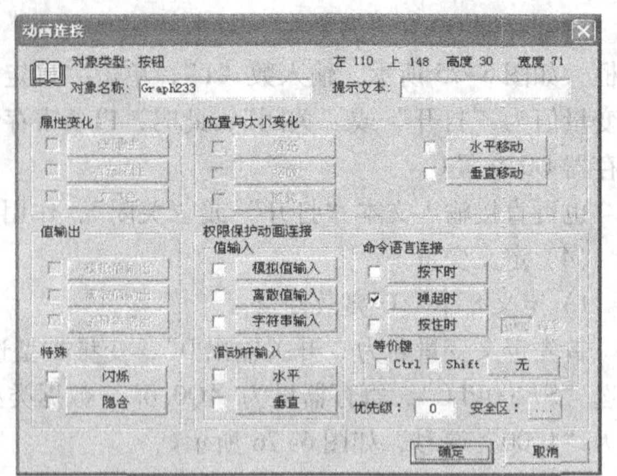

图 6-78　关闭按钮的动画连接设置

单击“确定”按钮，返回到“动画连接”对话框，再单击“确定”按钮，则“关闭”按钮的动画连接完成。程序运行时，单击“关闭”按钮，程序停止运行并退出。

(6) 编写命令语言

选择“命令语言”→“数据改变命令语言”，在右侧双击“新建”，出现“数据改变命令语言”编辑对话框，在变量［. 域］文本框中输入表达式“\\本站点\开关0”（或单击右边的“?”按钮来选择），在编辑栏中输入程序，如图 6-79 所示。

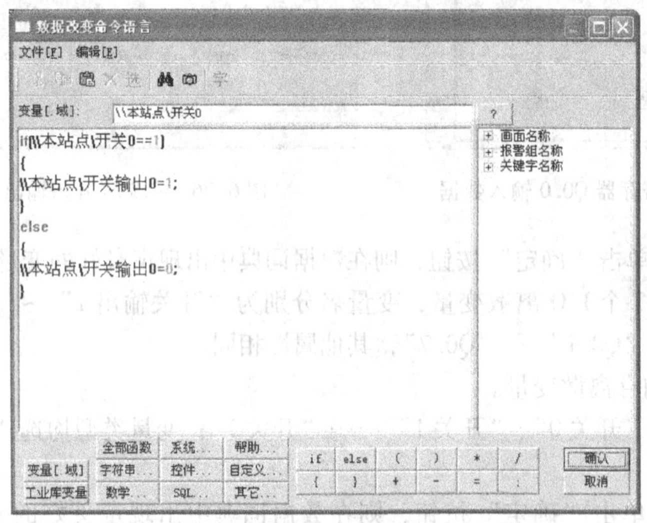

图 6-79　开关 0 控制程序

其他端口的开关量输出程序与此类似。

(7) 调试与运行

将设计的画面全部存储并配置成主画面，启动画面运行程序。

启/闭程序画面中开关按钮，线路中 PLC 上对应端口的输出信号指示灯亮/灭。

程序运行画面如图 6-80 所示。

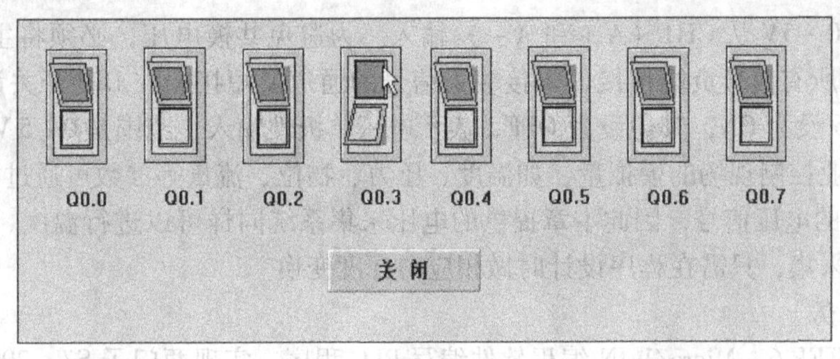

图 6-80　运行画面

6.3.3　模拟量输入

1. 实训目的

1）掌握用西门子 PLC 进行模拟量信号采集的硬件线路连接方法。

2）掌握用 KingView 设计西门子 PLC 模拟量输入（AI）程序的方法。

2. 实训线路

(1) 软、硬件清单

本实训用到的硬件和软件清单见表 6-7。

表 6-7　实训用软、硬件清单

序　号	名　称	数　量
1	PC（或 IPC）	1
2	西门子 S7－200 PLC	1
3	PC/PPI 数据电缆	1
4	EM235 模拟量扩展模块	1
5	STEP6－Micro/WIN 编程软件	1
6	KingView 6.53	1

(2) 硬件线路

利用西门子 PC/PPI 电缆，将 S7－200 PLC 与计算机连接起来组成 PC/PPI 网络，实现点对点通信，将模拟量扩展模块 EM235 与 PLC 主机相连，如图 6-81 所示。

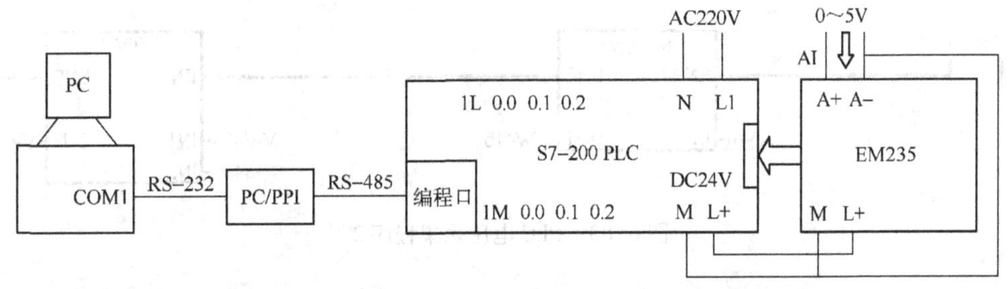

图 6-81　PC 与 S7－200 PLC 组成的模拟电压采集系统

模拟电压 0 ~ 5V 从 CH1（A + 和 A - ）输入。为避免共模电压，必须将主机 M 端、扩展模块 M 端和所有信号负端连接，未接输入信号的通道要短接。在 DIP 开关设置中，将开关 SW1 和 SW6 设为 ON，其他设为 OFF，表示电压单极性输入，范围是 0 ~ 5 V。

提示：工业控制现场的模拟量，如温度、压力、物位、流量等参数可通过相应的变送器转换为 1 ~ 5V 的电压信号，因此本章提供的电压采集系统同样可以进行温度、压力、物位、流量等参数的采集，只需在程序设计时做相应的标度变换。

3. 实训任务

1）采用 STEP 6 - Micro/WIN 编程软件编写 PLC 程序，实现西门子 S7 - 200 PLC 模拟电压采集，并将采集到的电压值（数字量形式）放入寄存器 VW100 中。

2）采用 KingView 软件编写程序，实现 PC 与西门子 S7 - 200 PLC 的数据通信，要求 PC 接收 PLC 发送的电压值，转换成十进制形式，以数字、曲线的形式显示。

4. 实训操作

（1）PLC 端电压输入程序

1）PLC 梯形图。

为了保证 S7 - 200 PLC 能够正常与 PC 进行模拟量输入通信，需要在 PLC 中运行一段程序。可采用 2 种设计思路。

思路 1：将采集到的电压数字量值（0 ~ 32 000，在寄存器 AIW0 中）送给寄存器 VW100。上位机程序读取 PLC 寄存器 VW100 中的数字量值，然后根据电压与数字量的对应关系（0 ~ 5V 对应 0 ~ 32 000）计算出电压实际值。PLC 程序如图 6-82 所示。

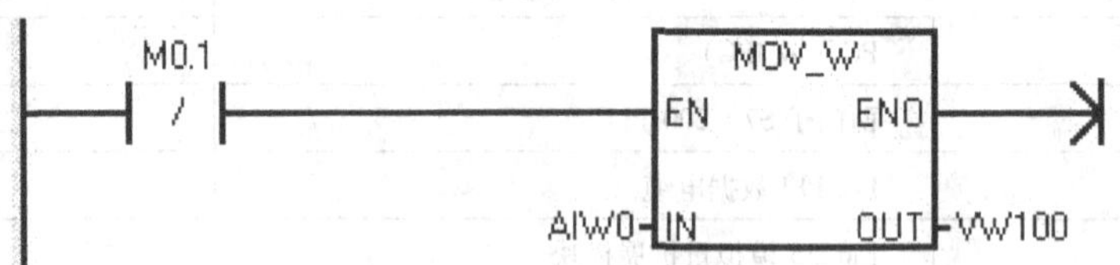

图 6-82　PLC 电压采集程序 1

思路 2：将采集到的电压数字量值（0 ~ 32 000，在寄存器 AIW0 中）送给寄存器 VW415，该数字量值除以 6 400 就是采集的电压值（0 ~ 5 V 对应 0 ~ 32 000），再送给寄存器 VW100。上位机程序读取 PLC 寄存器 VW100 中的值就是电压实际值。PLC 程序如图 6-83 所示。

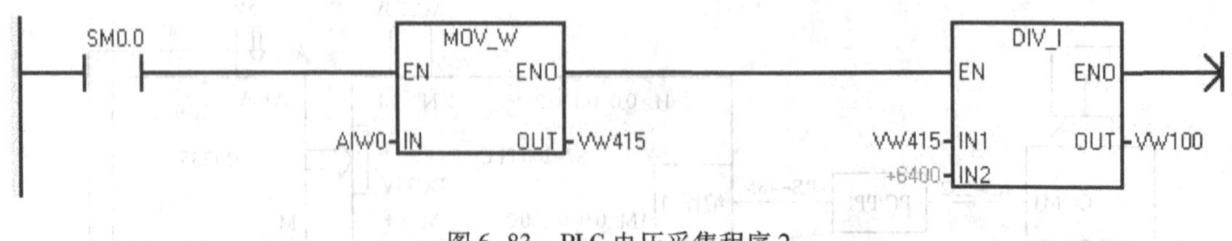

图 6-83　PLC 电压采集程序 2

本章采用思路 1，也就是由上位机程序将反映电压的数字量值转换为电压实际值。

2）程序的下载。

PLC 端程序编写完成后需将其下载到 PLC 中才能正常运行。步骤如下。

① 接通 PLC 主机电源，将 RUN/STOP 转换开关置于 STOP 位置。

② 运行 STEP 6 - Micro/WIN 编程软件，打开模拟量输入程序。

③ 执行菜单“File”→“Download”命令，打开“Download”对话框，单击“Download”按钮，即开始下载程序，如图 6-84 所示。

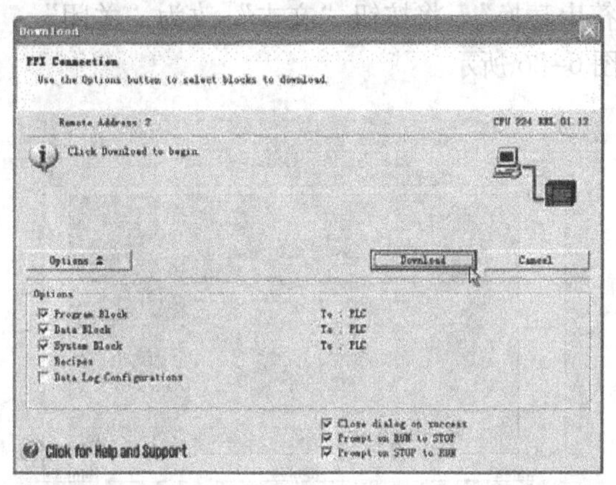

图 6-84 “Download”对话框

④ 程序下载完毕将 RUN/STOP 转换开关置于 RUN 位置，即可进行模拟电压的采集。

3）PLC 程序的监控。

PLC 端程序写入后，可以进行实时监控。步骤如下。

① 接通 PLC 主机电源，将 RUN/STOP 转换开关置于 RUN 位置。

② 运行 STEP 6 - Micro/WIN 编程软件，打开模拟量输入程序，并下载。

③ 执行菜单“Debug”→“Start Program Status”命令，即可开始监控程序的运行，如图 6-85 所示。

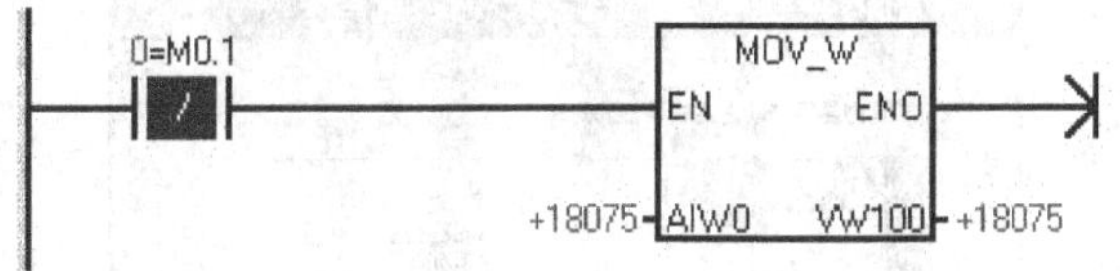

图 6-85 PLC 程序监控

寄存器 VW100 右边的黄色数字如 18075 就是模拟量输入 1 通道的电压实时采集值（数字量形式，根据 0 ~ 5V 对应 0 ~ 32 000，换算后的电压实际值为 2.82V，与万用表测量值相同），改变输入电压，该数值随之改变。

④ 监控完毕，执行菜单“Debug”→“Stop Program Status”命令，即可停止监控程序的运行。注意：必须停止监控，否则影响上位机程序的运行。

（2）PC 端采用 KingView 实现电压输入

1）建立新工程项目。

运行 KingView 程序，在工程管理器中创建新的工程项目。工程名称为“AI”，工程描述为“模拟电压输入”。

2）制作图形画面。

① 通过开发系统工具箱中为图形画面添加3个文本对象，标签为“当前电压值:”，当前电压值显示文本为“000”和标签为“V”。

② 通过开发系统工具箱中为图形画面添加1个实时趋势曲线控件。

③ 在工具箱中选择按钮控件添加到画面中，然后选中该按钮，单击鼠标右键，在弹出的快捷菜单中选择“字符串替换”，将按钮“文本”改为“关闭”。

设计的图形画面如图6-86所示。

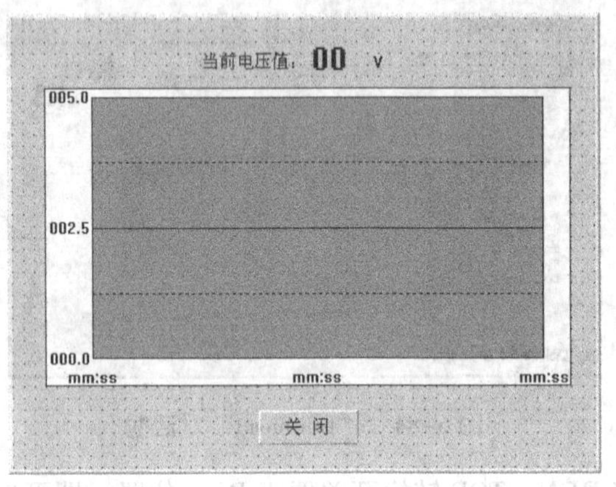

图6-86　程序画面

3）添加串口设备。

在组态王工程浏览器的左侧选择设备”下的“COM1”，在右侧双击“新建”，运行“设备配置向导”。

① 选择：“设备驱动”→“PLC”→“西门子”→“S7－200系列”→“PPI”，如图6-87所示。

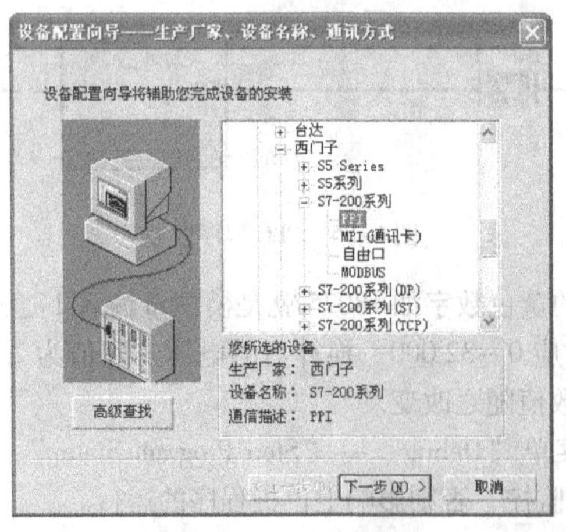

图6-87　设备配置向导

② 单击“下一步”按钮，给要安装的设备指定唯一的逻辑名称，如“PLC”。

③ 单击“下一步”按钮，选择串口号，如“COM1”（必须与PLC在PC上使用的串口

号一致)。

④ 单击“下一步”按钮，为要安装的 PLC 指定地址，如“2”（注意，这个地址应该与 PLC 通信参数设置程序中设定的地址相同）。

⑤ 单击“下一步”按钮，出现“通信故障恢复策略”设定窗口，使用默认设置即可。

⑥ 单击“下一步”按钮，显示所要安装的设备信息，检查各项设置是否正确，确认无误后，单击“完成”按钮，完成设备的配置。

4）串口通信参数设置。

双击“设备/COM1”，弹出“设置串口”对话框，设置串口 COM1 的通信参数如下：波特率选“9600”，奇偶校验选“偶校验”，数据位选 8，停止位选 1，通信方式选“RS232”，如图 6-88 所示。

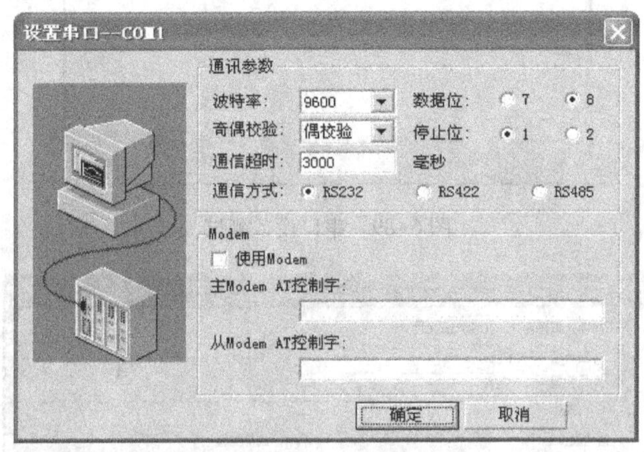

图 6-88　设置串口

设置完毕，单击“确定”按钮，即完成了对 COM1 的通信参数配置，保证组态王与 PLC 的通信能够正常进行。

注意：设置的参数必须与 PLC 设置的一致，否则不能正常通信。

5）PLC 通信测试。

选择新建的串口设备“PLC”，单击右键，在弹出的快捷菜单中，选择“测试 PLC”选项，出现“串口设备测试”对话框，观察设备参数与通信参数是否正确，若正确，选择“设备测试”选项卡。

在该选项卡下，寄存器选择“V”，再添加数字“100”，即设为“V100”（PLC 采集的电压值存在该寄存器中），数据类型选择“SHORT”，单击“添加”按钮，V100 进入采集列表。

单击“串口设备测试”对话框中“读取”命令，寄存器 V100 的变量值为“17916”，即 PLC 采集的电压值（数字量形式），根据 0 ~ 5 V 对应 0 ~ 32 000，换算后的电压实际值为 2. 80V，与万用表测量值相同。如图 6-89 所示。

6）定义变量。

① 定义变量“数字量”：变量类型选“I/O 整数”，初始值设为“0”，最小值和最小原始值设为“0”，最大值和最大原始值设为“32 000”，连接设备选“PLC”，寄存器设为

"V100"，数据类型选"SHORT"，读写属性选"只读"，采集频率设为"500"毫秒，如图6-90所示。

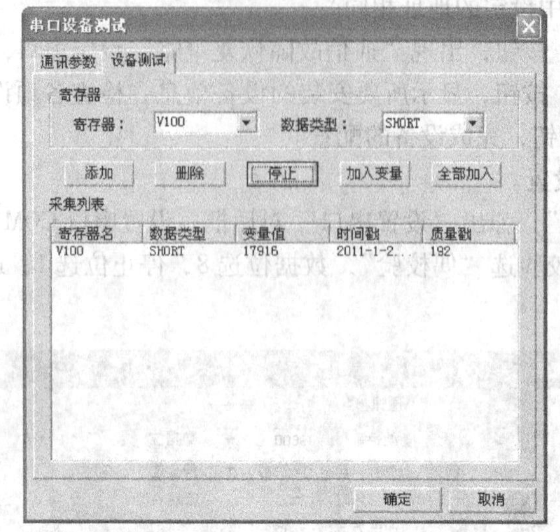

图6-89　串口设备测试

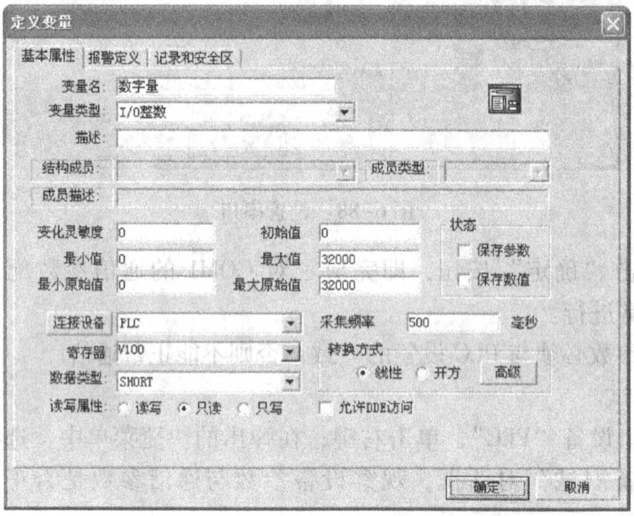

图6-90　定义变量"数字量"

定义完成后，单击"确定"按钮，则在数据词典中出现定义好的变量"数字量"。

② 定义变量"电压值"：变量类型选"内存实数"，最大值设为"5"。

定义完成后，单击"确定"按钮，则在数据词典中出现定义好的变量"电压值"。

7）动画连接。

① 建立当前电压值显示文本对象动画连接。

双击画面中当前电压值显示文本对象"00"，出现"动画连接"对话框，单击"模拟值输出"按钮，则弹出"模拟值输出连接"对话框，将其中的表达式设置为"\本站点\电压值"（可以直接输入，也可以单击表达式文本框右边的"?"按钮，选择已定义好的变量名

“电压值”，单击“确定”按钮，文本框中出现“\\本站点\电压值”表达式)，整数位数设为“1”，小数位数为“1”，单击“确定”按钮返回到“动画连接”对话框，再次单击“确定”按钮，动画连接设置完成，如图 6-91 所示。

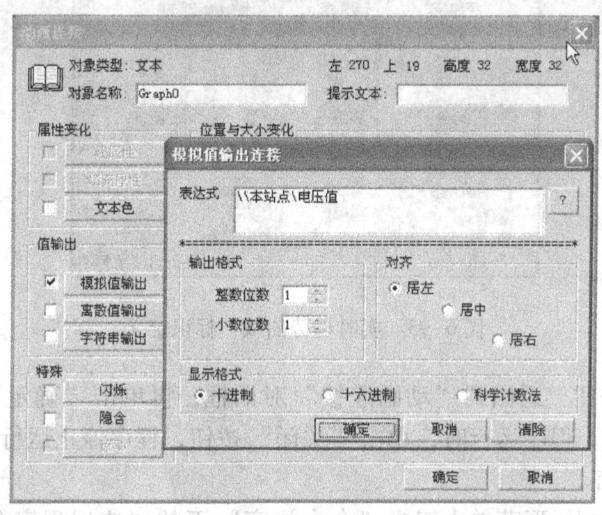

图 6-91　当前电压测量值显示文本对象动画连接

② 建立实时趋势曲线对象的动画连接。

双击画面中实时趋势曲线对象，弹出“动画连接”对话框。在“曲线定义”选项卡中，单击“曲线 1 表达式”文本框右边的“?”按钮，选择已定义好的变量“电压值”，并设置其他参数值，如图 6-92 所示。

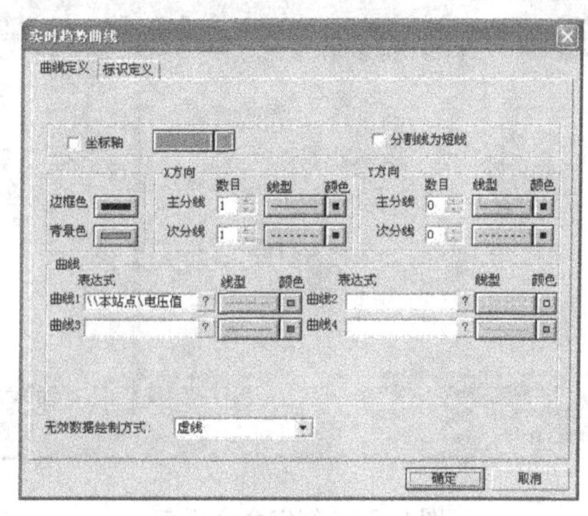

图 6-92　实时趋势曲线—曲线定义

进入“标识定义”选项卡，设置数值轴的最大值为“5”，数据格式选“实际值”，时间轴的标识数目为“3”，格式为分、秒，更新频率为“1 秒”，时间长度为“2 分”，如图 6-93所示。

③ 建立“关闭”按钮对象的动画连接。

双击“关闭”按钮对象，出现“动画连接”对话框。单击命令语言连接中的“弹起时”按钮，出现“命令语言”对话框，在编辑栏中输入命令“exit(0);”。

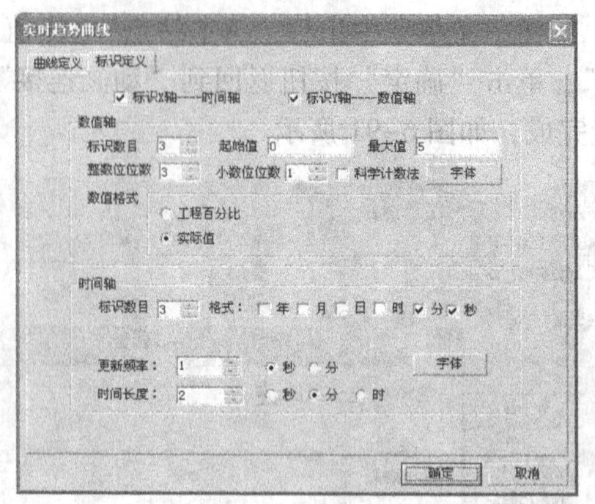

图 6-93　实时趋势曲线—标识定义

单击“确定”按钮，返回到“动画连接”对话框，再单击“确定”按钮，则“关闭”按钮的动画连接完成。程序运行时，单击“关闭”按钮，程序停止运行并退出。

8）编写命令语言。

在工程浏览器左侧树形菜单中双击“命令语言”下的“应用程序命令语言”选项，出现“应用程序命令语言”对话框，单击“运行时”，将循环执行时间设定为“200”毫秒，然后在“命令语言”编辑框中输入数值转换程序“\\本站点\电压值 = \\本站点\数字量/6 400;”，如图 6-94 所示。然后单击“确定”按钮，完成命令语言的输入。

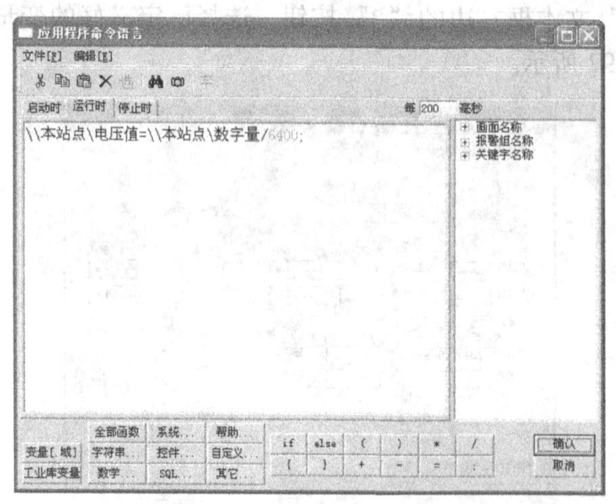

图 6-94　编定命令语言

9）调试与运行。

将设计的画面全部存储并配置成主画面，启动画面运行程序。

启动 S7 -200 PLC，给 EM235 模拟量扩展模块 CH1 通道输入变化电压值，PC 程序画面显示该电压，并绘制实时变化曲线。

程序运行画面如图 6-95 所示。

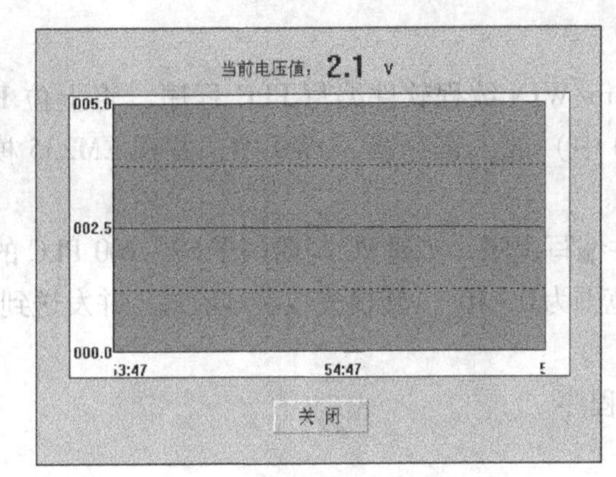

图 6-95 运行画面

6.3.4 模拟量输出

1. 实训目的

1）掌握用西门子 PLC 进行模拟量信号输出的硬件线路连接方法。

2）掌握用 KingView 设计西门子 PLC 模拟量输出（AO）程序的方法。

2. 实训线路

(1) 软、硬件清单

本实训用到的硬件和软件清单见表 6-8。

表 6-8 实训用软、硬件清单

序 号	名 称	数 量
1	PC（或 IPC）	1
2	西门子 S7-200 PLC	1
3	PC/PPI 数据电缆	1
4	EM235 模拟量扩展模块	1
5	STEP6-Micro/WIN 编程软件	1
6	KingView 6.53	1

(2) 硬件线路

利用西门子 PC/PPI 电缆，将 S7-200 PLC 与计算机连接起来组成 PC/PPI 网络，将模拟量扩展模块 EM235 与 PLC 主机相连，如图 6-96 所示。

模拟电压从 M0（-）和 V0（+）输出（0~10 V）。

实际测试时，不需连线，直接用万用表测量输出电压。

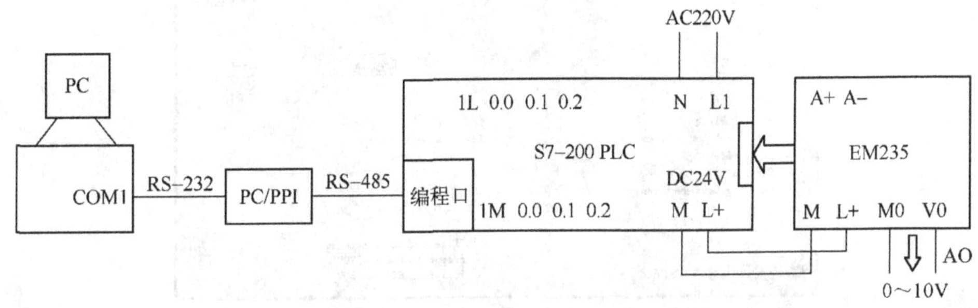

图 6-96 PC 与 S7-200 PLC 组成的模拟电压输出系统

3. 实训任务

1）采用 STEP 6 - Micro/WIN 编程软件编写 PLC 程序，将上位 PC 输出的电压值（数字量形式，在寄存器 VW100 中）放入寄存器 AQW0 中，并在 EM235 模拟量输出通道输出同样大小的电压值（0～10 V）。

2）采用 KingView 软件编写程序，实现 PC 与西门子 S7 -200 PLC 的数据通信，要求在 PC 程序界面中输入一个数值（范围为0～10），转换成数字量形式，并发送到 PLC 的寄存器 VW100 中。

4. 实训操作

（1）PLC 端电压输出程序

1）PLC 梯形图。

为了保证 S7 -200 PLC 能够正常与 PC 机进行模拟量输出通信，需要在 PLC 中运行一段程序。PLC 程序如图 6-97 所示。

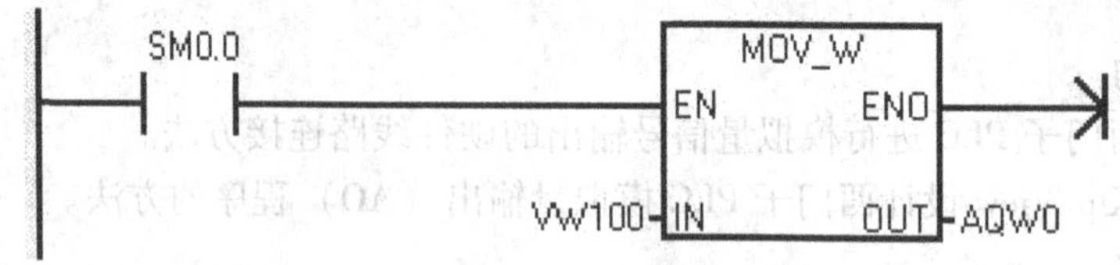

图 6-97　PLC 电压输出程序

在上位机程序中输入数值（范围为 0～10）并转换为数字量值（0～32 000），发送到 PLC 寄存器 VW100 中。在下位机程序中，将寄存器 VW100 中的数字量值送给输出寄存器 AQW0。PLC 自动将数字量值转换为对应的电压值（0～10 V）在模拟量输出通道输出。

2）程序的下载。

PLC 端程序编写完成后需将其下载到 PLC 才能正常运行。步骤如下。

① 接通 PLC 主机电源，将 RUN/STOP 转换开关置于 STOP 位置。

② 运行 STEP 6 - Micro/WIN 编程软件，打开模拟量输出程序。

③ 执行菜单“File”→“Download”命令，打开“Download”对话框，单击“Download”按钮，即开始下载程序，如图 6-98 所示。

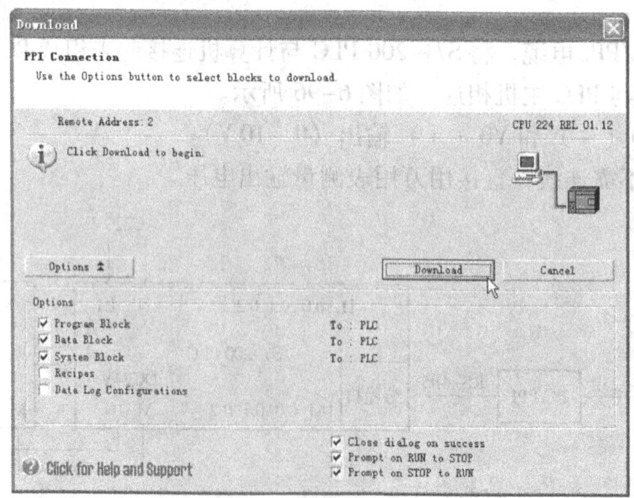

图 6-98　“Download”对话框

④ 程序下载完毕将 RUN/STOP 转换开关置于 RUN 位置，即可进行模拟电压的输出。

3）PLC 程序的监控。

PLC 端程序写入后，可以进行实时监控。步骤如下。

① 接通 PLC 主机电源，将 RUN/STOP 转换开关置于 RUN 位置。

② 运行 STEP 6 - Micro/WIN 编程软件，打开模拟量输出程序，并下载。

③ 执行菜单“Debug”→“Start Program Status”命令，即可开始监控程序的运行，如图 6-99 所示。

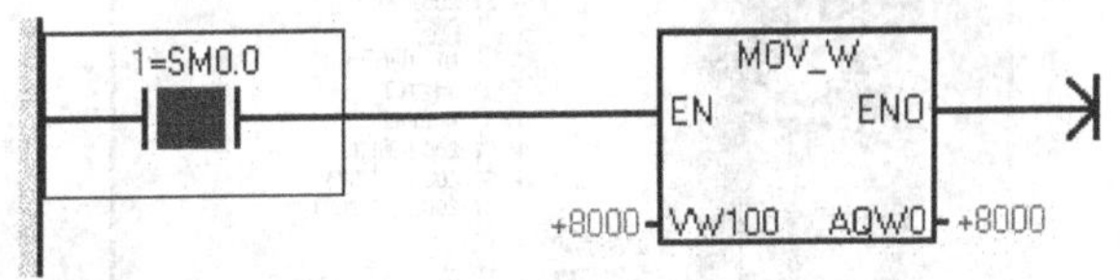

图 6-99　PLC 程序监控

寄存器 AQW0 右边的黄色数字如 8 000 就是要输出到模拟量输出通道的电压值（数字量形式，根据 0 ~ 32 000 对应 0 ~ 10 V，换算后的电压实际值为 2.5 V，与万用表测量值相同），改变输入电压，该数值随着改变。

注意：模拟量输出程序监控前，要保证往寄存器 VW100 中发送数字量 8 000。实际测试时先运行上位机程序，输入数值 2.5（反映电压大小），转换成数字量 8 000 再发送给 PLC。

④ 监控完毕，执行菜单“Debug”→“Stop Program Status”命令，即可停止监控程序的运行。注意：必须停止监控，否则影响上位机程序的运行。

（2）PC 端采用 KingView 实现电压输出

1）建立新工程项目。

运行 KingView 程序，在工程管理器中创建新的工程项目。工程名称为“AO”，工程描述为“模拟量输出”。

2）制作图形画面。

① 通过开发系统工具箱为图形画面添加 2 个文本对象，标签为“电压值:”和电压值显示文本为“00”。

② 通过开发系统工具箱为图形画面添加 2 个按钮对象，分别是“输出”和“关闭”，设计的图形画面如图 6-100 所示。

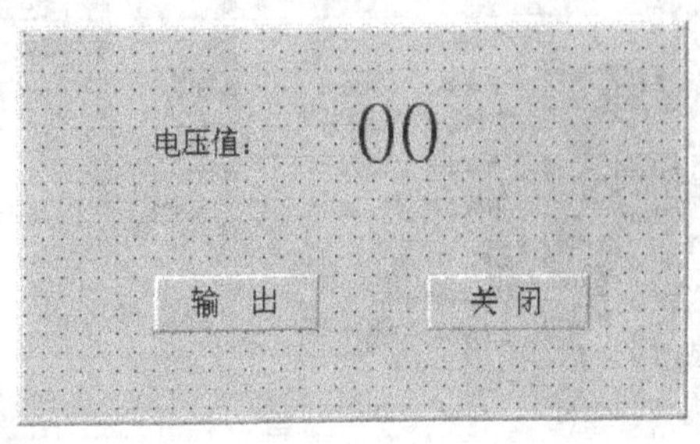

图 6-100　程序画面

3）添加串口设备。

在组态王工程浏览器的左侧选择“设备”下的“COM1”，在右侧视图双击“新建”，运行“设备配置向导”。

① 选择：“设备驱动”→“PLC”→“西门子”→“S7－200系列”→“PPI”，如图6-101所示。

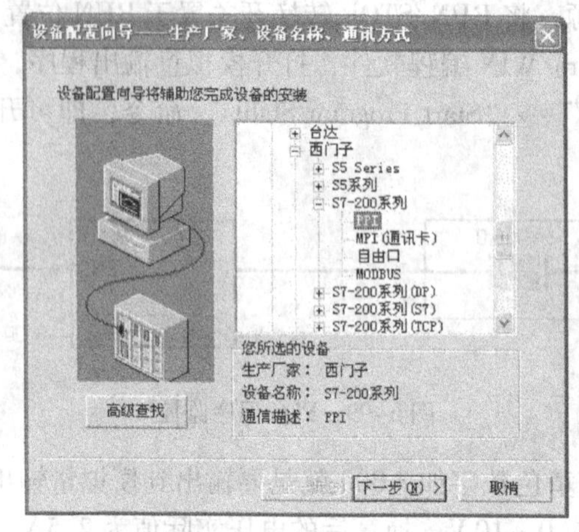

图6-101 设备配置向导

② 单击“下一步”按钮，给要安装的设备指定唯一的逻辑名称，如“S7PLC”。

③ 单击“下一步”按钮，选择串口号，如“COM1”（必须与PLC在PC上使用的串口号一致）。

④ 单击“下一步”按钮，为要安装的PLC指定地址，如“2”（注意，这个地址应该与PLC通信参数设置程序中设定的地址相同）。

⑤ 单击“下一步”按钮，出现“通信故障恢复策略”对话框，使用默认设置即可。

⑥ 单击“下一步”按钮，显示所要安装的设备信息，检查各项设置是否正确，确认无误后，单击“完成”按钮，完成设备的配置。

4）串口通信参数设置。

双击“设备/COM1”，弹出“设置串口”对话框，设置串口COM1的通信参数。

波特率选“9 600”，奇偶校验选“偶校验”，数据位选“8”，停止位选“1”，通信方式选“RS232”，如图6-102所示。

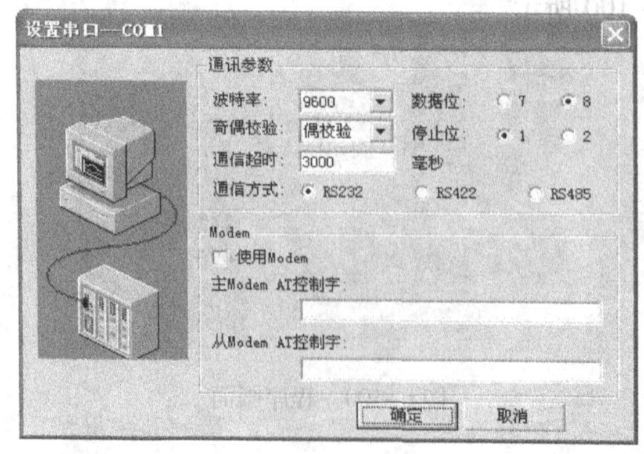

图6-102 设置串口

设置完毕，单击“确定”按钮，就完成了对 COM1 的通信参数配置，保证组态王与 PLC 的通信能够正常进行。

注意：设置的参数必须与 PLC 设置的一致，否则不能正常通信。

5）PLC 通信测试。

选择新建的串口设备“S7PLC”，单击右键，在弹出的快捷菜单中，选择“测试 S7PLC”选项，出现“串口设备测试”对话框，观察设备参数与通信参数是否正确，若正确，则选择“设备测试”选项卡。

在“设备测试”选项卡，寄存器选择“V”，再添加数字“100”，即设为“V100”，数据类型选择“SHORT”，单击“添加”按钮，V100 进入“采集列表”。

在“采集列表”中，双击寄存器名“V100”，出现“数据输入”对话框，在输入数据文本框中输入数值，如 8 000，单击“确定”按钮，寄存器 V100 的变量值变为“8 000”，如图 6-103 所示。

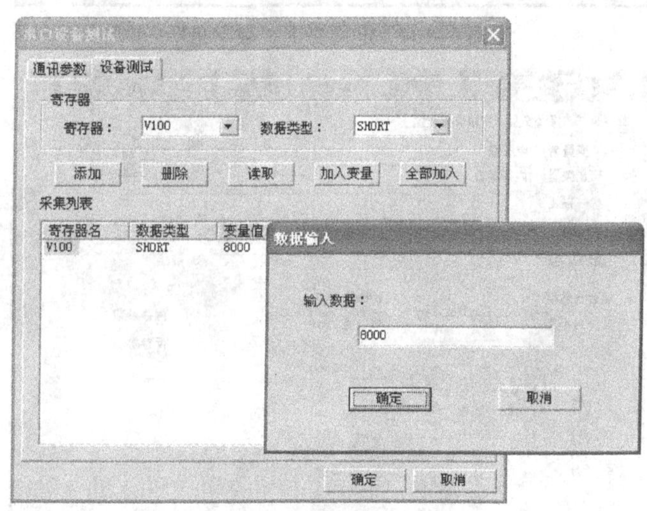

图 6-103　PLC 寄存器测试

如果通信正常，则使用万用表测量 EM235 扩展模块模拟量输出通道，输出电压值应该是 2.5 V（数字量 0 ~ 32 000 对应 0 ~ 10 V）。

6）定义变量。

① 定义变量“数字量”：变量类型选“I/O 整数”，初始值设为“0”，最小值和最小原始值设为“0”，最大值和最大原始值设为“32 000”，连接设备选“S7PLC”，寄存器设为“V100”，数据类型选“SHORT”，读写属性选“只写”，采集频率设为“200”毫秒，如图 6-104 所示。

定义完成后，单击“确定”按钮，则在数据词典中出现定义好的变量“数字量”。

② 定义变量“电压值”：变量类型选“内存实数”，初始值、最小值设为“0”，最大值设为“10”，如图 6-105 所示。

定义完成后，单击“确定”按钮，则在数据词典中出现定义好的变量“AO”。

7）动画连接。

① 建立输出电压值显示文本对象动画连接。

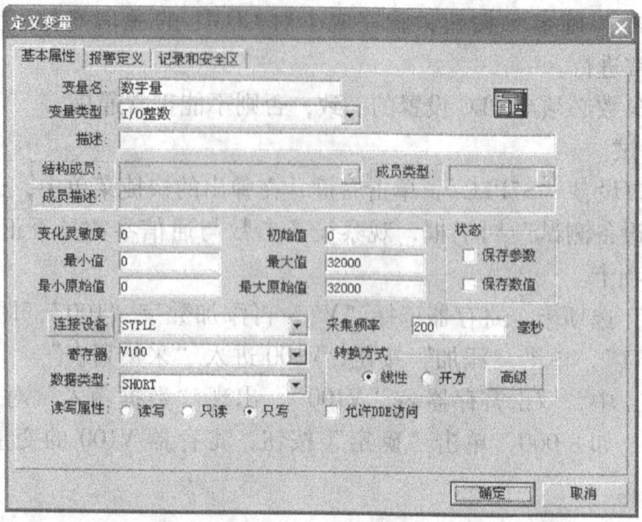

图 6-104　定义变量“数字量”

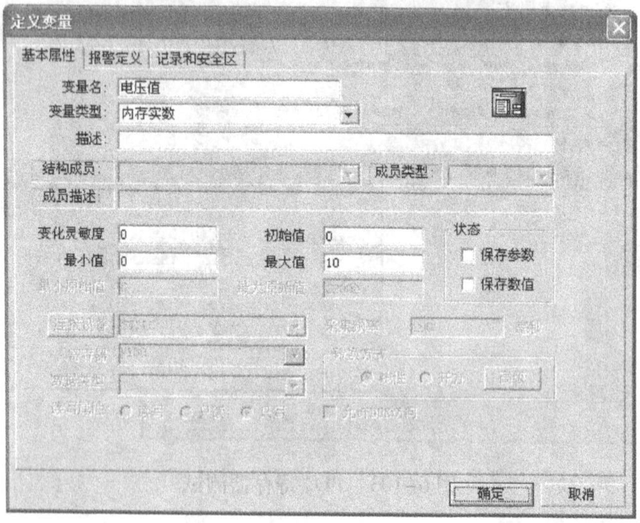

图 6-105　定义变量“电压值”

双击画面中电压值显示文本对象“00”，弹出“动画连接”对话框，单击“模拟值输出”按钮，则弹出“模拟值输出连接”对话框，将其中的表达式设置为“\\本站点\电压值”(可以直接输入，也可以单击表达式文本框右边的“?”按钮，选择已定义好的变量名“电压值”，单击“确定”按钮，文本框中出现“\\本站点\电压值”表达式)，整数位数设为“2”，小数位数为“1”，单击“确定”按钮返回到“动画连接”对话框；单击“模拟值输入”按钮，则弹出“模拟值输入连接”对话框，将其中的变量名设置为“\\本站点\电压值”，值范围最大设为“10”，最小设为“0”，单击“确定”按钮返回到“动画连接”对话框。

单击“确定”按钮，动画连接设置完成，如图 6-106 所示。

② 建立“输出”按钮对象的动画连接。

双击画面中按钮对象“输出”，弹出“动画连接”对话框，在命令语言连接功能下，单击“弹起时”按钮，在“命令语言”编辑栏中输入命令：“\\本站点\数字量 = \\本站点\电

压值 * 3200;”。

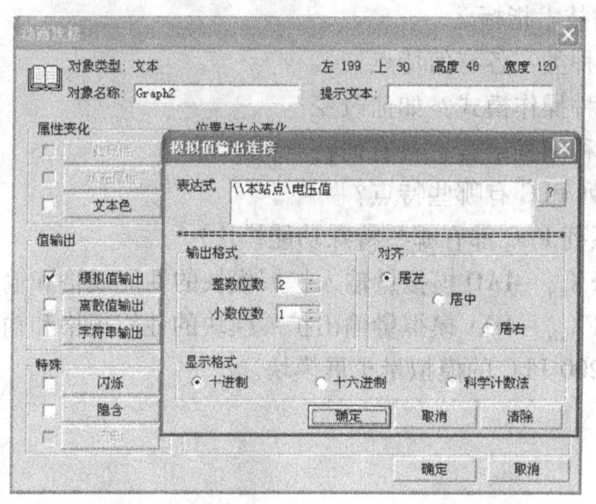

图 6-106　电压值显示文本对象动画连接

程序的作用是将画面中输入的电压数值（0~10）转换为对应的数字量值（0~32 000）。

③ 建立“关闭”按钮对象的动画连接。

双击画面中的“关闭”按钮对象，弹出“动画连接”对话框。在命令语言连接中单击“弹起时”按钮，出现“命令语言”对话框，在编辑栏中输入命令“exit(0);”。

单击“确定”按钮，返回到“动画连接”对话框，再单击“确定”按钮，则“关闭”按钮的动画连接完成。程序运行时，单击“关闭”按钮，程序停止运行并退出。

8）调试与运行。

将设计的画面全部存储并配置成主画面，启动画面运行程序。

在程序画面中输入数值（范围 0~10），单击“输出”按钮，EM235 模拟量扩展模块模拟量输出通道（M0 和 V0 之间）将输出同样大小的电压值。

程序运行画面如图 6-107 所示。

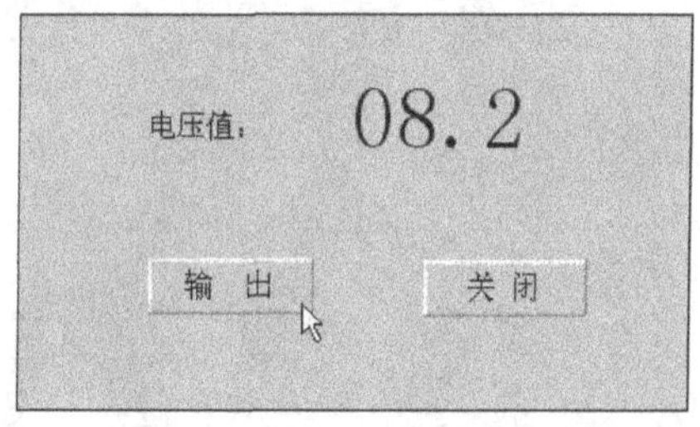

图 6-107　运行画面

习题与思考题

6-1　PLC 主要由哪几部分组成?

6-2　简述 PLC 的工作过程。

6-3　PLC 的技术特点是什么？

6-4　简述 PLC 的技术指标。

6-5　PLC 有哪些种类？各有何特点？

6-6　PLC 有哪几种操作模式？如何改变？

6-7　PLC 有哪几种编程语言？各有何特点？

6-8　三菱 FX 系列 PLC 有哪些特点？

6-9　三菱 FX_{2N} 系列 PLC 都有哪些特殊功能模块？

6-10　简述三菱 FX_{2N} -4AD 模拟量输入扩展模块的性能规格和输出特性。

6-11　简述三菱 FX_{2N} -4DA 模拟量输出扩展模块的性能规格和输出特性。

6-12　简述 S7-200 PLC 的模拟量扩展模块。

第7章　数据采集卡控制系统与实训

为了满足PC及其兼容机用于数据采集与控制的需要，国内外许多厂商生产了各种各样的数据采集板卡（或I/O板卡）。这类板卡均参照IBM－PC的总线技术标准设计和生产，用户只要把这类板卡插入IBM－PC主板上相应的I/O扩展槽中，就可以迅速方便地构成一个数据采集与处理系统，从而大大节省了硬件的研制时间和投资，又可以充分利用IBM－PC机的机箱、总线、电源及软件资源，还可以使用户集中精力对数据采集与处理中的理论和方法进行研究、进行系统设计以及程序的编制等。

在各种计算机控制系统中，PC插卡式是最基本最廉价的构成形式。

7.1　基于数据采集卡的控制系统组成

基于数据采集卡的计算机控制系统的组成如图7-1所示，它可分为硬件和软件两大部分。

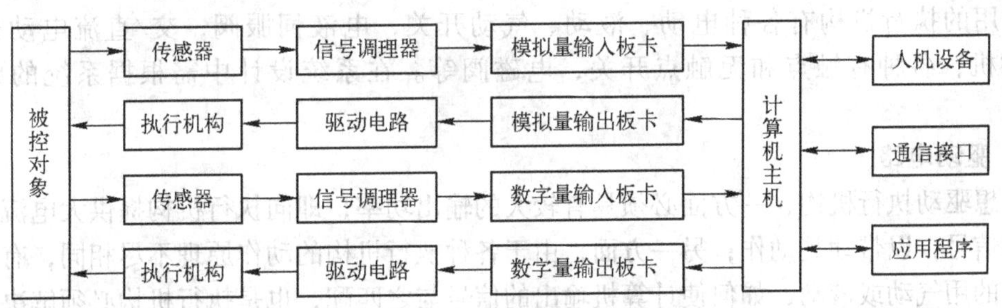

图7-1　基于数据采集卡的控制系统组成框图

7.1.1　硬件子系统

1. 传感器

传感器的作用是把非电物理量（如温度、压力、速度等）转换成电压或电流信号。例如，使用热电偶可以获得随着温度变化而变化的电压信号；转速传感器可以把转速转换为电脉冲信号。

2. 信号调理器

信号调理器（电路）的作用是对传感器输出的电信号进行加工和处理，转换成便于输送、显示和记录的电信号（电压或电流）。例如，传感器输出信号是微弱的，就需要放大电路将微弱信号加以放大，以满足过程通道的要求；为了与计算机接口方便，需要A－D转换电路将模拟信号变换成数字信号等。常见的信号调理电路包括：电桥电路、调制解调电路、滤波电路、放大电路、线性化电路、A－D转换电路、隔离电路等。

如果信号调理电路输出的是规范化的标准信号（如4～20mA、1～5V等），这种信号调理电路称为变送器。在工业控制领域，常常将传感器与变送器做成一体，统称为变送器。变送器输出的标准信号一般送往智能仪表或计算机系统。

3. 输入/输出板卡

应用IPC对工业现场进行控制，首先要采集各种被测量，计算机对这些被测量进行一系列处理后，将结果数据输出。计算机输出的数字量还必须转换成可对生产过程进行控制的量。因此，构成一个工业控制系统，除了IPC主机外，还需要配备各种用途的I/O接口产品，即I/O板卡（或数据采集卡）。

常用的I/O板卡包括模拟量输入/输出（AI/AO）板卡、数字量（开关量）输入/输出（DI/DO）板卡、脉冲量输入/输出板卡及混合功能的接口板卡等。

各种板卡是不能直接由计算机主机控制的，必须由I/O接口来传送相应的信息和命令。I/O接口是主机和板卡、外围设备进行信息交换的纽带。目前绝大部分I/O接口都是采用可编程接口芯片，它们的工作方式可以通过编程设置。常用的I/O接口有并行接口、串行接口等。

4. 执行机构

执行机构的作用是接受计算机发出的控制信号，并把它转换成相应的动作，使被控对象按预先规定的要求进行调整，保证其正常运行。生产过程按预先规定的要求正常运行，即控制生产过程。

常用的执行机构有各种电动、液动、气动开关，电液伺服阀，交/直流电动机，步进电动机，各种有触点和无触点开关，电磁阀等。在系统设计中需根据系统的要求来选择。

5. 驱动电路

要想驱动执行机构，一方面必须具有较大的输出功率，即向执行机构提供大电流、高电压驱动信号，以带动其动作；另一方面，由于各种执行机构的动作原理不尽相同，有的用电动，有的用气动或液动，如何使计算机输出的信号与之匹配，也是执行机构必须解决的重要问题。因此为了实现与执行机构的功率配合，一般都要在计算机输出板卡与执行机构之间配置驱动电路。

6. 计算机主机

计算机主机是整个计算机控制系统的核心。主机由CPU、存储器等构成。它通过由过程输入通道发送来的工业对象的生产工况参数，按照人们预先安排的程序，自动地进行信息处理、分析和计算，并做出相应的控制决策或调节，以信息的形式通过输出通道，及时发出控制命令，实现良好的人机联系。目前采用的主机有PC及工业PC（IPC）等。

7. 外围设备

外围设备主要是为了扩大计算机主机的功能而配置的。它用来显示、存储、打印、记录各种数据，包括输入设备、输出设备和存储设备。常用的外围设备包括打印机、图形显示器（CRT）、外部存储器（软盘、硬盘、光盘等）、记录仪、声光报警器等。

8. 人机联系设备

操作台是人机对话的联系纽带。计算机向生产过程的操作人员显示系统运行状态、运行参数，发出报警信号；生产过程的操作人员通过操作台向计算机输入和修改控制参数，发出各种操作命令；程序员使用操作台检查程序；维修人员利用操作台判断故障等。

9. 网络通信接口

对于复杂的生产过程，通过网络通信接口可构成网络集成式计算机控制系统。系统采用多台计算机分别执行不同的控制功能，既能同时控制分布在不同区域的多台设备，又能实现管理功能。

数据采集硬件的选择要根据具体的应用场合及现有的技术资源来确定。

7.1.2 软件子系统

软件使 PC 和数据采集硬件形成了一个完整的数据采集、分析和显示系统。没有软件，数据采集硬件是毫无用处的。

大部分数据采集应用程序都使用了驱动软件。软件层中的驱动软件可以直接对数据采集硬件的寄存器编程，管理数据采集硬件的操作并把它和处理器中断，DMA 和内存这样的计算机资源结合在一起。驱动软件隐藏了复杂的硬件底层编程细节，为用户提供容易理解的接口。

随着数据采集硬件、计算机和软件复杂程度的增加，性能良好的驱动软件就显得尤为重要。合适的驱动软件可以最佳地结合灵活性和高性能，同时还能极大地降低开发数据采集程序所需的时间。

为了开发出用于测量和控制的高质量数据采集系统，用户必须了解组成系统的各个部分。在所有数据采集系统的组成部分中，软件是最重要的。这是由于插入式数据采集设备没有显示功能，软件是用户和系统的唯一接口。软件提供了系统的所有信息，用户也需要通过它来控制系统。软件把传感器、信号调理、数据采集硬件和分析硬件集成为一个完整的多功能数据采集系统。

7.1.3 系统特点

随着计算机和总线技术的发展，越来越多的科学家和工程师采用基于 PC 的数据采集系统来完成实验室研究和工业控制中的测试测量任务。

基于 PC 的 DAQ 系统（简称 PCs）的基本特点是输入、输出装置为板卡的形式，并将板卡直接与个人计算机的系统总线相连，即直接插在计算机主机的扩展槽上。这些输入、输出板卡往往按照某种标准由第三方批量生产，开发者或用户可以直接在市场上购买，也可以由开发者自行制作。一块板卡的点数（指测控信号的数量）少的有几点，多的 64 点甚至更多。

构成 PCs 的计算机可以用普通的商用机，也可以用 DIY 的计算机，还可以使用工业控制计算机。早期使用比较多的是 STD 总线，近年来占主导地位的是 ISA 总线和 PCI 总线，且 PCI 总线有取代 ISA 总线的趋势。

PCs 的操作系统早期都采用 DOS 操作系统，20 世纪 90 年代中期后，Windows 和 Windows NT 操作系统开始流行。应用软件可以由开发者利用 C、VC ++、VB、Delphi 等语言自行开发，也可以在市场上购买组态软件进行组态后生成。

早期的 PCs 的最大问题就是其性能不够可靠。20 世纪 90 年代中期后，随着计算机软、硬件技术的发展，PCs 的可靠性已越来越高，特别是工控机，其机箱、电源、主板等都进行了强化，可靠性直逼 PLC。

总之，由于 PCs 价格低廉、组成灵活、标准化程度高、结构开放、配件供应来源广泛、应用软件丰富等特点，是一种很有应用前景的计算机控制系统。

7.2 典型 PCI 数据采集卡应用

7.2.1 PCI－1710HG 数据采集卡简介

PCI－1710HG 是北京研华科技发展有限公司生产的一款功能强大的低成本多功能 PCI 总线数据采集卡，如图 7-2 所示。其先进的电路设计使得它具有更高的质量和更多的功能，这其中包含 5 种最常用的测量和控制功能：16 路单端或 8 路差分模拟量输入、12 位 A－D 转换器（采样速率可达 100 kHz）、2 路 12 位模拟量输出、16 路数字量输入、16 路数字量输出及计数器/定时器功能。

图 7-2　PCI－I710HG 数据采集卡

PCI－1710HG 数据采集卡的主要性能如下。

（1）单端或差分混合的模拟量输入

PCI－1710HG 有一个自动通道/增益扫描电路。该电路能代替软件控制采样期间多路开关的切换。卡上的 SRAM 存储了每个通道不同的增益值及配置。

（2）卡上可编程计数器

PCI－1710HG 提供了可编程的计数器，用于为 A－D 变换提供触发脉冲。计数器芯片为 8254 或与 8254 兼容的芯片，它包含了 3 个 16 位的 10 MHz 时钟的计数器。其中有一个计数器作为事件计数器，用来对输入通道的事件进行计数。

（3）支持即插即用功能

PCI－1710HG 完全符合 PCI 规格 Rev2.1 标准，支持即插即用。在安装插卡时，用户不需要设置任何调线和 DIP 拨码开关，所有与总线相关的配置，比如基地址、中断等均由即插即用功能完成。

7.2.2 用 PCI－1710HG 数据采集卡组成的控制系统

用 PCI－1710HG 板卡构成完整的控制系统还需要接线端子板和通信电缆，如图 7-3 所示。电缆采用 PCL－10168 型，如图 7-4 所示，是两端针型接口的 68 芯 SCSI－Ⅱ电缆，用于连接板卡与 ADAM－3968 接线端子板。该电缆采用双绞线，并且模拟信号线和数字信号线是分开屏蔽的，这样能使信号间的交叉干扰降到最小，并使 EMI/EMC 问题得到了最终的解决。接线端子板采用 ADAM－3968 型，如图 7-5 所示，是 DIN 导轨安装的 68 芯 SCSI－Ⅱ接线端子板，用于各种输入/输出信号线的连接。

用 PCI－1710HG 板卡构成的控制系统框图如图 7-6 所示。

使用时用 PCL－10168 电缆将 PCI－1710HG 板卡与 ADAM－3968 接线端子板连接，这样 PCL－10168 的 68 个引脚和 ADAM－3968 的 68 个接线端子一一对应。

接线端子板各端子的位置及功能如图 7-7 所示，信号描述见表 7-1。

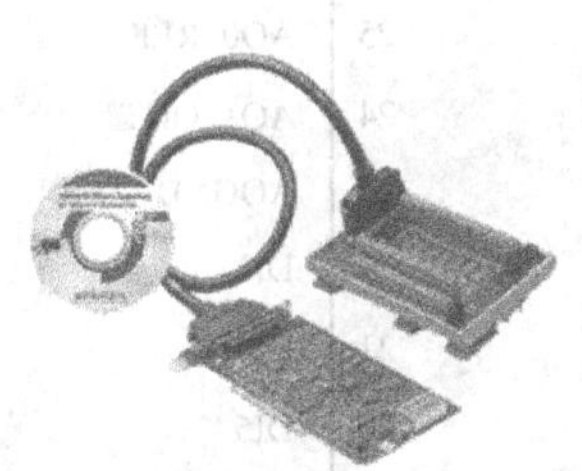

图 7-3　PCI－1710HG 产品的成套性

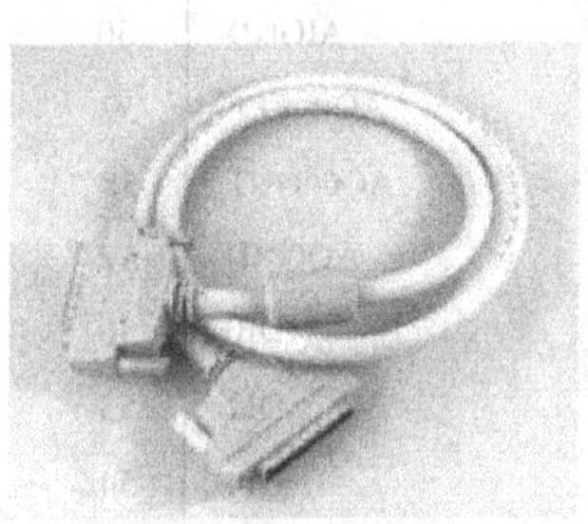

图 7-4　PCL－10168 电缆

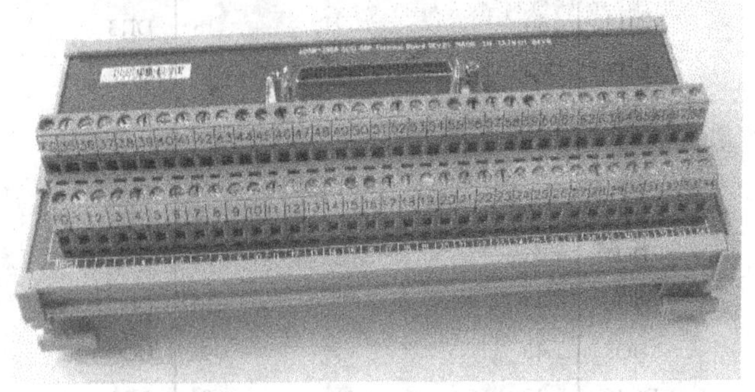

图 7-5　ADAM－3968 接线端子板

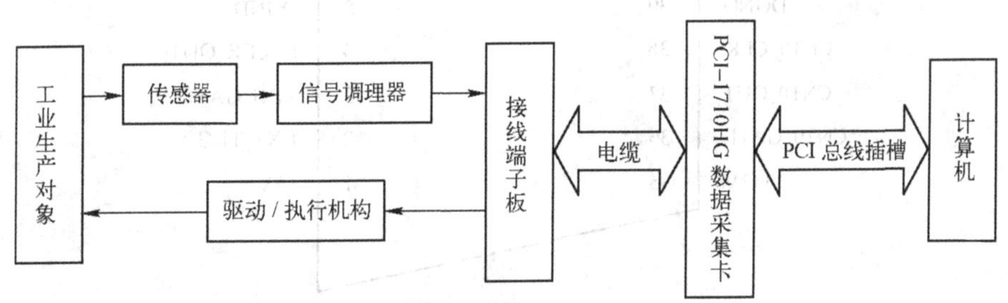

图 7-6　基于 PCI－1710HG 板卡的控制系统框图

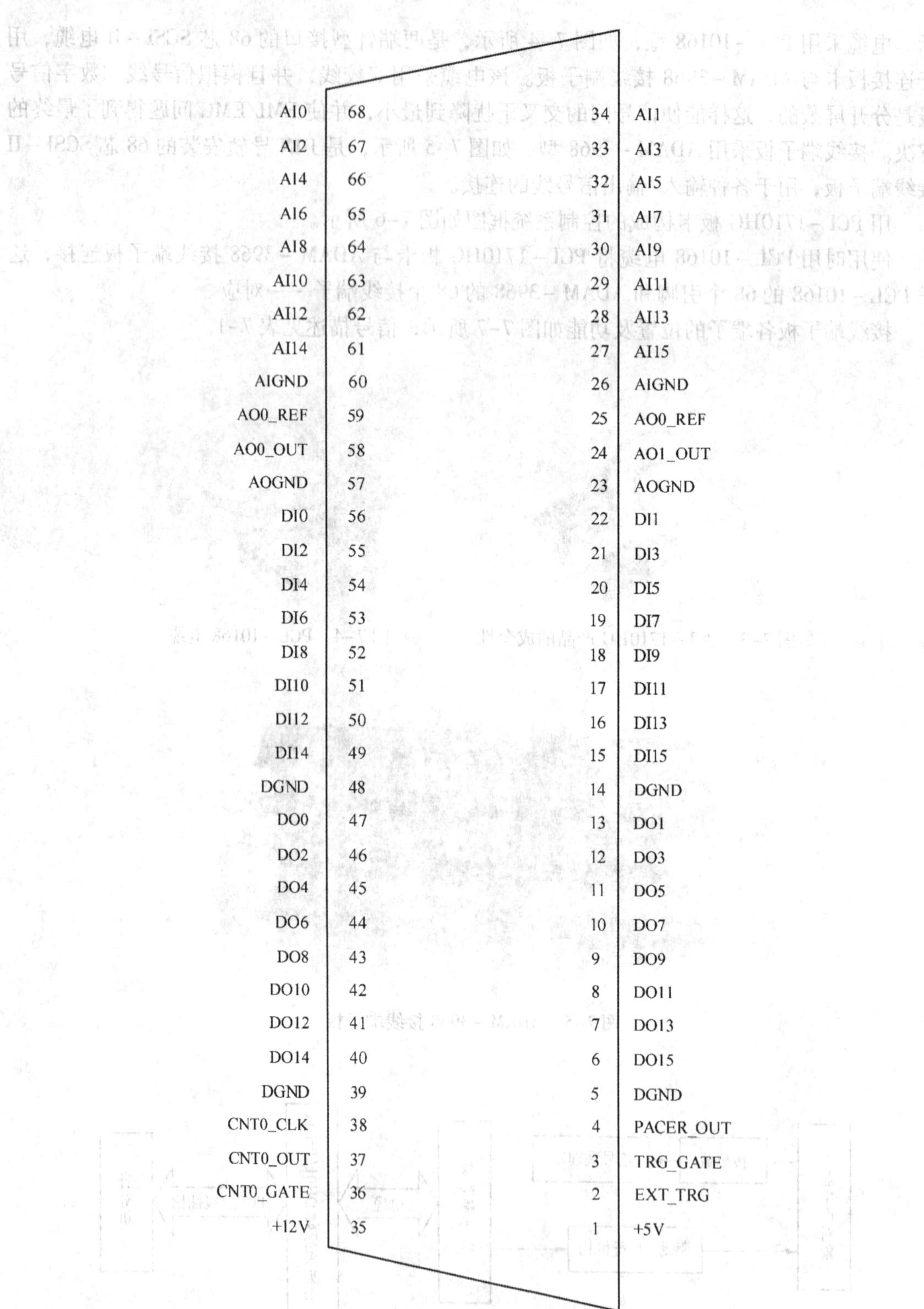

图 7-7　ADAM－3968 接线端子板信号端子位置及功能

表 7-1　ADAM-3968 接线端子板各端子信号功能描述

信号名称	参考端	方向	描述
AI <0~15>	AIGND	Input	模拟量输入通道：0~15
AIGND	—	—	模拟量输入地
AO0_REF AO1_REF	AOGND	Input	模拟量输出通道 0/1 外部基准电压输入端
AO0_OUT AO1_OUT	AOGND	Output	模拟量输出通道：0/1
AOGND	—	—	模拟量输出地
DI <0~15>	DGND	Input	数字量输入通道：0~15
DO <0~15>	DGND	Output	数字量输出通道：0~15
DGND	—	—	数字地（输入或输出）
CNT0_CLK	DGND	Input	计数器 0 通道时钟输入端
CNT0_OUT	DGND	Output	计数器 0 通道输出端
CNT0_GATE	DGND	Input	计数器 0 通道门控输入端
PACER_OUT	DGND	Output	定速时钟输出端
TRG_GATE	DGND	Input	A-D 外部触发器门控输入端
EXT_TRG	DGND	Input	A-D 外部触发器输入端
+12 V	DGND	Output	+12 V 直流电源输出
+5 V	DGND	Output	+5 V 直流电源输出

7.2.3　PCI-1710HG 数据采集卡的安装

首先进入研华公司官方网站（www.advantech.com.cn）找到并下载如下程序：设备管理程序 DevMgr.exe 和驱动程序 PCI1710.exe 等（配套光盘中已提供）。

1. 安装设备管理程序和驱动程序

在测试板卡和使用研华驱动编程之前必须安装研华设备管理程序 Device Manager 和32 bit DLL 驱动程序。

首先执行 DevMgr.exe 程序，根据安装向导完成配置管理软件的安装。

接着执行 PCI1710.exe 程序，按照提示完成驱动程序的安装。

安装完 Device Manager 后，相应的设备驱动手册 Device Driver's Manual 也会自动安装。有关研华 32 bit DLL 驱动程序的函数说明、例程说明等资料可在"开始/程序/Advantech Automation/Device Manager/Device Driver's manual"中获取。

2. 将板卡安装到计算机中

关闭计算机电源，打开机箱，将 PCI-1710HG 板卡正确地插到一个空闲的 PCI 插槽中，如图 7-8 所示，检查无误后合上机箱。

图 7-8　PCI-1710HG 板卡安装

注意：在用手持板卡之前，先释放手上的静电（如通过触摸计算机机箱的金属外壳释放静电等），不要接触易带静电的材料

(如塑料材料等)，手持板卡时只能握它的边沿，以免手上的静电损坏面板上的集成电路或组件。

重新启动计算机，进入 Windows XP 系统，首先出现“找到新的硬件向导”对话框，选择“自动安装软件”选项，单击“下一步”按钮，计算机将自动完成 Advantech PCI－1710HG Device 驱动程序的安装。

系统自动地为 PCI 板卡设备分配中断和基地址，用户无需关心。

注意：其他公司的 PCI 设备一般都会提供相应的 .inf 文件，用户可以在安装板卡的时候指定相应的 .inf 文件给安装程序。

检查板卡是否安装正确：右键单击“我的电脑”，在弹出的快捷菜单中单击“属性”选项，弹出“系统属性”对话框，选中“硬件”选项，单击“设备管理器”按钮，进入“设备管理器”窗口，若板卡安装成功后，则会在设备管理器列表中出现 PCI－1710HG 的设备信息，如图 7-9 所示。

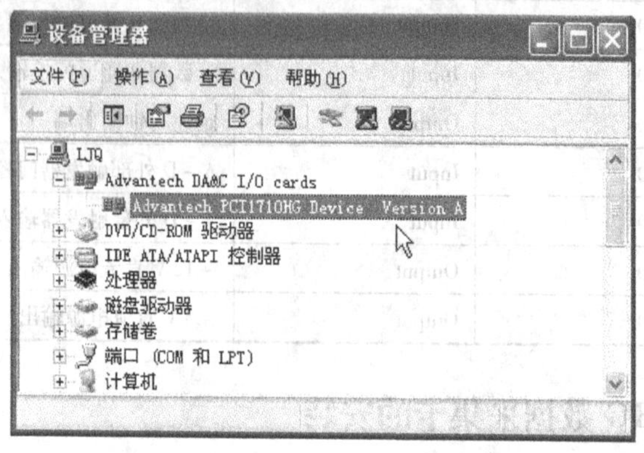

图 7-9　设备管理器中的板卡信息

查看板卡属性“资源”选项，可获得计算机分配给板卡的地址输入/输出范围，如 C000－C0FF，其中首地址为 C000，分配的中断号为 22，如图 7-10 所示。

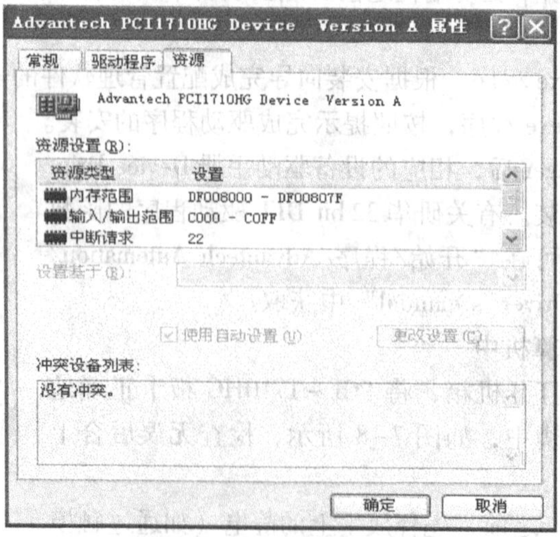

图 7-10　板卡资源信息

3. 配置板卡

在测试板卡和使用研华驱动编程之前必须对板卡进行配置，通过研华板卡配置软件 Device Manager 来实现。

通过“开始”菜单→所有程序→Advantech Automation→Device Manager 打开设备管理程序 Advantech Device Manager，如图 7-11 所示。

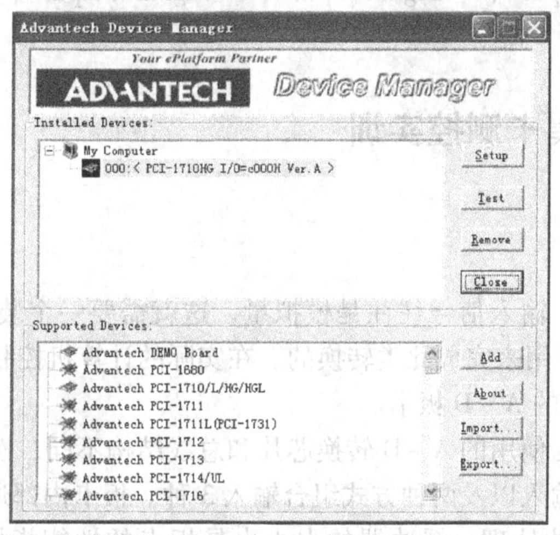

图 7-11　配置板卡

当用户的计算机上已经安装好某个产品的驱动程序后，设备管理软件支持的设备列表前将没有红色叉号，说明驱动程序已经安装成功，例如图 7-11 中“Supported Devices”列表的 Advantech PCI - 1710/L/HG/HGL 前面就没有红色叉号，选中该板卡，单击“Add”按钮，该板卡信息就会出现在“Installed Devices”列表中。

PCI 总线的插卡插好后，计算机操作系统会自动识别，在 Device Manager 的“Installed Devices”列表中的 My Computer 下会自动显示出所插入的器件，这一点和 ISA 总线的板卡不同。

单击“Setup”按钮，弹出“PCI - 1710HG Device Setting”对话框，如图 7-12 所示，在对话框中可以设置 A - D 通道是单端输入还是差分输入，可以选择两个 D - A 转换输出通道通用的基准电压来自外部还是内部，也可以设置基准电压的大小（0 ~ 5 V 或 0 ~ 10 V），设置好后，单击“OK”按钮即可。

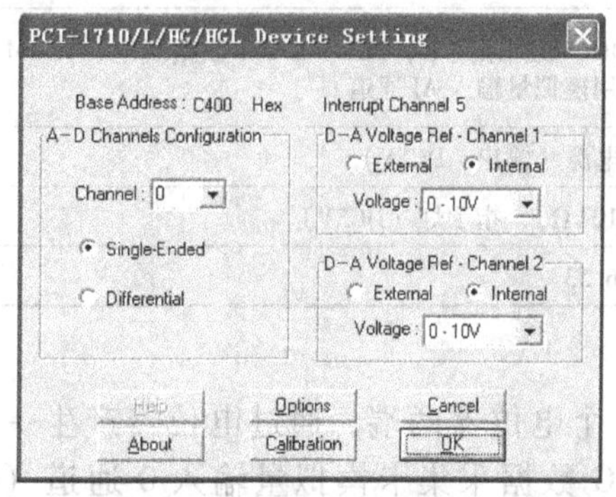

图 7-12　板卡 A - D、D - A 通道配置

到此，PCI－1710HG 数据采集卡的硬件和软件已经安装完毕，可以进行板卡测试。

4. 板卡测试

可以利用板卡附带的测试程序对板卡的各项功能进行测试。

运行设备测试程序：在研华设备管理程序“Advantech Device Manager”对话框中单击“Test”按钮，出现“Advantech Device Test”对话框，通过不同选项卡可以对板卡的“Analog Input”、“Analog Output”、“Digital Input”、“Digital Output”、“Counter”等功能进行测试。

7.3 PCI 数据采集卡测控实训

7.3.1 模拟量输入

在工业控制系统中，输入信号往往是模拟量，这就需要一个装置把模拟量转换成数字量，各种 A－D 芯片就是用来完成此类转换的。在实际的计算机控制系统中，基本单元不是 A－D 芯片，而是商品化的 A－D 板卡。

模拟量输入板卡根据使用的 A－D 转换芯片和总线结构不同，性能有很大的差别。板卡通常有单端输入、差分输入以及两种方式组合输入 3 种。板卡内部通常设置一定的采样缓冲器，对采样数据进行缓冲处理，缓冲器的大小也是板卡的性能指标之一。在抗干扰方面，A－D板卡通常采取光电隔离技术，实现信号的隔离。板卡模拟信号采集的精度和速度指标通常由板卡所采用的 A－D 转换芯片决定。

1. 实训目的

1）掌握用数据采集卡进行模拟量信号采集的硬件线路连接方法。

2）掌握用 KingView 设计数据采集卡模拟量输入（AI）程序的方法。

2. 实训线路

（1）软、硬件清单

本实训用到的硬件和软件清单见表 7-2。

表 7-2 实训用软、硬件清单

序 号	名 称	数 量
1	PC（或 IPC）	1
2	PCI－1710HG 数据采集卡，PCL－10168 数据线缆，ADAM－3968 接线端子（使用模拟量输入 AI 通道）	各 1
3	直流稳压电源（输出：DC5V）	1
4	电位器（10 kΩ），指示灯（DC5V）	各 1
5	KingView 6.53	1

（2）硬件线路

将直流 5 V 电压接到一个电位器两端，通过电位器产生一个模拟变化电压（范围是 0～5 V），送入 PCI－1710HG 数据采集卡模拟量输入 0 通道（68 端点是 AI0，60 端点是 AIGND），同时在电位器电压输出端接一个信号指示灯 L，如图 7-13 所示。

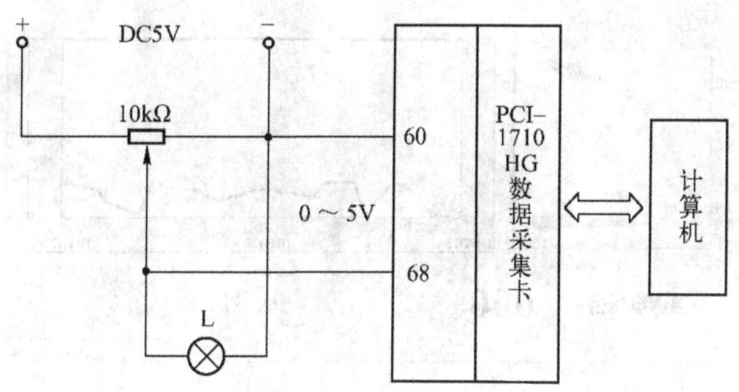

图 7-13　计算机模拟电压输入线路

也可在模拟量输入 0 通道接稳压电源提供的 0 ～ 5 V 电压。其他模拟量输入通道输入电压接线与 0 通道相同。

3. 实训任务

采用 KingView 编写应用程序实现 PCI - 1710HG 数据采集卡模拟量输入。任务要求如下。

PC 以间隔或连续方式读取电压测量值（范围为 0 ~ 5 V），并以数值或曲线形式显示电压变化值。

4. 实训操作

（1）建立新工程项目

运行 KingView 程序，出现组态王工程管理器画面。为建立一个新工程，执行以下操作。

1）在工程管理器中选择菜单“文件→新建工程”或单击快捷工具栏“新建”命令，出现“新建工程向导之一欢迎使用本向导”对话框。

2）单击“下一步”按钮出现“新建工程向导之二选择工程所在路径”对话框。选择或指定工程所在路径。如果需要更改工程路径，单击“浏览”按钮。

3）单击“下一步”按钮出现“新建工程向导之三工程名称和描述”对话框。在对话框中输入工程名称为“AI”（必需，可以任意指定）；在工程描述中输入“模拟量输入项目”（可选）。

4）单击“完成”按钮，新工程建立，单击“是”按钮，确认将新建的工程设为组态王当前工程，此时组态王工程管理器中出现新建的工程。

（2）制作图形画面

在工程浏览器左侧树形菜单中选择“文件”下的“画面”，在右侧视图中双击“新建”，出现“画面属性”对话框，输入“画面名称”为“模拟量输入”，设置画面位置、大小等，然后单击“确定”按钮，进入组态王开发系统，此时工具箱自动加载。

绘制图素的主要工具放在图形编辑工具箱中，各基本工具的使用方法与“画笔”类似。

1）执行菜单“图库”→“打开图库”命令，为图形画面添加 1 个仪表对象。

2）在开发系统工具箱中为图形画面添加 1 个“实时趋势曲线”对象；2 个文本对象（标签为“当前电压值”和当前电压值显示文本“000”）；1 个按钮对象“关闭”。

设计的画面如图 7-14 所示。

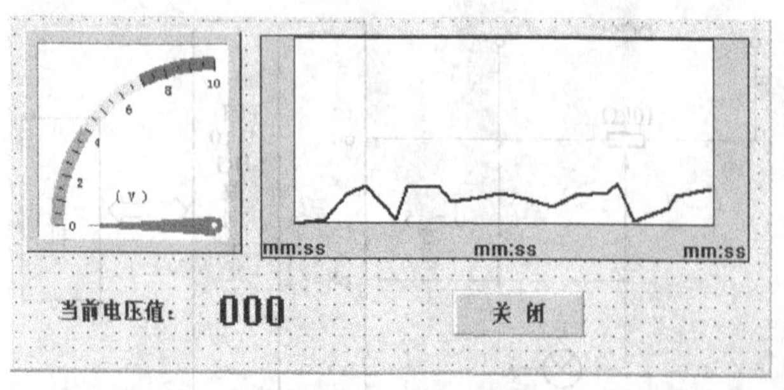

图 7-14 图形画面

(3) 定义板卡设备

在组态王工程浏览器的左侧选择“设备”中的“板卡”，在右侧视图双击“新建”，运行“设备配置向导”。

1) 选择：“设备驱动”→“智能模块”→“研华 PCI 板卡”→“YHPCI1710”→“YHPCI1710”，如图 7-15 所示。

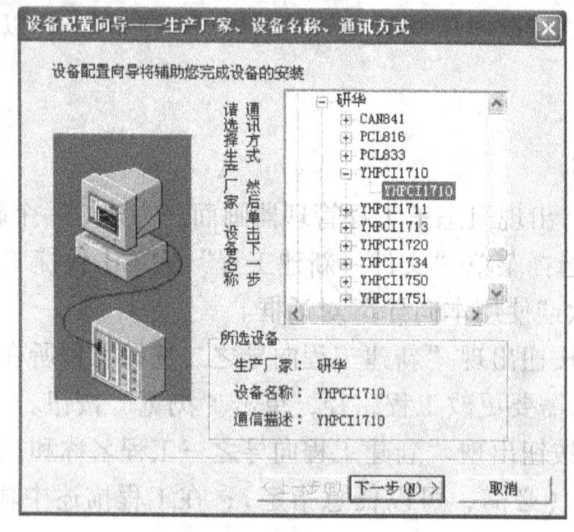

图 7-15 选择板卡设备

2) 单击“下一步”按钮，给要安装的设备指定唯一的逻辑名称，如“PCI1710HG”。

3) 单击“下一步”按钮，给要安装的设备指定地址“C000”。

组态王的设备地址即 PCI 卡的端口地址，可查看 Windows 设备管理器分配的端口地址，若为 C400，则组态王设备地址一栏中填入 C400。该地址与板卡所在插槽的位置有关。

4) 单击“下一步”按钮，不改变通信参数。再单击“下一步”按钮，显示所安装设备的所有信息。检查各项设置是否正确，确认无误后，单击“完成”按钮。

设备定义完成后，用户可以在工程浏览器的右侧看到新建的外部设备“PCI1710”，在左侧看到设备逻辑名称“PCI1710HG”。

在定义数据库变量时，用户只要把 I/O 变量连接到这台设备上，它就可以和 KingView 交换数据了。

(4) 定义变量

在工程浏览器的左侧树形菜单中选择“数据库”下的“数据词典”，在右侧视图双击

"新建"，弹出"定义变量"对话框。

定义变量"模拟量输入"：变量类型选"I/O 实数"，变量的最小值为"0"、最大值为"5"（按输入电压范围（0~5 V）确定）。

定义 I/O 实数变量时，最小原始值、最大原始值的设置是关键。它们是根据采集板卡的电压输入范围和 A-D 转换位数确定的。

因采用的 PCI-1710HG 板卡模拟电压输入范围是 -5 ~ +5 V，A-D 是 12 位，因此计算机采样值为 $2^{12}-1=4095$，即 -5 V 对应 0，+5 V 对应 4 095，电压与采样值呈线性关系，因为电位器的输出电压范围是 0 ~ 5 V，那么变量属性中的最小原始值应为"2 048"，最大原始值为"4 095"；连接设备选"PCI1710HG"（前面已定义），电位器的输出电压接板卡 AI0 通道，故寄存器设为"AD0"；数据类型选"USHORT"；"读写属性"选"只读"。

变量"模拟量输入"的定义如图 7-16 所示。

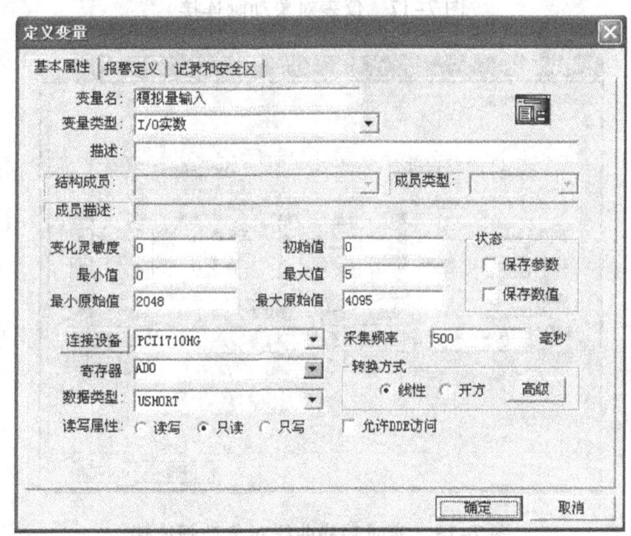

图 7-16　定义模拟量输入 I/O 实数变量

（5）建立动画连接

1）建立仪表对象的动画连接。

双击画面中仪表对象，弹出"仪表向导"对话框，单击"变量名"文本框右边的"?"按钮，出现"选择变量名"对话框。

选择已定义好的变量名"模拟量输入"，单击"确定"按钮，"仪表向导"对话框变量名文本框中出现"\\本站点\模拟量输入"表达式，仪表表盘下的标签改为"（V）"，填充颜色设为"白色"，其他默认，如图 7-17 所示。

2）建立实时趋势曲线对象的动画连接。

双击画面中实时趋势曲线对象。在"曲线定义"选项卡中，单击"曲线 1 表达式"文本框右边的"?"按钮，选择已定义好的变量"模拟量输入"，并设置其他参数值，如图 7-18 所示，在"标识定义"选项卡中，去掉"标识 Y 轴"项，设置时间轴长度为"2"分钟。

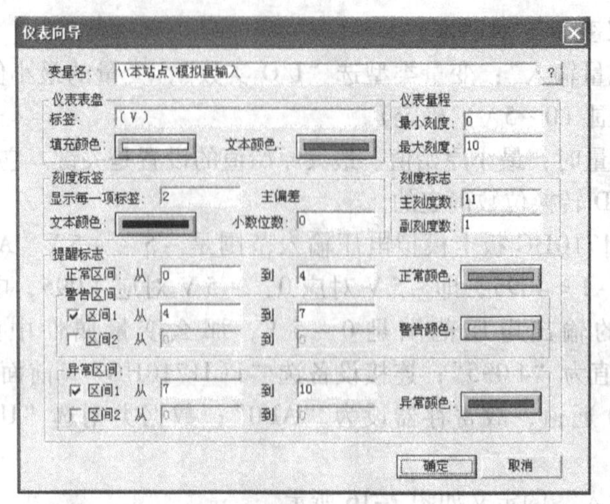

图 7-17　仪表对象动画连接

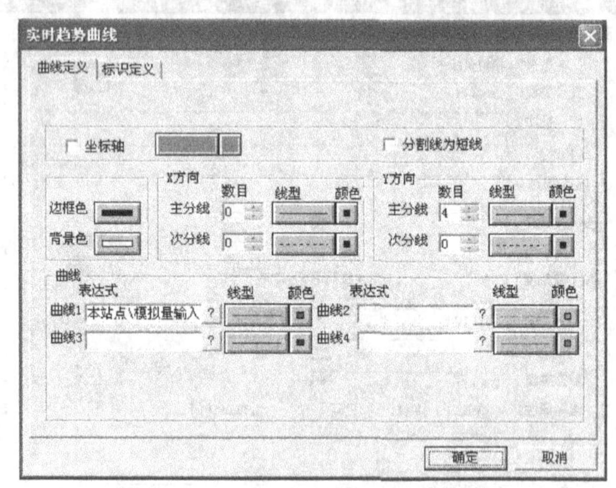

图 7-18　实时趋势曲线对象动画连接

3）建立当前电压值显示文本对象动画连接。

双击画面中当前电压值显示文本对象“000”，出现“动画连接”对话框，将“模拟值输出”属性与变量“模拟量输入”连接，输出格式为整数设为“1”位，小数设为“1”位。

4）建立按钮对象的动画连接。

双击按钮对象“关闭”，出现动画连接对话框，在命令语言连接功能区域下，单击“弹起时”按钮，在“命令语言”编辑栏中输入命令“exit(0);”。

（6）调试与运行

1）存储：设计完成后，在开发系统“文件”菜单中执行“全部存”命令将设计的画面和程序全部存储。

2）配置主画面：在工程浏览器中，单击快捷工具栏上“运行”按钮，出现“运行系统设置”对话框。单击“主画面配置”选项卡，选中制作的图形画面名称“模拟量输入”，单击“确定”按钮即将其配置成主画面。

3）运行：在工程浏览器中，单击快捷工具栏上“VIEW”按钮或在开发系统中执行“文件”→“切换到 View”命令，启动运行系统。

转动电位器旋钮，改变其输出电压（范围是0~5V），线路中AI指示灯亮度随之变化，同时，程序画面文本对象中的数字、仪表对象中的指针、实时趋势曲线对象中的曲线都将随电位器输出电压变化而变化。程序运行画面如图7-19所示。

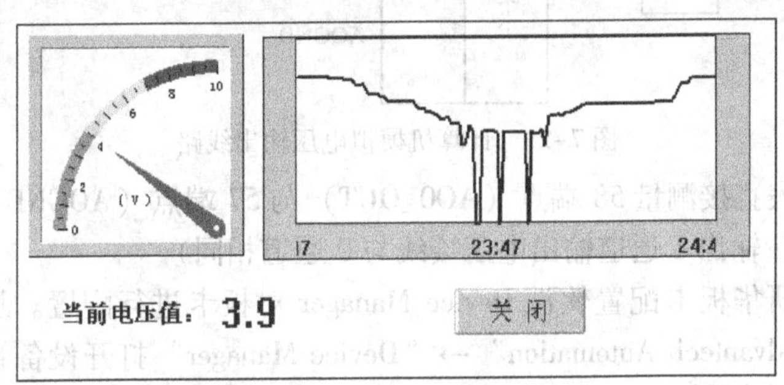

图7-19　程序运行画面

7.3.2　模拟量输出

许多执行装置所需的控制信号是模拟量，如调节阀、电动机、电力电子的功率器件等的控制信号。模拟量输出信号可以直接控制过程设备，而过程又可以对模拟量信号进行反馈。闭环PID控制系统采取的就是这种形式。模拟量输出还可以用来产生波形，这种情况下D-A变换器就成了一个函数发生器。

1. 实训目的

1）掌握用数据采集板卡进行模拟量信号输出的硬件线路连接方法。

2）掌握用KingView设计数据采集卡模拟量输出（AO）程序的方法。

2. 实训线路

（1）软、硬件清单

本实训用到的硬件和软件清单见表7-3。

表7-3　实训用软、硬件清单

序　号	名　称	数　量
1	PC（或IPC）	1
2	PCI-1710HG数据采集卡，PCL-10168数据线缆，ADAM-3968接线端子（使用模拟量输出AO通道）	各1
3	指示灯（DC12V）	1
4	电子示波器	1
5	KingView 6.53	1

（2）硬件线路

图7-20中，将PCI-1710HG数据采集卡模拟量输出0通道（58端点和57端点）接信号指示灯L，通过其明暗变化来显示电压大小变化；接电子示波器来显示电压变化波形（范围为0~10V）。

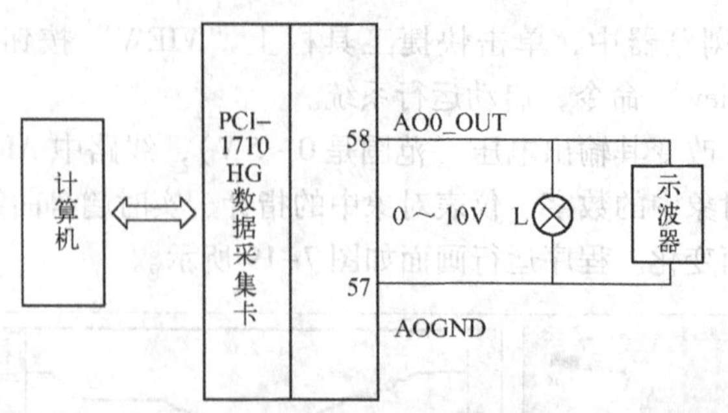

图 7-20　计算机模拟电压输出线路

也可使用万用表直接测量 58 端点（AO0_OUT）与 57 端点（AOGND）之间的输出电压（0～10 V）。（模拟量输出 1 通道输出电压接线与 0 通道相同）

编程前需通过研华板卡配置软件 Device Manager 对板卡进行配置。从“开始”菜单→“所有程序”→“Advantech Automation”→“Device Manager”打开设备管理程序 Advantech Device Manager。单击“Setup”按钮，弹出“PCI－1710HG Device Setting”对话框，在对话框中设置 A－D 通道为“Single－Ended”，选择两个 D－A 转换输出通道通用的基准电压来自“Internal”，设置基准电压的大小为 0～10 V。

3. 实训任务

采用 KingView 编写应用程序实现 PCI－1710HG 数据采集卡模拟量输出。任务要求如下。

在 PC 程序界面中输入数值（范围为 0～10），线路中模拟量输出口输出同样大小的电压值（0～10 V）。

4. 实训操作

（1）建立新工程项目

运行 KingView 程序，在工程管理器中创建新的工程项目。工程名称为“AO”，工程描述为“模拟量输出项目”。

（2）制作图形画面

画面名称为“模拟量输出”。

在开发系统工具箱中为图形画面添加 4 个文本对象：其中 2 个标签“0 通道输出电压值:”、“1 通道输出电压值:”，2 个电压值输出文本“000”、“000”；2 个按钮控件“输出”、“关闭”。设计的画面如图 7-21 所示。

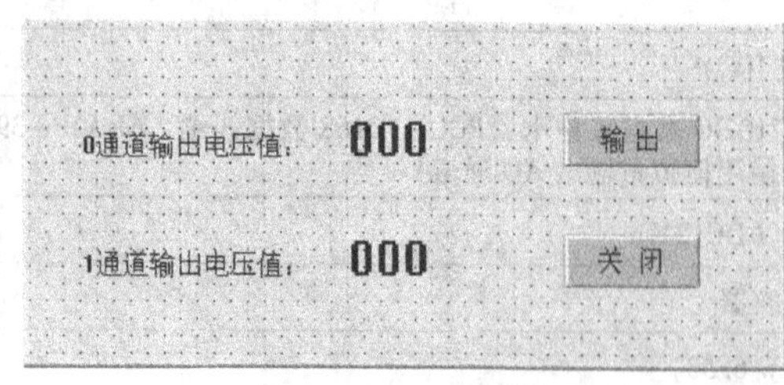

图 7-21　图形画面

（3）定义板卡设备

在组态王工程浏览器的左侧选择“设备”中的“板卡”，在右侧视图双击“新建”，运行“设备配置向导”。

1）选择：“设备驱动”→“智能模块”→“研华 PCI 板卡”→“YHPCI1710”→

“YHPCI1710”，如图 7-22 所示。

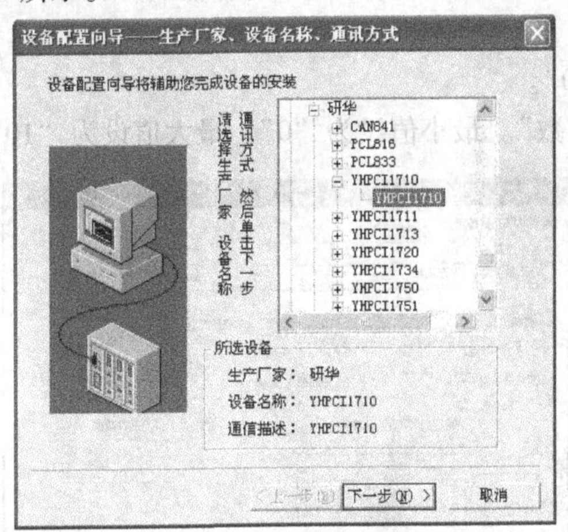

图 7-22　选择板卡设备

2）单击“下一步”按钮，给要安装的设备指定唯一的逻辑名称，如“PCI1710HG”。

3）单击“下一步”按钮，给要安装的设备指定地址“C000”。

组态王的设备地址即 PCI 卡的端口地址，可查看 Windows 设备管理器为板卡分配的端口地址，如为 C000，则组态王设备地址一栏中填入 C000。该地址与板卡所在插槽的位置有关。

4）单击“下一步”按钮，不改变通信参数。再单击“下一步”按钮，显示所安装设备的所有信息。检查各项设置是否正确，确认无误后，单击“完成”按钮。

设备定义完成后，可以在工程浏览器的右侧看到新建的外部设备“PCI1710”，在左侧看到设备逻辑名称“PCI1710HG”。

在定义数据库变量时，只要把 I/O 变量连接到这台设备上，它就可以和组态王交换数据了。

（4）定义 I/O 变量

1）定义变量“模拟量输出 0”。

变量类型选“I/O 实数”。最小值，最大值可按计算机输出电压范围（0～10 V）确定；最小原始值为“2 048”（对应输出 0 V），最大原始值为“4 095”（对应输出 10 V）；连接设备选“PCI1710HG”，寄存器为“DA0”，数据类型选“USHORT”，读写属性选“只写”，如图 7-23 所示。

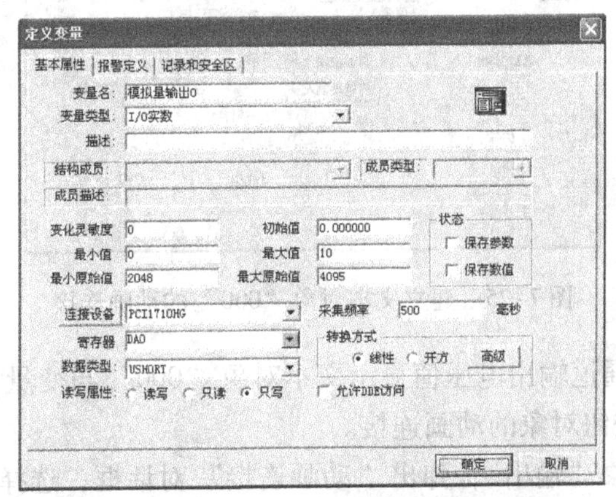

图 7-23　定义模拟量输出 I/O 变量

按同样的方法定义变量“模拟量输出 1”，寄存器设为“DA1”，其他参数与变量“模拟量输出 0”一样。

2）定义变量“电压 0”。

变量类型选“内存实数”。最小值设为“0”，最大值设为“10”，如图 7-24 所示。

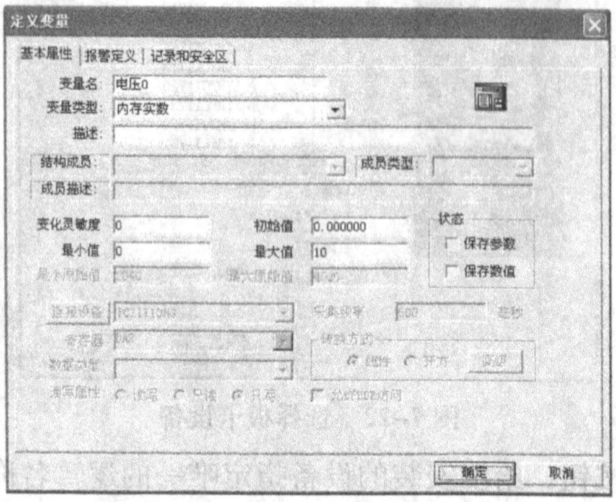

图 7-24　定义内存实数变量

按同样的方法定义变量“电压 1”，最小值设为“0”，最大值设为“10”。

(5) 建立动画连接

1）建立输出电压值显示文本对象动画连接。

双击画面中 0 通道输出电压值显示文本对象“000”，弹出“动画连接”对话框，将“模拟值输出”属性与变量“电压 0”连接，输出格式为整数“1”位，小数“1”位；将“模拟值输入”属性与变量“电压 0”连接，值范围为最大设为“10”，最小设为“0”，如图 7-25 所示。

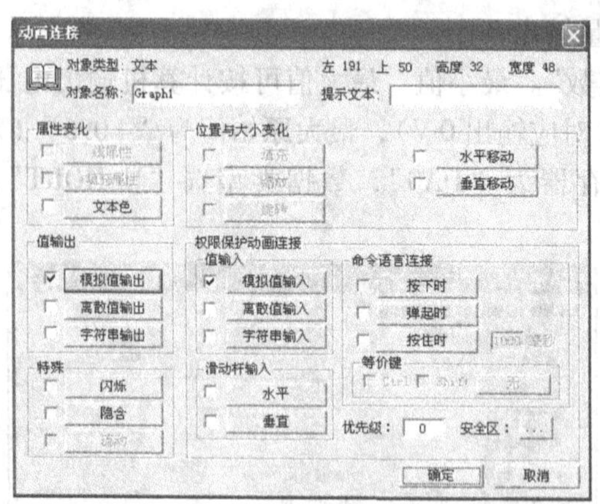

图 7-25　建立文本对象“000”的动画连接

按同样的方法将 1 通道输出电压值显示文本对象“000”与变量“电压 1”连接起来。

2）建立“输出”按钮对象的动画连接。

双击画面中按钮对象“输出”，弹出“动画连接”对话框，选择命令语言连接功能，单击“弹起时”按钮，在“命令语言”编辑栏中输入以下命令：

\\本站点\\模拟量输出 0 = \\本站点\\电压 0;

\\本站点\\模拟量输出 1 = \\本站点\\电压 1;

3）建立“关闭”按钮对象的动画连接。

双击画面中按钮对象“关闭”，弹出“动画连接”对话框，选择命令语言连接功能，单击“弹起时”按钮，在“命令语言”编辑栏中输入命令“exit(0)；”。

（6）调试与运行

将设计的画面全部存储并配置成主画面，启动画面运行程序。

单击 0 通道输出电压显示文本，出现一个输入对话框，如图 7-26 所示，输入 1 个数值，如 2.5（范围为 0 ~ 10），单击“确定”按钮，同样在 1 通道输出电压显示文本中输入 1 个数值。单击“输出”按钮，线路中模拟电压输出 0 通道、1 通道输出相应的电压值。

程序运行画面如图 7-27 所示。

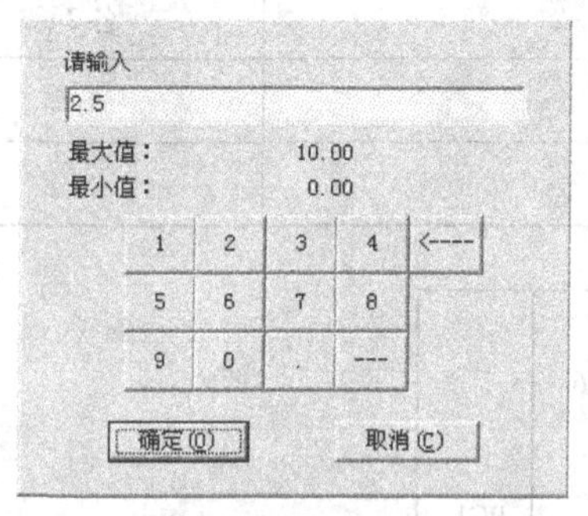

图 7-26　输入数值对话框

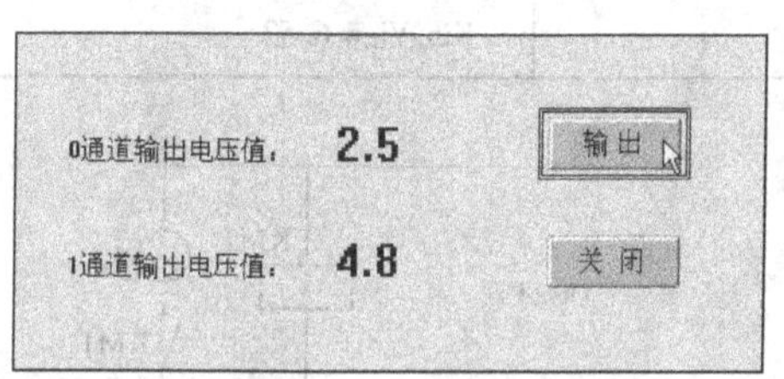

图 7-27　程序运行画面

7.3.3　数字量输入

数字（开关）量信号反映了生产过程、设备运行的现行状态、逻辑关系和动作顺序。例如，行程开关可以指示出某个部件是否达到规定的位置，如果已经到位，则行程开关接通，并向工控机系统输入 1 个开关量信号。

许多现场设备往往只对应于两种状态，例如，按钮、行程开关的闭合和断开，电动机的起动和停止，指示灯的亮和灭，仪器仪表的 BCD 码，继电器或接触器的释放和吸合，晶闸管的通和断，阀门的打开和关闭等，可以对开关输入信号进行检测。

计算机控制系统通过数字（开关）量输入板卡采集工业生产过程的离散输入信号，本实训采用 PCI - 1710HG 数据采集卡的数字量输入通道来完成数字信号的检测。

1. 实训目的

1）掌握用数据采集板卡进行数字量信号输入的硬件连接方法。

2）掌握用 KingView 设计数据采集卡数字量输入（DI）程序的方法。

2. 实训线路

（1）软、硬件清单

本实训用到的硬件和软件清单见表 7-4。

（2）硬件线路

图 7-28 中，由电气开关和光电接近开关分别控制两个电磁继电器，每个继电器都有 2

路常开和常闭开关。其中，2 个继电器的一个常开开关 KM11 和 KM21 接指示灯，由电气开关控制的继电器的另一常开开关 KM12 接 PCI－1710HG 数据采集卡数字量输入 0 通道（56 端点和 48 端点），由光电接近开关控制的继电器的另一常开开关 KM22 接板卡数字量输入 1 通道（22 端点和 48 端点）。

表 7-4 实训用软、硬件清单

序 号	名 称	数 量
1	PC（或 IPC）	1
2	PCI－1710HG 数据采集卡，PCL－10168 数据线缆，ADAM－3968 接线端子（使用数字量输入 DI 通道）	各 1
3	电气开关，光电接近开关等（DC24V）	各 1
4	电磁继电器（DC24V），指示灯（DC24V）	各 2
5	直流电源（输出：DC24V）	1
6	KingView 6.53	1

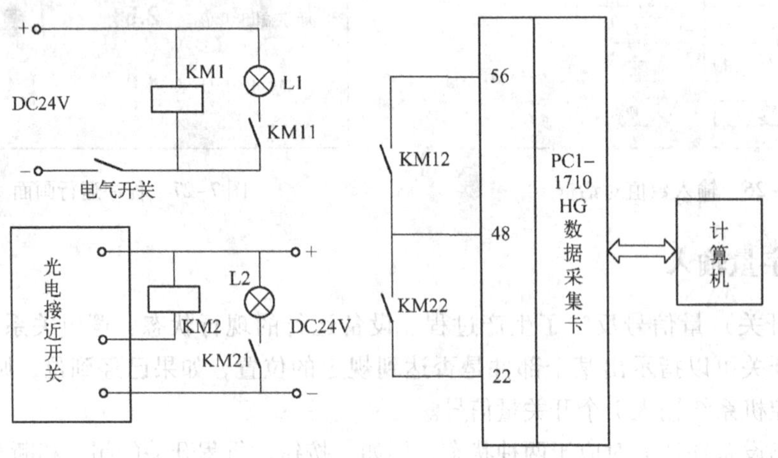

图 7-28 计算机数字量输入线路

此外，也可直接使用按钮、行程开关等的常开触点接数字量输入端口（56 端点是 DI0，22 端点是 DI1，48 端点是 DGND）。更简单的方法是直接使用导线短接或断开数字地（48 端点）和 56、22 等数字量输入端点来产生数字（开关）信号。

3. 实训任务

采用 KingView 编写应用程序实现 PCI－1710HG 数据采集卡数字量输入。任务要求如下：利用开关产生数字（开关）信号（0 或 1），使程序界面中信号指示灯颜色改变。

4. 实训操作

（1）建立新工程项目

运行 KingView 程序，在工程管理器中创建新的工程项目。工程名称为“DI”；工程描述为“数字量输入项目”。

(2) 制作图形画面

画面名称“数字量输入”。

1) 执行菜单“图库”→“打开图库”命令，为图形画面添加 2 个指示灯对象。

2) 在开发系统工具箱中为图形画面添加 2 个文本对象，标签分别为 DI0 ~ DI1；1 个按钮对象“关闭”。

设计的画面如图 7-29 所示。

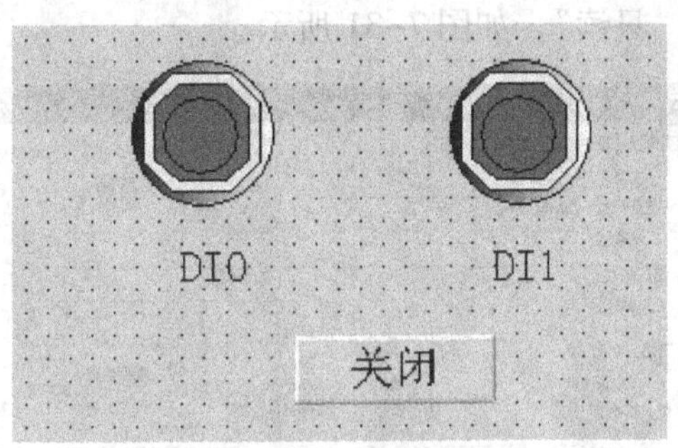

图 7-29　图形画面

(3) 定义板卡设备

在组态王工程浏览器的左侧选择“设备”中的“板卡”，在右侧视图双击“新建”，运行“设备配置向导”。

1) 选择：“设备驱动”→“智能模块”→“研华 PCI 板卡”→“YHPCI1710”→“YHPCI1710”，如图 7-30 所示。

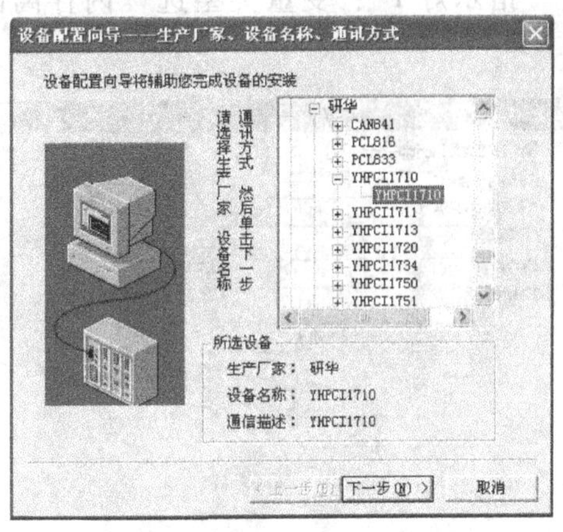

图 7-30　选择板卡设备

2) 单击“下一步”按钮，给要安装的设备指定唯一的逻辑名称，如“PCI1710HG”。

3) 单击“下一步”按钮，给要安装的设备指定地址为“C000”（与板卡所在插槽的位置有关）。

组态王的设备地址即 PCI 卡的端口地址，可查看 Windows 设备管理器为板卡分配的端口地址，若为 C400，则组态王设备地址一栏中填入 C400。该地址与板卡所在插槽的位置有关。

4) 单击“下一步”按钮，不改变通信参数。再单击“下一步”按钮，显示所安装设备的所有信息。检查各项设置是否正确，确认无误后，单击“完成”按钮。

设备定义完成后，可以在工程浏览器的右侧看到新建的外部设备“PCI1710”。在左侧看到设备逻辑名称“PCI1710HG”。

(4) 定义变量

1) 定义变量“开关量输入”。

变量类型选“I/O 整数”，连接设备选“PCI1710HG”，寄存器选“DI”，数据类型选“USHORT”，读写属性选“只读”，如图 7-31 所示。

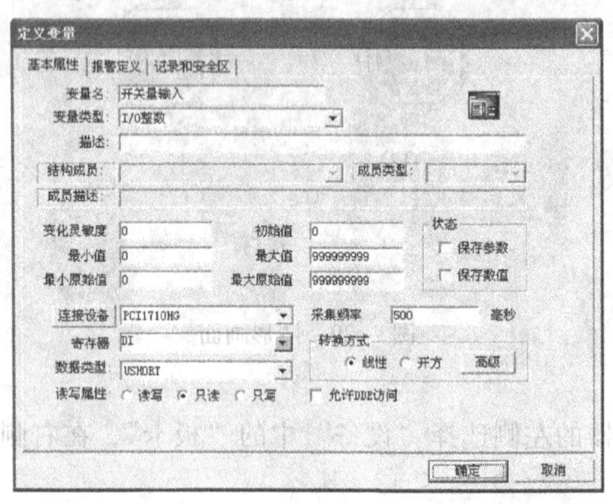

图 7-31　定义“开关量输入”I/O 变量

2) 定义内存离散变量“指示灯 1”：变量类型选“内存离散”，初始值选“关”，如图 7-32所示。

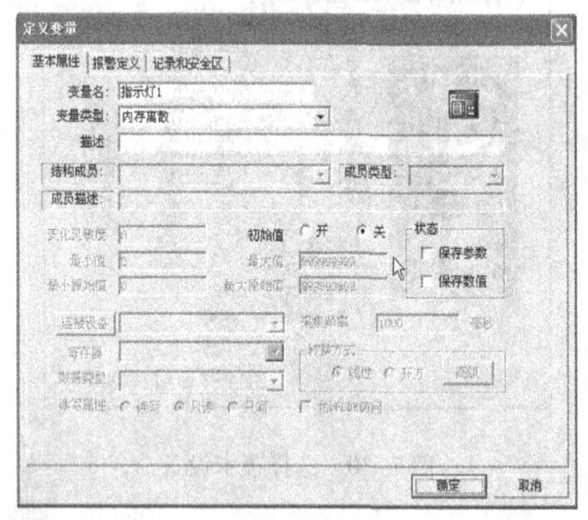

图 7-32　定义内存离散变量“指示灯 1”

同样定义另一个内存离散变量，变量名为“指示灯 2”。

(5) 建立动画连接

1) 建立信号指示灯对象动画连接：将各指示灯对象分别与变量“指示灯 1” ~ “指示灯 2”连接起来，如图 7-33 所示。

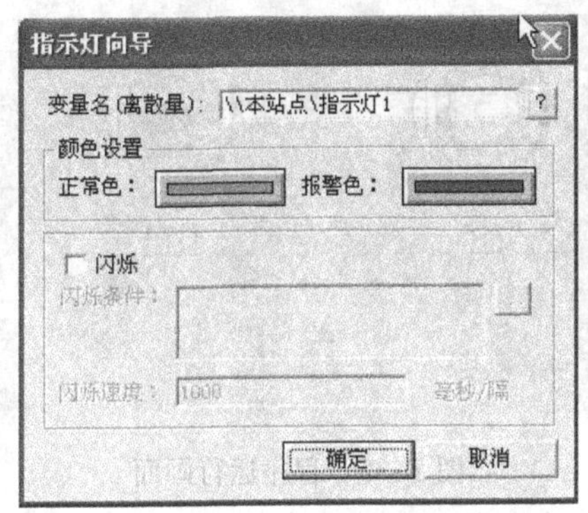

图 7-33　指示灯对象动画连接

2）建立按钮对象“关闭”动画连接：在按钮“弹起时”的“命令语言”输入命令编辑栏中“exit(0);”。

（6）编写命令语言

在组态王工程浏览器的左侧选择“命令语言”下的“数据改变命令语言”，在右侧双击“新建”，弹出“数据改变命令语言”对话框，在变量［.域］文本框中输入“\\本站点\开关量输入”，在编辑栏中输入相应语句，如图 7-34 所示。

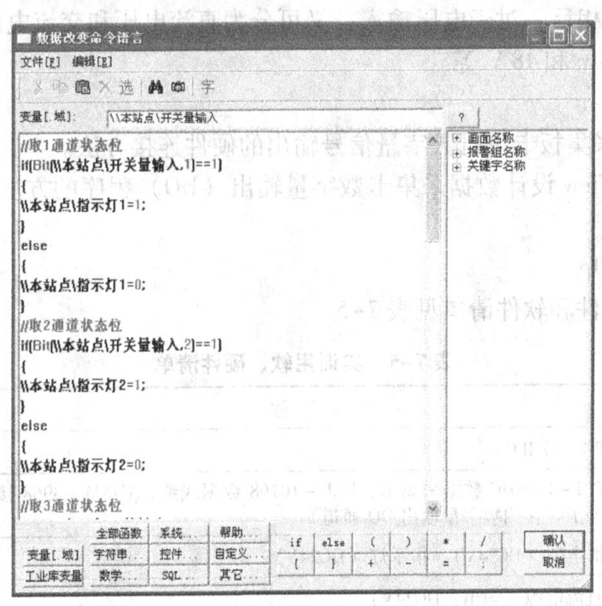

图 7-34　取各通道状态位程序

（7）调试与运行

将设计的画面全部存储并配置成主画面，启动画面运行程序。

将按钮、行程开关等接数字量输入通道（如将 DI0 和 DGND 短接或断开），产生数字（开关）信号，使程序画面中相应的信号指示灯颜色改变。程序运行画面如图 7-35 所示。

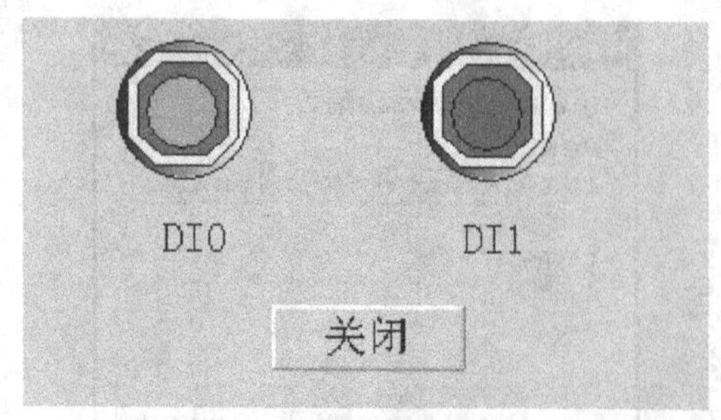

图 7-35　程序运行画面

7.3.4　数字量输出

许多现场设备往往只对应于两种状态，例如电动机的起动和停止、指示灯的亮和灭、继电器或接触器的释放和吸合、晶闸管的通和断、阀门的打开和关闭等，可以用数字（开关）量输出信号去控制。

数字（开关）量输出信号可分为两种形式：一种是电压输出，另一种是继电器输出。电压输出一般是通过晶体管的通断来直接对外部提供电压信号，继电器输出则是通过继电器触点的通断来提供信号。电压输出方式的速度比较快且外部接线简单，但带负载能力弱；继电器输出方式则与之相反。对于电压输入，又可分为直流电压和交流电压，相应的电压幅值可以有5 V、12 V、24 V 和 48 V 等。

1. 实训目的

1）掌握用数据采集板卡进行数字量信号输出的硬件连接方法。

2）掌握用 KingView 设计数据采集卡数字量输出（DO）程序的方法。

2. 实训线路

（1）软、硬件清单

本实训用到的硬件和软件清单见表 7-5。

表 7-5　实训用软、硬件清单

序　号	名　称	数　量
1	PC（或 IPC）	1
2	PCI-1710HG 数据采集卡，PCL-10168 数据线缆，ADAM-3968 接线端子（使用数字量输出 DO 通道）	各 1
3	继电器（DC24V）、指示灯（DC24V）	各 1
4	直流电源（输出：DC24V）	1
5	电阻（10 K）、晶体管	各 1
6	KingView 6.53	1

（2）硬件线路

图 7-36 中，PCI-1710HG 数据采集卡数字量输出 1 通道（管脚 13 和 39）接晶体管基极，当计算机输出控制信号置 13 脚为高电平时，晶体管导通，继电器动合开关 KM 闭合，指示灯 L 亮；当置 13 脚为低电平时，晶体管截止，继电器动合开关 KM 打开，指示灯 L 灭（其他数字量输出通道的接线与此相同）。

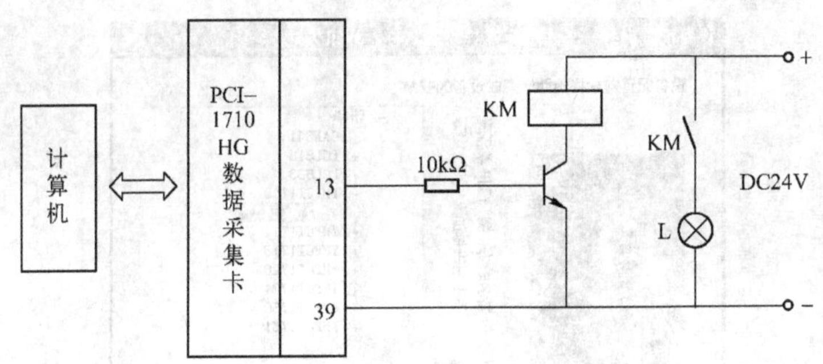

图 7-36　计算机数字量输出电路

也可使用万用表直接测量各数字量输出通道与数字地（如 DO1 与 DGND）之间的输出电压（高电平或低电平）。

3. 实训任务

采用 KingView 编写应用程序实现 PCI - 1710HG 数据采集卡数字量输出。任务要求如下。

在程序画面中执行“打开/关闭”命令，画面中信号指示灯变换颜色，同时，线路中 DO 指示灯 L 亮/灭（数字量输出 1 通道输出高/低电平）。

4. 实训操作

（1）建立新工程项目

运行 KingView 程序，在工程管理器中创建新的工程项目。工程名称为“DO”；工程描述为“数字量输出项目”。

（2）制作图形画面

画面名称“数字量输出”。

1）执行菜单“图库”→“打开图库”命令，为图形画面添加 8 个开关对象。

2）在开发系统工具箱中为图形画面添加 8 个文本对象（标签分别为“DO1”～“DO8”）和 1 个按钮控件“关闭”。设计的画面如图 7-37 所示。

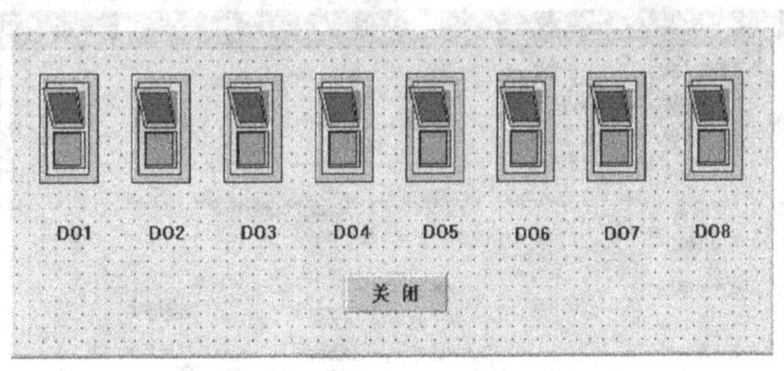

图 7-37　图形画面

（3）定义板卡设备

在组态王工程浏览器的左侧选择“设备”中的“板卡”，在右侧视图双击“新建”，运行“设备配置向导”。

1）选择：“设备驱动”→“智能模块”→“研华 PCI 板卡”→“YHPCI1710”→“YHPCI1710”，如图 7-38 所示。

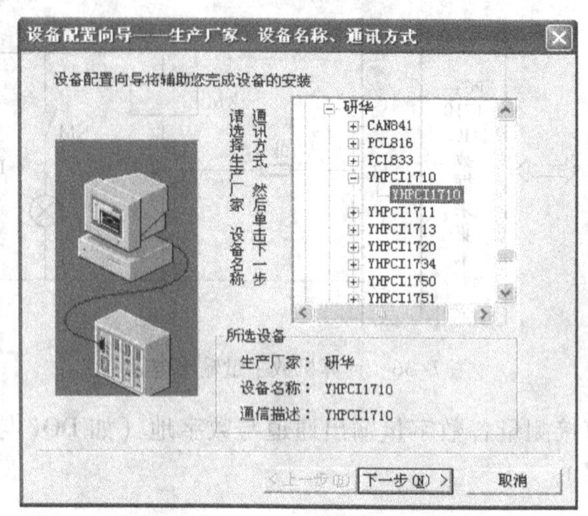

图 7-38　选择板卡设备

2）单击“下一步”按钮，给要安装的设备指定唯一的逻辑名称，如“PCI1710HG”。

3）单击“下一步”按钮，给要安装的设备指定地址“C000”（KingView 的设备地址即 PCI 卡的端口地址，可查看 Windows 设备管理器为板卡分配的端口地址，若为 C400，则组态王设备地址一栏中填入 C400，该地址与板卡所在插槽的位置有关）。

4）单击“下一步”按钮，不改变通信参数。再单击“下一步”按钮，显示所安装设备的所有信息。检查各项设置是否正确，确认无误后，单击“完成”按钮。

设备定义完成后，可以在工程浏览器的右侧看到新建的外部设备“PCI1710”，在左侧看到设备逻辑名称“PCI1710HG”。

（4）定义变量

1）定义变量“开关量输出”：变量类型选“I/O 整数”，连接设备选“PCI1710HG”，寄存器选“DO”，数据类型选“USHORT”，读写属性选“只写”，如图 7-39 所示。

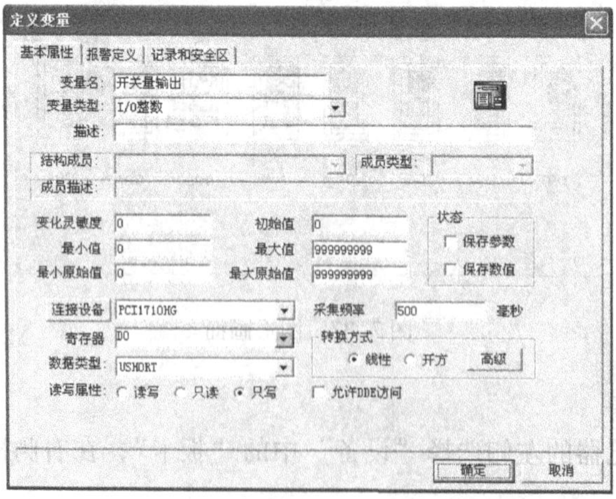

图 7-39　定义“开关量输出”I/O 变量

2）定义变量“开关1”：变量类型选“内存离散”，初始值选“关”。

同样定义其他7个内存离散变量，变量名分别为“开关2”～“开关8”。

（5）建立动画连接

1）建立开关对象动画连接：将各开关对象分别与变量“开关1”～“开关8”连接起来，如图7-40所示。

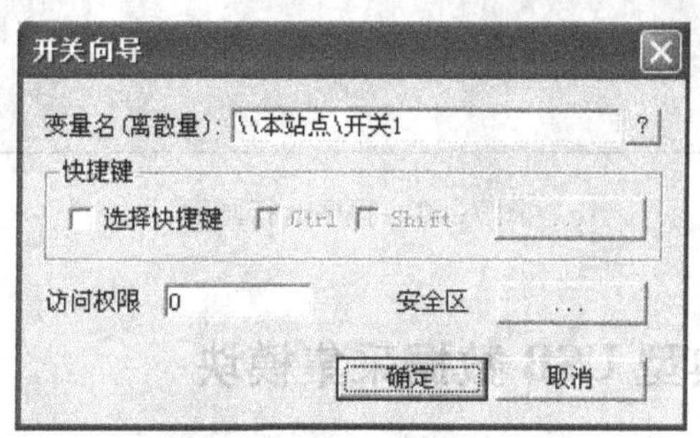

图7-40 开关对象动画连接

2）建立按钮对象“关闭”动画连接：在按钮“弹起时”的“命令语言”编辑栏中输入命令“exit(0);”。

（6）编写命令语言

在KingView工程浏览器的左侧选择“命令语言”下的“数据改变命令语言”，在右侧双击“新建”，弹出“数据改变命令语言”对话框，在变量［.域］文本框中输入“\\本站点\开关1”，在编辑栏中输入相应语句，如图7-41所示。

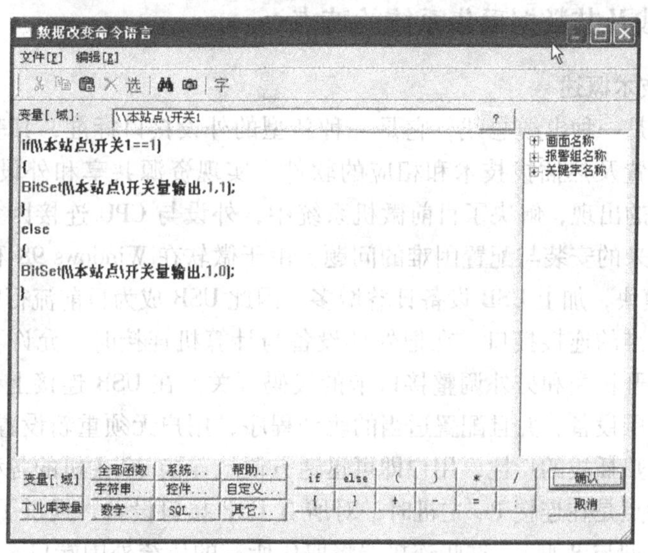

图7-41 数据改变命令语言

同样，编写“开关2”～“开关8”的数据改变命令语言。

（7）调试与运行

将设计的画面全部存储并配置成主画面，启动画面运行程序。

单击程序画面中开关（打开或关闭），线路中数字量输出口输出高/低电平。可使用万用表直接测量数字量输出通道（DO1 和 GND 之间）的输出电压（高电平或低电平）。

程序运行画面如图 7-42 所示。

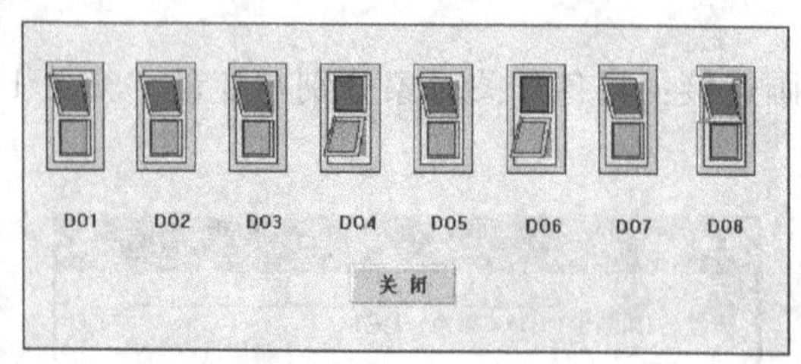

图 7-42　程序运行画面

7.4　USB 总线及典型 USB 数据采集模块

工业控制等场合往往需要用 PC 或工控机对各种数据进行采集，如液位、温度、压力等，通常数据采集系统是通过串行口、并行口或内部总线等与计算机连接的，但是它们有一个共同的缺点，即安装不太方便，灵活性受到限制。目前常用的数据采集板卡易受机箱内环境干扰而导致数据采集失真，容易受计算机插槽数量和地址、中断资源限制，不可能挂接很多设备，可扩展性差。

USB 总线的出现很好地解决了以上问题。目前 USB 接口已经成为计算机的标准设备，它具有通用、高速、支持热插拔等优点，非常适合在数据采集中应用。

7.4.1　USB 总线及其数据采集系统的特点

1. USB 总线技术概述

USB 串行总线是一种电缆总线，它是一种新型的外设接口标准，其基本思路是采用通用连接器和自动配置及热插拔技术和相应的软件，实现资源共享和外设的简单快速连接。USB 和 IEEE 1394 的出现，解决了目前微机系统中，外设与 CPU 连接因为接口标准互不兼容而无法共享所带来的安装与配置困难的问题。由于微软在 Windows 98 和 Windows 2000 中内置了 USB 接口模块，加上 USB 设备日益增多，因此 USB 成为目前流行的外设接口。

USB 是一种标准的连接接口，在把外部设备与计算机连接时，允许不必重新配置与设计系统，也不必打开机壳和另外调整接口卡的拨码开关。在 USB 连接上计算机时，计算机会自动识别这些外围设备，并且配置适当的驱动程序，用户无须重新设置。通过 USB 接口，实现了即插即用与热插拔的特性，用户即可迅速方便地连接 PC 主机的各种外围设备。

USB 的另一特点是在连接 PC 主机时，对所有 USB 接口设备，提供了一种“全球通用”的标准连接器（A 型与 B 型）。这些连接器将取代所有的传统外围端口，如串行端口、并行端口以及游戏接口等。此外，USB 接口还允许将多达 127 个接口设备同时串接到 PC 一个外部的 USB 接口上。这样，就不必像传统的串行端口或并行端口那样，一个端口仅能接一个接口设备。USB 接口不仅降低了 PC 主机的成本，也能大大地简化 PC 主机后侧的各种连接缆线复杂混乱的现状。

相对的，对于接口设备的制造商而言，也能降低成本，因为他们不再需要为每一种接口设备分别设计与生产各种型号的产品。因此，USB 接口除了可作为标准接口设备的应用之外，还逐渐成为各种新型设备（包括数据采集、测量设备等产品）的通用标准连接接口，颇有“一统江湖”的趋势。当然，USB 接口并非是万能的，目前所面临的问题，主要是在影响带宽的分配以及各种设备的兼容性上。但随着 USB 新版本的推出，带宽得到大幅提升，解决了带宽不足的问题。

下面列出 USB 的诸多特性与优点。

1）USB 接口统一了各种接口设备的连接头，如通信接口、打印机接口、显示器输出和音效输入/输出设备、存储设备等，都采用相同的 USB 接口规范。USB 接口就像是“万用接头”，只要将插头插入，一切就可迎刃而解。

2）USB 设备即插即用（plug－and－play），并能自动检测与配置系统的资源。再者，无需系统资源的需求，即 USB 设备不需要另外设置 IRQ 中断、I/O 地址以及 DMA 等的系统资源。

3）USB 设备具有“热插拔”（hot attach & detach）的特性。在操作系统已开机的执行状态中，随时可以插入或拔离 USB 设备，而不须另外关闭电源。

4）USB 接口规范 1.1 中的 12 Mbit/s 的传送速度可满足大部分的使用需求。当然，快速的 2.0 规范，提供更佳的传输率。

5）USB 最多可以连接 127 个接口设备。因为 USB 接口使用 7 位的寻址字段，所以 2^7 等于 128。若扣掉 USB 主机预设给第一次接上的接口设备使用，则还剩 127 个地址可以使用。因此一台计算机最多可以连接 127 个 USB 设备。

6）USB 具有单一专用的接头型号。所有 USB 外围设备的接头型号应完全统一（A 型与 B 型），并且可以使用 USB 集线器来增加扩充的连接端口的数目。

简而言之，USB 整体功能就是简化外部接口设备与主机之间的连线，并利用一条传输缆线来串接各类型的接口设备（如打印机的并行端口、调制解调器的串行端口），解决了现今主机后面一大堆缆线乱绕的困境。它最大的好处是可以在不需要重新开机的情况之下安装硬件。而 USB 在设计上可以让高达 127 个接口设备在总线上同时运行，并且拥有比传统的 RS－232 串行与并行接口快许多的数据传输速度。

2. USB 总线数据采集系统的特点

(1) 速度快

USB 有高速和低速两种方式，主模式为高速模式，速率为 12 Mbit/s。另外为了适应一些不需要很大吞吐量和很高实时性的设备（如鼠标等），USB 还提供低速方式，速率为1.5 Mbit/s。

(2) 设备安装和配置容易

安装 USB 设备不必再打开机箱，加减已安装过的设备无须关闭计算机。所有 USB 设备支持热插拔，系统对其进行自动配置，彻底抛弃了过去的跳线和拨码开关设置。

(3) 易扩展

通过使用 Hub 扩展，可连接多达 127 个外部设备。标准 USB 电缆长度为 3 m（5 m 低速）。通过 Hub 或中继器可以使外部设备距离达到 30 m。

(4) 能够采用总线供电

USB 总线提供最大达 5 V 电压、500 mA 电流。该 5 V 电源可用于数据采集系统中。

(5) 使用灵活

USB 共有 4 种传输模式：控制传输（control）、同步传输（synchronization）、中断传输（interrupt）、批量传输（bulk），以适应不同设备的需要。

一般 USB 开发需要熟悉 USB 标准、FIRM－WARE 编程、驱动编程等，这对于没有 USB 经验的开发者有一定的困难。采用 FT245BM 模块开发 USB 数据采集系统，开发者无须编写驱动程序，只需具备一定的单片机知识和 PC 应用程序的知识，就可以很快地开发 USB 接口的数据采集产品。

FT245BM 的主要功能是进行 USB 和并行 I/O 口之间的协议转换，该芯片一方面可从主机接收 USB 数据，并将其转换为并行 I/O 口的数据流格式发送给外部设备；另一方面，外部设备可通过并行 I/O 口将数据转换为 USB 的数据格式传回主机。中间的转换工作全部由芯片自动完成，开发者无须考虑固件的设计。

应用 FT245BM 设计数据采集系统的数据传送是较好的选择。

7.4.2 采用 USB 总线的数据采集系统

1. 硬件组成

一个实用的 USB 数据采集系统包括 A－D 转换器、微控制器以及 USB 通信接口。为了扩展其用途，还可以加上多路模拟开关和数字 I/O 端口，如图 7-43 所示。

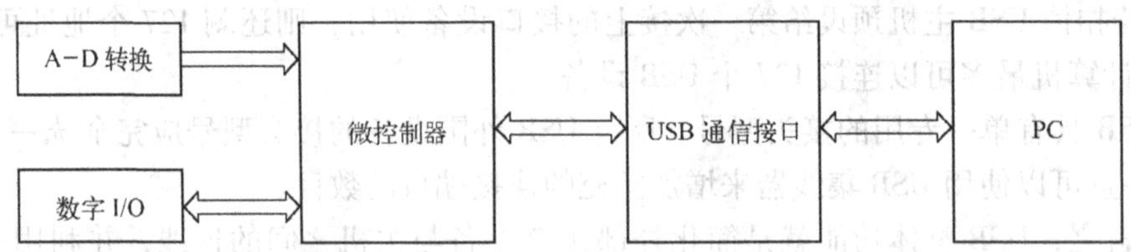

图 7-43 USB 数据采集系统的构成

系统的 A－D 转换、数字 I/O 的设计可沿用传统的设计方法，根据采集的精度、速率、通道数等诸元素选择合适的芯片，设计时应充分注意抗干扰的性能，尤其对 A－D 转换采集更是如此。

在微控制器和 USB 接口的选择上有两种方式，一种是采用普通单片机加上专用的 USB 通信芯片。现在的专用芯片中较流行的有 National Semiconductor 公司的 USBN9602，Scan—Logic 公司的 SL11 等。采用 Atmel 公司的 89c51 单片机和 USBN9602 芯片构成的系统，其设计和调试比较麻烦，成本相对而言也比较高。

另一种方案是采用具备 USB 通信功能的单片机。随着 USB 应用的日益广泛，Intel，Cypress，Philips 等芯片厂商都推出了具备 USB 通信接口的单片机。这些单片机处理能力强，有的本身就具备多路 A－D 转换器，构成系统的电路简单，调试方便，电磁兼容性好，因此采用具备 USB 接口的单片机是构成 USB 数据采集系统较好的方案。不过，由于具备了 USB 接口，这些芯片与过去的开发系统通常是不兼容的，需要购买新的开发系统，投资较高。

USB 的一大优点是可以提供电源。在数据采集设备中耗电量通常不大，因此可以设计成采用总线供电的设备。

2. 软件构成

Windows 提供了多种 USB 设备的驱动程序，但没有一种是专门针对数据采集系统的，所以必须针对特定的设备来编制驱动程序。尽管系统已经提供了很多标准接口函数，但编制驱动程序仍然是 USB 开发中最困难的一件事情，通常采用 Windows DDK 来实现。目前，有许多第三方软件厂商提供了各种各样的生成工具，像 Compuware 的 DriverWorks，BlueWaters 的 DriverWizard 等，它们能够很容易地在几分钟之内生成高质量的 USB 驱动程序。

设备中单片机程序的编制也同样困难，而且没有任何一家厂商提供了自动生成的工具。编制一个稳定、完善的单片机程序直接关系到设备性能，必须给予充分的重视。

以上两类程序是开发者所关心的。而用户关心的是如何高效地通过鼠标来操作设备，如何处理和分析采集进来的大量数据，因此还必须有高质量的用户软件。要求用户软件必须有友好的界面、强大的数据分析和处理能力以及为用户提供进行再开发的接口。

3. 实现 USB 远距离采集数据传输

传输距离是限制 USB 在工业现场应用的一个障碍，即使增加了中继器或 Hub，USB 传输距离通常也不超过几十米，这对工业现场而言显然是太短了。

现在工业现场有大量采用 RS－485 总线传输数据的采集设备。RS－485 有其固有的优点，即它的传输距离可以达到 1 200 m 以上，并且可以挂接多个设备。其不足之处在于传输速度慢，采用总线方式，设备之间相互影响，可靠性差等。RS－485 的这些缺点恰好能被 USB 所弥补，而 USB 传输距离的限制恰好又是 RS－485 的优势所在。如果能将两者结合起来，优势互补，就能够产生一种快速、可靠、低成本的远距离数据采集系统。

将 USB 与 RS－485 结合构建数据采集系统的基本思路是：在采集现场，用 RS－485 总线模块将传感器采集到的模拟量数字化以后，利用 RS－485 总线协议将数据上传。在 PC 端有一个双向 RS－485/USB 的转换接口，利用这个转换接口接收 RS－485 总线模块的数据并通过 USB 接口传输至 PC 进行分析处理。而 PC 向数据采集设备发送数据的过程正好相反：PC 向 USB 口发送数据，数据通过 RS－485/USB 转换接口转换为 RS－485 总线协议向远端输送，如图 7-44 所示。

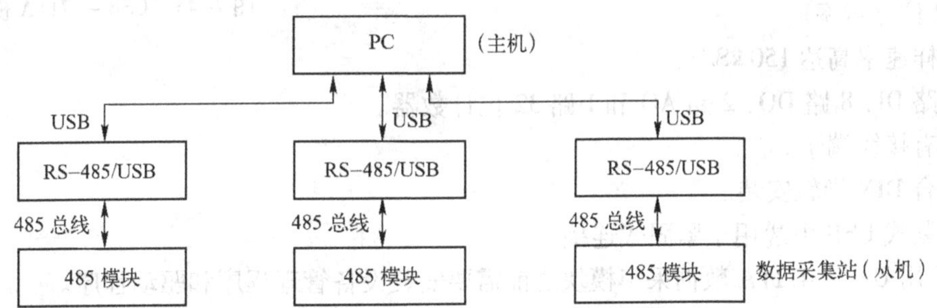

图 7-44　USB 与 RS－485 结合实现远距离数据采集

在图 7-44 中，关键设备是 RS－485/USB 转换器。这样的设备在国内外都已经面市。已有用 National Semiconductor 公司的 USBN9602＋89c51＋MAX485 实现过这一功能，在实际应用中取得了良好效果的工程实例。

需要特别说明的是，在 RS－485/USB 转换器中，RS－485 接口的功能和通常采用 RS－232/RS－485 转换器中 RS－485 接口性能（速率、驱动能力等）完全一样，也就是说，一个 RS－485/USB 转换器就能够完全取代 RS－232/RS－485 转换器，且成本要低许多，同时具有安装方便、不受插槽数限制、不用外接电源等优点，为工业和科研数据采集提供了一条方便、廉价、有效的途径。

综上所述，USB 的数据传输速率大大高于 RS－485，而 RS－485 总线具有传输距离远，且每条 RS－485 总线上可以挂接多个设备的特点。采取 USB 与 RS－485 总线结合，可形成分布式数据采集传输系统结构。

这种传输系统适用于一些有多个空间上相对分散的工作点，而每个工作点又有多个数据需要进行采集和传输的场合，例如大型粮库，每个粮仓在空间上相对分散，而每个粮仓又需要采集温度、湿度、CO_2 浓度等一系列数据。在这样的情况下，每一个粮仓可以分配一条 RS－485 总线，将温度、湿度、CO_2 浓度等数据采集设备都挂接到 RS－485 总线上，然后每个粮仓再通过 RS－485 总线传输到监控中心，并转换为 USB 协议传输到 PC。由于粮仓的各种数据监测实时性要求不是很高，因此采用这种方法可以用一台 PC 完成对一座大型粮库的所有监测工作。

7.4.3 典型 USB 数据采集模块简介

USB－4711A 即插即用型数据采集模块（如图 7-45 所示），无需打开计算机机箱来安装板卡，仅需插上模块，便可以采集到数据，简单高效。它在工业应用中足够可靠和稳定，却并不昂贵。

USB－4711A 给任何带有 USB 端口的计算机增加测量和控制能力的最佳途径。它通过 USB 端口获得所有所需的电源，无需连接外部的电源。

其主要特点如下。

- 支持 USB 2.0。
- 便携设计。
- 总线供电。
- 16 路模拟输入通道。
- 12 位分辨率。
- 采样速率高达 150 kS/s。
- 8 路 DI，8 路 DO，2 路 AO 和 1 路 32 位计数器。
- 带有接线端子。
- 适合 DIN 导轨安装。
- 锁紧式 USB 电缆用于紧固式连接。

图 7-45　USB－4711A 模块

在使用 USB－4711A 数据采集模块之前需要安装设备管理程序和驱动程序。

首先进入研华公司官方网站（www.advantech.com.cn），找到并下载下列程序：设备管理程序 DevMgr.exe 和驱动程序 USB4711.exe 等。

1. 安装设备管理程序和驱动程序

在测试模块和使用研华驱动编程之前必须安装研华设备管理程序 Device Manager 和 32 bit DLL 模块驱动程序。

不要将 USB－4711A 数据采集模块与 PC 连接。

首先执行 DevMgr.exe 程序，根据安装向导完成配置管理软件的安装。

接着执行 USB4711.exe 程序，按照提示完成驱动程序的安装。

将 USB－4711A 数据采集模块连接到 PC 的 USB 接口上，接通模块电源，出现“找到新的硬件向导”对话框，选择“自动安装软件”项，单击“下一步”按钮，计算机将自动完成驱动程序的安装。

检查模块是否安装正确：右键单击“我的电脑”，单击弹出快捷菜单中的“属性”命令，弹出“系统属性”对话框，选中“硬件”项，单击“设备管理器”按钮，进入“设备管理器”界面，若模块安装成功，则会在设备管理器列表中出现USB4711模块的设备信息，如图7-46所示。

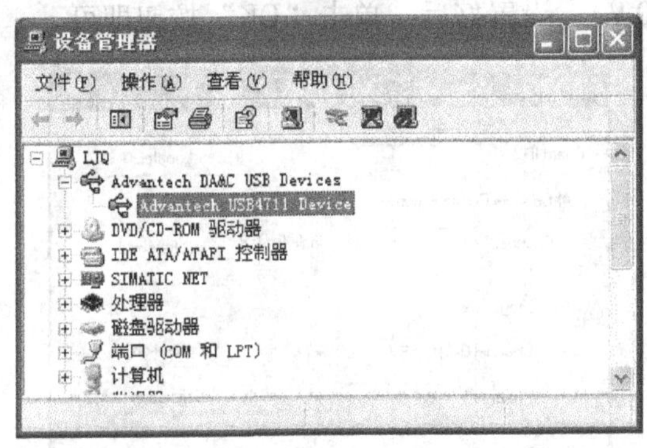

图7-46　设备管理器中的模块信息

2. 配置模块

在测试模块和使用研华驱动编程之前必须首先对模块进行配置，通过研华设备配置软件Device Manager来实现。

从“开始”菜单→“所有程序”→“Advantech Automation”→“Device Manager”打开设备管理程序“Advantech Device Manager”，如图7-47所示。

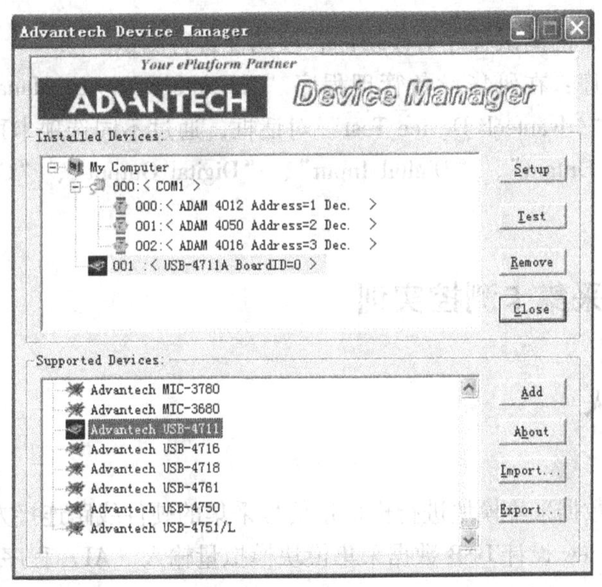

图7-47　设备管理程序“Advantech Device Manager”

当计算机上已经安装好某个产品的驱动程序后，设备管理软件支持的设备列表前将没有红色叉号，表明驱动程序已经安装成功，例如图 7-47 中“Supported Devices”列表中的“Advantech USB -4711”前面就没有红色叉号，选中该设备，单击“Add”按钮，该模块信息就会出现在“Installed Devices”列表中。

单击“Setup”按钮，弹出“USB4711A Device Setting”对话框，如图 7-48 所示，在对话框中可以设置 AI 通道是单端输入还是差分输入，可以设置两个 AO 输出通道基准电压的大小（0 ~ 5 V 还是 0 ~ 10 V），设置好后，单击“OK”按钮即可。

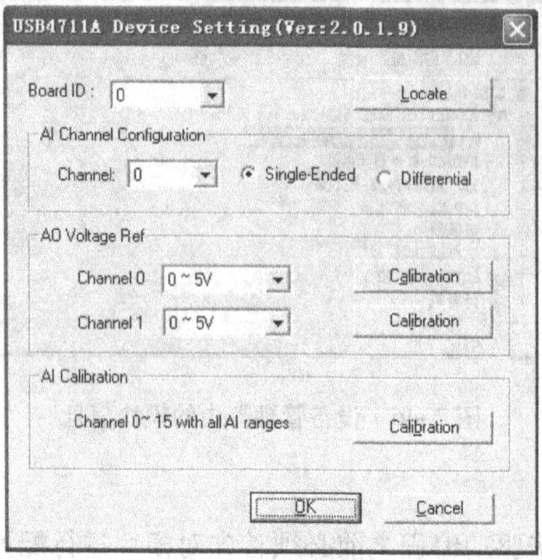

图 7-48　模块设置

到此，USB4711A 数据采集模块的硬件和软件已经安装完毕，可以进行模块测试。

3. 模块测试

可以利用模块附带的测试程序对模块的各项功能进行测试。

运行设备测试程序：在研华设备管理程序“Advantech Device Manager”对话框中单击“Test”按钮，弹出“Advantech Device Test”对话框，通过不同选项卡可以对板卡的“Analog Input”、“Analog Output”、“Digital Input”、“Digital Output”、“Counter”等功能进行测试。

7.5　USB 数据采集卡测控实训

7.5.1　模拟量输入

1. 实训目的

1）掌握用 USB 数据采集模块进行模拟量信号采集的硬件线路连接方法。

2）掌握用 KingView 设计 USB 数据采集模块模拟量输入（AI）程序的方法。

2. 实训线路

（1）软、硬件清单

本实训用到的硬件和软件清单见表 7-6。

表 7-6　实训用软、硬件清单

序　　号	名　　称	数　　量
1	PC（或 IPC）	1
2	USB-4711A 数据采集模块，USB 数据线缆（使用模拟量输入 AI 通道）	各 1
3	直流稳压电源（输出：DC5V）	1
4	电位器（10 kΩ），指示灯（DC5V）	各 1
5	KingView 6.53	1

（2）硬件线路

将直流 5 V 电压接到一个电位器两端，通过电位器产生一个模拟变化电压（范围是 0～5 V），送入 USB-4711A 数据采集模块模拟量输入 1 通道（端点 AI1 和端点 AGND），同时在电位器电压输出端接一个信号指示灯，如图 7-49 所示。

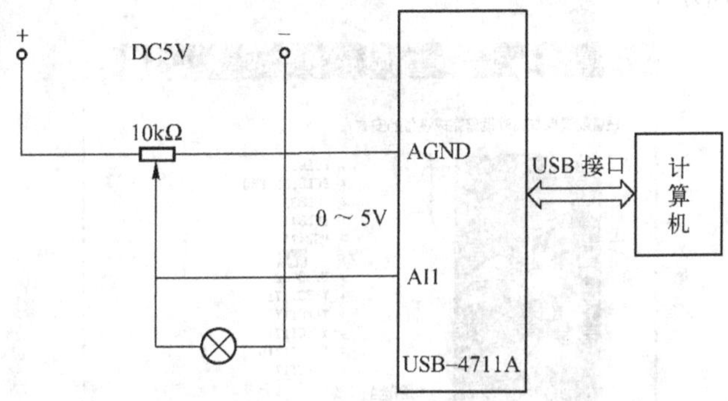

图 7-49　计算机模拟电压输入线路

也可在模拟量输入 1 通道接稳压电源提供的 0～5 V 电压。

3. 实训任务

采用 KingView 编写应用程序实现 USB-4711A 数据采集模块模拟量输入。

任务要求如下：

以连续方式采集并显示电压值（范围为 0～5 V）；绘制电压实时变化曲线。

4. 实训操作

（1）建立新工程项目

运行 KingView 程序，在工程管理器中创建新的工程项目。工程名称为“AI”；工程描述为“模拟电压输入”。

（2）制作图形画面

画面名称为“模拟量输入”。

1）执行菜单“图库”→“打开图库”命令，为图形画面添加 1 个仪表对象。

2）通过开发系统工具箱中为图形画面添加 1 个“实时趋势曲线”控件。

3）通过开发系统工具箱中为图形画面添加 2 个文本对象，标签“当前电压值”、当前电压值显示文本“000”，添加 1 个按钮对象。

设计的画面如图 7-50 所示。

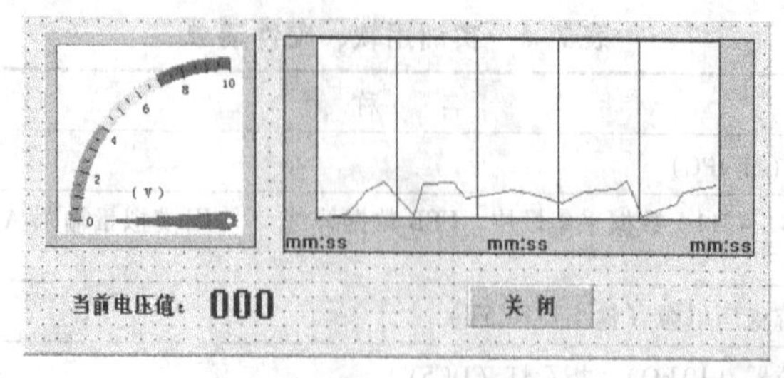

图 7-50 图形画面

(3) 定义设备

在组态王工程浏览器的左侧选择“设备”中的“板卡”，在右侧视图双击“新建”，运行“设备配置向导”。

1) 选择:“设备驱动”→“智能模块”→“研华 PCI 板卡”→“USB4711”→“USB”，如图 7-51 所示。

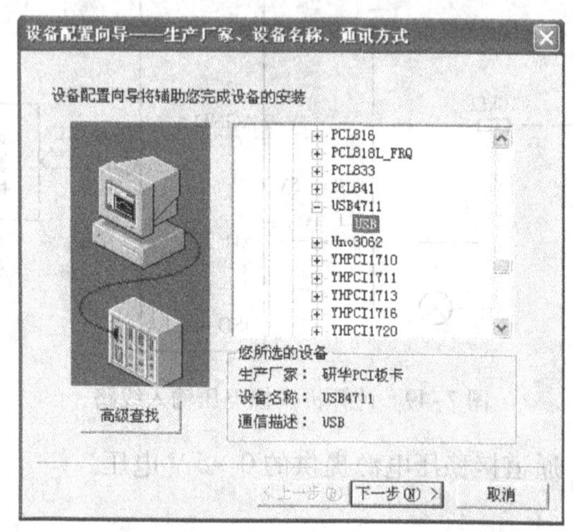

图 7-51 选择 USB 设备

2) 单击“下一步”按钮，给要安装的设备指定唯一的逻辑名称，如“USB4711”。

3) 单击“下一步”按钮，选择串口号，如“COM1”。

4) 单击“下一步”按钮，给要安装的设备指定地址为“0”(该值与使用的 USB 接口位置有关)。

5) 单击“下一步”按钮，不改变通信参数。

6) 单击“下一步”按钮，显示所安装设备的所有信息。

7) 检查各项设置是否正确，确认无误后，单击“完成”按钮。

设备定义完成后，用户可以在工程浏览器的右侧看到新建的外部设备“USB4711”。

(4) 定义变量

定义变量“模拟量输入”：变量类型选“I/O 实数”，变量的最小值设为“0”，最大值设为“5”(按输入电压范围 0 ~ 5 V 确定)。最小原始值设为“0”，最大原始值设为“5”。

连接设备选“USB4711”(前面已定义)，寄存器选“AI”，输入“1”(表示读取模拟量输入 1 通道输入电压)，即寄存器设为“AI1”；数据类型选“FLOAT”；读写属性选“只读”。

变量“模拟量输入”的定义如图 7-52 所示。

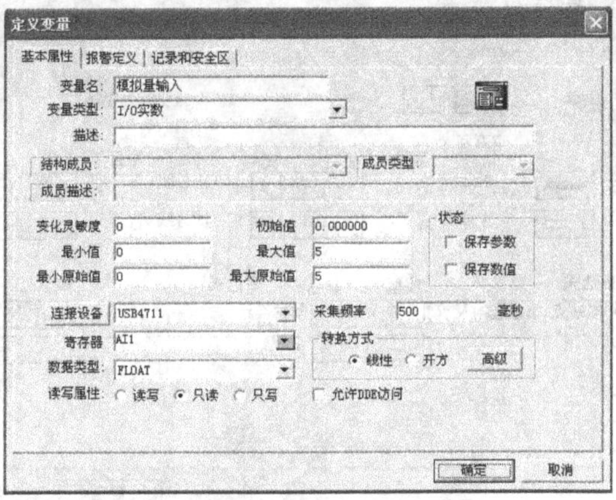

图 7-52　定义“模拟量输入”I/O 实数变量

（5）建立动画连接

1）建立仪表对象的动画连接。

双击画面中仪表对象，弹出“仪表向导”对话框，单击“变量名”文本框右边的“?”按钮，弹出“选择变量名”对话框。

选择已定义好的变量名“模拟量输入”，单击“确定”按钮，“仪表向导”对话框变量名文本框中出现“\\本站点\模拟量输入”表达式，仪表表盘标签改为“V”，填充颜色设为“白色”，最大刻度设为“5”，如图 7-53 所示。

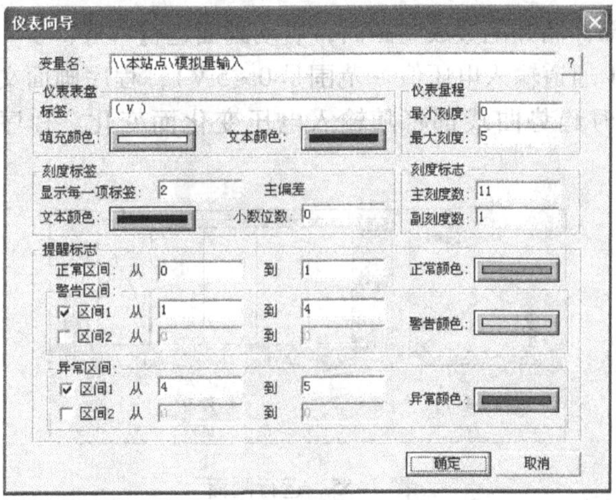

图 7-53　仪表对象动画连接

2）建立实时趋势曲线对象的动画连接。

双击画面中实时趋势曲线对象，弹出“实时趋势曲线”对话框。在“曲线定义”选项卡中，单击“曲线1 表达式”文本框右边的“?”按钮，选择已定义好的变量“模拟量输入”，并设置其他参数值，如图 7-54 所示。在“标识定义”选项卡中，设置数值轴最大值为“5”，数值格式选“实际值”，时间轴长度设为“2”分钟。

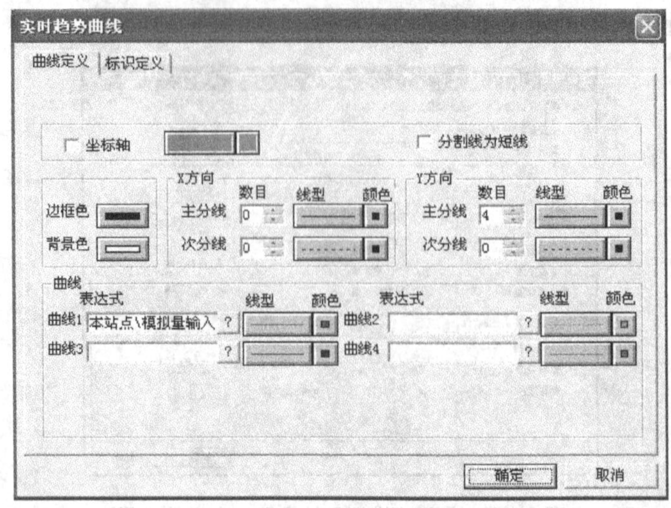

图 7-54 实时趋势曲线对象动画连接

3）建立当前电压值显示文本对象动画连接。

双击画面中当前电压值显示文本对象“000”，弹出“动画连接”对话框，将“模拟值输出”属性与变量“模拟量输入”连接，输出格式为整数“1”位，小数“1”位。

4）建立按钮对象的动画连接。

双击按钮对象“关闭”，弹出“动画连接”对话框，选择命令语言连接功能，单击“弹起时”按钮，在“命令语言”编辑栏中输入命令“exit(0);”。

（6）调试与运行

将设计的画面全部存储并配置成主画面，启动画面运行程序。

改变模拟量输入1通道输入电压值（范围是0~5 V），程序画面文本对象中的数字、仪表对象中的指针、实时趋势曲线都将随输入电压变化而变化。程序运行画面如图 7-55 所示。

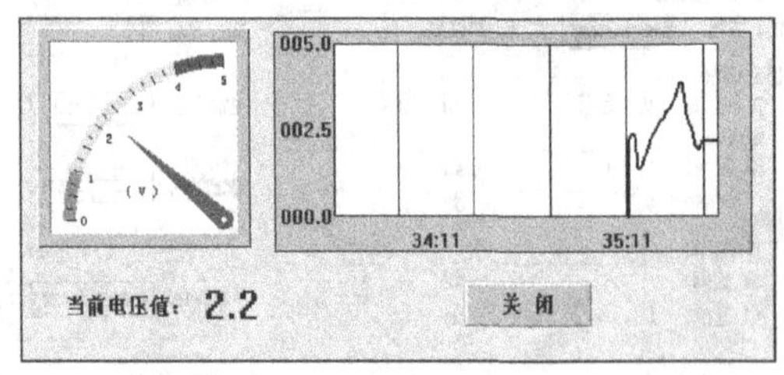

图 7-55 运行画面

7.5.2 模拟量输出

1. 实训目的

1）掌握用 USB 数据采集模块进行模拟量信号输出的硬件线路连接方法。

2）掌握用 KingView 设计 USB 数据采集模块模拟量输出（AO）程序的方法。

2. 实训线路

（1）软、硬件清单

本实训用到的硬件和软件清单见表 7-7。

表 7-7　实训用软、硬件清单

序　号	名　称	数　量
1	PC（或 IPC）	1
2	USB-4711A 数据采集模块，USB 数据线缆（使用模拟量输出 AO 通道）	各 1
3	指示灯（DC5V）	1
4	电子示波器	1
5	KingView 6.53	1

（2）硬件线路

图 7-56 中，将 USB-4711A 数据采集模块模拟量输出 0 通道（AO0 与 AGND）接信号指示灯 L，通过其明暗变化来显示电压大小变化；接电子示波器来显示电压变化波形（范围为 0~5 V）。

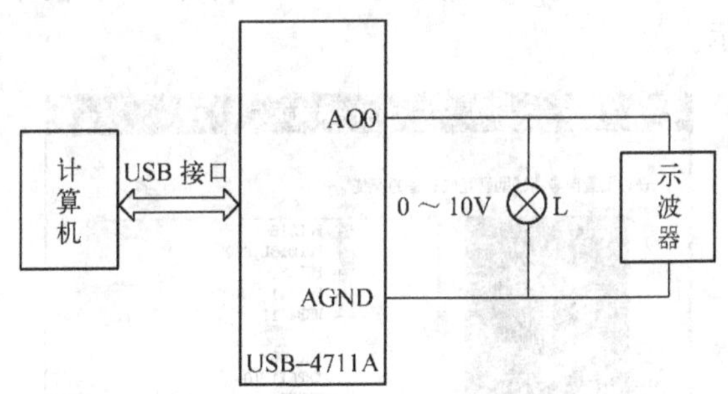

图 7-56　计算机模拟电压输出线路

也可使用万用表直接测量 AO0 与 AGND 之间的输出电压（0~5 V）。

3. 实训任务

采用 KingView 编写应用程序实现 USB-4711A 数据采集模块模拟量输出。

任务要求如下：

在程序画面中人为产生一个变化的数值（范围为 0~5），绘制数据变化曲线；在 USB 数据采集模块模拟量输出 0 通道输出同样大小的电压值（0~5 V）；线路中指示灯 L 亮度随之变化，示波器显示电压变化波形（范围为 0~5 V）。

4. 实训操作

（1）建立新工程项目

运行 KingView 程序，在工程管理器中创建新的工程项目。工程名称为“AO”；工程描述为“模拟量输出项目”（可选）。

（2）制作图形画面

画面名称“模拟量输出”。

1）执行菜单“图库”→“打开图库”命令，为图形画面添加 1 个游标对象。

2）在开发系统工具箱中为图形画面添加 1 个“实时趋势曲线”控件；2 个文本对象（“输出电压值:”、“000”）；1 个按钮控件“关闭”。设计的画面如图 7-57 所示。

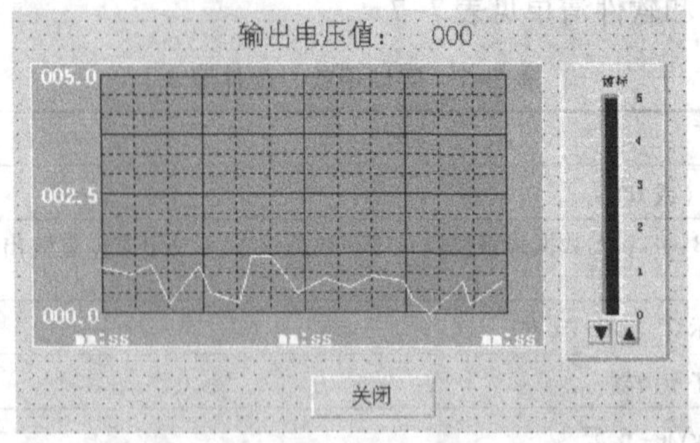

图 7-57　图形画面

（3）定义设备

在组态王工程浏览器的左侧选择“设备”中的“板卡”，在右侧视图双击“新建”，运行“设备配置向导”。

1）选择：“设备驱动”→“智能模块”→“研华 PCI 板卡”→“USB4711”→“USB”，如图 7-58 所示。

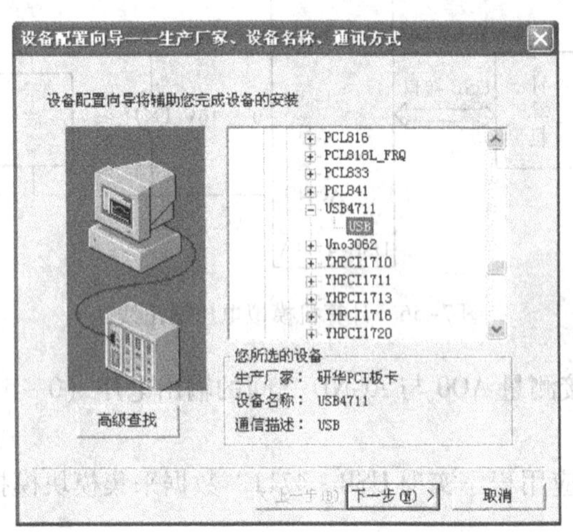

图 7-58　选择 USB 设备

2）单击“下一步”按钮，给要安装的设备指定唯一的逻辑名称，如“USB4711”。

3）单击“下一步”按钮，选择串口号，如“COM1”。

4）单击“下一步”按钮，给要安装的设备指定地址为“0”（该值与使用的 USB 接口位置有关）。

5）单击“下一步”按钮，不改变通信参数。

6）单击“下一步”按钮，显示所安装设备的所有信息。

7）检查各项设置是否正确，确认无误后，单击“完成”按钮。

设备定义完成后，用户可以在工程浏览器的右侧看到新建的外部设备“USB4711”。

(4) 定义变量

定义变量“模拟量输出”：变量类型选“I/O 实数”，最小值设为“0”，最大值设为“5”（按输出电压范围 0～5 V 确定），最小原始值设为“0”（对应输出 0 V），最大原始值设为“5”（对应输出 5 V）；连接设备选“USB4711”，寄存器选“AOV”，输入“0”（表示向模拟量输出 0 通道输出电压），即寄存器设为“AOV0”，数据类型选“FLOAT”，读写属性选“只写”，如图 7-59 所示。

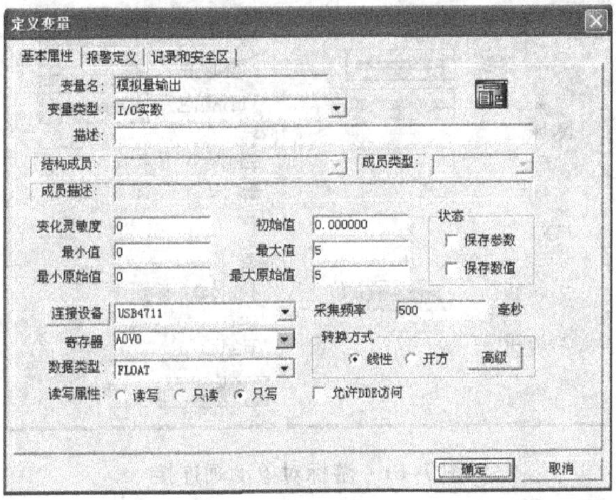

图 7-59　定义“模拟量输出”I/O 变量

(5) 建立动画连接

1) 建立实时趋势曲线对象的动画连接。

双击画面中实时趋势曲线对象，弹出“动画连接”对话框。在“曲线定义”选项卡中，单击“曲线 1 表达式”文本框右边的“?”按钮，选择已定义好的变量“模拟量输出”，将背景色设为“白色”，将 X 方向、Y 方向主分线、次分线数目都设为“0”，如图 7-60 所示。

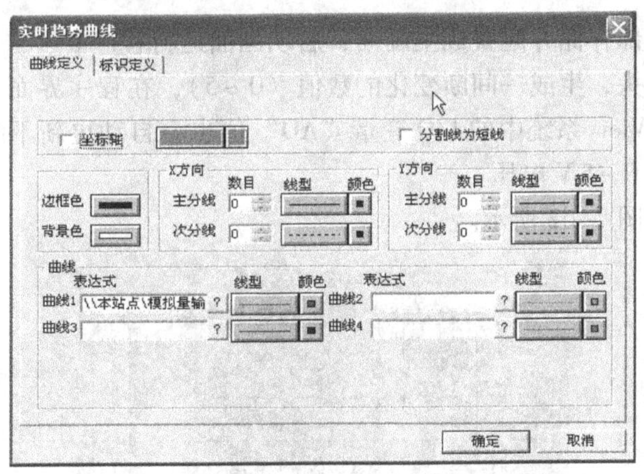

图 7-60　实时趋势曲线对象动画连接

在“标识定义”选项卡中，设置数值轴最大值为“5”，数据格式选“实际值”，时间轴长度设为“2”分钟。

2）建立游标对象动画连接。

双击画面中游标对象，出现“游标”对话框。单击“变量名（模拟量）”文本框右边的“?”按钮，选择已定义好的变量“模拟量输出”；并将滑动范围的最大设为“5”，标志中的主刻度设为“5”，副刻度设为“4”，如图 7-61 所示。

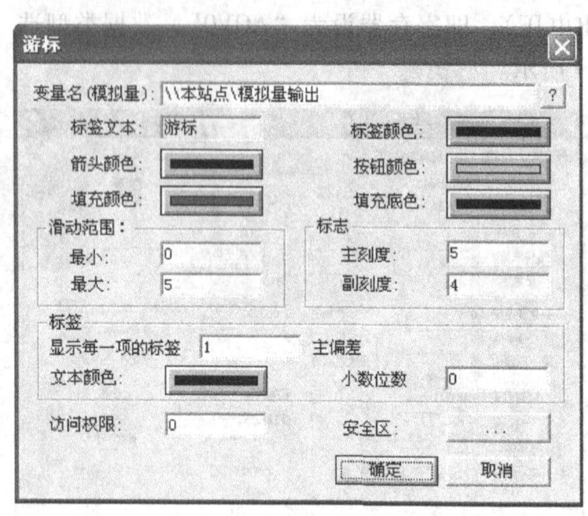

图 7-61　游标对象动画连接

3）建立输出电压值显示文本对象动画连接。

双击画面中输出电压值显示文本对象“000”，出现“动画连接”对话框，将“模拟值输出”属性与变量“模拟量输出”连接，输出格式为整数“1”位，小数“1”位。

4）建立“按钮”对象的动画连接。

双击画面中按钮对象“关闭”，出现“动画连接”对话框，选择命令语言连接功能，单击“弹起时”按钮，在“命令语言”编辑栏中输入命令“exit(0)；”。

（6）调试与运行

将设计的画面全部存储并配置成主画面，启动画面运行程序。

单击游标上下箭头，生成一间断变化的数值（0～5），在程序界面中产生一个随之变化的曲线。同时，KingView 系统中的 I/O 变量“AO”值也会自动更新不断变化，线路中模拟电压输出 0 通道输出 0～5 V 电压。

程序运行画面如图 7-62 所示。

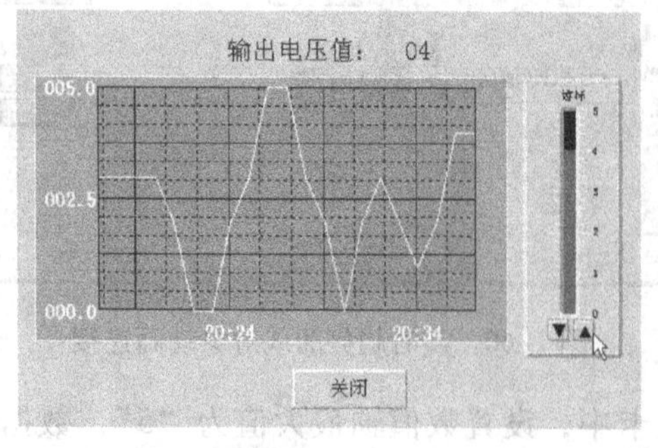

图 7-62　程序运行画面

7.5.3 数字量输入

1. 实训目的

1）掌握用 USB 数据采集模块进行数字量信号输入的硬件连接方法。

2）掌握用 KingView 设计 USB 数据采集模块数字量输入（DI）程序的方法。

2. 实训线路

（1）软、硬件清单

本实训用到的硬件和软件清单见表 7-8。

表 7-8　实训用软、硬件清单

序　号	名　称	数　量
1	PC（或 IPC）	1
2	USB－4711A 数据采集模块，USB 数据线缆（使用数字量输入 DI 通道）	各 1
3	电气开关，光电接近开关等（DC24V）	各 1
4	电磁继电器（DC24V），指示灯（DC24V）	各 2
5	直流电源（输出：DC24V）	1
6	KingView 6.53	1
7	Visual Basic 6.0	1

（2）硬件线路

图 7-63 中，由电气开关和光电接近开关分别控制两个电磁继电器，每个继电器都有 2 路常开和常闭开关，其中，2 个继电器的一个常开开关 KM11 和 KM21 接指示灯，由电气开关控制的继电器的另一常开开关 KM12 接 USB－4711A 数据采集模块数字量输入 0 通道（端点 DI0 和 DGND），由光电接近开关控制的继电器的另一常开开关 KM22 接板卡数字量输入 1 通道（端点 DI1 和 DGND）。

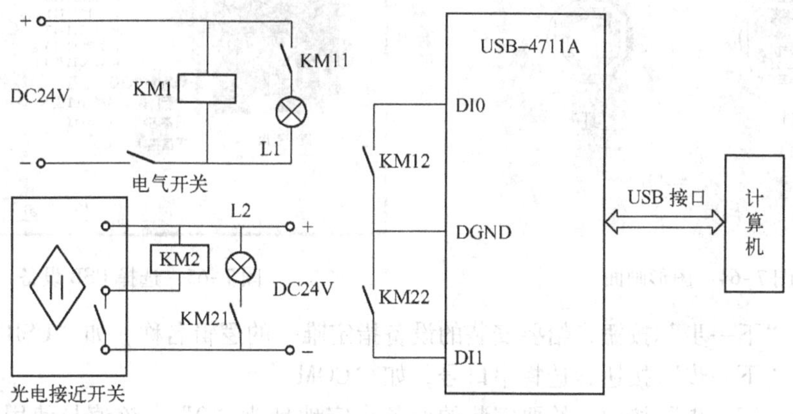

图 7-63　计算机数字量输入线路

也可直接使用按钮、行程开关等的常开触点接数字量输入端口（端点 DI0、DI1 与端点 DGND 之间）。更简单的方法是直接使用导线短接或断开数字地（DGND）和 DI0、DI1 等数字量输入端点来产生数字（开关）信号。

3. 实训任务

采用 KingView 编写应用程序实现 USB－4711A 数据采集模块数字量输入。

任务要求如下：

利用开关产生数字（开关）信号（0 或 1），使程序界面中信号指示灯颜色改变。

4. 实训操作

（1）建立新工程项目

运行 KingView 程序，在工程管理器中创建新的工程项目。工程名称为“DI”；工程描述为“数字量输入项目”。

（2）制作图形画面

画面名称“数字量输入”。

1）执行菜单“图库”→“打开图库”命令，为图形画面添加 2 个指示灯对象。

2）在开发系统工具箱中为图形画面添加 2 个文本对象（“DI0”、“DI1”）；1 个按钮对象“关闭”。

设计的画面如图 7-64 所示。

（3）定义设备

在组态王工程浏览器的左侧选择“设备”中的“板卡”，在右侧视图双击“新建”，运行“设备配置向导”。

1）选择：“设备驱动”→“智能模块”→“研华 PCI 板卡”→“USB4711”→“USB”，如图 7-65 所示。

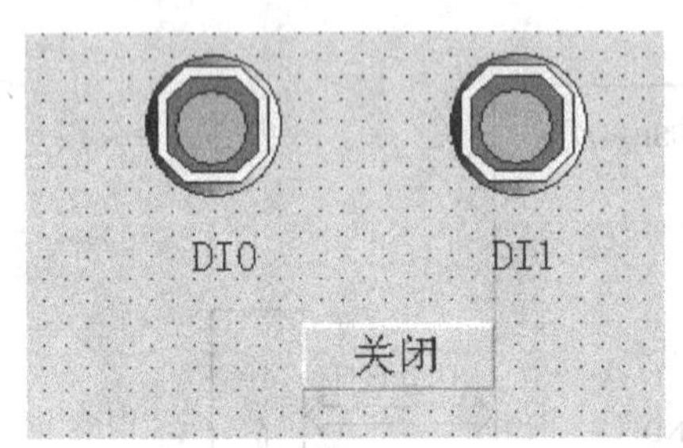

图 7-64　图形画面

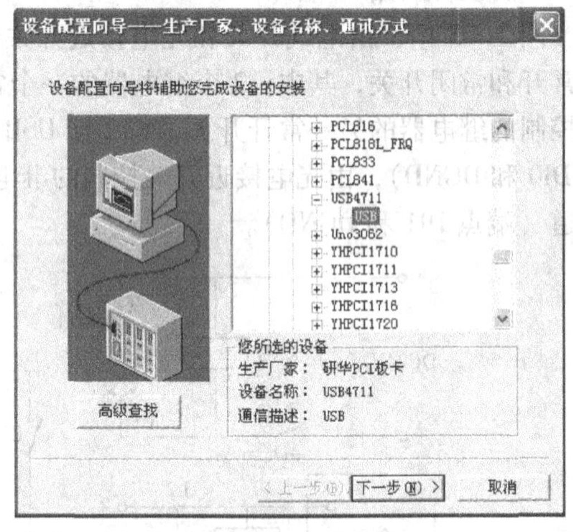

图 7-65　选择 USB 设备

2）单击“下一步”按钮，给要安装的设备指定唯一的逻辑名称，如“USB4711”。

3）单击“下一步”按钮，选择串口号，如“COM1”。

4）单击“下一步”按钮，给要安装的设备指定地址为“0”（该值与使用的 USB 接口位置有关）。

5）单击“下一步”按钮，不改变通信参数。

6）单击“下一步”按钮，显示所安装设备的所有信息。

7）检查各项设置是否正确，确认无误后，单击“完成”按钮。

设备定义完成后，用户可以在工程浏览器的右侧看到新建的外部设备“USB4711”。

（4）定义变量

1）定义变量“开关量输入0”：变量类型选“I/O整数”，连接设备选“USB4711”，寄存器设为DIO（即读取数字量输入0通道状态），数据类型选“Bit”，读写属性选“只读”，如图7-66所示。

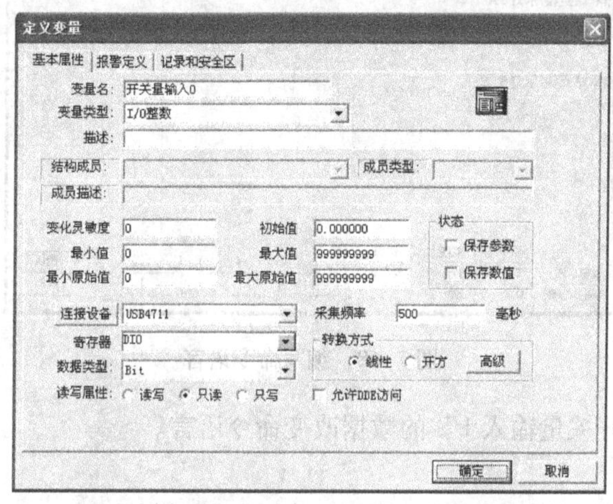

图7-66　定义“开关量输入”I/O变量

变量“开关量输入1”的定义与变量“开关量输入0”基本一致，不同的是寄存器设置为“DI1”。

2）定义变量“指示灯0”、“指示灯1”：变量类型选“内存离散”，初始值选“关”。

（5）建立动画连接

1）建立信号指示灯对象动画连接：将指示灯对象DI0、DI1分别与变量“指示灯0”、“指示灯1”连接起来，如图7-67所示。

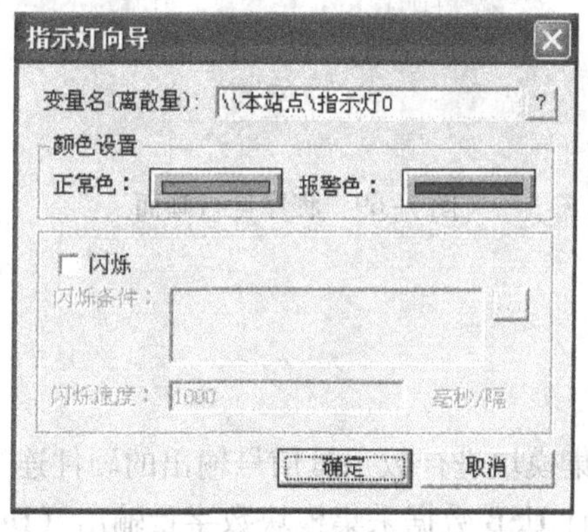

图7-67　指示灯对象动画连接

2）建立按钮对象“关闭”动画连接：按钮“弹起时”执行命令“exit(0);”。

（6）编写命令语言

在组态王工程浏览器的左侧选择“命令语言”下的“数据改变命令语言”，在右侧双击“新建”，弹出“数据改变命令语言”对话框，在变量［.域］文本框中输入“\\本站点\开关量输入0”，在编辑栏中输入相应语句，如图7-68所示。

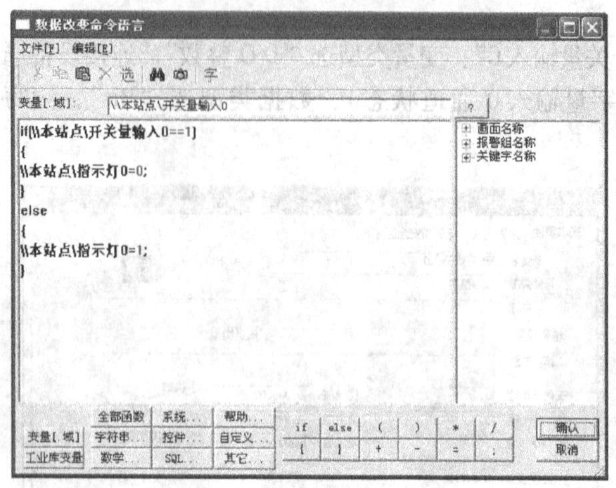

图7-68　编写命令语言

同样编写变量“开关量输入1”的数据改变命令语言。

(7) 调试与运行

将设计的画面全部存储并配置成主画面，启动画面运行程序。

将模块上DGND分别与DI0、DI1端口短接或断开，程序界面中相应信号指示灯亮/灭(颜色改变)。

程序运行画面如图7-69所示。

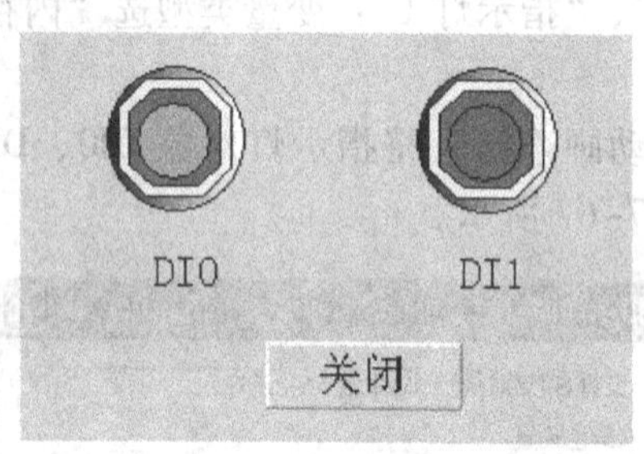

图7-69　程序运行画面

7.5.4　数字量输出

1. 实训目的

1) 掌握用USB数据采集模块进行数字量信号输出的硬件连接方法。

2) 掌握用KingView设计USB数据采集模块数字量输出 (DO) 程序的方法。

2. 实训线路

(1) 软、硬件清单

本实训用到的硬件和软件清单见表7-9。

表 7-9　实训用软、硬件清单

序　号	名　称	数　量
1	PC（或 IPC）	1
2	USB－4711A 数据采集模块，USB 数据线缆（使用数字量输出 DO 通道）	各 1
3	继电器（DC24V）	1
4	指示灯（DC24V）	1
5	直流电源（输出：DC24V）	1
6	电阻（10 kΩ）、晶体管	各 1
7	KingView 6.53	1

（2）硬件线路

图 7-70 中，USB－4711A 数据采集模块数字量输出 0 通道（DO0 与 DGND）接晶体管基极，当计算机输出控制信号置 DO0 为高电平时，晶体管导通，继电器常开开关 KM 闭合，指示灯 L 亮；当置 DO0 为低电平时，晶体管截止，继电器常开开关 KM 打开，指示灯 L 灭。

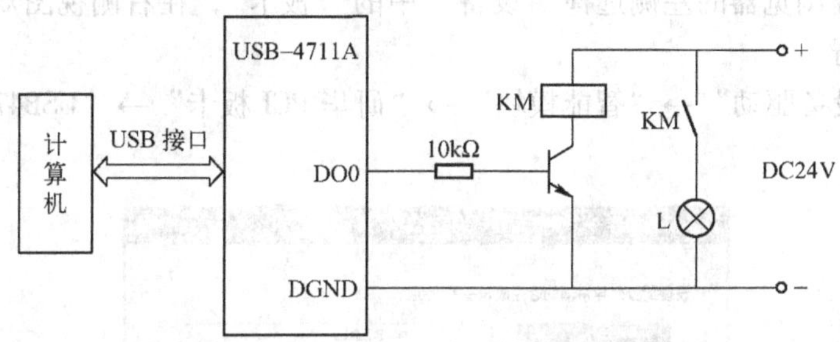

图 7-70　计算机数字量输出线路

也可使用万用表直接测量数字量输出 0 通道（如 DO0 与 DGND）之间的输出电压（高电平或低电平）。

3. 实训任务

采用 KingView 编写应用程序实现 USB－4711A 数据采集模块数字量输出。

任务要求如下：

在 PC 程序画面中执行打开/关闭命令，画面中信号指示灯变换颜色；USB 数据采集模块开关量输出 0 通道输出高低电平，线路中 DO 指示灯 L 亮/灭。

4. 实训操作

（1）建立新工程项目

运行 KingView 程序，在工程管理器中创建新的工程项目。工程名称为“DO”；工程描述为“数字量输出项目”。

（2）制作图形画面

画面名称为“数字量输出”。

1）执行菜单“图库”→“打开图库”命令，为图形画面添加 1 个开关对象，1 个指示灯对象。

2）在开发系统工具箱中为图形画面添加 1 个按钮控件“关闭”，并用“直线”工具画线将开关对象与指示灯对象连接起来。

设计的画面如图 7–71 所示。

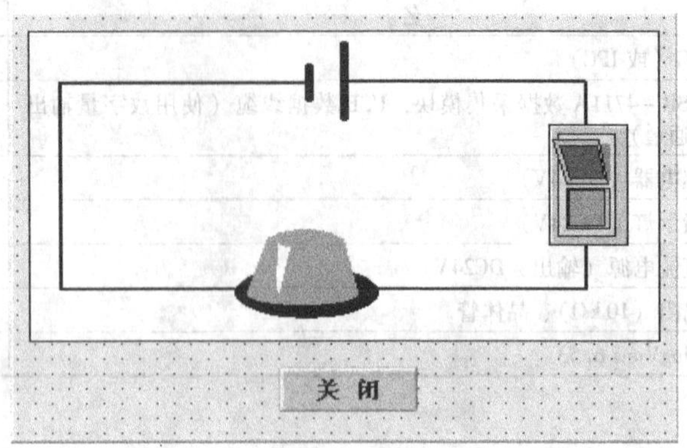

图 7–71　图形画面

(3) 定义设备

在组态王工程浏览器的左侧选择“设备”中的“板卡”，在右侧视图双击“新建”，运行“设备配置向导”。

1) 选择：“设备驱动”→“智能模块”→“研华 PCI 板卡”→“USB4711”→“USB”，如图 7–72 所示。

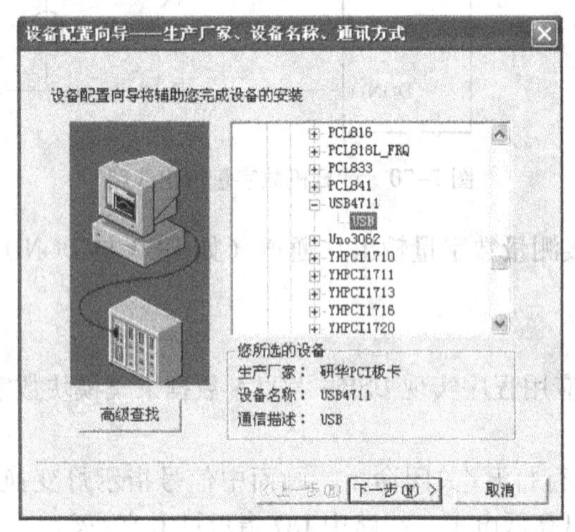

图 7–72　选择 USB 设备

2) 单击“下一步”按钮，给要安装的设备指定唯一的逻辑名称，如“USB4711”。

3) 单击“下一步”按钮，选择串口号，如“COM1”。

4) 单击“下一步”按钮，给要安装的设备指定地址为“0”（该值与使用的 USB 接口位置有关）。

5) 单击“下一步”按钮，不改变通信参数。

6) 单击“下一步”按钮，显示所安装设备的所有信息。

7) 检查各项设置是否正确，确认无误后，单击“完成”按钮。

设备定义完成后，用户可以在工程浏览器的右侧看到新建的外部设备“USB4711”。

(4) 定义变量

1) 定义变量“数字量输出”：变量类型选“I/O 整数”，连接设备选“USB4711”，寄存器设为 DO0（表示置数字量输出 0 通道高低电平），数据类型选“Bit”，读写属性选“只写”，如图 7-73 所示。

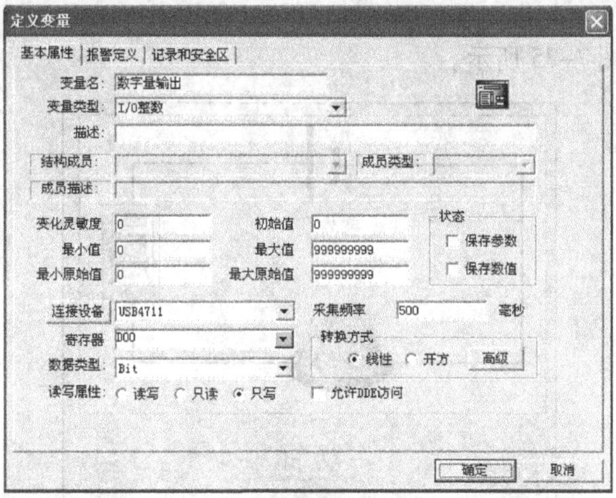

图 7-73 定义“开关量输出”I/O 变量

2) 定义变量“指示灯”：变量类型选“内存离散”，初始值选“关”。

3) 定义变量“开关”：变量类型选“内存离散”，初始值选“关”。

(5) 建立动画连接

1) 建立指示灯对象动画连接：将指示灯对象与变量“指示灯”连接起来。

2) 建立开关对象动画连接：将开关对象与变量“开关”连接起来。

3) 建立按钮对象“关闭”动画连接：按钮“弹起时”执行命令“exit(0);”。

(6) 编写命令语言

在组态王工程浏览器的左侧选择“命令语言”下的“数据改变命令语言”，在右侧双击“新建”，弹出“数据改变命令语言”对话框，在变量［.域］文本框中输入“\\本站点\开关”，在编辑栏中输入相应语句，如图 7-74 所示。

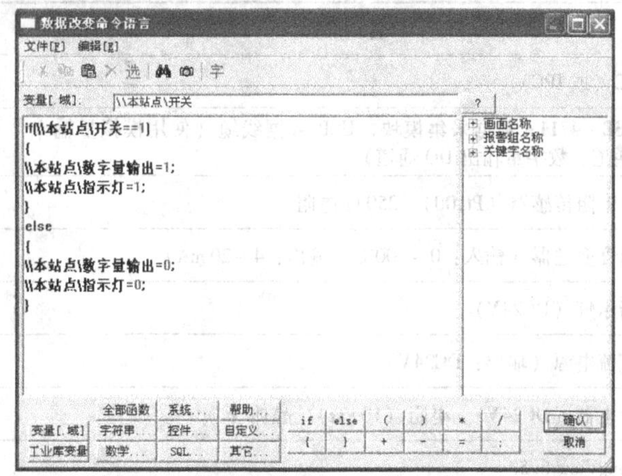

图 7-74 编写命令语言

(7) 调试与运行

将设计的画面全部存储并配置成主画面，启动画面运行程序。

开启画面中开关，画面中指示灯颜色改变，同时，线路中数字量输出 0 通道输出高电平；关闭画面中开关，画面中指示灯颜色改变，同时线路中数字量输出 0 通道输出低电平。

程序运行画面如图 7-75 所示。

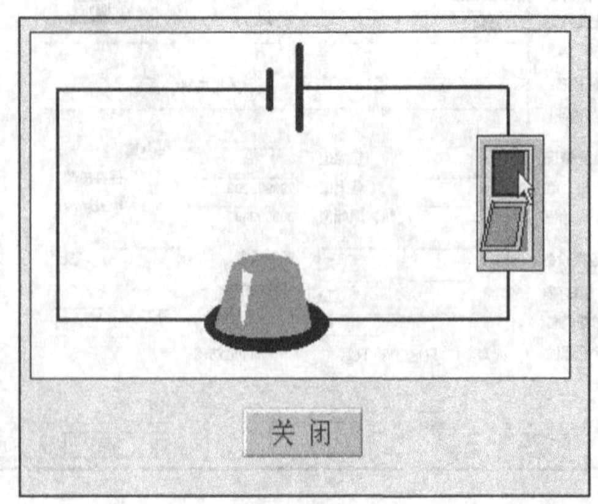

图 7-75 程序运行画面

7.5.5 温度测控

1. 实训目的

1) 掌握用 USB 数据采集模块进行温度采集与控制的硬件线路连接方法。

2) 掌握用 KingView 设计 USB 数据采集模块温度采集与控制程序的方法。

2. 实训线路

(1) 软、硬件清单

本实训用到的硬件和软件清单见表 7-10。

表 7-10 实训用软、硬件清单

序　号	名　称	数　量
1	PC（或 IPC）	1
2	USB-4711A 数据采集模块，USB 数据线缆（使用模拟量输入 AI 通道、数字量输出 DO 通道）	各 1
3	热电阻传感器（Pt100），250 Ω 电阻	各 1
4	温度变送器（输入：0~200℃，输出：4~20 mA）	1
5	指示灯（DC24V）	2
6	直流电源（输出：DC24V）	1
7	继电器（DC24V）、电阻（10 kΩ），晶体管	各 2
8	KingView 6.53	1

（2）硬件线路

图7-76中，Pt100热电阻检测温度变化，通过温度变送器（测量范围为0～200℃）和250Ω电阻转换为1～5V电压信号送入USB-4711A数据采集模块模拟量1通道；当检测温度小于计算机程序设定的下限值，计算机输出控制信号，使模块数字量输出1通道DO1管脚置高电平，DO指示灯1亮；当检测温度大于计算机设定的上限值，计算机输出控制信号，使模块数字量输出2通道DO2管脚置高电平，DO指示灯2亮。

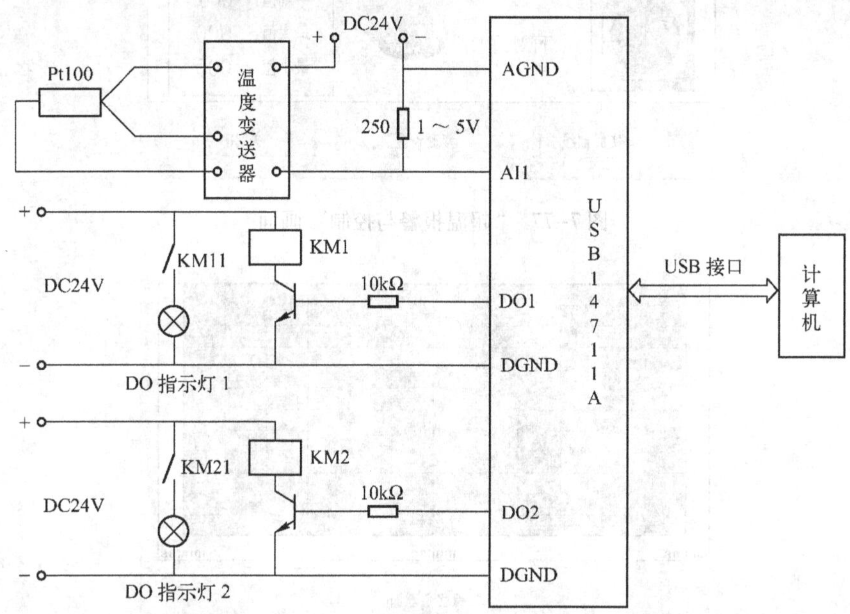

图7-76　USB数据采集模块温度测量与控制线路

3. 实训任务

采用KingView编写应用程序实现USB-4711A数据采集模块温度测量与报警控制。

任务要求如下：

1）自动连续读取并显示温度测量值；绘制温度实时变化曲线；

2）统计采集的温度平均值、最小值与最大值；

3）实现温度上、下限报警指示并能在程序运行中设置报警上、下限值。

4. 实训操作

（1）建立新工程项目

运行KingView程序，建立新工程。工程名称为“AI&DO”；工程描述为“温度测量与控制”。

（2）制作图形画面

1）制作画面1：画面名称为“超温报警与控制”（主画面）。

图形画面1中有：1个仪表对象、3个指示灯对象、3个按钮对象、10个文本对象、1个传感器对象，如图7-77所示。

2）制作画面2：画面名称为“温度实时曲线”。

图形画面2中有：1个实时趋势曲线对象，1个按钮对象，如图7-78所示。

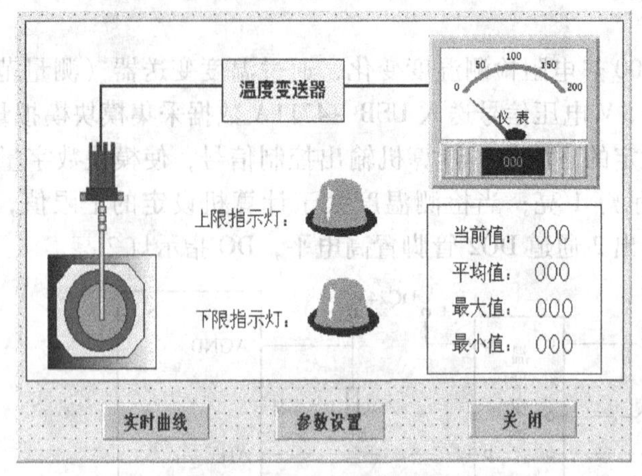

图 7-77 “超温报警与控制”画面

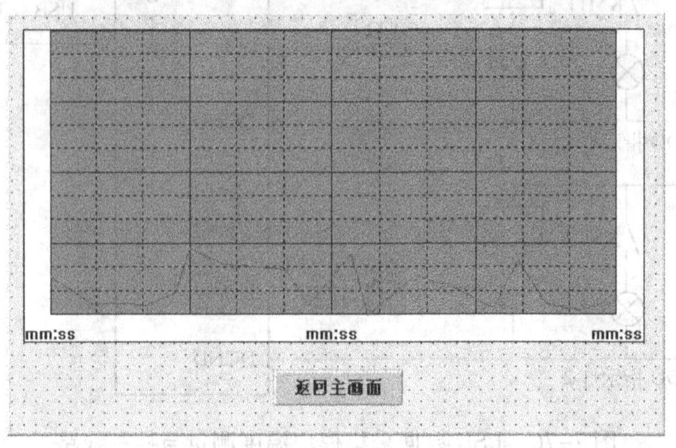

图 7-78 “温度实时曲线”画面

3）制作画面3：画面名称为“参数设置”。图形画面 3 中有 4 个文本对象：“上限温度值”及其显示文本“000”，“下限温度值”及其显示文本“000”。2 个按钮对象：“确定”、“取消”，如图 7-79 所示。

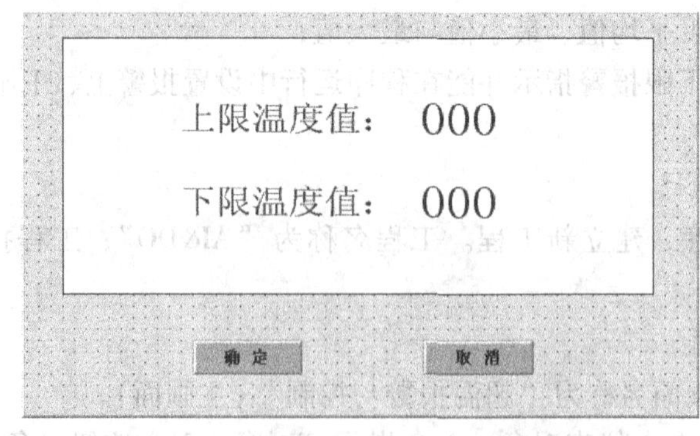

图 7-79 “参数设置”画面

(3) 定义设备

在组态王工程浏览器的左侧选择“设备”中的“板卡”，在右侧视图双击“新建”，运行“设备配置向导”。

1）选择：“设备驱动”→“智能模块”→“研华 PCI 板卡”→“USB4711”→“USB”，如图 7-80 所示。

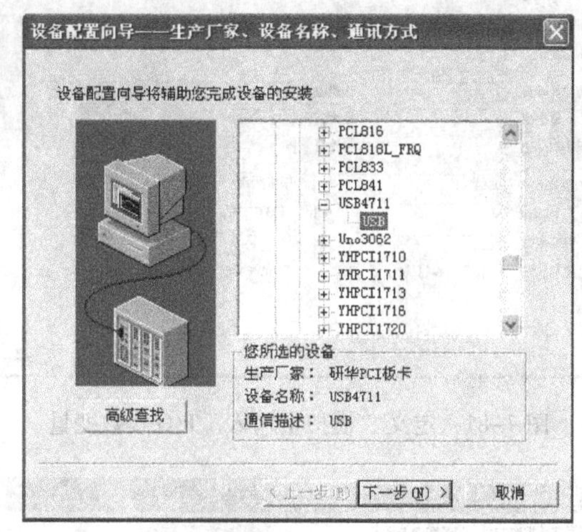

图 7-80　选择 USB 设备

2）单击“下一步”按钮，给要安装的设备指定唯一的逻辑名称，如 USB4711。

3）单击“下一步”按钮，选择串口号，如“COM1”。

4）单击“下一步”按钮，给要安装的设备指定地址 0（该值与使用的 USB 接口位置有关）。

5）单击“下一步”按钮，不改变通信参数。

6）单击“下一步”按钮，显示所安装设备的所有信息。

7）检查各项设置是否正确，确认无误后，单击“完成”按钮。

设备定义完成后，用户可以在工程浏览器的右侧看到新建的外部设备“USB4711”。

（4）定义变量

1）定义 1 个“模拟量输入”I/O 变量。

设置变量名为“AI”，变量类型选“I/O 实数”，变量的最小值设为“0”、最大值设为“200”（按变送器输入温度范围 0 ~ 200℃ 确定）。最小原始值设为“1”、最大原始值设为“5”（对应 1 ~ 5 V）。

连接设备选“USB4711”（前面已定义），寄存器选“AI”，输入“1”（表示模拟量输入 1 通道），即寄存器设为“AI1”；数据类型选“FLOAT”；读写属性选“只读”。变量“模拟量输入”的定义如图 7-81 所示。

2）定义 1 个“数字量输出”I/O 变量。

设置变量名为“DO1”，变量类型选“I/O 整数”，连接设备选“USB4711”，寄存器设为 DO1（表示数字量输出 1 通道），数据类型选“Bit”，读写属性选“只写”，如图 7-82 所示。

同样定义 1 个“数字量输出”I/O 变量，变量名为“DO2”，寄存器设为“DO2”。

3）定义 8 个内存实型变量。

设置变量“上限温度”、“设定上限温度”的初始值均为“35”，最小值均为“0”，“最

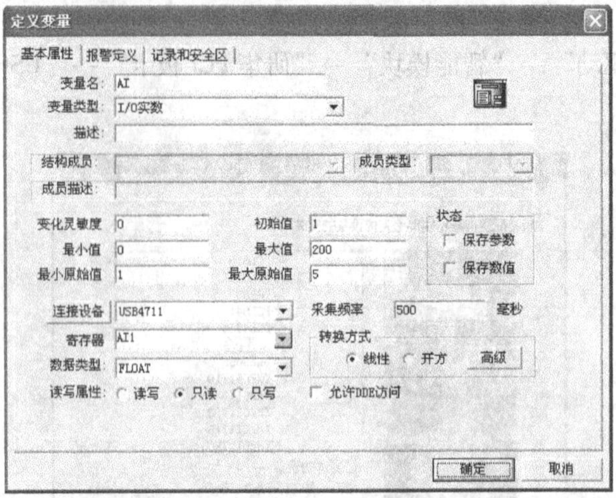

图 7-81　定义“模拟量输入”I/O 实数变量

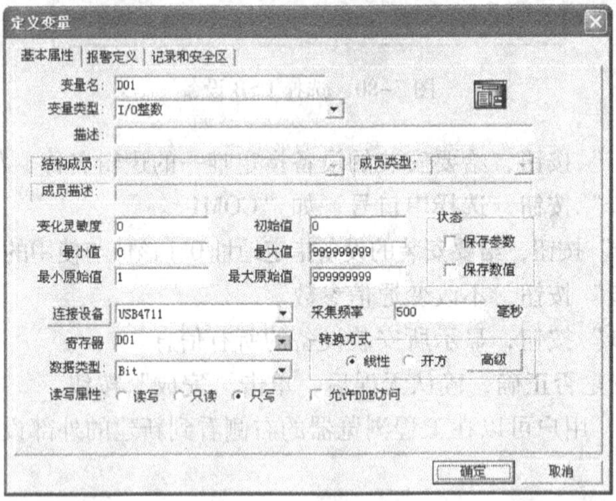

图 7-82　定义“数字量输出”I/O 变量

大值”均为“100”，如图 7-83 所示。

设置变量“下限温度”、“设定下限温度”的初始值均为“20”，最小值均为“0”，最大值均为“100”。

设置变量“平均值”、“最大值”、“最小值”的初始值、最小值均为“0”，最大值均为“100”。

设置变量“累加值”的初始值、最小值均为“0”，最大值为“200000”。

4）定义 3 个内存离散变量：设置变量“上限灯”、“下限灯”、“电炉”的初始值均为“关”。

5）定义 1 个内存整型变量：变量名为“采样个数”，设置初始值为“0”，最大值为“2000”。

（5）建立动画连接

1）建立“超温报警与控制”画面动画连接。

①建立仪表对象动画连接：将仪表对象与变量“AI”连接起来。

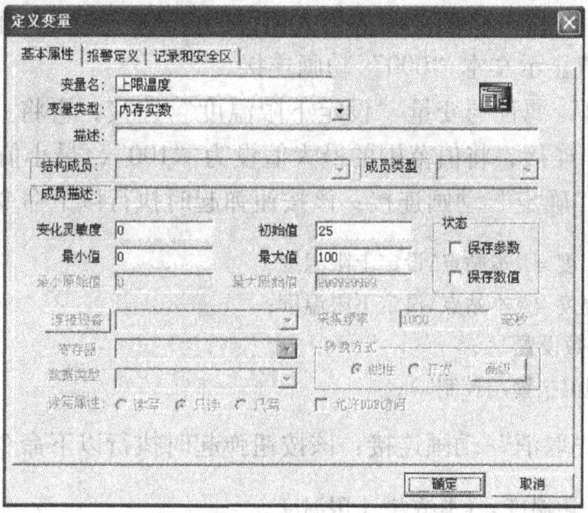

图 7-83　定义内存实数变量

② 建立上限灯对象动画连接：将上限指示灯对象与变量“上限灯”连接起来。

③ 建立下限灯对象动画连接：将下限指示灯对象与变量“下限灯”连接起来。

④ 建立电炉对象动画连接：将电炉对象与变量“电炉”连接起来。

⑤ 建立当前值、平均值、最大值、最小值显示文本对象动画连接：将它们的显示文本对象“000”的“模拟值输出”属性分别与变量“AI”、“平均值”、“最大值”、“最小值”连接，输出格式：整数为“2”位，小数为“1”位。

⑥ 建立按钮对象“实时曲线”动画连接：该按钮“弹起时”执行以下命令：

```
ShowPicture("温度实时曲线");
```

⑦ 建立按钮对象“参数设置”动画连接：该按钮“弹起时”执行以下命令：

```
ShowPicture("参数设置");
```

⑧ 建立按钮对象“关闭”动画连接：该按钮弹起时执行以下命令：

```
\\本站点\DO1 =0;
\\本站点\DO2 =0;
exit(0);
```

2）建立“温度实时曲线”画面动画连接。

① 建立“实时趋势曲线”控件动画连接。

在“曲线定义”选项卡中，将曲线 1 与变量“AI”连接起来。在“标识定义”选项卡中，将“标识 Y 轴”选项去掉，将“时间轴”选项中时间长度改为“2”分钟。

② 建立按钮对象“返回主画面”动画连接：该按钮弹起时执行以下命令：

```
ShowPicture("超温报警与控制");
```

3）建立“参数设置”画面动画连接。

① 建立上限温度值显示文本“000”动画连接。

将其“模拟值输出”属性与变量“设定上限温度”连接；再将“模拟值输入”属性与

变量“设定上限温度”连接，将值范围的最大值设为“200”，最小值设为“100”。

② 建立下限温度值显示文本“000”动画连接。

将其“模拟值输出”属性与变量“设定下限温度”连接；再将“模拟值输入”属性与变量“设定下限温度”连接，将值范围的最大值设为“100”，最小值设为“20”。

③ 建立按钮对象“确定”动画连接：该按钮弹起时执行以下命令：

```
\\本站点\上限温度 = \\本站点\设定上限温度;
\\本站点\下限温度 = \\本站点\设定下限温度;
closepicture("参数设置");
ShowPicture("超温报警与控制");
```

④ 建立按钮对象“取消”动画连接：该按钮弹起时执行以下命令：

```
\\本站点\设定上限温度 = \\本站点\上限温度;
\\本站点\设定下限温度 = \\本站点\下限温度;
closepicture("参数设置");
ShowPicture("超温报警与控制");
```

其中　ShowPicture 函数——用于显示指定名称的画面。

ClosePicture 函数——用于将已调入内存的画面关闭，并从内存中删除。

(6) 编写程序代码

1) 双击命令语言“事件命令语言”项，在弹出的对话框中，在事件描述文本框中输入表达式“\\本站点\AI > 0”；在事件“发生时”编辑栏中输入以下初始化语句：

```
\\本站点\采样个数 = 0;
\\本站点\累加值 = 0;
\\本站点\最大值 = \\本站点\AI;
\\本站点\最小值 = \\本站点\AI;
```

2) 双击“命令语言”下的“应用程序命令语言”选项，在弹出的对话框中，将运行周期设为“500”；

① 在“启动时”编辑栏里输入以下程序：

```
ShowPicture("温度实时曲线");
ShowPicture("超温报警与控制");
```

② 在“运行时”编辑栏里输入以下控制程序：

```
if( \\本站点\AI < = \\本站点\下限温度)
{
\\本站点\下限灯 = 1;
\\本站点\电炉 = 1;
\\本站点\DO1 = 1;
}
if( \\本站点\AI > \\本站点\下限温度 && \\本站点\AI < \\本站点\上限温度)
{
```

```
\\本站点\上限灯=0;
\\本站点\下限灯=0;
\\本站点\电炉=1;
\\本站点\DO1=0;
\\本站点\DO2=0;
}
if(\\本站点\AI>=\\本站点\上限温度)
{
\\本站点\上限灯=1;
\\本站点\电炉=0;
\\本站点\DO2=1;
}
\\本站点\采样个数=\\本站点\采样个数+1;
\\本站点\累加值=\\本站点\累加值+\\本站点\AI;
\\本站点\平均值=\\本站点\累加值/\\本站点\采样个数;
if(\\本站点\AI>=\\本站点\最大值)
{
\\本站点\最大值=\\本站点\AI;
}
if(\\本站点\AI<=\\本站点\最小值)
{
\\本站点\最小值=\\本站点\AI;
}
```

(7) 调试与运行

将设计的画面全部存储，将“超温报警与控制”画面配置成主画面，启动画面运行程序。当温度传感器的检测温度在不同范围时，出现不同响应，见表7-11。

表7-11　程序运行响应

检测温度 AI (℃)	程序主画面动画			线路中指示灯动作	
	上限灯	下限灯	电炉	DO 指示灯 1	DO 指示灯 2
AI≤下限温度	灭	亮	开	亮	灭
下限温度<AI<上限温度	灭	灭	开	灭	灭
AI≥上限温度	亮	灭	关	灭	亮

单击主画面“实时曲线”按钮，进入温度实时曲线画面，可以观看温度实时变化曲线，单击“返回主画面”按钮可以返回主画面“超温报警与控制”。

单击主画面“参数设置”按钮，进入参数设置画面：可以设置温度的报警上限、下限值；单击“确定”按钮可以确认当前设定值，单击“取消”按钮保持原先设定值不变。

主画面运行情况如图7-84所示，实时曲线运行情况如图7-85所示，参数设置运行情况如图7-86所示。

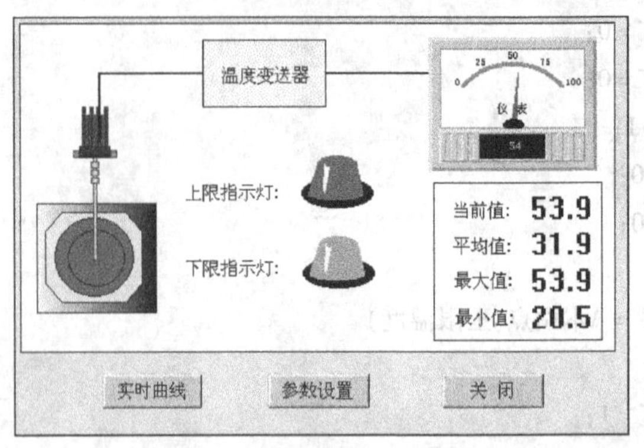

图 7-84　程序主画面

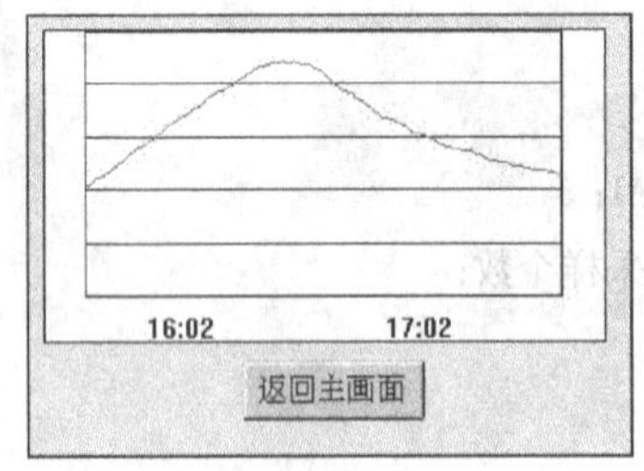

图 7-85　实时曲线运行画面

图 7-86　参数设置运行画面

习题与思考题

7-1　简述 USB 总线的结构。

7-2　数据采集卡有哪些主要的性能指标？

7-3　如何正确安装数据采集卡？应注意什么事项？

7-4　什么是数据采集系统？它有什么特点？

7-5　数据采集系统的功能有哪些？

7-6　简述数据采集系统的硬件和软件组成。

7-7　模拟量有单端和差分两种输入方式，它们的区别是什么？

7-8　什么是标度变换？在设计模拟量检测系统时如何实现标度变换？

7-9　如何利用研华 Advantech Device Manager 中的设备测试程序对板卡进行测试？

第8章　计算机集散控制系统与实训

计算机集散控制系统，又称为计算机分布式控制系统（Distributed Control System，DCS）。它是一种综合了计算机技术、控制技术、通信技术、CRT显示技术（即4C技术），实现对生产过程集中监测、操作、管理和分散控制的新型控制系统。其基本思想是集中操作管理，分散控制。由于控制分散，就可以做到“危险分散”，从而使整个系统的可靠性大大提高。

8.1　计算机集散控制系统概述

8.1.1　集散控制系统的产生

集散控制系统出现以前，生产过程控制主要采用模拟仪表控制系统或计算机集中控制系统。

20世纪40年代多采用模拟仪表控制系统，虽然它具有可靠性高、成本低、操作简便、易于维护等优点，但随着工业生产的发展，其局限越来越明显。在控制性能方面，难以实现对多变量相关对象的控制，也难以实现复杂的控制；在操作监视方面，随着生产规模的扩大和工艺过程的复杂化，仪表大量增加，模拟仪表屏不断增大，难以集中显示和操作，各子系统间信号联系困难，不便于实现通信联系，从而无法组成分级控制系统；对系统组成和控制方式的变更，需要变换相应的仪表。

50年代末60年代初，生产过程控制开始引入了计算机集中控制系统，克服了模拟仪表控制系统的局限性。这种控制系统具有易于实现复杂的控制，能集中显示操作，控制精度高，便于改变系统结构和控制方式，自下而上的通信能力较强等优点。但由于在计算机集中控制系统中，一台计算机控制着几十个甚至上百个回路，所以一旦计算机发生故障，将影响整个系统的运行，致使系统的安全可靠性降低。集中控制导致了危险性也集中。采用一台计算机工作，另一台计算机备用的双工系统，虽可提高可靠性，但成本太高，难以为用户所接受。

70年代中期，在综合分析了模拟仪表控制与计算机集中控制的优点后，采用了“危险分散”的设计思想，将控制部分分散，而将显示操作部分高度集中，并利用了计算机技术、控制技术、通信技术和CRT显示技术的最新发展成果，研制出了一种新型的、能满足不同系统要求的集散控制系统。

集散控制系统既不同于分散的仪表控制，又不同于集中计算机控制系统，它克服了二者的缺陷而集中了二者的优势。与模拟仪表控制相比，它具有连接方便、采用软连接的方法连接、容易更改、显示方式灵活、显示内容多样、数据存储量大、占用空间少等优点；与计算机集中控制系统相比，它具有操作监督方便、危险分散、功能分散等优点。另外，集散控制系统不仅实现了分散控制、分而治之，而且实现了集中管理、整体优化，提高了生产自动化水平和管理水平，成为过程自动化和信息管理自动化相结合的管理与控制一体化的综合集成系统。这种系统组态灵活，通用性强，规模可大可小，既适用于中小型控制系统，也适用于大型控制系统，因此，在许多领域得到了广泛应用。

8.1.2 集散控制系统的体系结构

集散控制系统是采用标准化、模块化和系列化的设计，实现集中监视、操作、管理，分散控制。虽然各制造厂家所生产的集散控制系统各不相同，但因采用了相同的设计思想，因此它们具有相似的体系结构。其体系结构从垂直方向可分为 3 级：第 1 级为分散过程控制级；第 2 级为集中操作监控级；第 3 级为综合信息管理级，各级相互独立又相互联系。从水平方向，每一级按功能可分成若干子块（相当于在水平方向分成若干级）。各级之间由通信网络连接，级内各装置之间由本级的通信网络进行通信联系。

集散控制系统典型的体系结构如图 8–1 所示。

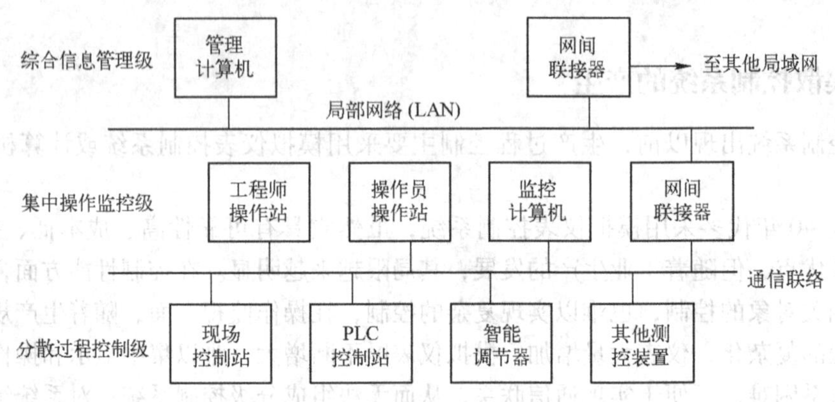

图 8–1　集散控制系统的体系结构

1. 分散过程控制级

分散过程控制级直接面向生产过程，是集散控制系统的基础。它具有数据采集、数据处理、回路调节控制和顺序控制等功能，能独立完成对生产过程的直接数字控制。其输入信息是面向传感器的信号，如热电偶、热电阻、变送器（温度、压力、液位、电压、电流、功率等）及开关量等信号，其输出是作用于驱动执行机构（调节阀、电磁阀等）。同时，通过通信网络可实现与同级间的其他控制单元、上层操作管理站相连和通信，实现更大规模的控制与管理。它可传送操作管理级所需的数据，也能接收操作管理级发来的各种操作指令，并根据操作指令进行相应的调整或控制。

构成这一级的主要装置如下。

1）现场控制站（工业控制机）：是一个可独立运行的计算机检测控制系统。具有数据采集、直接数字控制、顺序控制、信号报警、打印报表、数据通信等功能。

2）可编程序控制器（PLC）：主要用于生产过程的顺序控制或逻辑控制。针对开关量输入、开关量输出，用于执行顺序控制功能。

3）智能调节器：是一种数字化的过程控制仪表。不仅可接受 4 ~ 20 mA 电流信号输入，还具有异步通信接口，可与上位机连成主从式通信网络，接受上位机下传的控制参数，并上报各种过程参数。

4）其他测控装置：各控制器的核心部件是微处理器，可以是单回路的，也可以是多回路的。

2. 集中操作监控级

这一级的主要功能是系统生成、组态、诊断、报警、现场数据收集处理、生产过程量显示、各种工艺流程图显示、趋势曲线显示、改变过程参数、进行过程操作控制等。为完成这些功能，在硬件上该级主要由操作台、监控计算机、键盘、图形显示设备、打印机等组成。

这一级以操作监视为主要任务，兼有部分管理功能。它是面向操作员和系统工程师的，这一级配备有技术手段齐备、功能强的计算机系统及各类外部装置，特别是 CRT 显示器和键盘，还需要较大存储容量的存储设备及功能强大的软件支持，确保工程师和操作员对系统进行组态、监视和操作，对生产过程实现高级控制策略、故障诊断、质量评估等。

这一级主要设备如下。

1）监控计算机：即上位机，综合监视全系统的各工作站，具有多输入多输出控制功能，用以实现系统的最优控制或优化管理。

2）工程师操作站：主要用于系统组态、维护和软件开发。

3）操作员操作站：主要用于对生产过程进行监视和操作。

3. 综合信息管理级

这一级在集散控制系统中是最高层次级，用于实现整个企业（或工厂）的综合信息管理，主要执行生产管理和经营管理功能。在这一级可完成市场预测、经济信息分析、原材料库存情况、生产进度、工艺流程及工艺参数、生产统计、报表、进行长期的趋势分析等，做出生产和经营决策，确保整个企业的最佳化的经济效益。综合信息管理系统实际上是一个管理信息系统（Management Information System，MIS）。

企业 MIS 是一个以数据为中心的计算机信息系统。企业中的信息有两大类：管理活动信息（包括日常管理、制订计划、战略性总体规划等信息）和职能部门活动的信息（包括生产制造、市场经营、财务、人事等信息）。企业 MIS 可粗略地分为市场经营管理、生产管理、财务管理和人事管理 4 个子系统。子系统从功能上说应尽可能地独立，子系统之间通过信息相互联系。

这一级由管理计算机、办公自动化系统、工厂自动化服务系统构成，从而实现整个企业的综合信息管理。

4. 通信网络系统

通信网络系统将集散控制系统的各部分连接在一起，完成各种数据、指令及其他信息的传递。由于各级之间的信息传输主要是依靠通信网络系统来支持，所以通信系统是集散控制系统的支柱。为保证信息高速可靠地传送，必须选择适当的通信网络结构、通信控制方式和通信介质。

根据各级的不同要求，通信网络也可分成低速、中速、高速通信网络。低速网络面向分散过程控制级；中速网络面向集中操作监控级；高速网络面向综合信息管理级。

8.1.3 集散控制系统的特点

集散控制系统能被广泛应用的原因是它具有优良的特性，其特点可概括如下。

1. 自治性

系统上各工作站是通过网络接口连接起来的，各工作站独立自主地完成自己的任务，且各站的容量可扩充，配套软件随时可组态加载，是一个能独立运行的高可靠性子系统。分散过程控制级各控制装置是一个自治的系统，它完成数据的采集、信号处理、计算机数据输出等功能。集中操作监控级完成数据的显示、操作监视和操作信号的发送等功能；综合信息管理级完成信息的管理和优化；通信网络系统则完成各站的连接和数据通信，因此各部分都是各自独立的自治系统。其控制功能分散，风险分散的特点，提高了系统的可靠性。

2. 协调性

各工作站间能够通过通信网络传送各种信息并协调工作，以完成控制系统的总体功能和优化处理。实时、安全、可靠的工业控制局部网络使整个系统信号畅通，信息共享。采用标准通信网络协议，可与上层的信息管理系统连接起来进行信息的交互。

3. 在线性和实时性

生产过程控制级由于采用基于高性能微处理器的控制调节器，可通过过程通道、I/O 接口和通信网络，对过程对象的数据进行实时采集、分析、记录、监视、操作控制，并可进行系统结构、组态回路的在线修改，局部故障的在线维修，提高了系统的可用性。

4. 适应性、灵活性和可扩充性

集散控制系统的硬件和软件采用开放式、标准化、模块化和系列化设计，系统为积木式结构，配置灵活，可以根据用户的不同需要，方便地构成多级控制系统。当工厂根据生产要求需要改变生产工艺或生产流程时，只需改变系统配置和控制方案，如增加或拆除部分单元，而系统不会受到任何影响。

集散控制系统一般为用户提供了丰富的功能软件，用户只需按要求选用即可，大大减少了用户的开发工作量。功能软件主要包括控制软件包、操作显示软件包和报表打印软件包等，并提供至少一种过程控制语言，供用户开发高级的应用软件。

5. 系统组态灵活方便

集散控制系统向用户提供了系统组态软件，该软件是采用面向问题的语言，提供了数十种常用的运算和控制模块，控制工程师只需按照系统的控制方案，从中选择任意模块，并以填表的方式来定义这些功能模块，进行控制系统的组态。系统组态一般是在操作站上进行的。填表组态方式极大地提高了系统设计的效率，解除了用户使用计算机必须编程的困扰。

集散控制系统所提供的组态软件一般包括系统组态、过程控制组态、画面组态、报表组态，用户的方案及显示方式由它来解释生成其内部可理解的目标数据。使用组态软件可以生成相应的实用系统，便于用户设计新的控制系统，也便于灵活更改与扩充。

6. 友好性

集散控制系统软件面向工业控制技术人员、工艺技术人员和生产操作人员。其实用而简捷的人机对话系统，CRT 彩色高分辨率交互图形显示、复合窗口技术，使画面日趋丰富，菜单功能更具实时性。而平面密封式薄膜操作键盘、触摸式屏幕、鼠标、跟踪球操作器等更便于操作，语音输入/输出使操作员与系统对话更加方便。

7. 可靠性

由于集散控制系统采用很多独特的设计，使其具有可靠性高的优点。在结构上采用容错设计，使得在任意一个单元失效的情况下，仍然能保持系统的完整性，即使全局性通信或管理失效，局部站仍能维持工作。在硬件上，采用了冗余设计，无论操作站、控制站，还是通信链路都采用双重化配置，同时在系统内外采取了各种抗干扰措施，满足“电磁兼容性”要求。

在软件上采用分段与模块设计，积木式结构，以及程序卷回（即指令复执）等容错设计。系统具有快速自诊断功能，实现故障部件的自动隔离、自动恢复与热机插拔技术；系统内发生异常时，可将故障信息汇总到操作站，通过CRT显示，或者声光报警或打印机输出，及时通知操作员；监测站、控制站各插件上都有状态信号灯，指示故障插件。以上所有措施极大地提高了系统的可靠性和安全性。

8.1.4 中小型DCS的基本结构

目前的DCS系统的总体性能基本可以满足各大中型企业生产过程的控制需求。许多成熟技术和标准部件的直接使用，也促使DCS系统逐步向标准化、组件化和PC化方向发展。尽管如此，专业厂家生产的DCS系统仍有部分专用的软、硬件技术和通信技术，使得系统的价位超过了中小型企业的经济承受能力，极大地制约了我国中小型企业迈向生产自动化的进程。中小型企业的这种社会需求，促使许多厂家利用现有的工业PC、工业标准通信控制网络和通用控制级设备，构成中小型DCS系统。美国的AD公司将这类DCS系统命名为μDCS，如AD公司的μDCS6000系统。尽管目前正在进入市场的现场总线控制系统（FCS）弥补了某些专业DCS系统的不足之处，但我国在一个相当长时间内，仍将处于DCS和FCS并存的时期，因此，讨论中小型DCS的实现方法仍然具有现实意义。

中小型DCS的拓扑结构一般采用专业DCS中用得比较广泛的总线拓扑结构，监控级设备（也可以称为上位机或操作站）一般使用工业PC，控制级设备使用产品化的调节仪表、可编程序控制器（PLC）和远程I/O模块等。上位机和控制级设备的网络通信则使用RS-485总线和面向字符型的通信协议。中小型DCS的基本结构如图8-2所示。

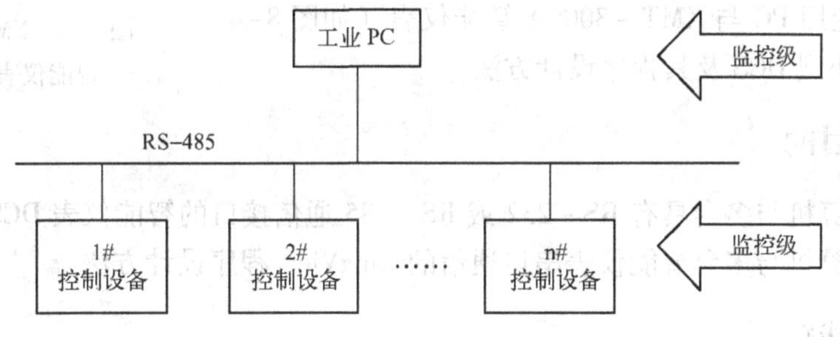

图8-2 中小型DCS的基本结构

根据控制级所采用的不同控制设备，可以将中小型DCS系统分为工业PC+仪表、工业PC+PLC、工业PC+远程I/O 3种基本形式。由工业PC+仪表这种方式构成的中小型DCS系统侧重于过程控制，该系统在脱离工业PC后仍是一个独立的仪表控制系统，具有仪表的基本调节功能和显示功能。由工业PC+PLC构成的中小型DCS系统侧重于逻辑控制和顺序控制，由于PLC可靠性极高，因此由此构成的中小型DCS系统具有高可靠性。但是由于一般的PLC都不自带显示功能，因此由工业PC+PLC构成的中小型DCS在脱离工业PC后，只能借助于PLC的显示单元才能实现过程信息的监视。由工业PC+远程I/O构成的中小型

DCS 系统适用于过程控制和逻辑控制。如果远程 I/O 为子系统，则整个系统在脱离工业 PC 后仍然可以独立运行，如 OPTO 公司的 OPT022 系统、研华公司的 ADAM5000 系统。如果远程 I/O 为输入/输出模块，则整个系统在脱离工业 PC 后将无法自主运行，如研华（中国）公司的 ADAM4000 系列。图 8-3 为模拟量输入模块 ADAM4017 和数字量 I/O 模块 ADAM4050。

图 8-3　ADAM 模拟量输入与数字量 I/O 模块

8.2　用 PC 与智能仪表构成的 DCS 实训

智能仪表在我国的工业控制领域得到了广泛的应用。实际上，只要具有 RS-485（或 RS-232）通信接口，支持站号设置和通信协议访问的智能仪表都可以与 PC 构成一个主从式网络系统，这也是中小型 DCS（集散控制系统）的一般结构。智能仪表具有较强的过程控制功能和较高的可靠性，因此这类中小型 DCS 在目前仍然占有较大的应用市场。

图 8-4　XMT-3000A 智能仪表示意图

本实训讨论用 PC 与 XMT-3000A 智能仪表（如图 8-4 所示）构成中小型 DCS 及其程序设计方法。

8.2.1　实训目的

1）掌握计算机与多台具有 RS-232 或 RS-485 通信接口的智能仪表 DCS 连接方法。

2）掌握计算机与多台智能仪表串口通信的 KingView 程序设计方法。

8.2.2　实训线路

1. 软、硬件清单

本实训用到的硬件和软件清单见表 8-1。

表 8-1　实训用软、硬件清单

序　号	名　称	数　量
1	PC（或 IPC）	1
2	智能仪表（XMT-3000A 型，需配置 RS-232 通信、上下限控制继电器、DC24 V 电源等模块）	3

（续）

序 号	名 称	数 量
3	RS－232/RS－485 转换器	4
4	热电阻传感器（Cu50）	3
5	ScomAssistant. exe（“串口调试助手”程序）	1
6	KingView 6. 53	1

2. 硬件线路

一般 PC 采用 RS－232 通信接口，若仪表具有 RS－232 接口，当通信距离较近且是一对一通信时，二者可直接通过电缆连接，如图 5－25 所示。

由于一个 RS－232 通信接口只能连接一台 RS－232 仪表，当 PC 与多台具有 RS－232 接口的仪表通信时，可使用 RS－232/RS－485 型通信接口转换器，将计算机上的 RS－232 通信接口转为 RS－485 通信接口，在信号进入仪表前再使用 RS－485/RS－232 转换器将 RS－485 通信接口转为 RS－232 通信接口，再与仪表相连，如图 8-5 所示。

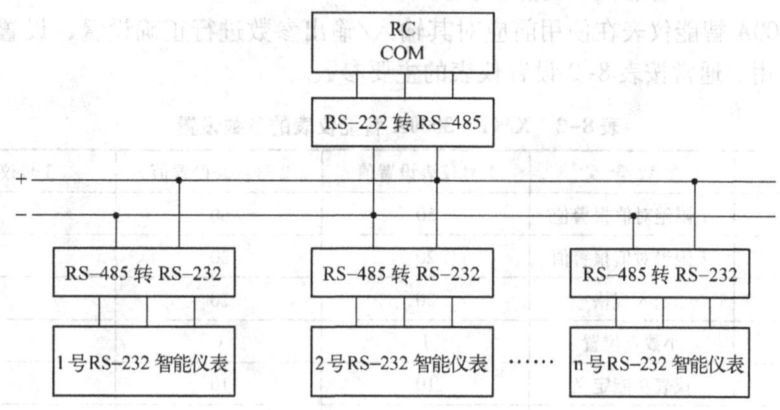

图 8-5　PC 与多个 RS－232 仪表连接示意图

当 PC 与多台具有 RS－485 接口的仪表通信时，由于两端设备接口电气特性不一致，不能直接相连，因此，也采用 RS－232/RS－485 接口转换器将 RS－232 接口转换为 RS－485 信号电平，再与仪表相连，如图 8-6 所示。

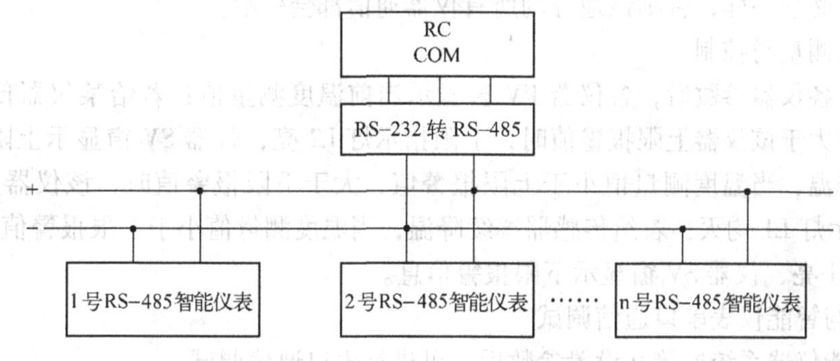

图 8-6　PC 与多个 RS－485 仪表连接示意图

工业 PC 一般直接提供 RS－485 接口，与多台具有 RS－485 接口的仪表通信时不用转换器可直接相连。

RS-485 接口只有两根线要连接，有+、-端（或称为 A、B 端），用双绞线将所有仪表的接口并联在一起即可。

8.2.3 实训任务

采用 KingView 编写程序实现 PC 与多台智能仪表串口通信。任务要求如下。

1）PC 程序画面显示多台智能仪表温度测量值。

2）PC 程序读取并显示各个仪表的上、下限报警值，并能通过 PC 程序设置改变。

3）当测量温度值大于或小于设定的上、下限报警值时，PC 程序画面中相应的信号指示灯变化颜色。

8.2.4 实训操作

1. 仪表参数设置与通信测试

（1）XMT-3000A 智能仪表的参数设置

XMT-3000A 智能仪表在使用前应对其输入/输出参数进行正确设置，设置好的仪表才能投入正常使用。通常按表 8-2 设置仪表的主要参数。

表 8-2 XMT-3000A 智能仪表的参数设置

参　数	参数含义	1 号仪表设置值	2 号仪表设置值	3 号仪表设置值
HiAL	上限绝对值报警值	50	60	70
LoAL	下限绝对值报警值	20	30	40
Sn	输入规格	20	20	20
diP	小数点位置	1	1	1
ALP	仪表功能定义	10	10	10
Addr	通信地址	1	2	3
bAud	通信波特率	4800	4800	4800

尤其注意 DCS 系统中每台仪器有一个仪器号，PC 通过仪器号来识别网上的多台仪器，要求网上的任意两台仪器的编号（即通信地址 Addr 参数）不能相同。所有仪器的通信参数，如波特率必须一样，否则该地址的所有仪器通信都会失败。

（2）温度测量与控制

正确设置各仪器参数后，各仪器 PV 窗显示当前温度测量值；若给某仪器传感器升温，当温度测量值大于该仪器上限报警值时，上限指示灯 L2 亮，仪器 SV 窗显示上限报警信息；若给传感器降温，当温度测量值小于上限报警值，大于下限报警值时，该仪器上限指示灯 L2 和下限指示灯 L1 均灭；若给传感器继续降温，当温度测量值小于下限报警值时，该仪器下限指示灯 L1 亮，仪器 SV 窗显示下限报警信息。

（3）PC 与智能仪表串口通信调试

PC 与智能仪器系统连接并设置参数后，可进行串口通信调试。

运行“串口调试助手”程序，首先设置串口号为“COM1”、波特率为“4800”、校验位为“NONE”、数据位为“8”、停止位为“2”（注意：设置的参数必须与智能仪表设置的一致)，选择十六进制显示和十六进制发送方式，打开串口。

在发送指令文本框先输入读指令“81 81 52 0C”，单击“手动发送”按钮，1号表返回数据串；再输入读指令“82 82 52 0C”，单击“手动发送”按钮，2号表返回数据串；最后输入读指令“83 83 52 0C”，单击“手动发送”按钮，3号表返回数据串。

可用“计算器”程序分别计算各个表的测量温度值。

2. PC端采用KingView实现智能仪表温度检测

(1) 建立新工程项目

运行组态王程序，在工程管理器中创建新的工程项目。工程名称为“XMT3000A”；工程描述为“利用KingView和智能仪表实现DCS”。

(2) 制作图形画面

画面名称：“温度测控”。

1) 通过工具箱在空白图形画面中添加18个文本对象和1个按钮对象。

2) 进入图库管理器，添加3个仪表对象和6个指示灯对象。

设计的图形画面如图8-7所示。

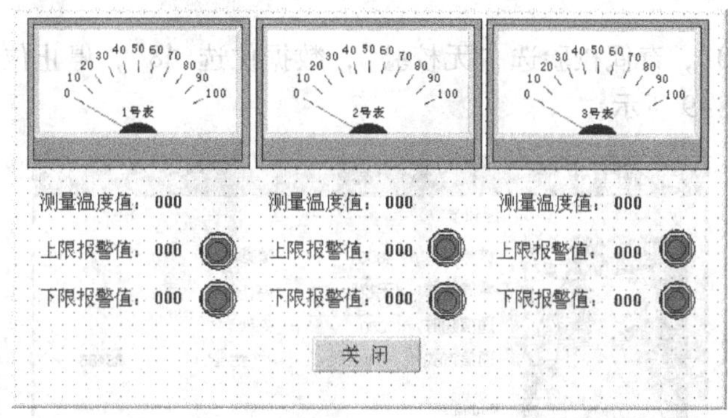

图8-7 图形画面

(3) 定义串口设备

1) 添加3个串口设备。

在组态王工程浏览器的左侧选择“设备”下的“COM1”，在右侧视图双击“新建”，运行“设备配置向导”。

① 选择：“设备驱动”→“智能仪表”→“南京朝阳”→“XMT3000”→“串行”，如图8-8所示。

② 单击“下一步”按钮，给要安装的设备指定唯一的逻辑名称，如“智能仪表1”(若定义多个串口设备，则该名称不能重复)。

③ 单击“下一步”按钮，选择串口号，如“COM1”(须与智能仪表在计算机上使用的串口号一致)。

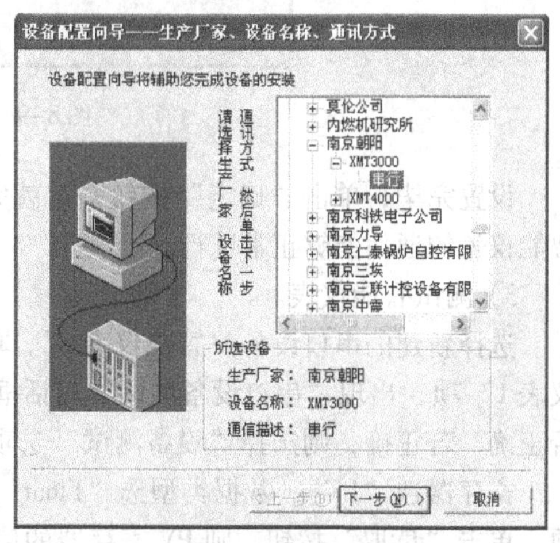

图8-8 选择串口设备

④ 单击“下一步”按钮，为要安装的智能仪表指定地址，如“1”（若定义多个串口设备，则该值不能重复）。

⑤ 单击“下一步”按钮，不改变通信参数。

⑥ 单击“下一步”按钮，显示所要安装的设备信息总结，检查各项设置是否正确，确认无误后，单击“完成”按钮。

⑦ 按①~⑥的步骤，定义其他 2 个串口设备：

逻辑名称为“智能仪表 2”，串口号为“COM1”，仪表地址为“2”；

逻辑名称为“智能仪表 3”，串口号为“COM1”，仪表地址为“3”。

注意：选择的串口号必须与智能仪表在 PC 上使用的串口号一致，仪表地址必须与联网的 3 个智能仪表内部设定的 Addr 参数一致。

设备定义完成后，可以在工程浏览器“设备”下的“COM1”的右侧看到新建的串口设备“智能仪表 1”、“智能仪表 2”、“智能仪表 3”。

2）设置串口通信参数。

双击“设备”下的“COM1”，弹出“设置串口”对话框，设置串口 COM1 的通信参数。

波特率选“4800”，奇偶校验选“无校验”，数据位选“8”，停止位选“2”，通信方式选“RS232”，如图 8-9 所示。

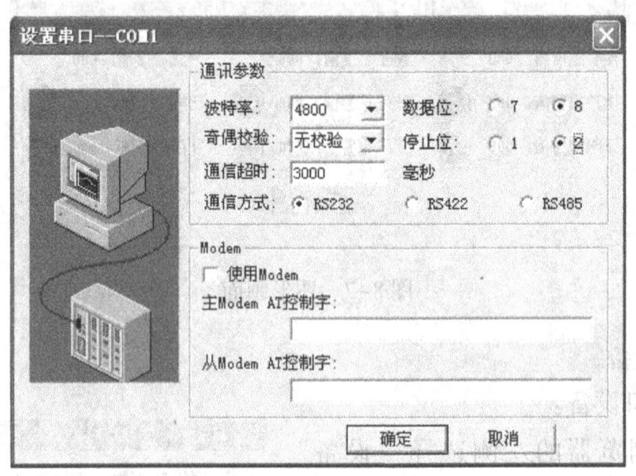

图 8-9 设置串口参数

设置完毕，单击“确定”按钮，这就完成了对 COM1 的通信参数配置，使得 COM1 同智能仪表的通信能够正常进行。

3）测试智能仪表。

选择新建的串口设备“智能仪表 1”，单击鼠标右键，弹出快捷菜单，选择“测试 智能仪表 1”项，出现“串口设备测试”对话框，如图 8-10 所示，观察设备参数与通信参数是否正确，若正确，则选择“设备测试”选项卡。

寄存器选“PV”，数据类型选“Float”；单击“添加”按钮，采集列表出现 PV 寄存器项，单击“读取”按钮，则 PV 寄存器的值出现在列表里，如图 8-11 所示，此处 PV 寄存器的值为 239.000，该值除以 10 就是仪表的温度测量值。观察该值与相应地址的智能仪表所显示的值是否一致。

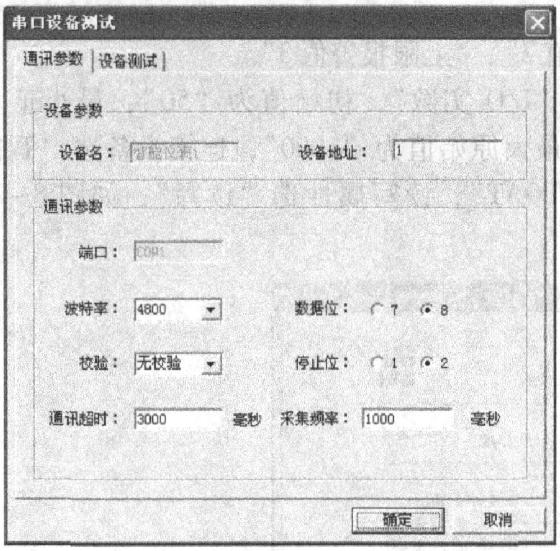

图 8-10　查看通信参数

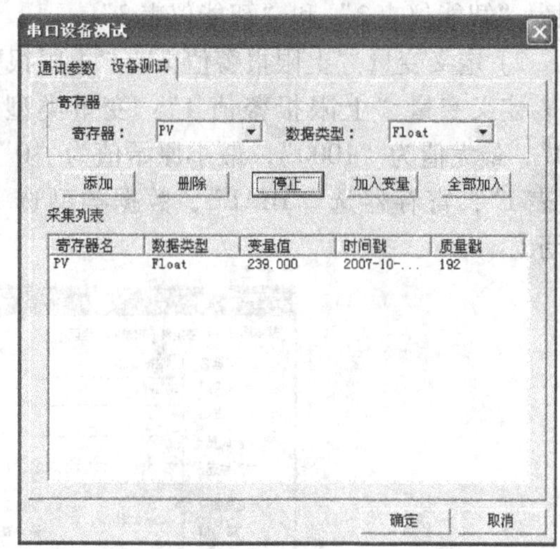

图 8-11　串口设备测试

如果智能仪器与计算机串口连接错误，则出现通信失败提示框。

同样方法可以测试“智能仪表 2”、“智能仪表 3”。

（4）定义变量

在工程浏览器的左侧选择“数据库”下的“数据词典”，在右侧双击“新建”，弹出“定义变量”对话框，分别定义下面 15 个变量。

1）定义变量“测量值 1”、“测量值 2”、“测量值 3”。

定义变量“测量值 1”：变量类型选“I/O 实数”，最小值为“0”，最大值为“100”，最小原始值为“0”，最大原始值为“1000”，连接设备选“智能仪表 1”，寄存器选“PV”，数据类型选“FLOAT”，读写属性选“只读”，采集频率设为“500”，如图 8-12 所示。

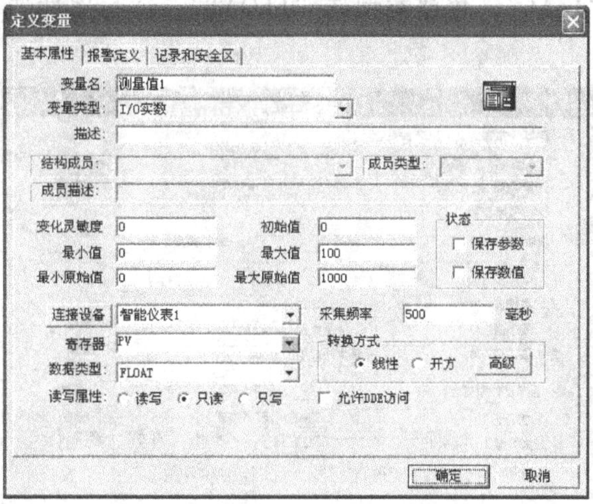

图 8-12　定义变量“测量值 1”

变量“测量值2”、“测量值3”的定义与“测量值1”基本相同，不同的是连接设备分别为“智能仪表2”和“智能仪表3”。

2）定义变量“上限报警值1”、“上限报警值2”、“上限报警值3”。

定义变量“上限报警值1”：变量类型选“I/O实数”，初始值为“50”，最小值为“0”，最大值为“1000”，最小原始值为“0”，最大原始值为“1000”，连接设备选“智能仪表1”，寄存器选“HIAL”，数据类型选“FLOAT”，读写属性选“读写”，如图8-13所示。

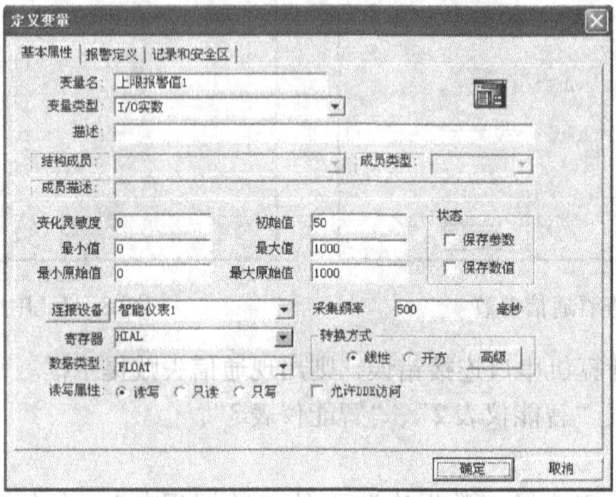

图8-13　定义变量“上限报警值1”

变量“上限报警值2”、“上限报警值3”的定义与“上限报警值1”基本相同，不同的是连接设备分别为“智能仪表2”和“智能仪表3”，初始值分别为“60”、“70”。

3）定义变量“下限报警值1”、“下限报警值2”、“下限报警值3”。

定义变量“下限报警值1”：变量类型选“I/O实数”，初始值为“20”，最小值为“0”，最大值为“1000”，最小原始值为“0”，最大原始值为“1000”，连接设备选“智能仪表1”，寄存器选“LoAL”，数据类型选“FLOAT”，读写属性选“读写”，如图8-14所示。

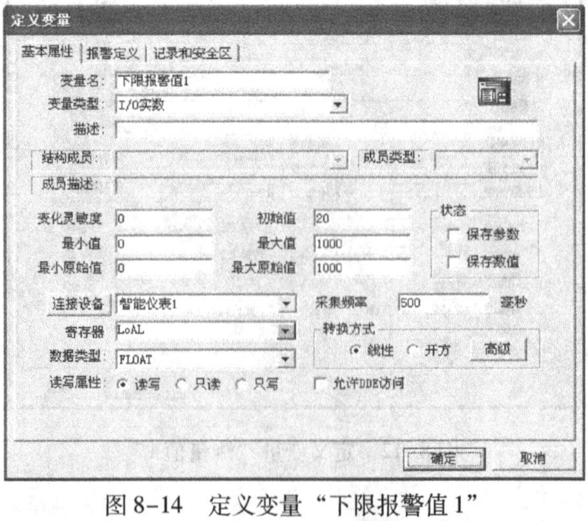

图8-14　定义变量“下限报警值1”

变量“下限报警值2”、“下限报警值3”的定义与“下限报警值1”基本相同，不同的是连接设备分别为“智能仪表2”和“智能仪表3”，初始值分别为“30”和“40”。

4）定义变量“上限灯1”、“上限灯2”、“上限灯3”、“下限灯1”、“下限灯2”、“下限灯3”：全部相同，即变量类型选“内存离散”，初始值选“关”。

（5）建立动画连接

进入开发系统，双击画面中的图形对象，将定义好的变量与相应对象连接起来。

1）建立仪表对象的动画连接。

双击画面中的“仪表对象1”，弹出“仪表向导”对话框，将其中变量名的表达式设置为“\\本站点\测量值1”（可以直接输入，也可以单击变量名文本框右边的“?”按钮，从“选择变量名”对话框选择已定义好的变量名“测量值1”），将标签改为“1号表”，最大刻度设为“100”，如图8-15所示。

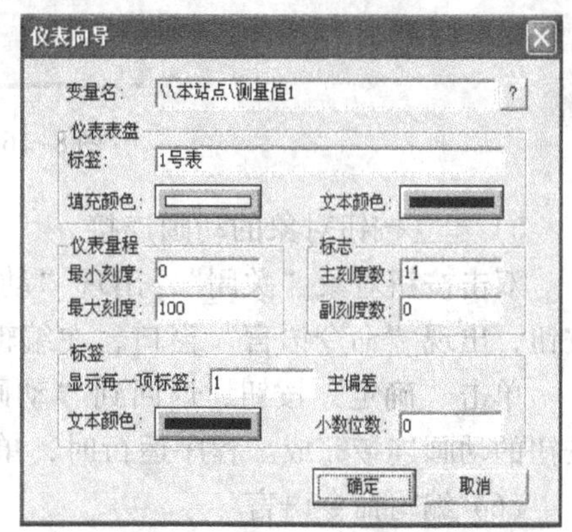

图8-15　仪表对象动画连接

同样，建立仪表对象2、仪表对象3的动画连接，变量名分别是“\\本站点\测量值2”、“\\本站点\测量值3”，标签分别为“2号表”、“3号表”。

2）将1号、2号、3号仪表测量温度值显示文本“000”的“模拟值输出”属性分别与变量“测量值1”、“测量值2”、“测量值3”连接。以1号仪表为例说明连接方法。

双击画面中文本对象“000”，出现“动画连接”对话框，单击“模拟值输出”按钮，则弹出“模拟值输出连接”对话框，将其中的表达式设置为“\\本站点\测量值1”（可以直接输入，也可以单击表达式文本框右边的“?”按钮，从“选择变量名”对话框选择选择已定义好的变量名“测量值1”），整数位数设为“2”，小数位数设为“1”，单击“确定”按钮返回到“动画连接”对话框，再次单击“确定”按钮，动画连接设置完成。

3）将1号、2号、3号仪表的上限报警值显示文本“000”的“模拟值输出”属性、“模拟值输入”属性分别与变量“上限报警值1”、“上限报警值2”、“上限报警值3”连接。

4）将1号、2号、3号仪表下限报警值显示文本“000”的“模拟值输出”属性、“模拟值输入”属性分别与变量“下限报警值1”、“下限报警值2”、“下限报警值3”连接。

5）将1号、2号、3号仪表上限指示灯对象、下限指示灯对象分别与变量“上限灯1”、“上限灯2”、“上限灯3”、“下限灯1”、“下限灯2”、“下限灯3”连接。以1号仪表上限灯为例说明连接方法。

双击画面中的指示灯对象，出现“指示灯向导”对话框，将变量名设定为“\\本站点\上限灯1”（可以直接输入，也可以单击变量名文本框右边的“?”按钮，选择已定义好的变量名“上限灯1”）。将正常色设置为“绿色”，报警色设置为“红色”。设置完毕后单击“确定”按钮，则指示灯对象动画连接完成，如图8-16所示。

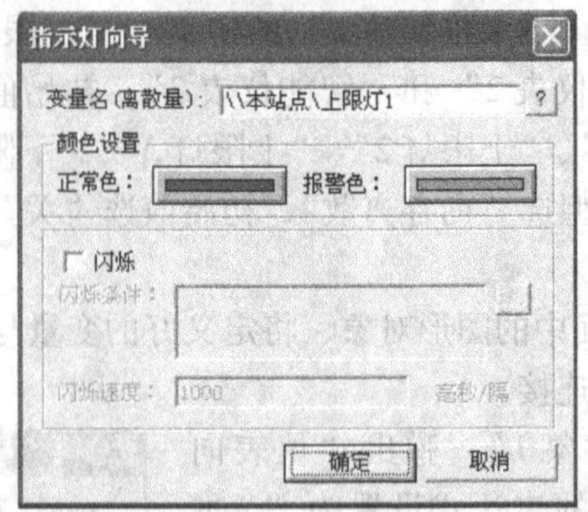

图 8-16　指示灯对象的动画连接

6）建立按钮对象的动画连接。

双击按钮对象“关闭”，出现“动画连接”对话框。单击命令语言连接中的“弹起时”按钮，出现“命令语言”窗口，在编辑栏中输入命令“exit(0)；”。

单击“确定”按钮，返回到“动画连接”对话框，再单击“确定”按钮，则“关闭”按钮的动画连接完成。程序运行时，单击“关闭”按钮，程序停止运行并退出。

（6）编写命令语言

在工程浏览器左侧树形菜单中双击命令语言“应用程序命令语言”项，出现“应用程序命令语言”编辑对话框，单击“运行时”，将循环执行时间设定为“500” ms，然后在命令语言编辑框中输入下面的控制程序。

```
if(\\本站点\测量值 1 > = \\本站点\上限报警值 1)
{\\本站点\上限灯 1 =1;
}
if(\\本站点\测量值 1 < \\本站点\上限报警值 1 && \\本站点\测量值 1 > \\本站点\下限报警值 1)
{
\\本站点\上限灯 1 =0;
\\本站点\下限灯 1 =0;
}
if(\\本站点\测量值 1 < = \\本站点\下限报警值 1)
{\\本站点\下限灯 1 =1;
}
if(\\本站点\测量值 2 > = \\本站点\上限报警值 2)
{
\\本站点\上限灯 2 =1;
}
if(\\本站点\测量值 2 < \\本站点\上限报警值 2 && \\本站点\测量值 2 > \\本站点\下限报警值 2)
{
\\本站点\上限灯 2 =0;
\\本站点\下限灯 2 =0;
}
if(\\本站点\测量值 2 < = \\本站点\下限报警值 2)
```

```
{
\\本站点\下限灯2=1;
}
if(\\本站点\测量值3>=\\本站点\上限报警值3)
{
\\本站点\上限灯3=1;
}
if(\\本站点\测量值3<\\本站点\上限报警值3 && \\本站点\测量值3>\\本站点\下限报警值3)
{
\\本站点\上限灯3=0;
\\本站点\下限灯3=0;
}
if(\\本站点\测量值3<=\\本站点\下限报警值3)
{
\\本站点\下限灯3=1;
}
```

(7) 调试与运行

将设计的画面全部存储并配置成主画面，启动画面运行程序。

程序画面中显示3个仪表的测量温度值、上限值、下限值。

给传感器升温或降温，当测量温度值大于或小于上、下限报警值时，画面中相应的信号指示灯变换颜色。

程序运行画面如图8-17所示。将鼠标移到各个仪表的上限报警值、下限报警值显示文本，单击鼠标左键，出现输入对话框，如图8-18所示，输入新的上限值、下限值，单击“确定”按钮，智能仪表内部的上限、下限报警值随即被改变。

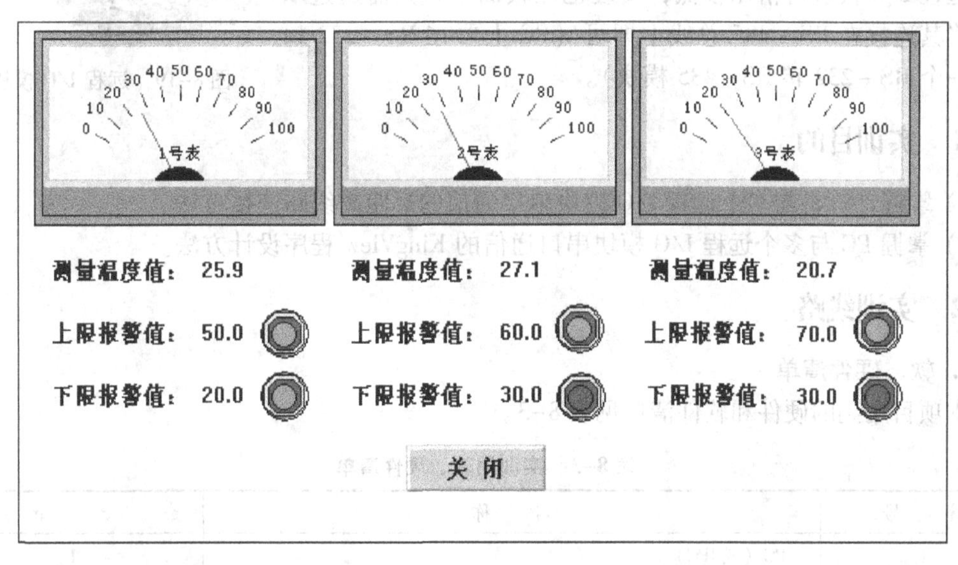

图8-17 程序运行画面

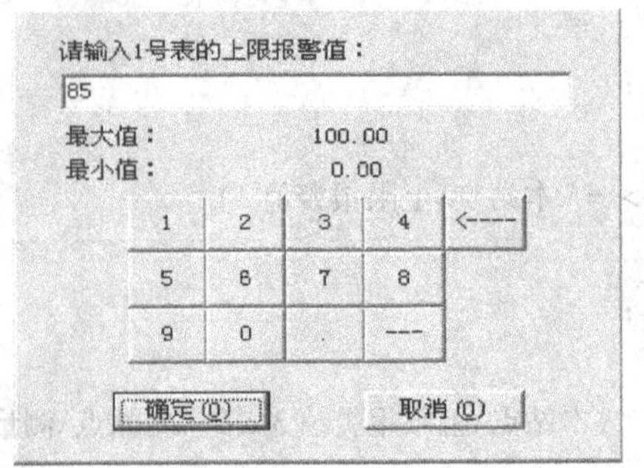

图 8-18　输入对话框

8.3　用 PC 与远程 I/O 模块构成的 DCS 实训

远程 I/O 模块又称为牛顿模块，为近年来比较流行的一种 I/O 方式，它安装在工业现场，就地完成 A-D、D-A 转换、I/O 操作及脉冲量的计数、累计等操作。

远程 I/O 模块的通信接口一般采用 RS-485 总线，通信协议与模块的生产厂家有关，但都是采用面向字符的通信协议。

市场上使用比较广泛的远程 I/O 模块有研华公司的 ADAM-4000 系列，如图 8-19 所示，以及研祥公司推出的 Ark-14000 系列等。这些远程 I/O 模块是传感器到计算机的多功能远程 I/O 单元，专为恶劣环境下的可靠操作而设计，具有内置的微处理器，严格的工业级塑料外壳，可以独立提供智能信号调理、模拟量 I/O、数字量 I/O、数据显示和 RS-485 通信。

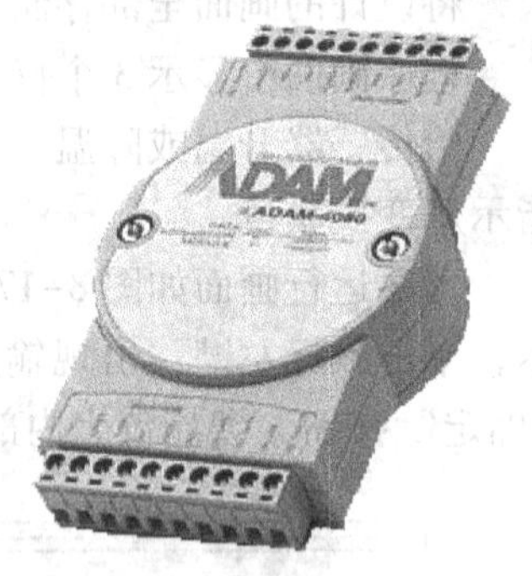

图 8-19　远程 I/O 模块

远程 I/O 模块价格比较低，安装也比较简单，只需通过双绞线将其连接在 RS-485 总线上即可（PC 上要在 RS-232 口安装一个 RS-232 转 RS-485 模块）。

8.3.1　实训目的

1）掌握计算机与多个远程 I/O 模块串口通信的远距离线路连接方法。

2）掌握 PC 与多个远程 I/O 模块串口通信的 KingView 程序设计方法。

8.3.2　实训线路

1. 软、硬件清单

本项目用到的硬件和软件清单见表 8-3。

表 8-3　实训用软、硬件清单

序　号	名　称	数　量
1	PC（或 IPC）	1
2	ADAM-4520，ADAM-4012，ADAM-4050，串口通信线（三线制）	各 1

（续）

序　号	名　称	数　量
3	热电阻传感器（Pt100）	1
4	热电阻温度变送器（输入：0~200℃，输出：4~20 mA）	1
5	直流电源（输出：DC24 V），指示灯（DC24 V），继电器（DC24 V）	各1
6	电阻（250 Ω），电阻（1 kΩ），晶体管	各1
7	KingView 6.53	1

2. 硬件线路

如图 8-20 所示，ADAM－4520 与 PC 的串口 COM1 连接，并转换为 RS－485 总线；ADAM－4012 的 DATA＋和 DATA－分别与 ADAM－4520 的 DATA＋和 DATA－连接；ADAM－4050 的 DATA＋和 DATA－分别与 ADAM－4520 的 DATA＋和 DATA－连接。

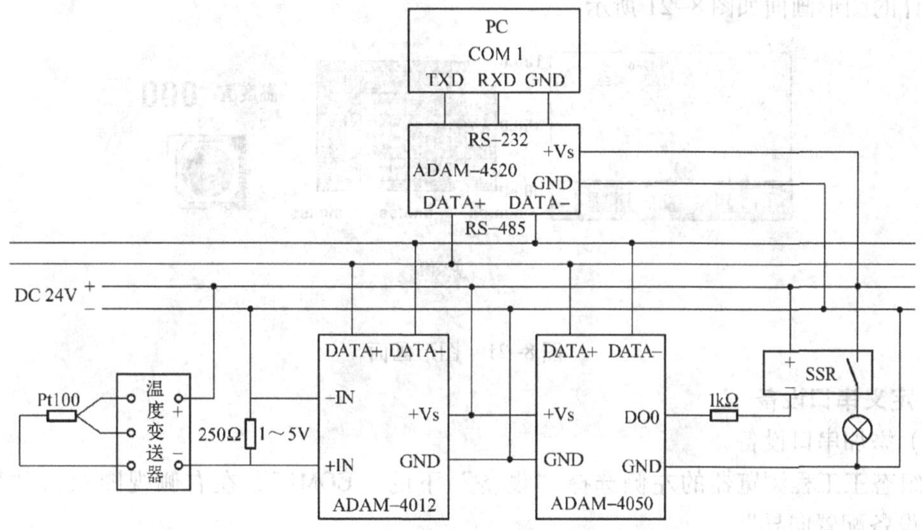

图 8-20　PC 与远程 I/O 模块串口通信线路

Pt100 热电阻传感器检测温度变化，通过温度变送器（测量范围 0~200℃）转换为 4~20 mA电流信号，经过 250 Ω 电阻转换为 1~5 V 电压信号送入 ADAM－4012 的模拟量输入通道。

计算机发送控制指令使 ADAM－4050 数字量输出 0 通道置高电平或低电平，通过继电器控制指示灯亮或灭。

注意：变送器的“＋”端接 24 V 电源的高电压端（＋），变送器的“－”端接模块的＋IN，－IN 接 24 V 电源低电压端（－）。

8.3.3　实训任务

采用 KingView 编写应用程序实现远程 I/O 模块温度测量与报警控制。任务要求如下。

1）自动连续读取并显示温度测量值。

2）显示测量温度实时变化曲线。

3）当测量温度大于设定值时，线路中指示灯亮。

8.3.4 实训操作

1. 建立新工程项目

运行组态王程序，在工程管理器中创建新的工程项目。

工程名称为“远程 I/O 模块测控”。

工程描述为“组态王与 I/O 模块组成分布式测控系统”。

2. 制作图形画面

画面名称为“PC 与 I/O 模块通信”。

1）通过图库，为图形画面添加 1 个仪表对象和 1 个指示灯对象。

2）通过工具箱为图形画面添加 2 个文本控件“温度值”、“000”，1 个“实时趋势曲线控件”和 1 个“按钮”控件。将按钮文本改为“关闭”。

设计的图形画面如图 8-21 所示。

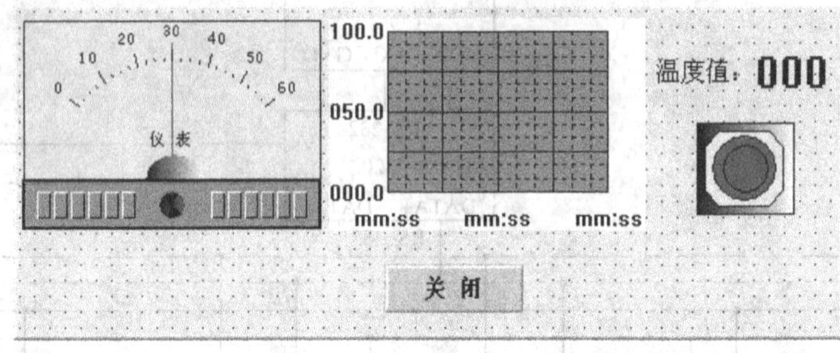

图 8-21 图形画面

3. 定义串口设备

（1）添加串口设备

在组态王工程浏览器的左侧选择“设备”下的“COM1”，在右侧视图双击“新建”，运行“设备配置向导”。

1）选择：“设备驱动”→“智能模块”→“亚当 4000 系列”→“Adam4012”→“COM”，如图 8-22 所示。

2）单击“下一步”按钮，给要安装的设备指定唯一的逻辑名称，如“ADAM4012”（若定义多个串口设备，则该名称不能重复）。

3）单击“下一步”按钮，选择串口号，如“COM1”（须与 I/O 模块在 PC 上使用的串口号一致）。

4）单击“下一步”按钮，为要安装的模块指定地址，如“1.0”（须与模块内部设定的 Addr 一致，1.0 表示模块地址为 1，

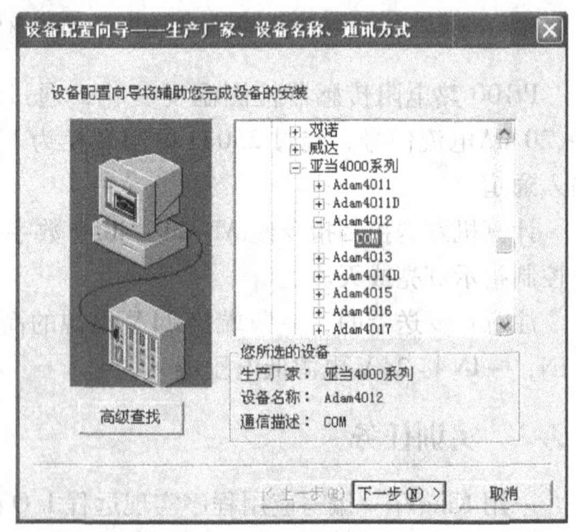

图 8-22 配置串口设备

模块无校验和；1.1 表示模块地址为 1，模块用校验和）。

按同样的步骤再配置串口设备 Adam 4050，逻辑名称为"ADAM4050"，串口号为"COM1"，地址设为"2.0"（2.0 表示模块地址为 2，模块无校验和）。

设备定义完成后，可以在工程浏览器"设备"下的"COM1"的右侧看到新建的串口设备"ADAM4012"和"ADAM4050"。

（2）设置串口通信参数

双击"设备"下的"COM1"，弹出"设置串口"对话框，设置串口 COM1 的通信参数。

波特率选"9600"，奇偶校验选"无校验"，数据位选"8"，停止位选"1"，通信方式选"RS232"，如图 8-23 所示。

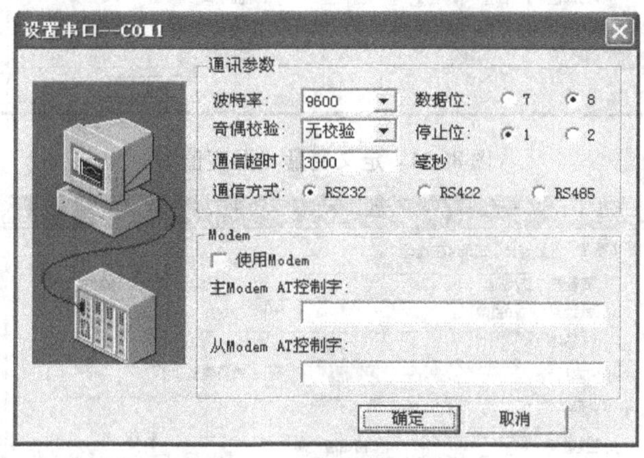

图 8-23　设置串口参数

设置完毕，单击"确定"按钮，这就完成了对 COM1 的通信参数配置，保证 COM1 同 I/O 模块的通信能够正常进行。

4. 定义变量

在工程浏览器的左侧树形菜单中选择"数据库"下的"数据词典"，在右侧双击"新建"，弹出"定义变量"对话框。

1）定义变量"温度值"。

变量类型选"I/O 实数"，最小值设为"0"（对应下限温度 0℃），最大值设为"200"（对应上限温度 200℃），最小原始值设为"1"（对应电压 1 V），最大原始值设为"5"（对应电压 5 V），连接设备选"ADAM4012"，寄存器选"AI"，数据类型选"FLOAT"，读写属性选"只读"，采集频率设为"500"，如图 8-24 所示。

2）定义变量"控制值"。

变量类型选"I/O 整数"，连接设备选"ADAM4050"，寄存器选"DO0"，数据类型选"BYTE"，读写属性选"只写"，采集频率设为"500"，如图 8-25 所示。

3）定义变量"指示灯"。变量类型选"内存离散"，初始值设为"关"。

5. 建立动画连接

进入开发系统，双击画面中图形对象，将定义好的变量与相应对象连接起来。

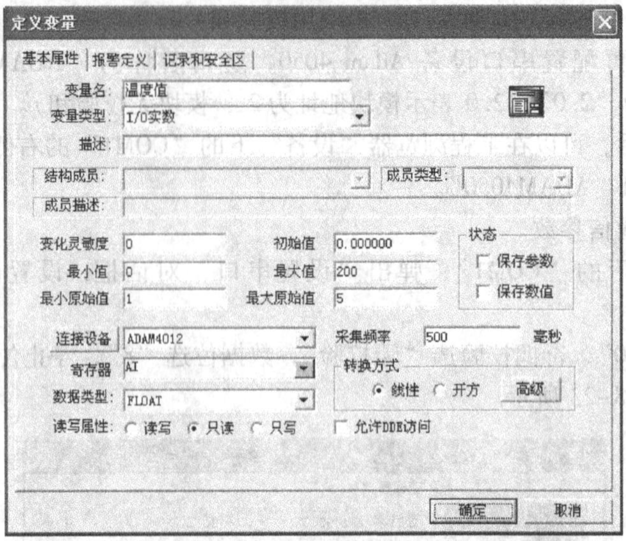

定义变量
基本属性
报警定义
记录和安全区
变量名：
温度值
变量类型：
I/O实数
描述：
结构成员：
成员类型：
成员描述：
变化灵敏度
0
初始值
0.000000
状态
保存参数
保存数值
最小值
0
最大值
200
最小原始值
1
最大原始值
5
连接设备
ADAM4012
采集频率
500
毫秒
寄存器
AI
转换方式
线性
开方
高级
数据类型：
FLOAT
读写属性：
读写
只读
只写
允许DDE访问
确定
取消

图 8-24　定义变量“温度值”

定义变量
基本属性
报警定义
记录和安全区
变量名：
控制值
变量类型：
I/O整数
描述：
结构成员：
成员类型：
成员描述：
变化灵敏度
0
初始值
0
状态
保存参数
保存数值
最小值
0
最大值
999999999
最小原始值
0
最大原始值
999999999
连接设备
ADAM4050
采集频率
500
毫秒
寄存器
DO0
转换方式
线性
开方
高级
数据类型：
BYTE
读写属性：
读写
只读
只写
允许DDE访问
确定
取消

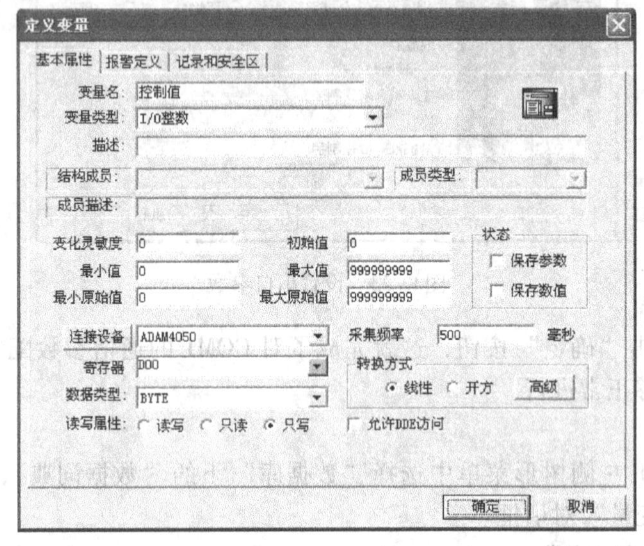

图 8-25　定义变量“控制值”

（1）建立仪表对象的动画连接

双击画面中仪表对象，弹出“仪表向导”对话框，单击“变量名”文本框右边的“?”按钮，选择已定义好的变量名“温度值”，单击“确定”按钮，“变量名”文本框中出现“\\本站点\温度值”表达式，如图 8-26 所示。标签设为“温度表”，最大刻度设为“100”。

（2）建立实时趋势曲线对象的动画连接

双击画面中实时趋势曲线对象，出现“动画连接”对话框。在“曲线定义”选项卡中，单击“曲线 1 表达式”文本框右边的“?”按钮，选择已定义好的变量“温度值”，如图 8-27 所示。

进入“标识定义”选项卡，去掉标识 Y 轴项，将数值轴最大值设为“50”（曲线图上显示的温度范围是 0 ~ 100℃），时间轴标识数目设为“5”，更新频率设为“1”秒，时间长度设为“5”分。

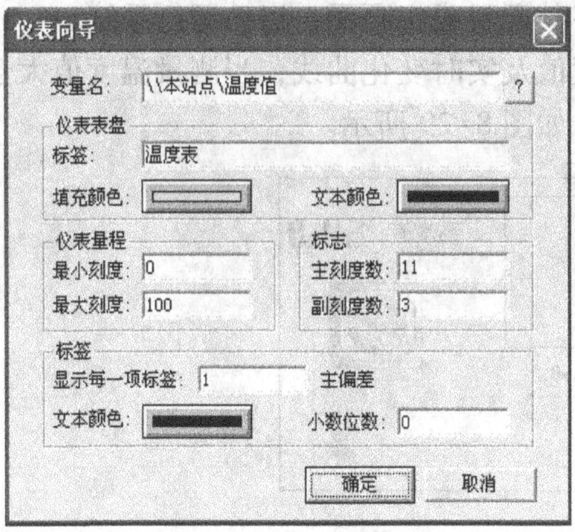

图 8-26　仪表对象动画连接

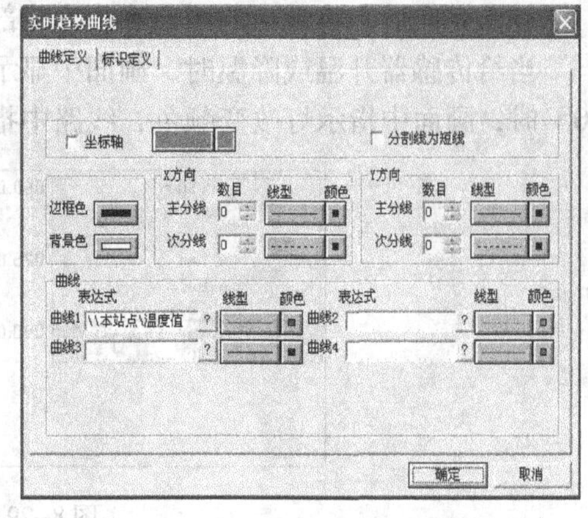

图 8-27　实时曲线对象动画连接

（3）建立测量温度值显示文本“000”的动画连接

双击画面中文本对象“000”，出现“动画连接”对话框，单击“模拟值输出”按钮，则弹出“模拟值输出连接”对话框，将其中的表达式设置为“\\本站点\温度值”。

（4）建立指示灯对象的动画连接

双击指示灯对象，出现“指示灯向导”对话框，单击“变量名表达式”文本框右边的“?”按钮，从“选择变量名”对话框选择已定义好的变量名“指示灯”。

（5）建立按钮对象的动画连接

双击按钮对象“关闭”，出现“动画连接”对话框，选择命令语言连接功能，单击“弹起时”按钮，在“命令语言”编辑栏中输入命令“exit(0);”。

6. 编写命令语言

进入工程浏览器，在左侧树形菜单中选择“命令语言”下的“数据改变命令语言”，在右侧视图双击“新建”，出现“数据改变命令语言”编辑对话框，在变量［.域］文本框中输入表达式“\\本站点\温度值”（或单击右边的“?”按钮来选择），在编辑栏中输入程序，如图 8-28 所示。

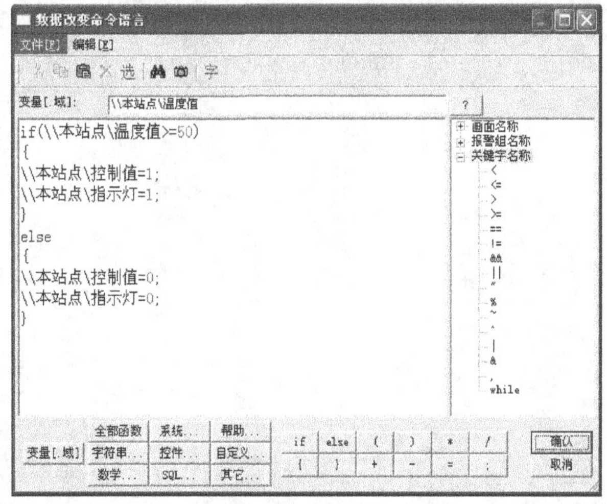

图 8-28　控制程序

7. 调试与运行

设计完成后，将设计的画面和程序全部存储并将其配置成主画面，启动运行系统。

当给传感器升温或降温时，画面中显示测量温度值及实时变化曲线；当测量温度值大于50℃时，画面中指示灯改变颜色，线路中指示灯亮，如图 8-29 所示。

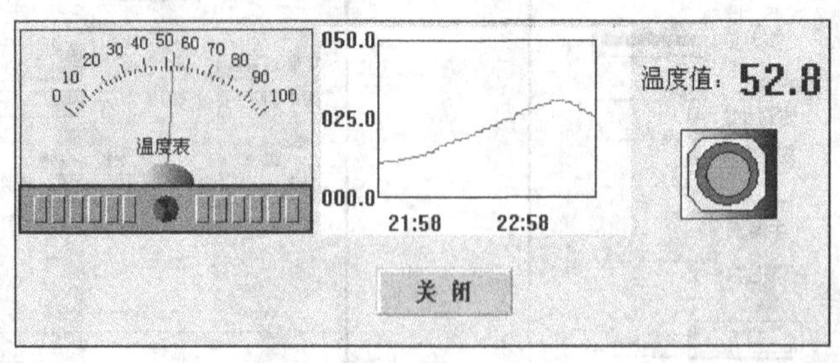

图 8-29　程序运行画面

习题与思考题

8-1　常规仪表控制系统、计算机集中控制系统与集散控制系统相比有哪些缺点？

8-2　集散控制系统的发展经历了哪几个阶段？

8-3　集散控制系统中的软件技术有哪些？

8-4　集散控制系统的发展趋势是什么？

8-5　查阅文献，了解基于网络的计算机控制技术的发展动态。

第9章 计算机控制系统的设计

计算机控制系统的设计既是一个理论问题，也是一个实际工程问题；既有技术性问题，又有经济性问题。它涉及自动控制理论、计算机技术、检测技术及仪表、通信技术、电气电工、电子技术、工艺设备等内容。对于不同的被控对象和控制要求，相应的设计和开发方法都不会完全一样。例如，对于小型系统，可能无论是硬件还是软件均由用户自己设计和开发；而对于大中型系统，用户可以选择市场上已有的各种硬件和软件产品，经过相对简单的二次开发后，组装成一个计算机控制系统；有时用户也可以委托第三方进行设计和开发。

9.1 计算机控制系统设计概述

9.1.1 计算机控制系统的设计原则

虽然不同的被控对象或被控生产过程，其控制系统的设计方案和具体的技术性能指标不同，有的甚至相差很大，但在系统设计和实施过程中，有一些共同的原则还是必须遵守的。

1. 满足工艺要求

在设计计算机控制系统时，首先应满足生产过程所提出的各种要求及性能指标。因为计算机控制系统是为生产过程自动化服务的，因此设计之前必须对工艺过程有一定的了解，系统设计人员应该和工艺人员密切沟通，才能设计出符合生产工艺要求和性能指标的控制系统。设计的控制系统所达到的性能指标不应低于生产工艺要求，但片面追求过高的性能指标而忽视设计成本和实现上的可能性也是不可取的。

2. 可靠性要高

系统的可靠性是指系统在规定的条件下和规定的时间内完成规定功能的能力。在现代生产和管理中，计算机控制系统起着非常重要的作用，其安全性和可靠性，直接影响到生产过程连续、优质、经济运行。计算机控制系统通常都是工作在比较恶劣的环境之中，各种干扰会对系统的正常工作产生影响，各种环境因素（如粉尘、潮湿、振动等）也是对系统的考验。而计算机控制系统所控制的对象往往都是比较重要的，一旦发生故障，轻则影响生产，造成产品质量不合格，带来经济损失；重则会造成重大的人身伤亡事故，产生重大的社会影响。甚至可能因连锁反应，而导致整个生产线的失控，所造成的损失将远远超过计算机控制系统本身。所以，计算机控制系统的设计总是应当将系统的可靠性放在第一位，以保证生产安全、可靠和稳定地运行。

为了确保计算机控制系统的高可靠性，在设计过程中应采取各种有利于系统安全可靠的技术措施和方案。

3. 操作性能要好

一个好的计算机控制系统应该人机界面好，方便操作、运行，易于维护。

操作方便主要体现在操作简单，显示画面形象直观，有较强的人机对话能力，便于掌握。在考虑操作先进性的同时，设计时要真正做到以人为本，尽可能地为使用者考虑，兼顾操作人员的习惯，降低对操作人员专业知识的要求，使他们能在较短时间内熟悉和掌握操作方法，不要强求操作人员掌握计算机知识后才能操作。对于人机界面可以采用 CRT、LCD 或触摸屏，使得操作人员可以对现场的各种情况一目了然。

维护方便主要体现在易于查找故障、排除故障。为此，需要在硬件和软件设计中综合考虑。在硬件方面，宜采用标准的功能模板式结构，并能够带电插拔，便于及时查找并更换故障模板；模板上应配置工作状态指示灯和监测点，便于检修人员检查与维护。在软件方面，设置检测、诊断与恢复程序，用于故障查找和处理。

从软件角度而言，要配置查错程序和诊断程序，以便在故障发生时能用程序帮助查找故障发生的部位，从而缩短排除故障的时间；在硬件方面，从零部件的排列位置，部件设计的标准化以及能否带电插拔等诸多因素都要通盘考虑，系统设计要尽量方便用户，简化操作规程，如面板上的控制开关不能太多、太复杂等。

在软件和硬件设计时都要考虑到操作人员会有各种误操作的可能，并尽量使这种误操作无法实现。

设计者应该注意的是：性能再好、技术再先进的产品，如果不能被使用者接受，也没有用。

4. 实时性要强

计算机控制系统的实时性表现在对内部和外部事件能及时响应，并做出相应的处理，不丢失信息，不延误操作。计算机处理的事件一般分为两类：一类是定时事件，如数据的定时采集，运算控制等，对此系统应设置时钟，保证定时处理；另一类是随机事件，如事故报警等，对此系统应设置中断，并根据故障的轻重缓急预先分配中断级别，一旦事故发生，保证优先处理紧急故障。

5. 通用性要好

通用性是指所设计出的计算机控制系统能根据不同设备和不同控制对象的控制要求，灵活扩充、便于修改。工业控制的对象千差万别，而计算机控制系统的研制开发又需要有一定的投资和周期。一般来说，不可能为一台装置或一个生产过程研制一台专用计算机，常常是设计或选用通用性好的计算机控制装置灵活地构成系统。当设备和控制对象有所变更时，或者再设计另外一套控制系统时，通用性好的系统一般稍作更改或扩充就可适应。

计算机控制系统的通用灵活性体现在两方面：一是硬件设计方面，首先应采用标准总线结构，配置各种通用的功能模板或功能模块，并留有一定的冗余，当需要扩充时，只需增加相应功能的通道或模板就能实现；二是软件方面，应采用标准模块结构，用户使用时尽量不进行二次开发，只需按要求选择各种功能模块，灵活地进行控制系统组态。

6. 经济效益要高

在满足计算机控制系统的技术性能指标的前提下，尽可能地降低成本，保证为用户带来更大的经济效益。经济效益表现在两方面：一是系统设计的性能价格比要尽可能高，在满足设计要求的情况下，尽量采用物美价廉的元器件；二是投入产出比要尽可能低，应该从提高生产的产品质量与产量、降低能耗、消除污染、改善劳动条件等方面进行综合评估。另外，要有市场竞争意识，尽量缩短开发设计周期，以降低整个系统的开发费用，使新产品尽快进入市场。

如果计算机控制系统与被控对象的距离在十几米甚至几十米之内，且被控对象的经济价值不是特别巨大或是发生短暂的故障时对用户的影响较小，可以考虑采用上位计算机加 I/O 板卡的方式；如果计算机控制系统所覆盖的地域比较大，系统结构可以考虑网络（串行总线）方式；如果被控对象的经济价值特别巨大或是发生短暂的故障时对用户的影响很大，则要考虑采用集散控制系统或是上位工控机加 PLC 方式。

7. 开发周期要短

如果计算机控制系统的开发时间太长，会使用户无法尽快地收回投资，影响了经济效益。而且，由于计算机技术发展非常快，只要几年的时间原有的技术就会变得过时。设计与开发时间过长，等于缩短了系统的使用寿命。因此，在设计时，应该尽可能使用成熟的技术，对于关键的元器件或软件，不是万不得已就不要自行开发。现在，采用上位机加 I/O 板卡加组态软件，或是上位机加 PLC 加组态软件开发一个控制点数目在 100 点左右的计算机监控系统所需的时间（包括工艺调研）往往不会超过一个月。而在如此短的时间内要想自行开发出一个可以稳定、可靠运行的软件或硬件产品是很困难的，因此，购买现成的软件和硬件进行组装与调试应该成为首选。

9.1.2 计算机控制系统的设计与实施步骤

任何一个系统的设计与开发基本上是由 6 个阶段组成的，即可行性研究、初步设计、详细设计、系统实施、系统测试（调试）和系统运行。当然，这 6 个阶段的发展并不是完全按照直线顺序进行的，在任何一个阶段出现了新问题后，都可能要返回到前面的阶段进行修改。

1. 可行性研究阶段

开发者要根据被控对象的具体情况，按照企业的经济能力、未来系统运行后可能产生的经济效益、企业的管理要求、人员的素质、系统运行的成本等多种要素进行分析。可行性分析的结果最终是要确定：使用计算机控制技术能否给企业带来一定经济效益和社会效益。这里要指出的是，不顾企业的经济能力和技术水平而盲目地采用最先进的设备是不可取的。

2. 初步设计阶段

初步设计阶段也可以称为总体设计阶段。系统的总体设计是进入实质性设计阶段的第一步，也是最重要和最为关键的一步。总体方案的好坏会直接影响整个计算机控制系统的成本、性能、设计和开发周期等。在这个阶段，首先要进行比较深入的工艺调研，对被控对象的工艺流程有一个基本的了解，包括要控制的工艺参数的大致数目和控制要求、控制的地理范围的大小、操作的基本要求等。然后初步确定未来控制系统要完成的任务，写出设计任务说明书，提出系统的控制方案，画出系统组成的原理框图，作为进一步设计的基本依据。

3. 详细设计阶段

详细设计是将总体设计具体化。首先要进行详尽的工艺调研，然后选择相应的传感器、变送器、执行器、I/O 通道装置以及进行计算机系统的硬件和软件的设计。对于不同类型的设计任务，则要完成不同类型的工作。如果是小型的计算机控制系统，硬件和软件都是自己设计和开发；此时，硬件的设计包括电气原理图的绘制、元器件的选择、印制电路板的绘制与制作；软件的设计则包括工艺流程图的绘制、程序流程图的绘制、将一个个模块编写成对应的程序等。

4. 系统实施阶段

要完成各个元器件的制作、购买、安装；进行软件的安装和组态以及各个子系统之间的连接等工作。

5. 系统的调试（测试）阶段

通过整机的调试，发现问题，及时修改，例如检查各个元部件安装是否正确，并对其特性进行检查或测试；检验系统的抗干扰能力等。调试成功后，还要进行考机运行，其目的是通过连续不停机的运行来暴露问题和解决问题。

6. 系统运行阶段

该阶段占据了系统生命周期的大部分时间，系统的价值也是在这一阶段中得到体现。在这一阶段应该有高素质的使用人员，并且严格按照章程进行操作，尽可能减少故障的发生。

9.1.3 计算机控制系统的总体方案设计

确定计算机控制系统总体方案是进行系统设计的关键而重要的一步。总体方案的好坏，直接影响到整个控制系统的成本、性能、实施细则和开发周期等。总体方案的设计主要是根据被控对象的工艺要求确定。为了设计出一个切实可行的总体方案与实施方案，设计者必须深入了解生产过程，分析工艺流程及工作环境，熟悉工艺要求，确定系统的控制目标与任务。尽管被控对象多种多样，工艺要求各不相同，但在总体方案设计中还是有一定共性的。

1. 工艺调研

总体设计的第一步是进行深入的工艺调研和现场环境调研，明确具体任务，确定系统所要完成的任务，然后按一定规范、标准和格式，对控制任务和过程进行描述，形成设计任务书，作为整个控制系统设计的依据。

（1）调研的任务

经过调研要完成如下几个任务。

1）掌握系统的规模。要明确控制的范围是一台设备、一个工段、一个车间，还是整个企业。

2）熟悉工艺流程，并用图形和文字的方式对其进行描述。

3）初步明确控制的任务。要了解生产工艺对控制的基本要求。要掌握控制的任务是要保持工艺过程稳定，还是要实现工艺过程的优化。要掌握被控制的参量之间是否关联比较紧密，是否需要建立被控制对象的数学模型，是否存在比较大的滞后、非线性以及随机干扰等复杂现象。

4）初步确定I/O的数目和类型。通过调研掌握哪些参量需要检测、哪些参量需要控制以及这些参量的类型。

5）掌握现场的电源情况（是否经常波动，是否经常停电，是否含有较多谐波）和其他情况（如振动、温度、湿度、粉尘、电磁干扰等）。

（2）形成调研报告和初步方案

在完成了调研后，可以着手撰写调研报告，并在调研报告的基础上草拟出初步方案。如果系统不是特别复杂，也可以将调研报告和初步方案合二为一。

在对初步方案进行讨论时，往往会发现一些新问题或是不清楚之处，此时，需要再次调研，然后对原有方案进行修改。一般来说，在工艺调研、方案修改、方案讨论之间往往需要多个循环方能确定最后的总体设计方案。在这个过程中，如果系统开发者对计算机监控技术与自动控制技术的发展现状以及市场情况还不是很清楚的话，同样需要对其进行详细的调研。

(3) 形成总体设计技术报告

在经过多次的调研和讨论后可以形成总体设计技术报告。它包含如下内容。

1）工艺流程的描述：可以用文字和图形的方式来描述。如果是流程型的被控制对象，则可以在确定了控制算法后画出带控制点的工艺流程图（又称为工艺控制流程图）。

2）功能描述：描述未来计算机控制系统应具有的功能，并在一定的程度上进行分解，然后设计相应的子系统。在此过程中，可能要对硬件和软件的功能进行分配与协调。对于一些特殊的功能，可能要采用专用的设备来实现。例如，发电机的励磁控制可以采用专用的励磁控制器。

3）结构描述。

结构描述用于描述未来计算机控制系统的结构，确定其是采用开环控制还是闭环控制，是采用单回路还是多回路控制，进而确定出整个系统是采用直接数字控制，计算机监督控制，还是集散控制，现场总线控制，或是企业综合自动化 CIMS 全部层次或其中部分层次等。如果采用分布式控制，则对于网络的层次结构的描述，可以详细到每一台主机、控制节点、通信节点和 I/O 设备。可以用结构图的方式对系统的结构进行描述，用箭头来表示信息的流向。由于计算机控制系统的结构是多种多样的，为了便于理解，大致将其归纳为 3 种形式：形式 A，上位机加 I/O 板卡或一体化工作站；形式 B，单层结构，例如，上位机加 RS-485 总线加 I/O 模块；形式 C，多层复合结构。

4）控制算法的确定。

如果各个被控参量之间关联不是十分紧密，可以分别采用单回路控制，否则，就要考虑采用多变量控制算法。如果被控制对象的数学模型不是很清楚，但也不是很复杂，则不必建立数学模型，可以直接采用常规的 PID 控制算法。如果被控制对象十分复杂，存在比较大的滞后、非线性以及随机干扰，则要采用其他的控制算法。一般来说，尽可能多地了解被控制对象的情况，或建立尽可能准确反映被控制对象特性的数学模型，对于提高控制质量是有益处的。

5）I/O 变量总体描述。

I/O 变量总体描述可以采用表格的方式进行。

2. 硬件总体方案设计

硬件总体设计主要包括：确定系统的结构和类型、系统的构成方式、现场设备的选择、人机联系方式、系统的机柜或机箱设计、抗干扰措施等。

(1) 确定系统的结构和类型

根据系统要求，确定采用开环还是闭环控制。闭环控制还需进一步确定是单闭环还是多闭环控制。实际可供选择的控制系统类型有：数据采集系统（DAS）、直接数字控制（DDC）系统、监督计算机控制（SCC）系统、分散型控制系统（DCS）、工业控制网络系统等。

(2) 确定系统的构成方式

确定系统的构成方式主要是选择机型。目前可供选择的工业控制计算机产品有可编程序控制器（PLC)、可编程序调节器、总线式工业控制机、单片机和计算机控制系统等。

一般应优先考虑选择总线式工业控制机来构成系统的方式。工控机具有系列化、模块化、标准化和开放式系统结构，有利于系统设计者在系统设计时根据要求任意选择，像搭积木般地组建系统。这种方式可提高系统研制和开发速度，提高系统的技术水平和性能，增加可靠性。

当系统规模较大，自动化水平要求高时，可选用集散控制、现场总线控制、高档 PLC 等工控网络构成。如果被控量中数字量较多，模拟量较少或没有，则可以考虑选用普通 PLC。如果是小型控制系统或智能仪器仪表，可采用单片机系列。

(3）现场设备选择

现场设备主要包括传感器、变送器和执行机构。传感器是影响系统控制精度的重要因素之一，所以要从信号量程范围、精度、对环境及安装要求等方面综合考虑，正确选择。

执行机构是计算机控制系统重要组成部分之一。常用的执行机构有电动执行机构、气动调节阀、液压伺服机构、步进电动机等，比较各种方案，择优选用。

(4）其他方面的考虑

总体方案中还应考虑人机联系方式、系统的机柜或机箱的结构设计、抗干扰等方面的问题。

对于选用标准微机系统的设计人员来说，主要的开发工作集中在输入/输出接口设计上，而这类设计又往往与控制程序设计交织在一起。为了加快研制过程，可尽量选购市场上已有批量供应的工业化制成的模板产品。这些符合工业化标准的模板产品一般都经过严格测试，并可提供各种软件和硬件接口，包括相应的驱动程序等。模板产品只要同主机系统总线标准一致，购回后插入主机的相应空槽即可运行，且构成系统极为方便。所以，除非无法买到满足自己要求的产品，否则绝不要随意决定自行研制。总之，通道产品一般尽量考虑选用厂家可提供的现成通道产品，同标准的微机系统配套使用。

3. 软件总体方案设计

软件总体方案设计的内容主要是确定软件平台、软件结构、任务分解、建立系统的数学模型、控制策略和控制算法等。软件设计也应采用结构化、模块化、通用化的设计方法，自上而下或自下而上地画出软件结构方框图，逐级细化，直到能清楚地表达出控制系统所要解决的问题为止。

在软件总体方案设计中，控制算法的选择直接影响到控制系统的调节品质，是系统设计的关键问题之一。由于被控制对象多种多样，相应控制模型也各异，所以控制算法也是多种多样。选择哪一种控制算法主要取决于系统的特性和要求达到的控制性能指标，同时还要考虑控制速度、控制精度和系统稳定性的要求。

在确定系统总体方案时，对系统的软件、硬件功能的划分要做统一的综合考虑，因为一些控制功能既能由硬件实现，也可用软件实现，如计数、逻辑控制等。

采用何种方式比较合适，应根据实时性要求及整个系统的性能价格比综合比较后确定。

一般的原则是在实时性满足的情况下或要求成本较低时，尽量采用软件实现。如果系统要求实时性比较高，控制回路比较多，某些软件设计比较困难时，而用硬件实现比较简单，且系统的批量又不大的话，则可考虑用硬件完成。

用硬件实现一些功能的好处是可以改善性能，加快工作速度，但系统硬件电路比较复杂，要增加部件成本，而用软件实现可降低成本，增加灵活性，但要占用主机更多的时间。一般的考虑原则是视控制系统的应用环境与今后的生产数量而定。

对于今后能批量生产的系统，为了降低成本，提高产品竞争力，在满足指定功能的前提下，应尽量减少硬件，多用软件来完成相应的功能。虽然在研制时可能要花费较多的时间或经费，但大批量生产后就可降低成本。由于整个系统的部件数减少，相应系统的可靠性也能得以提高。

硬件软件密切配合，相互间是不可分割的。在选购或研制硬件时要有软件设计的总体构思，在具体设计软件时要了解清楚硬件的性能和特点。

4. 系统总体方案

系统总体方案是硬件总体方案和软件总体方案的组合体。在确定总体方案时，应在工艺技术人员的配合下，从合理性、经济性及可行性等方面反复论证，仔细斟酌。经论证可行的总体方案，要形成文档，并建立完整的总体方案文档资料，它是系统具体设计的依据。总体方案文档应包括以下内容。

1）系统的主要功能、技术指标、原理性框图及文字说明。

2）控制策略与算法。

3）系统的硬件结构与配置。

4）主要软件平台，软件结构及功能、软件结构框图。

5）方案的比较与选择。

6）抗干扰措施与可靠性设计。

7）机柜或机箱的结构与外形设计。

8）经费和进度计划的安排。

9）对现场条件的要求等。

总之，系统的总体方案反映了整个系统的综合情况，要从正确性、可行性、先进性、可用性和经济性等角度来评价系统的总体方案。只有当拟定的总体方案能满足上述基本要求后，设计好的目标系统才有可能符合这样的基本要求。总体方案通过之后，才能为各子系统的设计与开发提供一个指导性的文件。

作为总体方案的一部分，设计者还应提供对各子系统功能检测的一些测试依据或标准。对于较大的系统，还要编制专门的测试规范。我们知道，当各子系统完成设计后还要进行系统综合测试，所以需要编制一些专门的测试程序和测试数据生成程序。这些程序的编制依据，很大一部分是取自总体设计书中提供的测试标准。测试标准也为系统的测试和验收提供了依据。在进行系统测试之前，设计单位和使用单位要根据合同和功能规范要求制定系统测试验收方案，便于在验收时双方能据此逐项测试考核，决定系统是否最终予以接受和交付使用。在完成系统总体设计的同时，也应制定好完备的功能检测规范，既有利于系统的集成、测试和联调，也有利于系统交付使用前的验收测试。

9.2 计算机控制系统的硬件设计

在硬件总体方案的基础上，进行硬件的细化设计。它主要包括主机机型和系统总线选择、输入/输出通道设计、人机联系设计、现场设备选择等。

9.2.1 选择系统总线

采用总线式工业控制机进行系统的硬件设计，可以解决工业控制中的众多问题。由于总线式工业控制机的高度模块化和插板结构，因此可以采用组合方式来大大简化计算机控制系统的设计。采用总线式工业控制机，只需要简单地更换几块模板，就可以很方便地变成另外一种功能的控制系统。

1. 内总线选择

内总线是计算机系统各组成部分之间进行通信的总线，按功能分为数据总线、地址总线、控制总线和电源总线 4 部分。每种型号的计算机都有自身的内部总线。在工业控制机中，常用的内总线有两种，即 PC 总线和 STD 总线。目前，常采用 PC 总线进行系统设计，即选用 PC 总线工业控制机。

2. 外总线选择

外总线是计算机与计算机之间或计算机与其他智能设备之间或智能外设之间进行通信的连线集合，它包括 IEEE－488 并行通信总线和 RS－232C 串行通信总线。对于远距离通信、多站点互联通信，还有 RS－422 和 RS－485 通信总线。在系统设计中，具体选择哪一种，要根据通信距离、速率、系统拓扑结构、通信协议等要求来综合分析确定。有些主机没有现成的接口装置，必须选择相应的通信接口电路或通信接口板。

9.2.2 选择主机

如果控制现场环境比较好，对可靠性的要求又不是特别高，可以选择普通的个人计算机，否则还是选择工控机为宜。在主机的配置上，以留有余地、满足需要为原则，不一定要选择最高档的配置。

在微机控制系统中，可供选择的微机有许多系列和种类。选择微机应从以下几个方面考虑。

1. 字长

字长直接影响数据的精度、寻址的能力、指令的数目和执行操作的时间。一般来说，字长越长，处理的数据值的范围越宽，精度也越高，对数据处理越有利，但同时增加了辅助电路的复杂性和成本，因此应根据设计的控制系统精度要求来确定字长，不宜一味选择字长长的微机。对于计算精度、速度要求不高，数据处理简单的控制系统可选用 8 位微机；对于计算精度要求较高、处理速度要求较快，具有较复杂数据运算及处理的控制系统可选用 16 位微机；对于计算精度要求高、处理速度快，处理十分复杂的系统可选用 32 位或 64 位微机。

2. 速度

微机的速度应与被控对象的要求相适应。一般说来，微机的时钟频率（即 CPU 的时钟频率）越高，CPU 执行指令的速度也就越快。所以，对于处理速度要求高的系统，应选择时钟频率较高的微机；若系统本身响应慢，就不必追求过高的速度。

3. 中断系统

对于微机控制系统来说，为实现实时控制功能，要求微机具有较完善的中断系统。中断是各种输入设备和微机外设与微机传送信息的主要方式，是微机实现实时控制的重要保证。中断能力反映了实时控制性能。微机中断功能的强弱主要反映在 CPU 配置的中断源的种类多少、中断优先级判断能力高低、中断嵌套的层次和中断响应的速度快慢等方面。所选择微机的中断系统应保证控制系统能满足生产中所提出的各种控制要求。

4. 输入/输出通道

输入/输出通道是外部设备和主机交换信息的通道。根据控制系统不同，有的要求有开关量输入/输出通道；有的要求有模拟量输入/输出通道；有的则同时要求有开关量输入/输出通道和模拟量输入/输出通道。如果需要实现外部设备和内存之间快速、批量交换信息，还应有直接数据通道。所选择的微机应具有完备的输入/输出通道，能满足控制系统的要求。

在实际应用中，应根据应用规模、控制目的和控制需要等选用性能价格比高的计算机，如对于小型控制系统、智能仪表及智能化接口，尽量采用单片机模式；对于新产品开发或用量较大的情况，为降低成本，也可采用单片机模式；对于中等规模的控制系统，为加快系统的开发速度，可以选用 PLC 或工控机，应用软件可自行开发；对于大型的生产过程控制系统，最好选用工控机、专用 DCS 或 FCS，软件可自行开发或购买现成的组态软件。

9.2.3 选择输入/输出板卡

对于采用工业控制计算机的控制系统，输入/输出通道硬件设计非常简单，只需根据控制要求选择合适的输入/输出板卡，这包括数字量 I/O（即 DI/DO）板卡、模拟量 I/O（即 AI/AO）板卡、实时时钟板、步进电动机控制板等。

1. 选择模拟量输入/输出板卡

AI/AO 板卡包括 A－D、D－A 板及信号调理电路等。AI 板卡输入可能是 0～±5 V、1～5 V、0～10 mA、4～20 mA 以及热电偶、热电阻和各种变送器的信号。AO 板卡输出可能是 0～5 V、1～5 V、0～10 mA、4～20 mA 等信号。选择 AI/AO 板卡应根据 AI/AO 路数、分辨率、转换速度、量程范围等。

对于模拟量输入板卡，一般都有单端输入与双端输入两种选择，采用双端输入比较好，可以提高抗干扰能力。

对模拟输入通道的设计应满足两个要求：

1）能满足生产工艺需要的转换精度，这主要体现在 A/D 转换器的位数和精度上。

2）要有较强的抗干扰能力。

2. 选择数字量（开关量）输入/输出板卡

PCI 总线 I/O 接口板卡多种多样，通常可以分为 TTL 电平的输入/输出和带光电隔离的输入/输出。通常和工业控制机共地装置的接口可以采用 TTL 电平，而其他装置与工业控制机之间则采用光电隔离。对于大容量的输入/输出系统，往往选用大容量的 TTL 电平输入/输出板卡，而将光电隔离及驱动功能安排在工业控制机总线之外的非总线板卡上。

在采用工业控制计算机的控制系统中，输入/输出板卡可根据需要组合，不管哪种类型的系统，其板卡的选择与组合均由生产过程的输入参数和输出控制通道的种类和数量来确定。

9.2.4 选择传感器和变送器

计算机控制系统要实现自动控制，首先要实现过程数据的自动检测，这个任务是由检测仪表来完成的，因此系统设计者必须根据现场的具体要求、工艺过程信号的检测原理、安装环境等诸多因素选择合适的检测仪表。

传感器和变送器均属于检测仪表。传感器是将被测的物理量（如温度、压力、流量、电压、电流、功率、频率等）转换为电量的装置；变送器是将被测的物理量或传感器输出的微弱电量转换为可以远距离传送且标准的电信号（一般为4～20 mA或1～5 V等），其输出信号被送至计算机进行处理，实现数据采集。变送器的输出信号与被测变量有一定连续关系，反映了被测变量。

DDZ－Ⅲ型变送器输出的是4～20 mA信号，供电电源为DC24 V且采用二线制，DDZ－Ⅲ型比DDZ－Ⅱ型变送器性能好，使用方便。DDZ－S系列变送器是在总结DDZ－Ⅱ型和DDZ－Ⅲ型变送器的基础上，吸收了国外同类变送器的先进技术，采用模拟技术与数字技术相结合，从而开发出的新一代变送器。近年来，出现了以微处理器为基础的智能型变送器，以及现场总线仪表的推广使用，为设计者的选择提供更大的空间。对于交流量的采集，如交流电压、交流电流、有功功率、无功功率、频率等的采集，目前更多地采取交流采样法，这种方法不需要电量变送器，而是根据采集的交流量，在计算机中利用程序算法计算得到所需的电气变量和参数。

常用的变送器有温度变送器、压力变送器、流量变送器、液位变送器、差压变送器、各种电量变送器等。

系统设计人员可根据被测参数的种类、量程、被测对象的介质类型和环境来选择变送器的具体型号。

9.2.5 选择执行机构

执行机构的作用是接受计算机发出的控制信号，并把它转换成机械动作，对生产过程实施控制。

执行机构根据工作原理可分为气动、电动和液压3种类型。气动执行机构具有结构简单、操作方便、使用可靠、维护容易、防火防爆等优点；电动执行机构具有体积小、种类多、使用方便、响应速度快，容易与计算机连接等优点；液压执行机构具有输出功率大、能传送大扭矩和较大推力、控制和调节简单，方便省力等优点。

电动执行机构可直接接受来自工业控制机的输出信号4～20 mA或0～10 mA，实现控制作用。4～20 mA或0～10 mA电信号经电—气转换器转换成标准的0.02～0.1 MPa气压信号之后，可与气动执行机构配套使用。

常用的执行机构有：电动机、电动机起动器、变频器、调节阀、电磁阀、可控硅整流器或者继电器线圈等。另外，还有各种有触点和无触点开关，也是执行机构，实现开关动作。

在系统设计中，需根据系统的要求来选择执行机构，如要实现连续的精确控制，必须选用气动或电动调节阀，而对于要求不高的控制系统可选用电磁阀。

执行机构是自动控制的最后一道环节，必须考虑环境要求、行程范围、驱动方式、调节介质、防爆等级等方面的因素。

9.2.6 控制操作面板设计

控制操作面板也称为控制操作台，是人机对话的纽带，也是微机控制系统中的重要设备。根据具体情况，操作面板可大可小，大到可以是一个庞大的操作台，小到只是几个功能键和开关，如智能仪器中，操作面板都比较小。不同系统，操作面板可能差异很大，所以一般需要根据实际情况自行设计。在设计中应遵循安全可靠、使用方便、操作简单、板面布局适宜美观、符合人机工程学要求的原则。

控制操作面板的主要功能有：输送源程序到存储器，或者通过面板操作来监视程序执行情况；打印、显示中间结果或最终结果；根据工艺要求，修改一些检测点和控制点的参数及给定值；设置报警状态，选择工作方式以及控制回路等；完成手动－自动无扰动切换；进行现场手动操作；完成各种画面显示。

为完成上述功能，控制操作面板一般设置有操作器件、显示器件、打印装置和报警装置4类设备。

1. 操作器件

操作器件主要是键盘按键，分为功能键和数字键两种，各有相应的键盘子程序与其配合，执行相应的管理程序和控制程序。通过键盘操作可实现给定值的设定、控制参数的修改、各种功能的执行等。

除键盘外，控制面板还可以设置各种按钮和开关，开关的形式可采用拨动开关、旋转开关、拨盘开关和滑动开关等形式，有些需要连锁的开关还可采用琴键式组合开关。

2. 显示器件

显示器件用于微机对各被测参数、控制参数、功能参数、系统状态、各种画面的显示。显示器件主要是指示灯、LED 显示器、LCD 显示器，较高级的控制操作面板还可配置 CRT 彩色或单色显示器。

3. 打印装置

打印装置用于定时或随时打印所需的状态参数及表格，需要配置较好的打印机或普通的微型打印机。

4. 报警装置

控制操作面板一般都安装警铃或扬声器等报警装置，一旦各控制参数或测量值越限，警铃或扬声器就发出声响，报警灯闪烁，声光同时报警，使操作人员能及时发现并处理。

9.3 计算机控制系统的软件设计

在一个计算机控制系统中，除了硬件（计算机、传感器、执行机构等）外，软件也是一个非常重要的部分。控制系统的硬件电路确定之后，控制系统的主要功能将依赖于软件来实现。对同一个硬件电路，配以不同的软件，它所实现的功能也就不同，而且有些硬件电路功能常可以用软件来实现。研制一个复杂的微机控制系统，软件研制的工作量往往大于硬件，可以认为，计算机控制系统设计，很大程度上是软件设计，因此，设计人员必须掌握软件设计的基本方法和编程技术。

9.3.1 控制系统对应用软件的要求

1. 实时性

由于工业控制系统是实时控制系统，即能够在被控对象允许的时间间隔内完成对系统的控制、计算和处理等任务，尤其是对于多回路系统，更应高度重视控制系统的实时性问题。为此，除在硬件上采取必要的措施外，还应在软件设计上加以考虑，提高软件的响应和处理速度。为了提高软件的实时性，可以从以下几个方面考虑：对于应用软件中实时性要求高的部分，可使用汇编语言；运用编程技巧可以提高处理速度；对于那些需要随机间断处理的任务可采用中断系统来完成；在满足要求的前提下，应尽量降低采样频率，以减轻整个系统的负担。

2. 灵活性和通用性

在应用程序设计中，为了节省内存和具有较强的适应能力，通常要求有一定的灵活性和通用性。在进行软件设计时要做到以下几点：程序的模块化设计和结构化设计；尽量将共用的程序编写成子程序；另外要求系统容量的可扩展性和系统功能的可扩充性。

3. 可靠性和容错性

计算机控制系统的可靠性，不仅取决于硬件可靠性，而且还取决于软件的可靠性，两者的可靠性同等重要。为确保软件的可靠性，可从下面几方面考虑：在软件设计中采用模块化的结构，有利于排错；设置检测与诊断程序，实现对系统硬件与软件检查，发现错误及时处理；采用冗余设计技术等。

4. 有效性和针对性

有效性是指对系统主要资源的使用效率。这些资源主要包括 CPU、存储器、I/O 接口、中断、定时/计数器、远程通信等。在设计中应充分利用系统资源，简化软件设计，提高软件运行效率。

由于应用程序是为一个具体系统服务的，因此应根据具体系统的要求和特性来设计，选用合适的算法。

5. 可维护性

可维护性是指软件能够被理解、检查、测试、校正、适应和改进的难易程度。所设计的软件应该易于维护、测试，便于理解、改进。为此，应按照软件工程的要求，在软件编制设计中，使程序具有良好的程序结构，易于阅读，便于理解。可以加入适当的注释，以便阅读和理解源程序。

注释有序言性注释和功能性注释，序言性注释位于每个模块的起始部分，它主要描述模块的功能，模块的接口，包括调用格式，所用参数的注释，该模块需调用的其他子模块名，重要变量和参数，开发历史，包括模块的设计者，设计时间，修改时间以及修改的描述。功能性注释嵌在源程序体内，主要描述程序段的功能。

6. 多任务性和多线程性

现代控制和管理软件所面临的工业应用对象不再是单一任务或线程，而是较复杂的多任务系统，因此，如何有效地控制和管理这样的系统仍是目前控制软件主要的研究内容。为适应这种要求，控制软件特别是底层的控制系统软件必须具有此特性，如多任务实时操作系统的研究和应用等。

另外，集成化、智能化、多媒体化、网络化是计算机软件技术发展提出的新要求，完备的软件文档资料对于软件的维护也非常重要。

9.3.2 控制应用软件的设计流程

一个完整的应用软件设计流程可以用图 9-1 来说明。

1. 需求分析

需求分析是分析用户的要求，主要是确定待开发软件的功能、性能、数据、界面等要求。系统的功能要求，即列出应用软件必须完成的所有功能；系统的性能要求，包括响应时间、处理时间、振荡次数、超调量等；数据要求，如采集量、导出量、输出量、显示量等，确定数据类型、数据结构、数据之间的关系等；系统界面要求描述系统的外部特性；系统的运行要求；对硬件、支撑软件、数据通信接口等的要求；安全性、保密性和可靠性方面的要求；异常处理要求，即在运行过程中出现异常情况时应采取的行动及需显示的信息。

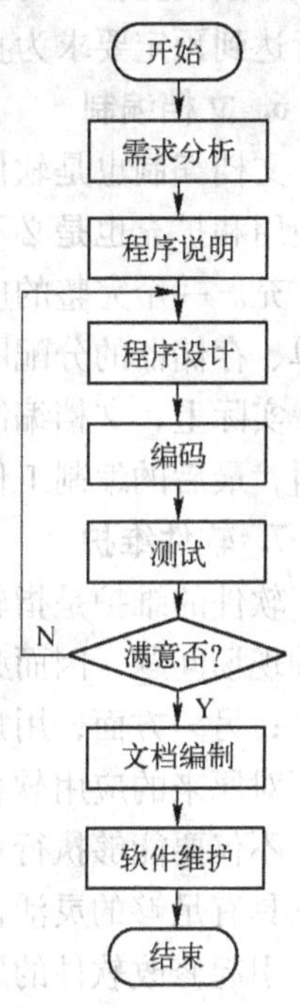

图 9-1 软件设计流程

2. 程序说明

根据需求分析，编写程序说明文档，作为软件设计的依据。其中一个重要的工作是绘制流程图。

我们可以把控制系统整个软件分解为若干部分，它们各自代表了不同的分立操作，把这些不同的分立操作用方框表示，并按一定顺序用连线连接起来，表示它们的操作顺序。这种互相联系的表示图称为功能流程图。

功能流程图中的模块，只表示所要完成的功能或操作，并不表示具体的程序。在实际工作中，设计者总是先画出一张非常简单的功能流程图，然后随着对系统各细节认识的加深，逐步对功能流程图进行补充和修改，使其逐渐趋于完善，并转换为程序流程图。

3. 程序设计

程序设计可分为概要设计和详细设计。概要设计的任务是确定软件的结构，进行模块划分，确定每个模块的功能和模块间的接口，以及全局数据结构的设计。详细设计的任务是为每个模块实现的细节和局部数据结构进行设计。所有设计中的考虑都应以设计说明书的形式加以描述，以供后续工作使用。

4. 软件编码

软件编码是用某种语言编写程序。编写程序可用机器语言、汇编语言或各种高级语言。究竟采用何种语言则由程序长度、控制系统的实时性要求及所具备的工具而定。在复杂的系统软件中，一般采用高级语言。对于规模不大的应用软件，大多用汇编语言来编写，因为从减少存储容量、降低器件成本和节省机器时间的观念来看，这样做比较合适。

在编码过程中还必须进行优化工作，即仔细推敲，合理安排，利用各种程序设计技巧使编出的程序所占内存空间较小，执行时间短。自然，写出的程序应当是结构良好、清晰易读，且与设计相一致。

5. 软件测试

测试是保证软件质量的重要手段，是微机控制系统软件设计中很关键的一步，其目的是为了在软件引入控制系统之前，找出并改正逻辑错误或与硬件有关的程序错误。可利用各种测试方法检查程序的正确性，发现软件中的错误，修改程序编码，改进程序设计，直至程序运行达到预定要求为止。

6. 文档编制

文档编制也是软件设计的重要内容。它不仅有助于设计者进行查错和测试，而且对程序的使用和扩充也是必不可少的。如果文档编得不好，不能说明问题，程序就难以维护、使用和扩充。一个完整的应用软件文档，一般应包括流程图、程序的功能说明、所有参量的定义清单、存储器的分配图、完整的程序清单和注释、测试计划和测试结果说明。

实际上，文档编制工作贯穿着软件研制的全过程。各个阶段都应注意收集和整理有关的资料，最后的编制工作只是把各个阶段的文件连贯起来，并加以完善而已。

7. 软件维护

软件的维护是指软件的修复、改进和扩充。当软件投入现场运行后，一方面可能会发生各种现场问题，因而必须利用特殊的诊断方式和其他的维护手段，像维护硬件那样修复各种故障；另一方面，用户往往会由于环境或技术业务的变化，提出比原计划更多的要求，因而需要对原来的应用软件进行修改或扩充，以适应情况变化的需要。因此，一个好的应用软件，不仅要能够执行规定的任务，而且在开始设计时，就应该考虑到维护和再设计的方便，使它具有足够的灵活性、可扩充性和可移植性。

引起修改软件的原因主要有3种：一是在运行过程中发现了软件中隐藏的错误而修改软件；二是为了适应变化了的环境而修改软件；三是为修改或扩充原有软件的功能而修改软件。

9.3.3 控制应用软件的设计方法

1. 模块化程序设计

模块化程序设计是把一个复杂的应用软件，分解为若干个功能模块，形成模块化层次结构。顶层模块调用它的下层模块以实现完整功能，每个下层模块再调用更下层的模块，底层模块完成最具体的功能。模块分解时应遵循以下规则。

1）满足信息隐藏原则。信息隐藏原则是指，设计和确定模块时，使得一个模块内包含的信息对于不需要这些信息的模块来说，是不能访问的，也即尽可能少地显露其内部的处理，仅交换那些为了完成系统功能而必须交换的信息。

2）尽量使得模块的内聚度高，模块间的耦合度低。内聚是衡量一个模块内部各个元素彼此结合的紧密程度；耦合是衡量不同模块彼此间互相依赖的紧密程度。

3）模块的大小要适中。

4）模块的调用深度不宜过大。一个模块A可以调用另一模块B，模块B还可调用模块C，称模块A直接调用模块B，模块A间接调用模块C，被间接调用的模块还可调用其他模块，这样可形成一棵调用树，我们把以某个模块为根结点的调用树的深度称为该模块的调用深度。

5）模块的扇入应尽量大，扇出不宜过大。模块的扇入是指直接调用该模块的上级模块个数。模块的扇出是指该模块直接调用的下级模块的个数。扇入大表示模块的复用程度高，扇出大表示模块的复杂度高。

6）每个模块执行单一的功能，并且具有单入口单出口结构。

7）模块的功能应是可以预测的。功能可预测是指对相同的输入数据能产生相同的输出。

模块分解后，可采用以下两种方法进行模块化程序设计。

1）自底向上模块化设计。首先对最底层模块进行编码、测试和调试。这些模块正常工作后，就可以用它们来开发较高层的模块。例如，在编主程序前，先开发各个子程序，然后，用一个测试用的主程序来测试每一个子程序。这种方法是汇编语言设计常用的方法。

2）自顶向下模块化设计。首先对最高层进行编码、测试和调试。为了测试这些最高层模块，可以用“结点”来代替还未编码的较低层模块，这些“结点”的输入和输出满足程序的说明部分要求，但功能少。该方法一般适合用高级语言来设计程序。

以上两种方法各有优缺点。在自底向上开发中，高层模块设计中的根本错误也许要很晚才能发现。在自顶向下开发中，程序大小和性能往往要到开发关键性的低层模块时才会表现出来。在实际设计中，最好把两种方法结合起来。先开发高层模块和关键性低层模块，并用“结点”来表示以后开发的不太重要的模块。

2. 结构化程序设计

在详细设计中，主要是采用结构化程序设计方法。软件的结构化设计方法于 20 世纪 70 年代初提出，主要是随着系统规模的增大和复杂度的增加而提出的。为了保证软件开发的质量，应该采取工程化设计方法。它借鉴硬件结构化设计的思想，将软件设计改为分阶段的工程化设计，并将软件体系同时划分为一个个独立的功能模块。每个模块间相互独立而又互有联系。

结构化程序设计采用自顶向下逐步求精的设计方法和单入口单出口的控制结构。自顶向下逐步求精的设计方法符合抽象和分解的原则，是解决复杂问题时常用的方法。在设计一个模块的实现算法时先考虑整体后考虑局部，先抽象后具体，通过逐步细化，最后得到详细的实现算法。单入口单出口的控制结构，使程序的静态结构和动态执行过程一致，程序有良好的结构，增加了程序的可读性。

详细设计的描述工具主要有图形描述工具、语言描述工具、表格描述工具。

采用结构化的软件设计，大大降低了系统设计和系统实施的复杂程度。当硬件和软件的设计分开以后，可以将复杂的软件系统分解成若干个子系统，再将一个个子系统逐层分解成一系列的层次型的模块，直至分解到最基本的模块为止。每一层次的结构都应该有相应的模块说明书。

当一个系统中的软硬件都是由标准化、结构化的部件有机组合而成时，可以认为，这个系统的扩充性、可维护性等用户所关心的性能也必然是较好的，因此我们在进行系统设计时，应尽量采用这种技术。

9.4 计算机控制系统的可靠性设计

计算机控制系统对可靠性提出了很高的要求，系统一旦发生故障，既有可能造成经济损失，还有可能造成安全事故。因此，设计控制系统时必须考虑可靠性。可靠性技术涉及生产过程的多个方面，不仅与设计、制造、安装、维护有关，而且还与生产管理、质量监控体系、使用人员的专业技术水平与素质有关。下面主要从技术的角度介绍提高计算机控制系统可靠性的最常用的方法。

9.4.1 影响可靠性的因素

影响计算机控制系统可靠性的因素有内部与外部两方面。针对内外因素的特点，采取有效的软硬件措施，是可靠性设计的根本任务。

1. 内部因素

导致系统运行不稳定的内部因素主要有以下3点。

1）元器件本身的性能与可靠性。元器件是组成系统的基本单元，其特性好坏与稳定性直接影响整个系统的性能与可靠性。因此，在可靠性设计当中，首要的工作是精选元器件，使其在长期稳定性、精度等级方面满足要求。

2）系统结构设计。它主要包括硬件电路结构设计和运行软件设计。元器件选定之后，根据系统运行原理与生产工艺要求将其连成整体，并编制相应软件。电路设计中要求元器件或电路布局合理，以消除元器件之间的电磁耦合相互干扰；优化的电路设计也可以消除或削弱外部干扰对整个系统的影响，如去耦电路、平衡电路等；也可以采用冗余结构，当某些元器件发生故障时，也不影响整个系统的运行。软件是计算机控制系统区别于其他通用电子设备的独特之处，通过合理编制软件可以进一步提高系统运行的可靠性。

3）安装与调试。元器件与整个系统的安装与调试，是保证系统运行和可靠性的重要措施。尽管元件选择严格，系统整体设计合理，但如果安装工艺粗糙，调试不严格，就仍然达不到预期的效果。

2. 外部因素

外因是指计算机所处工作环境中的外部设备或空间条件导致系统运行的不可靠因素，主要包括以下几点：

1）外部电气条件，如电源电压的稳定性、强电场与磁场等的影响。

2）外部空间条件，如温度、湿度、空气清洁度等。

3）外部机械条件，如振动、冲击等。

为了保证计算机系统可靠工作，必须创造一个良好的外部环境。如采取屏蔽措施、远离产生强电磁场干扰的设备，加强通风以降低环境温度，安装紧固以防止振动等。

元器件的选择是根本，合理安装调试是基础，系统设计是手段，外部环境是保证，这是可靠性设计遵循的基本准则，并贯穿于系统设计、安装、调试、运行的全过程。为了实现这些准则，必须采取相应的硬件或软件方面的措施，这是可靠性设计的根本任务。

9.4.2 可靠性设计技术

由于系统是由硬件和软件组成的，因而系统的可靠性也分硬件可靠性和软件可靠性两个方面。

1. 硬件的可靠性设计技术

(1) 元器件级

元器件是计算机系统的基本部件，元器件的性能与可靠性是整体性能与可靠性的基础。

因此，元器件的选用要遵循以下原则。

1）严格管理元器件的购置、储运。

元器件的质量主要是由制造商的技术、工艺及质量管理体系保证的，应选择有质量保证的元器件。采购元器件之前，应首先对制造商的质量信誉有所了解。这可通过制造商提供的有关数据资料获得，也可以通过调查用户来了解，必要时可亲自做试验加以检验。制造商一旦选定，就不应轻易更换，尽量避免在一台设备中使用不同厂家的同一型号的元器件。

2）老化处理、筛选和测试。

元器件在装机前应经过老化筛选，淘汰那些质量不佳的元件。老化处理的时间长短与元件的型号、可靠性要求有关，一般为24 h或48 h。老化时所施用的电气应力（电压或电流等）应等于或略高于额定值，常为额定值的110% ~120%。老化后测试应注意淘汰那些功耗偏大、性能指标明显变化或不稳定的元器件。老化前后性能指标保持稳定的是优选的元器件。

3）降额使用。

所谓降额使用，就是在低于额定电压和电流条件下使用元器件，这将能提高元器件的可靠性。降额使用多用于无源元件（电阻、电容等)、大功率器件、电源模块或大电流高压开关器件等。降额使用不适用于TTL器件，因为TTL电路对工作电压范围要求较严，不能降额使用。MOS型电路因其工作电流十分微小，失效主要不是功耗发热引起的，故降额使用对于MOS集成电路效果不大。

4）选用集成度高的元器件。

近年来，电子元器件的集成化程度越来越高。系统选用集成度高的芯片可减少元器件的使用量，使得印制电路板布局简单，减少焊接和连线，因而大大降低了故障率和受干扰的概率。

(2）部件及系统级。

部件及系统级的可靠性技术是指功能部件或整个系统在设计、制造、检验等环节所采取的可靠性措施。元器件的可靠性主要取决于元器件制造商，部件及系统的可靠性则取决于设计者的精心设计。可靠性研究资料表明，影响计算机可靠性的因素，有40%来自电路及系统设计。

1）采用高质量的主机。

计算机尽可能采用工业控制用计算机或工作站，而不是采用普通的个人计算机。因为工业控制计算机在整机的机械、防振动、耐冲击、防尘、抗高温、抗电磁干扰等方面往往针对生产现场的特点，采取了特殊的处理措施，以保证系统在恶劣的工业环境下仍能正常工作。所采用各种硬件和软件，尽可能不要自行开发。采用高质量的电源。一般来说PLC的I/O模块的可靠性比PC总线I/O板卡的可靠性高，如果成本和空间允许，应尽可能采用PLC的I/O模块。

2）采用模块化、标准化、积木化结构。

目前各大公司推出的IPC及过程通道板卡都实现了模块化和标准化，设计者只需保证自行开发的板卡或设备实现模块化和标准化。

板卡的布线要合理：一般要做到电源线尽可能粗；多条平行信号线不能过长；两面的信号尽可能垂直走线；模拟器件和数字器件分开走线；过接孔不能过多；小信号线有地线屏

蔽等。

选择优质电源：模拟量输入所用的电源最好是线性电源，其他部分尽可能采用纹波较小的电源。电源的选择必须留有充分的余量，电源最好是密封结构和大散热器结构，如国产的朝阳电源系列。

散热措施：如果板卡使用了功耗性器件，则控制柜顶部一般应安装风扇。如果板卡器件全为 CMOS，也可以不装风扇。

机械结构：控制柜和板卡插箱一般要使用全钢结构或铝合金结构。若器件过重，则控制柜和器件底板必须设计加强筋。表面必须喷漆或喷塑，以防止锈蚀。

3）采用冗余技术。

对于关键的检测点、控制点可以进行双重或多重冗余设计。冗余技术也称为容错技术，是通过增加完成同一功能的并联或备用单元数目来提高可靠性的一种设计方法。如一点模拟量信号可以输入到两个控制站的模拟量输入板卡，当其中一个站发生故障，在另一个站同样可以监测该信号的变化。也可以给计算机控制系统配备手操器，当计算机系统故障，利用手操器可以进行显示和手动控制。对于重要的控制回路，选用常规控制仪表作为备用。一旦计算机出现故障，就把备用装置切换到控制回路中，维持生产过程的正常运行。冗余技术包括硬件冗余、软件冗余、信息冗余、时间冗余等。

硬件冗余：是用增加硬件设备的方法，当系统发生故障时，将备份硬件顶替上去，使系统仍能正常工作，硬件冗余结构主要用在高可靠性场合。如采用双机系统，即采用两台计算机，互为备用地执行任务。

信息冗余：对计算机控制系统而言，保护信号信息和重要数据是提高可靠性的重要方面。为了防止系统因故障等原因而丢失信息，常将重要数据或文件多重化，复制一份或多份副本，并存于不同的空间。一旦某一区间或某一备份被破坏，则自动从其他部分重新复制，使信息得以恢复。

时间冗余：为了提高计算机控制系统的可靠性，可以仅用重复执行某一操作或某一程序，并将执行结果与前一次的结果进行比较对照来确认系统工作是否正常。

4）电磁兼容性设计。

电磁兼容性是指计算机系统在电磁环境中的适应性，即能保持完成规定功能的能力。电磁兼容性设计的目的是使系统既不受外部电磁干扰的影响，也不对其他电子设备产生影响。

5）故障自动检测与诊断技术。

对于复杂系统，为了保证能及时检验出有故障装置或单元模块，以便及时把有用单元替换上去，就需要对系统进行在线的测试与诊断。这样做的目的有两个：一是为了判定动作或功能是否正常；二是为了及时指出故障部位，缩短维修时间。

对于一些智能设备采用故障预测、故障报警等措施。出现故障时将执行机构的输出置于安全位置，或将自动运行状态转为手动状态。

6）其他措施。

采用可靠的控制方案，使系统具有各种安全保护措施，如异常报警、事故预测、安全连锁、不间断电源等功能。

采用集散控制系统。对于规模较大的系统，应采用集散控制系统，它是一种分散控制、集中操作的计算机控制系统，具有危险分散的特点，整个控制系统的安全可靠性高。

采取各种抗干扰措施，包括滤波、屏蔽、隔离和避免模拟信号的长线传输等。

2. 软件的可靠性设计技术

由于计算机控制系统是由硬件和软件组成的，因而系统的可靠性也分硬件可靠性和软件可靠性两个方面。通过提高元器件的质量、采用冗余设计、进行预防性维护、增设抗干扰装置等措施，能够提高硬件的可靠性，但是仅得到理想的可靠度是不够的，通常还要利用软件来进一步提高系统的可靠性。

计算机运行软件是系统欲实行的各项功能的具体反映。软件的可靠性主要标志是软件是否真实而准确地描述了欲实现的各种功能。因此，对生产工艺的了解和熟悉程度直接关系到软件的编写质量。提高软件可靠性的前提条件是设计人员对生产工艺过程的深入了解，并且使软件易读、易测和易修改。

为了提高软件的可靠性，应尽量将软件规范化、标准化和模块化，尽可能把复杂的问题转化成若干较为简单明确的小任务。把一个大程序分成若干独立的小模块，这有助于及时发现设计中的不合理部分，而且检查和测试几个小模块要比检查和测试大程序方便得多。

软件可靠性技术主要包括以下两个方面的内容：利用软件提高系统的可靠性；提高软件自身的可靠性。

（1）利用软件来提高系统的可靠性

其具体措施如下。

1）利用软件冗余，防止信息在输入输出过程及传送过程中出错。如对关键数据采用重复校验方式，对信息采用重复传送并进行校验，通过设置错误陷阱，自动捕捉错误，自动报告和排错提示等。

2）逻辑闭锁和限值闭锁。闭锁是防止误操作、过操作的有效方法。如为调节阀的开度设置闭锁，为各种温度值设置上下限闭锁，以保证系统安全可靠运行。在控制输出、修改重要参数处，软件采取操作口令、操作确认等多重闭锁，防止误操作。

3）编制自动诊断检测程序，自动检测设备的运行情况，及时发现故障，找出故障部位并排除，以便缩短修理时间。

4）数据保护处理。针对系统突然停机、冷热启动或时间改动对数据库造成的破坏、遗失等情况，应采取实时数据备份、安全性检查等保护措施。一旦系统重新运行，系统首先自动读取保护信息，修补数据库，以便系统可靠运行。

5）采用系统信息管理的软件。它与硬件配合，对信息进行保护，这包括防止信息被破坏，在出现故障时保护信息，并迅速用备用装置代替故障装置；在故障排除后，恢复信息，并使系统迅速恢复正常运行。

（2）提高软件自身的可靠性

尽管在前面介绍了用软件提高系统可靠性的措施，但应该指出，软件本身也会发生故障。为了减少出错和使用户能得到一个满足要求的软件，应该采取以下措施，以提高软件自身的可靠性。

1）采取措施，减少软件设计中的错误，这包括采用模块化、结构化设计，采用组态软件形式，进行软件评审等。

2）采用能提高可测试性的设计。在系统设计时就充分考虑到测试的要求，使得软件的可维护性较高、故障的诊断及时迅速。

更详细的内容可参考软件工程方面的书籍。

习题与思考题

9-1　设计一套计算机控制系统需要具备哪几方面的知识？

9-2　设计一套计算机控制系统一般可以采取哪几种途径？

9-3　计算机控制系统有哪些常用的设计方法？

9-4　何谓计算机控制系统的规范化设计？其具体内容是什么？

9-5　计算机控制软件设计的特点是什么？

9-6　计算机控制软件测试的方法和原则是什么？

9-7　计算机控制系统对人机交互界面的要求有哪些？设计原则是什么？

9-8　什么是抗干扰？抗干扰的原则是什么？

9-9　干扰信号的来源和种类有哪些？

9-10　如何抑制串模干扰、共模干扰和电源干扰？

9-11　常用抗干扰技术主要有哪些？

9-12　简述计算机控制软件的抗干扰与可靠性设计。

9-13　控制一个炉子的温度可以采用通断控制也可以采用连续控制，请问这两种控制方式有何不同？

9-14　请利用假期调研你熟悉的工业或民用企业中哪些使用了计算机控制技术？若有，请画出控制系统框图，描述控制过程；对未使用的，是否有可能使用？进行工艺调研，尝试为其设计合适的计算机控制系统。

参 考 文 献

[1] 李江全. 计算机控制技术与实训 [M]. 北京：机械工业出版社，2010.
[2] 王琦. 计算机控制技术 [M]. 上海：华东理工大学出版社，2009.
[3] 何小阳. 计算机监控原理及技术 [M]. 重庆：重庆大学出版社，2003.
[4] 苏小林. 计算机控制技术 [M]. 北京：中国电力出版社，2004.
[5] 刘川来，等. 计算机控制技术 [M]. 北京：机械工业出版社，2007.
[6] 刘士荣. 计算机控制系统 [M]. 北京：机械工业出版社，2008.
[7] 李江全，等. 计算机控制技术 [M]. 北京：机械工业出版社，2007.